Demoversion des Ilmenauer Fuzzy Tools IFT
auf Server kostenlos abrufbar.

Informationen unter
http://www.systemtechnik.tu-ilmenau.de/~fg_sa/ift.html
http://www.oldenbourg.de/rot/rot-hp.htm

Fuzzy Control

Optimale Nachbildung und Entwurf optimaler
Entscheidungen

von
Dr.-Ing. Mario Koch,
Dr.-Ing. Thomas Kuhn und
Professor Dr.-Ing. habil Jürgen Wernstedt
Technische Universität Ilmenau

Mit 304 Bildern und 46 Tabellen

R. Oldenbourg Verlag München Wien 1996

Die Deutsche Bibliothek - CIP-Einheitsaufnahme

Koch, Mario:
Fuzzy control : optimale Nachbildung und Entwurf optimaler
Entscheidungen ; mit 46 Tabellen / von Mario Koch, Thomas
Kuhn und Jürgen Wernstedt. - München ; Wien : Oldenbourg,
1996
  ISBN 3-486-23355-6
NE: Kuhn, Thomas:; Wernstedt, Jürgen:

© 1996 R. Oldenbourg Verlag GmbH, München

Gesamtherstellung: R. Oldenbourg Graphische Betriebe GmbH, München

ISBN 3-486-23355-6

Vorwort

Zur effektiven Lösung von Diagnose-, Überwachungs-, Vorhersage- und Entscheidungsaufgaben in automatischen und automatisierten technischen und nichttechnischen Systemen wurde und wird der Mensch mit seinem Wissen, seinen Erfahrungen und seinem Können immer bewußter integriert. Dies führt neben der Weiterentwicklung rein auf analytischen Modellen basierender Strategien in den letzten Jahren zur verstärkten Anwendung von Methoden, die das Erfahrungswissen, die Heuristiken und Handlungsanalysen in die Entscheidung einbeziehen. Die Verarbeitung deklarativen Wissens auf der Grundlage des Expertensystemkonzeptes ist ein vielversprechender Ansatz. Gleichzeitig fanden Methoden der automatischen Klassifikation und der Verarbeitung von unsicherem und vagem Wissen auf der Grundlage der Theorie unscharfer Mengen - Fuzzy Theorie - den Eingang in das Gebiet der Steuerungs- und der Regelungstechnik. Die gleiche Entwicklung vollzieht sich gegenwärtig auf dem Gebiet der Anwendung Künstlicher Neuronaler Netze zur Modellbildung und Steuerung nichtlinearer dynamischer Systeme. Die Gründe sind in der theoretischen Weiterentwicklung auf den Gebieten der Theorie unscharfer Mengen und des Entwurfs Künstlicher Neuronaler Netze sowie in soft- und hardwaretechnischen Umsetzungsmöglichkeit gegeben. Gleichzeitig wird durch die Nutzung der Fuzzy Technologie versucht, das vorhandene menschliche Wissen über Prozesse und Technologie noch effektiver zu nutzen und ökonomisch umzusetzen.

Das vorliegende Buch stellt sich das Ziel, aufbauend auf die Grundlagen der Regelungstechnik, der Wahrscheinlichkeitsrechnung, der Theorie unscharfer Mengen und der Methoden der automatischen Klassifikation, erstmals durchgängig systemtheoretische und regelungstechnische Entwurfskonzepte für Fuzzy Steuerungen und Fuzzy Regelungen darzustellen. Als Ergebnis liegt ein optimales nichtlineares Steuerungs-/Regelungskonzept vor, das entweder das Handlungsverhalten des Menschen optimal abbildet oder das unter Ausnutzung der in der Regelungstechnik bekannten und weiterentwickelten Entwurfskriterien modellgestützt optimal entworfen wird.

Das Buch gliedert sich in drei Hauptschwerpunkte. Im ersten Teil (Kapitel 1 und 2) wird, ausgehend von den Aufgaben der Fuzzy Methoden in der Automatisierung auf die Entwurfswege optimaler Entscheidungen und Regelungen, auf systemtechnische Grundlagen und auf das Problem der Unschärfe in automatischen und automatisierten Systemen eingegangen. Notwendige Grundlagen der klassischen Regelungstechnik, der Statistik, der automatischen Klassifikation und der Fuzzy Theorie runden den ersten Schwerpunkt ab.

Im Kapitel 3 werden Fragen der Klassifikation und der Klassensteuerung auf der Basis des Bayes- und des Fuzzy Konzeptes in dynamischer Prozeß-umgebung behandelt.

Neben der Darlegung der Grundstrukturen der Klassifikation und der Klassensteuerung werden so wichtige Fragen wie die Merkmalbildung für die Situationen und die Entscheidung, der Bayes- und der Fuzzy Klassifika-tor, ausgewählte Methoden der Objektgruppierung und der Klassifikator-entwurf vorgestellt. Der Entwurf der Klassensteuerung gliedert sich in die Aufgabe der Festlegung der Struktur des Klassifikators und der Steuer-gesetze, das Aufstellen und die Strukturierung der Lernprobe und die Ermitt-lung der optimalen Parameter des in der jeweiligen Klasse geltenden Steuer-gesetzes. Die optimale Nachbildung des Entscheidungsverhaltens von Experten bei der Führung von Staustufen an der Werra (Thüringen) und der Donau (Österreich) in Normal- und Hochwassersituationen zeigen dem Leser Möglichkeiten und Grenzen der Anwendung von Klassifikator Kon-zepten zur Führung komplexer nichtlinearer dynamischer Systeme.

Der optimale Entwurf von Fuzzy Steuerungen und Regelungen wird im dritten Schwerpunkt (Kapitel 4) auf der Grundlage regelungstechnischer Gesichtspunkte und von Vorwissen in Form von Modellen des statischen und dynamischen Verhaltens sowie der Systemstruktur dargelegt. Auf der Grundlage einer drastischen Reduzierung der dem Fuzzy Konzept innewoh-nenden hohen Anzahl von Freiheitsgraden bei gleichzeitiger Beibehaltung einer ausreichenden Entwurfsgüte wird gezeigt, daß das statische Verhalten eines Fuzzy Systems bei Verwendung einer sehr geringen Anzahl von Regeln durch stückweise lineare Zugehörigkeitsfunktionen am Eingang und Singletons am Ausgang als nichtlinearer Kennfeldregler entworfen werden kann. Der Entwurf des dynamischen Verhaltens des Fuzzy Systems erfolgt durch eine geeignete Merkmals- und Stellgrößenbildung auf der Basis der Grundkonzepte für ein zeitdiskretes proportionales, differentiales und in-tegrales Verhalten. Vorteilhafte Fuzzy Reglerkonzepte werden u. a. als nichtlineare Fuzzy-PID-Regler, progressive Fuzzy-PID-Regler und fuzzya-daptiv gesteuerte PID-Regler dargestellt und eine vergleichende Wertung in Zusammenhang mit Systemcharakteristiken der Statik und Dynamik vor-genommen. Der optimale Entwurf des Fuzzy Reglers als nichtlinearer zeitdiskreter Kennfeldregler erfolgt unter Verwendung mehrkriterieller Gütekriterien (Regelgüte, Stellaufwand, Zeit) von Schrankenkriterien und Verlaufskriterien, bei vorgegebenen Sollwerten/Sollwerttrajektorien modell-gestützt durch nichtlineare Optimierungsmethoden. Als Systemmodelle sind Grobmodelle des statischen und dynamischen Verhaltens und die Struktur bei komplexen Systemen erforderlich.

Dieses Vorwissen ist nach der Erfahrung der Autoren häufig vorhanden und überhaupt keine Hürde gegenüber der bis jetzt verwendeten Methode der "Anpassung" der Fuzzy Steuerung/Regelung direkt am Prozeß. Als Grobmodelle werden nichtlineare parametrische Differenzengleichungsmodelle, Fuzzy Modelle oder Künstliche Neuronale Netze verwendet. Die trotz der drastischen Reduzierung der Anzahl der Freiheitsgrade noch hohe Dimension des Optimierungsproblems sowie die Struktur der Gütefunktion erfordert leistungsfähige Suchverfahren. Vorgestellt werden bekannte und weiterentwickelte Methoden aus der Gruppe der Gradientenverfahren und der Evolutionsstrategien. Als Ergebnis werden optimal entworfene nichtlineare zeitdiskrete Kennfeldregler ermittelt, die für die Steuerung/Regelung komplexer Systeme u. a. für nichtlineare dynamische Systeme den klassischen Reglerkonzepten überlegen sind. Sie zeichnen sich ebenfalls durch eine Robustheit aus. Da der optimale Entwurf von Fuzzy Systemen nur rechnergestützt erfolgen kann, wird im Rahmen des Buches auf die wesentlichen Module und Merkmale der entwickelten Programmsysteme, Ilmenauer Fuzzy Tool (IFT) und Ilmenauer Fuzzy Tool Box for Matlab and Simulink (IFTB), eingegangen. Der Abschnitt zur Entwurfsstrategie optimaler Fuzzy Steuerungen/Regelungen schließt mit realisierten Anwendungen aus dem Gebiet der Antriebstechnik und der Robotik.

Das Buch ist für Studierende und Absolventen der Studiengänge Elektrotechnik, Maschinenbau und Informatik, die eine Grundausbildung in der Regelungstechnik besitzen, vorgesehen. Für Studierende gibt es eine Einführung in die Gebiete der Fuzzy Klassifikation und Fuzzy Control. Bereits tätigen Ingenieuren soll es die Möglichkeit der Weiterbildung auf diesem innovativen Gebieten geben. Sie sind mit dem im Buch dargestellten Methoden und Verfahren besser in der Lage, die Fuzzy Technologie zur Lösung von Diagnose-, Überwachungs-, Steuerungs- und Regelungsaufgaben von Mengen- und Qualitätsparametern in technischen und nichttechnischen Prozessen einzusetzen.

Die Autoren gehen davon aus, daß durch den Inhalt des Buches eine weitere Abklärung der Einsatzmöglichkeiten der Fuzzy Theorie und der Methoden der automatischen Klassifikation auf den Gebieten der Automatisierungs- und Systemtechnik erfolgen wird.

Die Autoren sind Herrn Prof. Dr. Peschel und Herrn Prof. Dr. Bocklisch zu besonderem Dank verpflichtet. Herrn Prof. Peschel gilt unser Dank für die fruchtbare und intensive Auseinandersetzung zu Fuzzy Konzepten bereits Ende der 70iger Jahre. Im Rahmen von Gastvorlesungen an der Technischen Universität Ilmenau und durch die Gewährung von Studienaufenthalten an der Technischen Universität Chemnitz hat Prof. Bocklisch den Autoren eine fundierte Grundlage auf den Gebieten der Fuzzy Theorie und der Fuzzy Klassifikation bereitgestellt.

Wesentliche Teile des im Buch dargelegten Stoffes sind im Rahmen von Forschungsprojekten mit dem Bundesministerium für Forschung und Technologie (BMFT) sowie mit Partnern der Industrie und des öffentlichen Dienstes entstanden. Die Autoren bedanken sich für die gute fruchtbare Zusammenarbeit und Unterstützung.
Gleichzeitig konnten Teile des Buches im Rahmen von Vorlesungen an der Technischen Universität Ilmenau seit vier Jahren durch Hinweise von Mitarbeitern und Studenten weiter entwickelt werden. Wertvolle Ideen trug insbesondere Herr Dipl.-Ing. Mike Eichhorn bei.
Frau Sabine Bartnik gilt unser Dank für die zuverlässige Arbeit bei der Fertigstellung des Manuskriptes.
Herrn Dr.-Ing. Dietrich Werner und Herrn Dipl.-Ing. Elmar Krammer möchten wir für die verständnisvolle und konstruktive Zusammenarbeit bei der Vorbereitung und Gestaltung des Buches Dank sagen.

Ilmenau

Mario Koch
Thomas Kuhn
Jürgen Wernstedt

Inhaltsverzeichnis

1 Einführung

1.1 Entscheidungsaufgaben in der Automatisierung

Die effiziente Lösung von Entscheidungsaufgaben im Sinne der zielgerichteten Beeinflussung von Systemen erfordert die Bewältigung von Diagnose-, Überwachungs-, Steuerungs-, Vorhersage- und Planungsaufgaben in komplexen technischen und nichttechnischen Systemen. Die Aufgaben sind im Bild 1.1.1, bezogen auf den zeitlichen Aspekt, dargestellt.

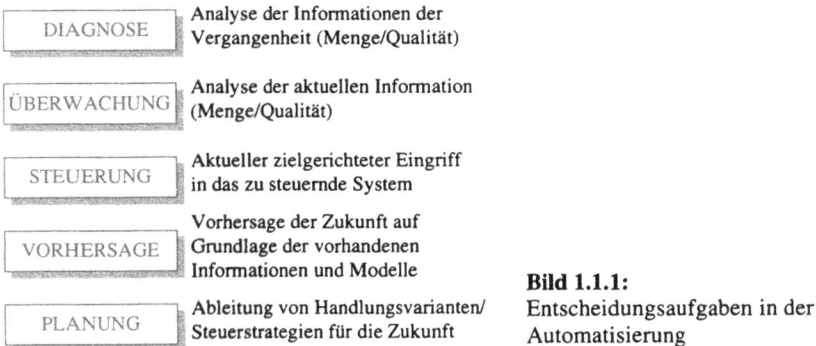

DIAGNOSE	Analyse der Informationen der Vergangenheit (Menge/Qualität)
ÜBERWACHUNG	Analyse der aktuellen Information (Menge/Qualität)
STEUERUNG	Aktueller zielgerichteter Eingriff in das zu steuernde System
VORHERSAGE	Vorhersage der Zukunft auf Grundlage der vorhandenen Informationen und Modelle
PLANUNG	Ableitung von Handlungsvarianten/ Steuerstrategien für die Zukunft

Bild 1.1.1:
Entscheidungsaufgaben in der Automatisierung

Kennzeichnend für die Lösung dieser Aufgaben in automatischen und automatisierten Systemen ist, daß sie unter folgenden generellen Aspekten erfolgen muß:
- einer dynamischen Umgebung,
- von verkoppelten und rückgekoppelten Strukturen,
- on-line Betrieb und Echtzeitbedingungen,
- Integration des Menschen als Entscheidungsträger in Mensch-Maschine-Systemen.

Gleichzeitig versagen klassische Entscheidungskonzepte aufgrund folgender Eigenschaften der Signale oder des Systems:
- die Informationen sind unsicher, ungenau oder subjektiv,
- das Systemverhalten wird durch quantitative und qualitative/linguistische Größen bestimmt,

- das Systemverhalten ist extrem nichtlinear,
- das Verhalten der Signale oder des Systems sind analytisch geschlossen nicht beschreibbar.

Für Prozesse mit diesen Eigenschaften ist der Mensch häufig das einzige Entscheidungssystem, der aufgrund seines Fachwissens, seiner Erfahrungen, seiner Intuition und seiner Risikobereitschaft in der Lage ist, Lösungen erfolgreich zu entwerfen und auch umzusetzen.

Ziel dieses Buches ist es, auf der einen Seite die enormen Möglichkeiten der Beschreibung unsicherer Informationen und Entscheidungen durch das Fuzzy Konzept für einen modellgestützten Entwurf von Steuerungen und Regelungen der oben genannten Prozeßklassen zu nutzen. Ein zweiter Entwurfsweg von Steuerungen und Regelungen ist die Abbildung des Entscheidungsmodelles des Menschen auf der Grundlage einer erfolgsbewerteten Lernprobe mittels der Methoden der automatischen Klassifikation. Dieser Entwurfsweg beinhaltet gleichzeitig die Lösung des Diagnoseproblemes als eine Teilaufgabe des Steuerungsentwurfes. Damit werden von den im Bild 1.1.1 dargelegten Aufgaben der Automatisierung nur die Diagnose- und die Steuerungsaufgaben unter den genannten Signal- und Steuereigenschaften weiter betrachtet.

1.2 Systemtechnische Grundlagen

Zum besseren Verständnis der Entwurfskonzepte von Entscheidungssystemen in automatischen und automatisierten Systemen werden in den folgenden Ausführungen ausgewählte Vereinbarungen vorgestellt.

1.2.1 Signale, System, Prozeß

Es wird davon ausgegangen, daß die Struktur eines Prozesses entsprechend Bild 1.2.1 darstellbar ist.

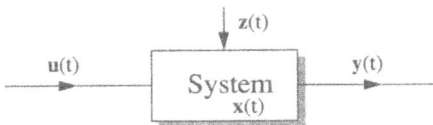

mit
$$\mathbf{u}^T = \left[u_1(t),\ u_2(t),\ \dots u_n(t) \right.$$
$$\mathbf{x}^T = \left[x_1(t),\ x_2(t),\ \dots x_m(t) \right]$$
$$\mathbf{y}^T = \left[y_1(t),\ y_2(t),\ \dots y_i(t) \right]$$
$$\mathbf{z}^T = \left[z_1(t),\ z_2(t),\ \dots z_r(t) \right]$$

Bild 1.2.1:
Prozeßschema

Zu erkennen ist, daß der Prozeß sich aus den Signalverläufen der Eingangsgrößen $\mathbf{u}(t)$, der Störgrößen $\mathbf{z}(t)$ und der Ausgangsgrößen $\mathbf{y}(t)$ sowie dem System zusammensetzt. Die im System ablaufenden dynamischen

Veränderungen werden in den Zustandsgrößen $x(t)$ und den Ausgangs-größen $y(t)$ sichtbar. Die Signalverläufe der dargestellten Größen enthalten die Informationsparameter für die Ableitung der zielgerichteten Beein-flussung - der Entscheidung - sowie für deren Bewertung. Zur Realisierung des modellgestützten Entscheidungsentwurfs ist die Erstellung von Signalmodellen von $u(t)$, $z(t)$, $y(t)$, von Ein-/Ausgangsmodellen $y(t) = f(u(t), y(t))$ sowie von Zustandsmodellen $x(t) = f(u(t), y(t), x(t))$ notwendig (siehe Abschnitt 1.3).

Da der Entwurf und die Realisierung von Entscheidungssystemen mit Digitalrechnern erfolgt, werden in den weiteren Ausführungen im allgemeinen die zeitdiskreten Beschreibungen für die Signale und die Systeme verwendet.

Für die zeitdiskreten Beschreibung gehen die im Bild 1.2.1 dargestellten kontinuierlichen Signale in die durch die Abtastung mit der Tastperiode T gekennzeichneten Signale entsprechend Bild 1.2.2 über.

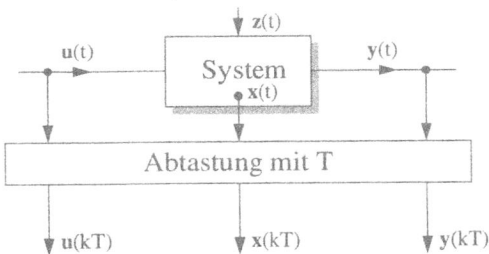

Bild 1.2.2:
Prozeßinformation bei zeitdiskreter Verarbeitung

Auf den besonderen Einfluß des Entwurfsparameters der Tastperiode T wird im Abschnitt 3.1 näher eingegangen.

1.2.2 Steuerung, Regelung, operative Steuerung

Ausgangspunkt der weiteren Erläuterungen ist die Aufgabe der Kybernetik. Nach N. WIENER ist die Kybernetik die Wissenschaft von den Steuerungen und der Informationsübertragung und -verarbeitung in Maschinen und Lebewesen [WIE 63].

Diese Definition ist von Reinisch wie folgt aktualisiert worden [REI 74]:

Kybernetik ist die Wissenschaft von der Steuerung, d. h. der zielge-richteten Beeinflussung von Systemen, sowie der (geistigen) Informations-verarbeitungsprozesse und deren Automatisierung, die das wesentliche der Steuerungsvorgänge ausmachen. Sie ist auf beliebige Systeme anwendbar und dient dazu, die Gesetzmäßigkeiten von Steuerungsvorgängen und Informationsverarbeitungsprozessen in Technik, Natur und Gesellschaft zu erkennen und diese dann bewußt zur Synthese technischer bzw. zur Verbesserung natürlicher Systeme einzusetzen.

Die Steuerung kann in verschiedenen Strukturen und von unterschiedlichen

Entscheidungssystemen realisiert werden. Liegt zwischen der Regelgröße y(t) und der Stellgröße u(t) kein geschlossener Informationsfluß vor, wird von einer Steuerung in offener Kette - *der Steuerung* - gesprochen (siehe Bild 1.2.3).

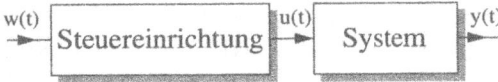

Bild 1.2.3:
Steuerung in offener Kette

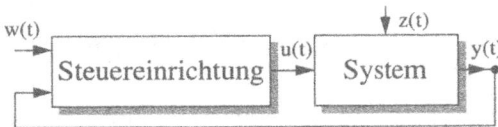

Bild 1.2.4:
Steuerung in geschlossener Kette - Regelung

Werden Informationen über die Regelgröße in einem geschlossenen Informationsfluß von der Steuereinrichtung berücksichtigt, wird entsprechend der Struktur im Bild 1.2.4 von einer Steuerung in geschlossener Kette - *der Regelung* gesprochen. Die Steuerung kann vom Menschen oder von einem Automaten realisiert werden. In komplexen Prozessen ist es aus verschiedenen Gründen zweckmäßig, die zielgerichtete Beeinflussung durch eine sinnvolle Symbiose zwischen Mensch und Automat zu gestalten.
Durch die *operative Steuerung* entsprechend Bild 1.2.5 wird es möglich, die Leistungsstärken der kooperierenden Teilsysteme Mensch und Automat in Form des Beratungssystems voll zur Geltung zu bringen [WER 81], [WER 86], [BÖH 87].

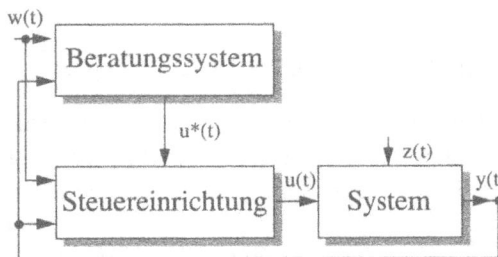

Bild 1.2.5:
Operative Steuerung - Prozeß-führung

Das Beratungssystem unterbreitet dem Menschen Entscheidungsvorschläge u*(t), die vom Menschen in die Entscheidung u(t) überführt werden muß. Aus der Erfolgsbewertung der Handlung kann entschieden werden, welches der Teilsysteme Lernbedarf hat. Die operative Steuerung ist durch die Integration von wissensbasierten Entscheidungshilfesystemen in Form der *Beratungssysteme* eine der zukunftsträchtigsten Strategien zur Lösung automatisierungstechnischer Aufgaben in komplexen dynamischen Systemen.

1.2.3   Klassifikation und Klassensteuerung

Liegen erfolgsbewertete Lernproben LP{**m**, **u**, **q**} für die Entscheidung **u** eines Menschen in einer konkreten Situation **s** vor, so kann für die Lösung von Diagnose- und Erkennungsaufgaben in einer Lernphase ein Klassifikator auf der Grundlage der Merkmale **m** = **f**(**s**) und der Handlungsbewertung **q** entworfen werden [BOC 74], [SCH 77]. Der *Klassifikator* ist ein Algorithmus/Vorschrift, der ein unbekanntes Objekt s_j einer oder mehreren Klassen mit einer bestimmten Wahrscheinlichkeit, einem bestimmten Ähnlichkeitsmaß oder einer bestimmten Zugehörigkeit zuordnet. Die Klassifikatorstruktur ist im Bild 1.2.6 dargestellt.

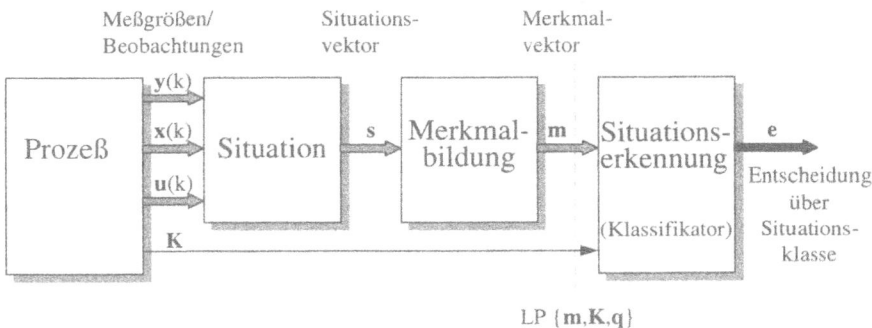

Bild 1.2.6: Klassifikatorstruktur

Der Klassifikatorentwurf erfolgt auf der Grundlage der aus den gemessenen Signalen gebildeten Merkmale und den entsprechenden erfolgreichen Entscheidungen bzw. Zuordnungen. Die Zuordnung erfolgt über Ähnlichkeits- bzw. Distanzmaße. Als Konzepte sind deterministische, statistische und Fuzzy Methoden sowie Künstliche Neuronale Netze (KNN) anwendbar. Im Rahmen der folgenden Ausführungen werden nur das Bayes und das Fuzzy Konzept weiter betrachtet.

In der Kannphase ermittelt der Klassifikator zu einer konkreten, durch die Merkmale beschriebenen Situation eine Rangfolge der Entscheidungen entsprechend dem gewählten Ähnlichkeitsmaß. Bei einer Integration des Menschen in das Entscheidungskonzept mit Unterstützung eines Beratungssystems (siehe Abschnitt 1.2.4) erfolgt eine zusätzliche Bewertung des Klassifikatorergebnisses durch den Menschen. Das Klassifikatorkonzept kann zur Konzeption der *Klassensteuerung* weiter entwickelt werden, indem zur Aufgabe der Situationsermittlung in einer zweiten Stufe die Realisierung der Steueraufgabe in der ermittelten Situationsklasse hinzugefügt wird [KOC 94]. Damit erweitert sich das im Bild 1.2.6 dargestellte Klassifikatorkonzept zu dem im Bild 1.2.7 angegebenen Klassensteuerungskonzept.

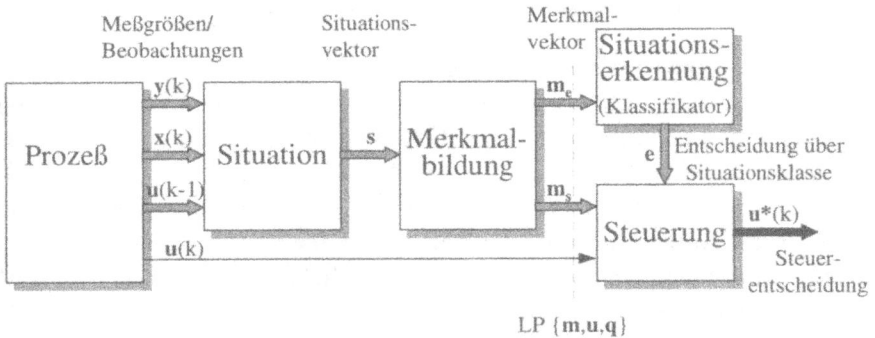

Bild 1.2.7: Konzept der Klassensteuerung

Dieses Konzept ist dann sinnvoll, wenn das System mehrere, sich im statischen und dynamischen Verhalten sehr unterscheidende Arbeitspunkte besitzt. Für dieses häufig extrem nichtlineare Verhalten ist in der jeweiligen Situationsklasse eine angepaßte Entscheidungsstrategie leichter zu entwerfen als eine geschlossene Gesamtstrategie. Im Bild 1.2.8 sind einige typische statische Kennlinien von Systemen dargestellt, für die eine Klassensteuerung vorteilhaft ist.

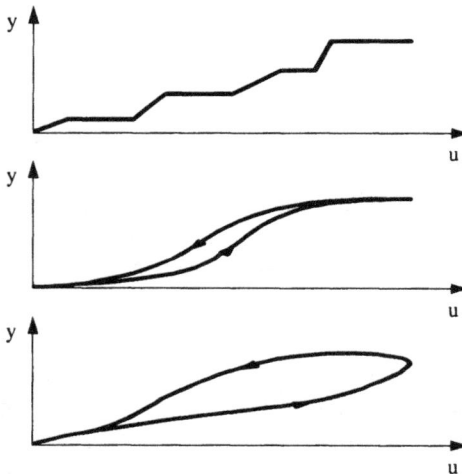

Bild 1.2.8:
Typische statische Kennlinien für
eine Klassensteuerung

Zwischen den in den Klassen entworfenen Steuerstrategien ist an den Klassengrenzen ein gleitender Übergang zu gestalten. Eine sehr günstige Gestaltungsmethode der Steuerungen an den Klassenübergängen ist mit der Nutzung der Fuzzy Theorie gegeben.

1.2.4 Wissensbasierte Entscheidungsfindung

Im Konzept der operativen Steuerung wurde bereits der Begriff der wissensbasierten Entscheidungsunterstützung des Menschen auf der Grundlage von
Beratungssystemen genannt. Grundlage wissensbasierter Systeme sind
Problemlösungsstrategien, die dem jeweiligen Wissenstyp angepaßt sein
müssen.

Wird das Wissen durch Erfahrungen gewonnen oder durch Festle-
gungen deklariert, so ist eine rechnergestützte Verarbeitung mit dem
Expertensystemkonzept sinnvoll [LUN 94], [FRÜ 88], [PUP 91], [JAC 85].
Die wesentlichsten Module dieses Konzeptes sind im Bild 1.2.9 dargestellt.

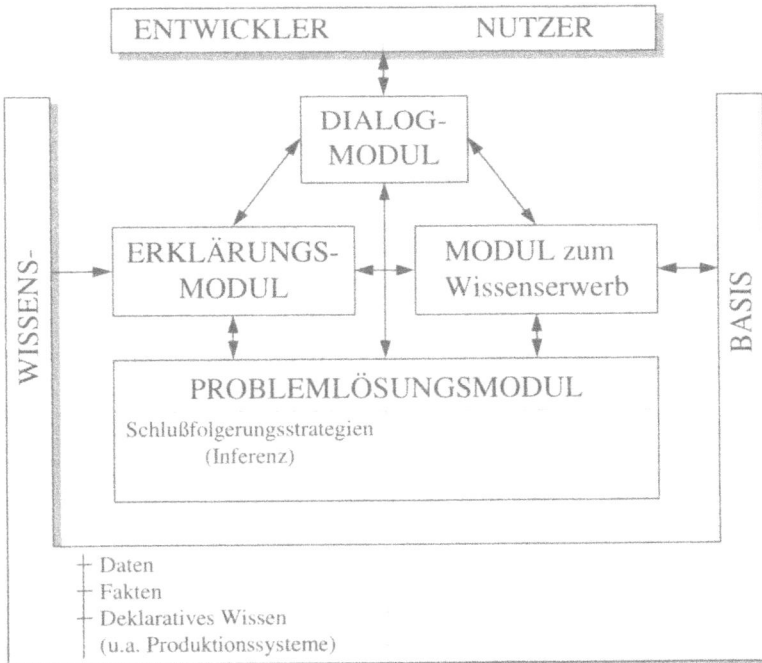

Bild 1.2.9: Module eines Expertensystems

Ein *Expertensystem* ist unter dem Gesichtspunkt der Automatisierungstechnik ein spezieller Typ oder gegebenenfalls ein Bestandteil eines
Beratungssystems, das auf der Grundlage von deklarativem Wissen und
einer Schlußfolgerungsstrategie als Problemlösungsmodul den Menschen bei
der Entscheidungsfindung auf verschiedenen Niveaus (Entscheidungsvor-
bereitung, Entscheidung, Entscheidungsrealisierung) durch Vorschläge
unterstützt. Neben der Wissensbasis und dem Schlußfolgerungsmodul
enthält ein Expertensystem ein Dialog-, ein Erklärungs- und ein
Wissenserwerbsmodul.

Eine der am häufigsten verwendeten Wissensrepräsentationsformen sind die Produktionssysteme in Form der Regelwerke:

Wenn < Bedingung > Dann < Aktion >,

wobei sowohl die Bedingungen als auch die Aktionen linguistische Variablen darstellen. Diese Darstellung findet beim Fuzzy Konzept eine sehr breite Anwendung. In ingenieurtechnischen Disziplinen stellt das deklarative Wissen eine notwendige Ergänzung, aber nur sehr selten das dominierende Wissen dar. Deshalb ist die Einbeziehung des auf theoretischen Beziehungen basierenden und durch Experimente gewonnenen Wissens in die Entscheidung zwingend notwendig. Daraus resultiert der Vorschlag der Erweiterung des Entscheidungshilfesystems zu einem Beratungssystem.

Ein *Beratungssystem* ist unter dem Gesichtspunkt der Automatisierung ein technisches System, das auf der Basis der dem jeweiligen Wissenstyp angepaßte Problemlösungsstrategie den Menschen bei der Entscheidungsfindung auf verschiedenen Niveaus durch Entscheidungsvorschläge unterstützt [WER 86], [BÖH 87]. In der Wissensbasis und im Problemlösungsmodul sind deshalb die im Bild 1.2.10 dargestellten Ergänzungen notwendig und sinnvoll.

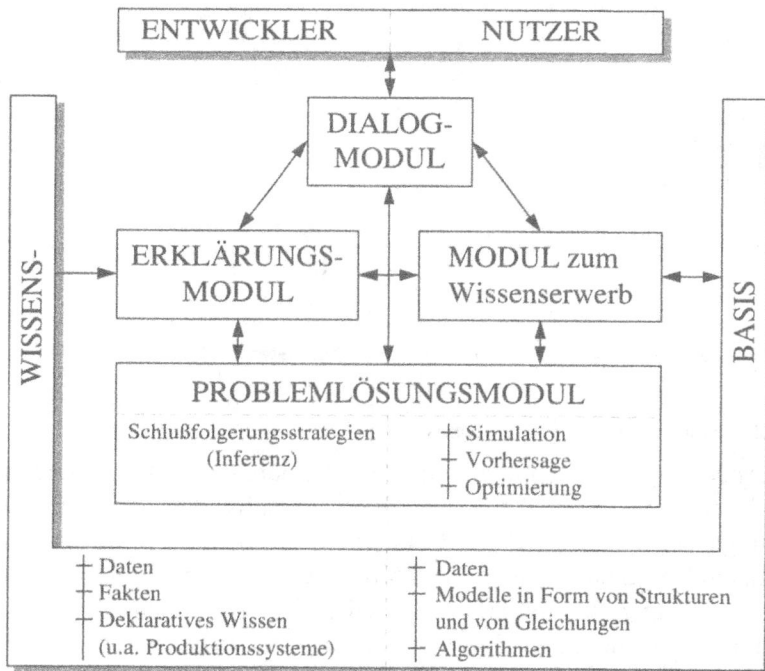

Bild 1.2.10: Module eines Beratungssystems

In den praktischen Realisierungen besitzen das Erklärungs- und das
Wissenserwerbsmodul eine geringe Rolle. Sehr wichtig für die Akzeptanz
und die Effektivität des Beratungssystems ist dagegen das Dialogmodul als
Schnittstelle zwischen Mensch und Entscheidungshilfesystem.

Werden wissensbasierte Entscheidungssysteme on-line eingesetzt, stellen
sich eine Reihe weiterer Anforderungen. Ausgehend von den Modulen eines
Expertensystems im Bild 1.2.9 sind das die im Bild 1.2.11 dargestellten
Anforderungen und Bedingungen.

Als Gesamtstruktur für ein Beratungssystem unter dem Echtzeitaspekt ergibt
sich das im Bild 1.2.11 dargestellt Schema.

Wesentliche Gesichtspunkte sind die Beachtung
- der dynamischen Gestaltung der Wissensbasis,
- der Interruptfähigkeit und der Prioritätensteuerung und
- der Echtzeitfähigkeit des Inferenzmechanismus (im Bereich von ms).

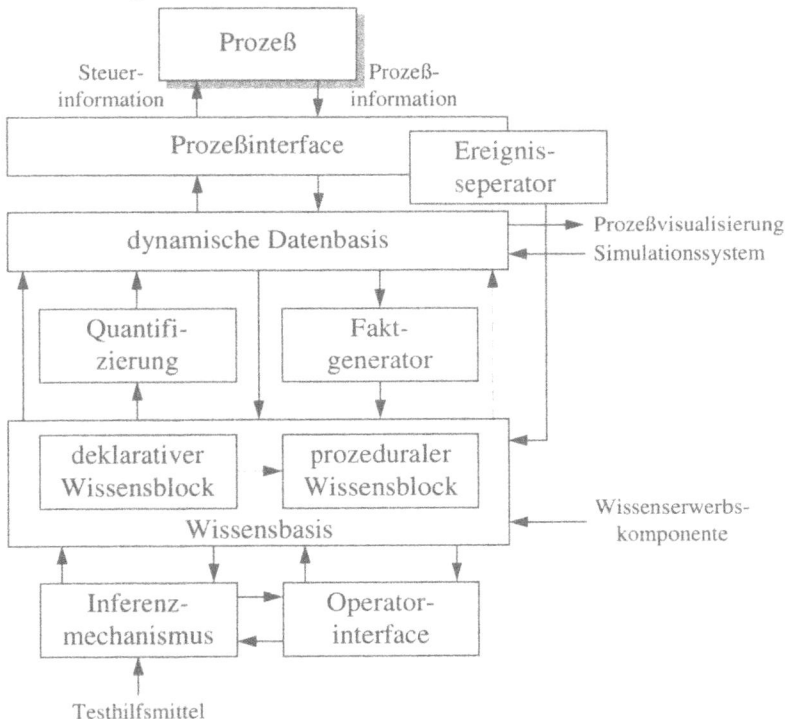

Bild 1.2.11: Struktur eines Echtzeitberatungssystems

Für serielle und parallele Faktermittlungsstrategien sind in den letzten Jahren
sehr leistungsfähige Inferenztechniken im System ILMREALEX [LTD 95]
entwickelt und erprobt worden.

1.3 Entwurfswege optimaler Regelungen und Entscheidungen

Der Entwurf optimaler Strategien zur zielgerichteten Beeinflussung von Prozessen kann auf der Grundlage

1. von Prozeßmodellen und einer Simulation,
2. einer Suche direkt am Prozeß und
3. einer Nachbildung des Entscheidungsverhaltens des Menschen/ Operateurs

erfolgen. Da alle Entwurfswege Vor- und Nachteile besitzen, muß in jedem Anwendungsfall konkret über den zweckmäßigsten Entwurfsweg entschieden werden. Bei Prozessen, die vom Menschen entworfen und realisiert wurden, überwiegen der Entwurf auf der Grundlage von Modellen und der Simulation. Durch eine Erprobung direkt am Prozeß wird eine sinnvolle Feinanpassung der Steuerungsparameter vorgenommen. Existieren keine Prozeßmodelle und ist ein Entwurf der Steuerung direkt am Prozeß nicht möglich, kann auf die Abbildung des Entscheidungsverhaltens des Menschen zurückgegriffen werden. Dieser Weg ist aber nur dann erfolgreich, wenn der Mensch bereits Erfahrungen über das Verhalten des Prozesses besitzt. Insgesamt ist immer davon auszugehen, daß bei der praktischen Realisierung die genannten Entwurfswege mit unterschiedlichem Gewicht in den Gesamtentwurf eingehen sollten.

1.3.1 Entwurf auf der Basis von Prozeßmodellen und der Simulation [FÖL 88], [UNB 82], [ISE 88], [PAP 91]

Die Struktur des modellgestützten interaktiven Steuerungsentwurfs ist im Bild 1.3.1 dargestellt.

Grundlagen dieses Entwurfsweges sind Nachbildungen des Verhaltens von Signalen und Systemen in Modellen.

Als Methoden zur Modellbildung stehen

1. die theoretische Prozeßanalyse,
2. die experimentelle Prozeßanalyse,
3. die Bildung von Fuzzy Modellen und
4. die Bildung von Modellen auf der Basis Neuronaler Netze

zur Verfügung.

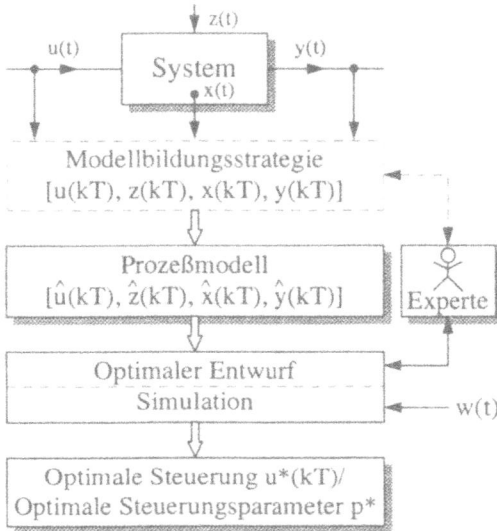

Bild 1.3.1:
Modellgestützter interaktiver
Steuerungsentwurf

Die *theoretische Prozeßanalyse* [BRA 72], [BRA 82], [ISE 91] basiert z. B.
auf physikalischen, chemischen oder biologischen Gesetzmäßigkeiten u. a.
in Form von Bilanzgleichungen von Massen, Stoffen und Energien. Sie
bildet die grundsätzlichen Phänomene sehr gut ab und ist für den Entwurf
von Verfahren und Technologien eine unverzichtbare Voraussetzung. Die
einfachste Struktur dieser Modellklasse ist in Gl. (1.3.1)

$$\frac{dC(t)}{dt} = u(t) - y(t)$$

$$\text{mit } C(t) = gespeicherte \quad Größe \ ,$$

$$u(t) = zugeführte \quad Größe \ ,$$

$$y(t) = abgeführte \quad Größe$$

$$(1.3.1)$$

dargestellt.
Ein weiterer Vorteil dieser Modellklasse ist die Abbildung von strukturellen
Zusammenhängen und von Zuständen des Systems. Nachteilig wirken sich
bei der praktischen Umsetzung die Bestimmung der häufig sehr großen Zahl
von Parametern, die auftretenden Störungen, das zeitvariante Verhalten und
die zunehmende Komplexität der zu steuernden Prozesse aus.
Die *experimentelle Prozeßanalyse* [ISE 91], [WER 89], [UNB 82] stellt sich
die Aufgabe, auf der Grundlage der gemessenen Ein- und Ausgänge, der
Störungen oder der Zustände, das Verhalten der Signale und des Systems in
Modellen abzubilden.

Die mit den Methoden der experimentellen Prozeßanalyse erstellten Modelle können in Form von:

1. deterministischen oder stochastischen Signalmodellen

$$\hat{u}(kT) = f(kT) \quad bzw. \quad \hat{u}(kT) = f(\epsilon(kT), kT)$$

$$mit \quad kT = Zeit \tag{1.3.2}$$

$$\epsilon(kT) = wei\beta es \ Rauschen \quad,$$

2. statischen und dynamischen Ein-/Ausgangsmodellen des Systems

$$\hat{y} = f(u) \quad bzw. \quad \hat{y}(kT) = f(u(kT), \hat{y}[(k\text{-}i)T]) \quad, \tag{1.3.3}$$

3. Zustandsmodellen des Systems

$$\hat{x}(kT) = f(u(kT), y(kT), \hat{x}[(k\text{-}i)T]) \tag{1.3.4}$$

analytisch hinterlegt werden. Der Vorteil dieser Methodengruppe ist die Möglichkeit der guten Abbildung des aktuellen Verhaltens des konkreten Prozesses. Gleichzeitig können adaptive und echtzeitfähige Strategien sehr gut realisiert werden. Nachteilig ist der Beobachtungsaufwand und die notwendige Aussteuerung um den Arbeitspunkt. Diese Nachteile können durch die Methoden der optimalen Versuchsplanung jedoch reduziert werden. Als wesentlicher Nachteil bleibt jedoch, daß die Modelle nur in einem geringen Maß für den verfahrenstechnischen/technologischen Entwurf zu verwenden sind.

Die Bildung von Verhaltensmodellen auf der Basis von Regelwerken der Form:

$$R_i : \ Wenn \ < Bedingung > \ Dann \ < Aktion >$$

bei gleichzeitiger Verwendung von unscharfen/linguistischen Beschreibungen der Bedingungen und der Aktionen führt zum Fuzzy Konzept und den Methoden des maschinellen Lernens [OTT 90], [ARC 92].

Die mit den *Fuzzy Modellen (FM)* [SRI 92], [OTT 95] hinterlegten Verhaltensmodelle bestehen aus den in Abschnitt 2.4 beschriebenen Strukturen des Fuzzy Verarbeitungskonzeptes. Für das statische und dynamische nichtlineare Ein-/Ausgangsverhalten gelten die im Bild 1.3.2 dargestellten Strukturen.

Ihre Stärke liegt in der Abbildung extrem nichtlinearer statischer und dynamischer Zusammenhänge.

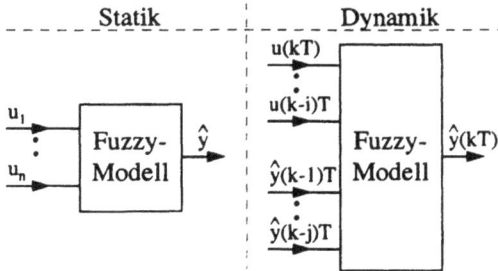

Bild 1.3.2:
Strukturen von Fuzzy Modellen

Die *Künstlichen Neuronalen Netze (KNN)* gestatten ebenfalls die Nachbildung nichtlinearer statischer und dynamischer Zusammenhänge als
Ein-/Ausgangsmodelle [OTT 95], [MIL 90], [KOS 90]. Ihre Vorteile liegen
in der Strukturfreiheit und den adaptiven Eigenschaften. Ihre Nachteile sind
u. a. in der Ermittlung der Wichtungsparameter der Neuronenverbindungen,
in der Festlegung der Schichten- und der Knotenanzahl sowie in der Wahl
der Aktivierungsfunktion zu sehen. Die Modellstrukturen für das statische
und dynamische Verhalten sind im Bild 1.3.3 dargestellt.

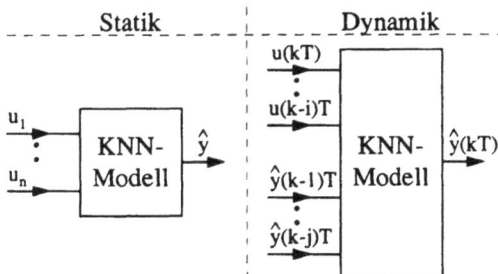

Bild 1.3.3:
Strukturen von Künstlichen
Neuronalen Netz Modellen

Untersuchungen in [OTT 95] haben ergeben, daß zur Lösung der im Abschnitt 4 genannten Aufgaben KNN, die aus einer Eingangs-, einer
Zwischen- und einer Ausgangsschicht bestehen, ausreichend sind. Bei der
Abbildung eines nichtlinearen dynamischen Systemverhaltens ist die Anzahl
der Eingangsneuronen gleich dem Doppelten des Systemgedächtnisses
dividiert durch die Tastperiode T als sinnvoller Ausgangswert zu wählen.
Damit hat das KNN für ein dynamisches System mit einem Ein- und Ausgang die im Bild 1.3.4 dargestellte Struktur.
Zusammenfassend ist einzuschätzen, daß der modellgestützte Entwurfsweg
optimaler Regelungen und Entscheidungen in den ingenieurtechnischen
Anwendungsbereichen überwiegend zur Anwendung kommt. Dies gilt
sowohl für den Entwurf von Automatisierungslösungen und rechner-
gestützten Entscheidungshilfen für bestehende Systeme als auch für neu zu
entwickelnde Verfahren und Technologien. Dieser Entwurfsweg muß sinnvoll ergänzt werden durch eine Anpassung der entworfenen Steuerstrategien
an die Realität des Systems, die in der Regel von keinem Modell exakt

nachbildbar sind. Falls kein Modellwissen über das System vorliegt, sind nur die Entwurfswege über eine Suche direkt am Prozeß oder durch die optimale Nachbildung des Entscheidungsverhaltens des Menschen als Operateur eine sinnvolle Strategie.

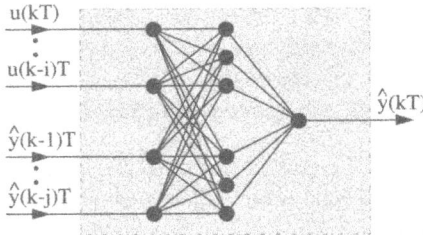

Bild 1.3.4:
KNN-Modell für ein dynamisches System

1.3.2   Entwurf durch Suche am Prozeß

Der Steuerungsentwurf direkt am Prozeß erfolgt durch eine gezielte Veränderung der steuerbaren Einflußgrößen des Systems auf der Grundlage einer Bewertung u. a. der Regelgröße, des Steueraufwandes oder der Zeit. Die wesentlichen Module dieses Entwurfsweges sind im Bild 1.3.5 dargestellt. Zur Ermittlung der optimalen Parameter sind der jeweiligen Aufgabe angepaßte Suchverfahren zu verwenden [BEN 71], [HAR 74].

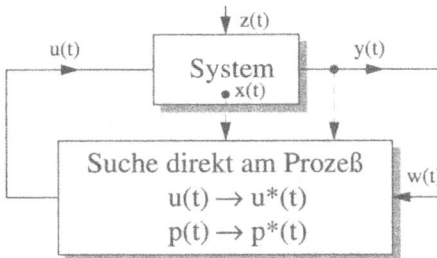

Bild 1.3.5:
Steuerungsentwurf direkt am Prozeß

Häufig werden deterministische Suchverfahren angewendet, da Zufallssuchverfahren wie z. B. die Evolutionsstrategien und genetische Algorithmen durch ihr Konvergenzverhalten bei realen dynamischen Systemen ökonomisch nicht realisierbar sind. Als eine Grundstrategie zur Ermittlung optimaler Parameter kann die in Gl. (1.3.5) dargestellte iterative Suchstrategie angesehen werden. Es gilt für den i+1-ten Suchschritt:

$$p^{\,i+1} = p^{\,i} + \Delta p^{\,i+1}$$

$$\text{(1.3.5)}$$

mit $\Delta p = Parameteränderung$ *im (i+1)-ten Suchschritt*

Die Parameteränderung Δp kann durch deterministische oder durch zufällige Suchverfahren rechnergestützt oder durch eine "trial and error" Suche des Menschen von Hand erfolgen. Bei der Gruppe der Zufallssuchverfahren müssen zusätzliche Maßnahmen zur Verhinderung instabiler System-zustände getroffen werden.

Zusammenfassend kann eingeschätzt werden, daß diese Strategie zum Steuerungsentwurf nur unter laborähnlichen Bedingungen oder zur Fein-anpassung der mit anderen Entwurfswegen bereits erhaltenen Steuerungen dienen wird.

1.3.3 Entwurf auf der Basis der Nachbildung des Entscheidungsverhaltens des Menschen

Ist die Modellierung des Prozesses nicht oder nur teilweise möglich und ein optimaler Steuerungsentwurf direkt am Prozeß nicht zu realisieren, ist die Nachbildung des Entscheidungsverhaltens des Menschen/Opterateurs ein sinnvoller Entwurfsweg. Es setzt das Wissen des Menschen in der konkreten Handlungsumgebung und die Möglichkeiten der Formalisierung des Ent-scheidungswissens voraus. Dieser Entwurfsweg wird es zwar ermöglichen, das Wissen des Menschen optimal abzubilden, beantwortet aber die Frage der Optimalität der Entscheidungen nicht.

Das Entscheidungsverhalten des Menschen kann mit den Methoden des maschinellen Lernens abgebildet werden [OTT 90], [BIE 87]. Das sehr umfangreiche Spektrum von Methoden ist im Bild 1.3.6 angegeben.

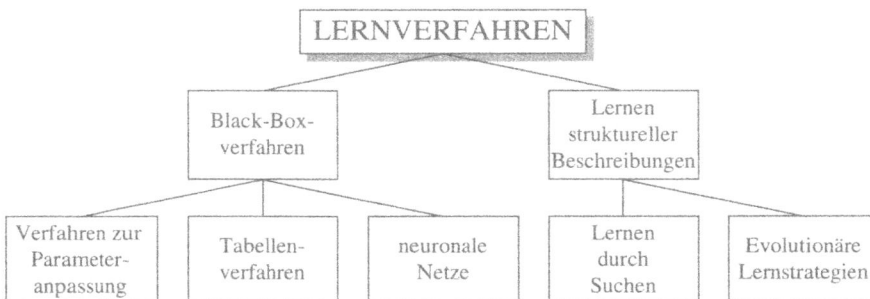

Bild 1.3.6: Methoden des maschinellen Lernens

Im Mittelpunkt der Anwendungen standen in den letzten Jahren die Befragungstechniken und die datenorientierte erfolgsbewertete Handlungs-analyse des Experten. Als Entwurfswege auf der Grundlage dieser Wissens-ermittlung sind das Expertensystemkonzept bei Verwendung von Regelwerken der Form:

Wenn < Bedingung > Dann < Aktion >

bzw. das Klassifikatorkonzept bei Verwendung der erfolgsbewerteten

Handlungen als Lernprobe LP{**m**, **u**, q} möglich. Da die Anwendung des Expertensystemkonzeptes zur Entscheidungsfindung in automatisierten Systemen bereits sehr häufig vorgestellt wurde und außerdem noch nicht die erwartete Bedeutung auf diesem Gebiet besitzt, konzentriert sich das Buch bewußt auf die Anwendung von Klassifikatorkonzepten zum Entscheidungsentwurf.

Auf die in der letzten Zeit an Bedeutung gewinnenden Abbildungsmöglichkeiten des Entscheidungsverhaltens des Menschen durch Künstliche Neuronale Netze (KNN) sei an dieser Stelle aus Platzgründen verwiesen [TOL 92]. Für sie gelten bezüglich der Optimalität die bereits getroffenen Aussagen.

Zusammenfassend ist festzustellen, daß mit diesem Entwurfsweg das Entscheidungsverhalten des Menschen abgebildet werden kann, dessen analytische Beschreibung nicht oder nur unvollständig realisierbar ist. Der erfolgsbewerteten Handlungsanalyse des Experten in der konkreten Situation wird immer der Vorzug gegenüber einer Expertenbefragung gegeben. Ihre Vorteile bestehen weiterhin in der Abbildung nichtmonotoner dynamischer Entscheidungsstrategien und in der Verwendung von lernfähigen sich selbst anpassenden Entscheidungsstrategien.

1.4 Determiniertheit, Unsicherheit und Unschärfe in der Automatisierung

1.4.1 Determiniertheit, Unsicherheit und Unschärfe

Im Rahmen dieses Abschnittes soll auf die Zusammenhänge zwischen der Entscheidungssituation/der Information und der Entscheidungsstrategie eingegangen werden. Dabei wird von dem in der Tafel 1.4.1 dargestellten Entscheidungskonzept ausgegangen.

Das Entscheidungskonzept und das Ergebnis werden wesentlich von der Art des Wissens über den Prozeß festgelegt. Entsprechend dem Schema in der Tafel 1.4.1 kann dieser Zusammenhang dargestellt werden. Die Güte der Entscheidungen **e** des Entscheidungssystems (Mensch/Automat) wird durch das "Wissen" (hier durch die Informationen **s**) sehr stark bestimmt.

Die Begriffe Determiniertheit, Unsicherheit und Unschärfe standen und stehen im Mittelpunkt der Betrachtungen vieler hervorragender Wissenschaftler verschiedener Fachdisziplinen. Die Fachgebiete der Physik und der Philosophie bestimmen die teilweise sehr konträren Ansichten. Die Autoren werden keinen eigenen Beitrag zur Begriffsklärung versuchen. Das Ziel der Ausführungen ist es, den Leser auf die Probleme hinzuweisen und eine Auswahl von Begriffsbezeichnungen zu treffen, die den eigenen Standpunkt der Autoren in dieser nicht abgeschlossenen Diskussion darstellen.

Tafel 1.4.1: Wissenstyp und Entscheidungskonzepte (bezogen auf ein abgegrenztes Gebiet)

Wissenstyp	Entscheidung/ Aussage	Grundlage	Entscheidungs- konzepte
sicher/ determiniert	eindeutig	theoretische Kenntnisse, Bewertung von Daten	deterministisches Konzept
unsicher	mit Maß P(...) für das Vertrauen/die Wahr- scheinlichkeit verbunden	objektive Bewertung von Massenscheinung	statisches Konzept
ungenau/ unscharf	mit Maß μ(...) für den Wahrheitswert/ die Zu- gehörigkeit verbunden	subjektive Bewertung linguistischer Größen	Fuzzy Konzept
unvollständig	nicht möglich, da Wissen fehlt	Kreativität Beobachtung Experiment	Lernende Konzepte

PESCHEL [PES 78] hat sich sehr eingehend mit diesem Problem beschäftigt. In seinen Aussagen finden u. a. Gedanken von HEGEL [HEG 75], Engels [ENG 73] und PLANCK [PLA 14] Eingang.

So schreibt PESCHEL in [PES 78]:

"Der mechanische Determinismus überbetont das Wirken determi- nistischer Naturgesetze. Er behauptet, daß alles Geschehen nach völlig festgelegten Ketten von Ursachen und Wirkungen verläuft. Das Zufällige habe scheinbaren Charakter und entstünde durch nicht vorhergesehene Überschneidungen mehrerer verschiedener Ursache- Wirkungs-Ketten. Für einen universellen Beobachter, einen Laplaceschen Dämon, der den Überblick über das gesamte Geschehen hat, gibt es keinen Zufall.

...

Es ist auch das andere Extrem denkbar, wonach es keinerlei Gesetzlich- keiten, sondern nur eine Fülle regelloser Zufälligkeiten gibt. Über Begriffe, die wir auf Grund von Sinneseindrücken bilden, versuchen wir zeitweilig eine Ordnung in der Flut der Erscheinungen zu erkennen und diese scheinbare Ordnung für uns auszunutzen, d. h., wir versuchen, den von uns produzierten Zufall bezüglich des objektiven Zufalls zu unserem Vorteil zu relativieren. Jedoch ohne objektive Gesetzlichkeiten gibt es auch keinerlei verläßliche Vorhersage, und die von uns scheinbar gefunde- nen Gesetzmäßigkeiten beruhen objektiv auf einem Irrtum.

Beide Extreme sind derart gestaltet, daß sie es nicht gestatten, über die Sammlung von Erfahrungen Gesetze der Natur zu erkennen und mit Erfolg zielgerichtet auszunutzen."

Und MAX PLANCK formulierte zum Wesen der Determiniertheit und des Zufalls in [PLA 14]:

"Jedes wissenschaftliche Denken, auch in den entferntesten Ecken der Seele des Menschen, läßt sich unbedingt von der Annahme leiten, daß auf dem tiefsten Grunde der Erscheinungen eine absolute Gesetzmäßigkeit liegt, unabhängig von Willkür oder Zufälligkeit. Andererseits muß man in der genauesten der Naturwissenschaften, der Physik, häufig mit Erscheinungen operieren, zwischen denen der gesetzmäßige Zusammenhang bisher nicht völlig aufgeklärt werden konnte, so daß man diese zweifellos als zufällig ansehen muß im wohlbestimmten Sinne des Wortes."

Für die weiteren Betrachtungen gehen die Autoren von einer axiomatischen Definition von PESCHEL [PES 78] aus. Sie lautet in drei Axiomen:

Axiom I: Die Möglichkeiten einer jeden Erscheinung sind determiniert.

Axiom II: Unter der Randbedingung der determinierten Möglichkeiten realisiert sich die konkrete Erscheinung unter der Wirkung eines Zufallseinflusses. Dabei ist der Zufall objektiv real und nicht nur Ausdruck mangelnder Kenntnisse über die Details der   Erscheinung.

Axiom III: Reale Gesetzmäßigkeiten sind immer eine Einheit von Zufall und Notwendigkeit, d. h. enthalten immer einen determinierten Anteil, der in eine Fülle zufälliger Schwankungen eingelagert ist, z. B. in Form determinierter mittlerer Verläufe, determinierter Trends, determinierter Steuerungsgesetze für den Zufall usw.

Der Standpunkt der Autoren kann in den in Tafel 1.4.1 dargestellten Zusammenhängen zwischen dem jeweiligen Wissenstyp/Information und den Entscheidungskonzepten entnommen werden. Unterschieden wird nach der Art der Entscheidung und der Grundlage des Wissenstyps. Als Entscheidungskonzept werden das deterministische, das statistische, das Fuzzy und das lernende Konzept angesehen. In der Realität kommen Mischformen des Wissenstyps und damit der Entscheidungskonzepte häufig vor. Ebenfalls muß beachtet werden, daß der Wissentyp und damit das Entscheidungskonzept stark subjektiv geprägt sein können. Die auf der Basis der statistischen Verfahren, der Fuzzy Konzepte und der Lernverfahren entworfenen Entscheidungssysteme können in der Kannphase ein rein deterministisches Entscheidungskonzept darstellen.

Die unterste Abbildung der Realitäten in einer Modellhierarchie stellt das

deterministische Konzept dar. Wird die wirkliche Unsicherheit oder Unschärfe der Realität in das Modell aufgenommen, ist die Bewertung der
realen Größen x durch Funktionen in Form der Wahrscheinlichkeitsverteilung f(x) oder der Unschärfeverteilung μ(x) (Zugehörigkeitsfunktion nach Zadeh [ZAD 65], [ZAD 75]) notwendig und sinnvoll. Unvollständiges Wissen ist nur durch Lernverfahren zu beseitigen.

1.4.2 Entscheidung auf der Grundlage von deterministischen Konzepten

Das deterministische Entscheidungskonzept ordnet entsprechend Bild 1.4.1
jeder sicheren Information/Situation s eindeutig eine Entscheidung e zu. Die
Informationen über Signale, Systeme und Entscheidungskriterien sind
determiniert oder werden als solche angenommen. Auf diesem Entscheidungskonzept beruhen eine Vielzahl von Entscheidungssystemen in der
Automatisierung. Das Signal- und Systemverhalten kann in Form von
deterministischen Beziehungen z. B. Gleichungen beschrieben werden.
Sie sind überall dort erfolgreich, wo die oben genannten Bedingungen erfüllt
sind. Bei stochastischen Störungen, Unsicherheiten und Unschärfe in der
Sensorik, dem Entscheidungssystem und der Aktorik muß das im deterministischen Konzept berücksichtigt werden oder zu den anderen Entscheidungskonzepten übergegangen werden.

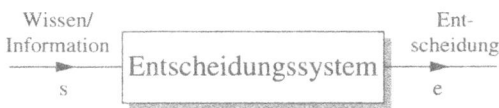

Bild 1.4.1:
Entscheidungssystem

So können im einfachsten Fall Störungen dadurch beseitigt werden, daß bei
den Konzepten der Mehrpunktregler, Totzonen oder Hysteresen verwendet
werden (siehe Abschnitt 2.1.3.1).
Determinierte Entscheidungen erhält man auch nach dem Entwurf von
Reglern und Steuerungen auf der Basis des Bayes und des Fuzzy Konzeptes
(siehe Abschnitt 3 und 4).

1.4.3 Entscheidung auf der Grundlage von statistischen Konzepten

Sind Entscheidungen über statistische bzw. stochastische Massenerscheinungen oder bei deren Anwesenheit erforderlich, ist das statistische
Entscheidungskonzept anzuwenden. Die objektive Realität einer Größe x
wird durch die Wahrscheinlichkeitsverteilung f(x) abgebildet. Durch die
objektive Bewertung wird ein Maß in Form der Wahrscheinlichkeit P(x)

gewonnen, das ein Vertrauen in die Entscheidung ausdrückt.

Mögliche Entscheidungsstrategien unter diesem Konzept sind die Bayes Strategie für den maximalen mittleren Nutzen und die maximale bedingte Wahrscheinlichkeit (siehe Bild 1.4.2).

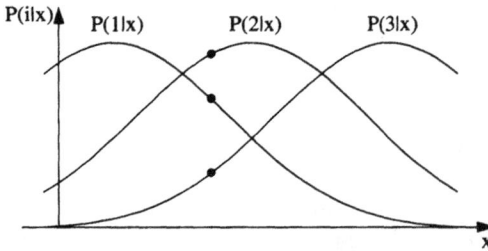

Bild 1.4.2:
Bayes Entscheidungskonzept

Mit der letztgenannten Methode werden in Abschnitt 3 die Bayes Klassifikatoren entworfen.

1.4.4 Entscheidung auf der Grundlage von unscharfen Konzepten

Während das deterministische und das stochastische Entscheidungskonzept von dem klassischen Wahrheitsbegriff:

"Eine Aussage ist entweder wahr oder falsch"

ausgehen, bauen die unscharfen Konzepte nach Zadeh [ZAD 65] auf einen graduellen Wahrheitswert, der Zugehörigkeit μ auf (siehe Abschnitt 2). Die Maßzahl Zugehörigkeit μ bewertet die graduelle Wahrheit der Zugehörigkeit eines Wertes/Objektes zu einer Menge, der unscharfen Menge. Auf der Grundlage dieser Bewertung einer Größe x erhält man die Unschärfeverteilung $\mu(x)$ der Größe x, die Zugehörigkeitsfunktion $\mu(x)$. Sie ist in der Regel keine Abbildung von objektiven Massenerscheinungen, sondern entsteht durch die subjektive Bewertung linguistischer Größen. Entscheidungskonzepte sind die Verwendung von Entscheidungen maximaler Zugehörigkeit (siehe Bild 1.4.3) beim Klassifikatorentwurf im Abschnitt 3 und die Fuzzy Verarbeitungsstruktur entsprechend Abschnitt 4.

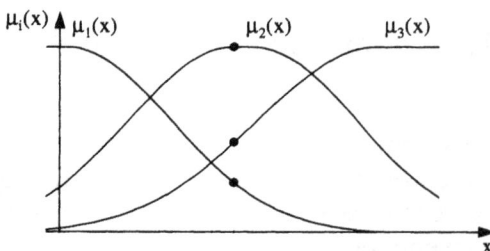

Bild 1.4.3:
Fuzzy Entscheidungskonzept

1.4.5 Entscheidung auf der Grundlage von Lernkonzepten

Liegt ein unvollständiges Wissen über den Prozeß vor, ist eine Entscheidung, die auf dieses Wissen aufbaut, nicht möglich. Einen methodischen Ausweg bilden die Lernmethoden [ZYP 72], [TOL 92]. Als Lernen wird nach Zypkin [ZYP 72] die Fähigkeit eines Systems zur Gewinnung von Informationen aus einer Lernprobe LP mit dem Ziel, die Güte der Information im definierten Sinne des Lernkriteriums zu verbessern, bezeichnet. Lernstrategien müssen durch Vergessensfaktoren ein adaptives Verhalten besitzen, zweckmäßige Zuordnungen zwischen Information und Entscheidung für zukünftige Handlungen abspeichern sowie die erreichten Ergebnisse bewerten können. Umfangreiche Untersuchungen wurden in den letzten Jahren unter den Gesichtspunkten der Künstlichen Intelligenz auf diesem Gebiet durch die Methoden des maschinellen Lernens geführt [OTT 90], [FOR 86], [ARC 92]. Wesentliche Methodengruppen, auf die an dieser Stelle nicht weiter eingegangen werden kann, sind im Bild 1.3.6 dargestellt.

1.5 Zusammenfassende Wertung

Ausgehend von den durchgeführten Betrachtungen werden im weiteren folgende generelle Entwurfswege vorgestellt:
  I. der modellgestützte optimale Entwurf von Fuzzy Steuerungen und Fuzzy Regelungen,
  II. die optimale Nachbildung des Entscheidungsverhaltens des Menschen auf der Basis von Klassifikatorkonzepten.

Während der erste Entwurfsweg sich auf Steuerungs-/Regelungsprobleme beschränkt, ist im zweiten Entwurfsweg die Lösung von Diagnose- und Steuerungs-/Regelungsaufgaben möglich. Gleichzeitig werden bei den Methoden der Klassifikation Bayes und Fuzzy Konzepte realisiert und in ihrer Leistungsfähigkeit verglichen.
Nicht weiter verfolgt wird der Weg der Optimierung von Entscheidungssystemen durch eine Suche am Prozeß und die Abbildung des Entscheidungsverhaltens auf der Grundlage der Befragung. Ebenfalls wird der Weg der Anwendung KNN als Abbildung des Entscheidungsverhaltens in Form eines Reglers oder eines Klassifikators aus Platzgründen nicht weiter betrachtet.

2 Ausgewählte Grundlagen

2.1 Strategien zum Entwurf von Reglern

2.1.1 Regelungstechnische Gesichtspunkte

Gegenstand des regelungstechnischen Entwurfes ist die gezielte Beeinflussung dynamischer Systeme. Dazu wird einerseits eine Reglerstruktur und andererseits ein Bewertungskriterium für die Güte der entworfenen Struktur benötigt. Die ideale Lösung wäre ein Optimalregler, d. h. eine durch nichts zu verbessernde Struktur. In den meisten Fällen wird man auf die Strukturoptimalität verzichten müssen, da die wichtigste Grundvoraussetzung zur Aufstellung des dynamischen Optimierungsproblems, nämlich die exakte Modellierbarkeit des zu steuernden Systems in einer Zustandsraumdarstellung, nicht erfüllt werden kann.

In der Praxis hilft man sich an dieser Stelle mit vorhandenen, bewährten, parametrischen Reglerstrukturen, wobei die Parametereinstellung entweder auf dem Wege der Parameteroptimierung oder auf der Basis heuristischer Faustformeln und Tuningvorschriften erfolgt. Hierzu wird entweder kein oder nur ein grobes Prozeßmodell für die Simulation benötigt. Das Ziel eines solchen Entwurfes besteht in einem robusten statt einem optimalen Regler. In der folgenden Darstellung sind die wesentlichen Schritte klassischer Reglerentwurfsstrategien dargestellt (Bild 2.1.1).

Den Strategien zur Reglersynthese ist die Vorgehensweise in drei Stufen gemeinsam:

- Analyse und Klassifikation des Systems,
- Auswahl einer Reglerklasse,
- Anpassung des ausgewählten Reglers an den Prozeß anhand eines Gütekriteriums.

Die erste Stufe, die Analyse des zu regelnden Prozesses und ihr Ergebnis, schränkt die Zahl der möglichen Entwurfswege ein. Wenn beispielsweise die exakte Modellierung im Zustandsraum nicht gelingt, so ist die Strukturoptimierung unmöglich. Die reine Parameteroptimierung stellt aber eine wesentliche Einschränkung der Optimierungsmöglichkeiten dar, da man sich von vornherein auf eine Reglerstruktur festlegt [FÖL 90]. So könnte beispielsweise ein nichtlineares Übertragungsglied statt oder in Kombination mit einem PID-Regler eine bessere Regelgüte erzielen, als alle möglichen PID-Regler.

Strategie \\ Schritte	klassischer, industrieller Reglerentwurf (Parameteroptimierung)	optimaler Steuerungsentwurf (Strukturoptimierung)
1. Analyse	grobe Modellbildung (Sprungantwort, Impulsantwort, Differenzengleichung) Klassifizieren des Systemtyps	exakte Prozeßmodellbildung (Differentialgleichungssystem, Zustandsraum)
2. Synthese	Auswahl einer geeigneten Reglerstruktur aus einem Pool bewährter Regleralgorithmen	Aufstellen der Optimierungsaufgabe (Randwertproblem)
3. Anpassung Optimierung	"Tuning" der Parameter mittels Einstellregeln bzw. Parameteroptimierung	Lösen des Optimierungsproblems, Bestimmung einer geeigneten Steuerfunktion

Bild 2.1.1: Klassische Reglerentwurfsstrategien

2.1.2 Festlegung der Regelkreisstrukturen

Die Auswahl einer geeigneten Regler-/Steuerungstruktur richtet sich nach den statischen, dynamischen und strukturellen Eigenschaften des Systems. Der strukturelle Aspekt entscheidet darüber, ob die Steuerung/Regelung im Rahmen der Betrachtungen in diesem Buch als
- Basisregler (Bild 2.1.2),
- Stell- oder Sollwertgenerator (Bild 2.1.3),
- gesteuerter adaptiver Regler (Bild 2.1.4),
- Kaskadenregler (Bild 2.1.5),
- Koordinationsregler bei Mehrgrößensystemen (Bild 2.1.6)
eingesetzt werden kann.
Eine eindeutige Empfehlung für eine der Strukturvarianten kann nur im Zusammenhang mit einer konkreten Anwendung gegeben werden.

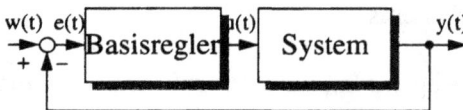

$e(t) \stackrel{\wedge}{=}$ Regelabweichung $(e(t)=w(t)-y(t))$

Bild 2.1.2: Basisreglerstruktur

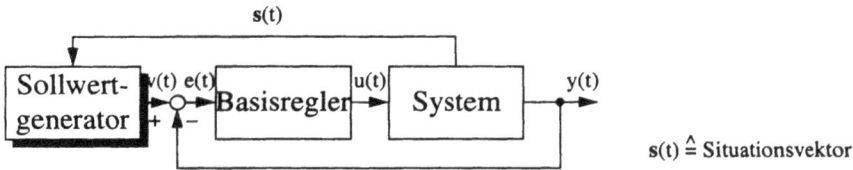

Bild 2.1.3: Situationsabhängiger Sollwertgenerator

$s(t) \overset{\wedge}{=}$ Situationsvektor

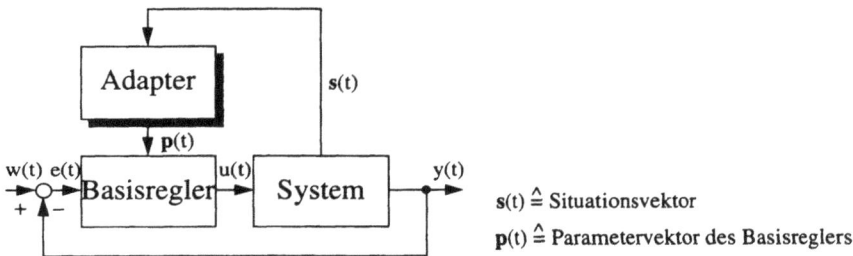

$s(t) \overset{\wedge}{=}$ Situationsvektor

$p(t) \overset{\wedge}{=}$ Parametervektor des Basisreglers

Bild 2.1.4: Gesteuert adaptiver Regler

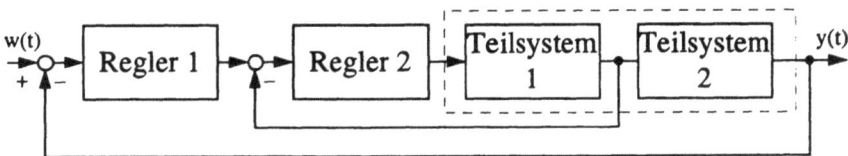

Bild 2.1.5: Kaskadenregler

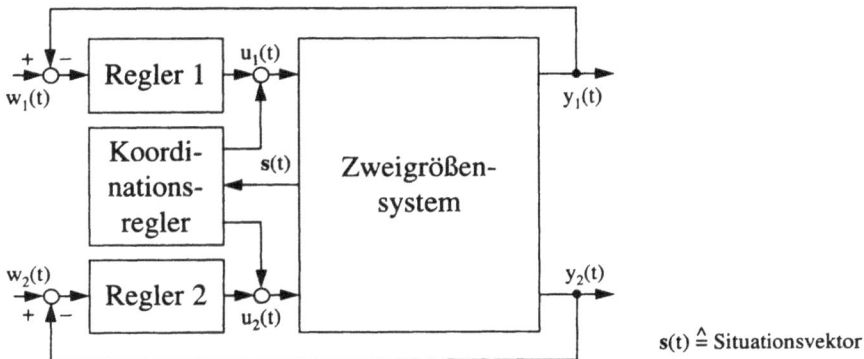

$s(t) \overset{\wedge}{=}$ Situationsvektor

Bild 2.1.6: Mehrgrößenregelung mit Koordinationsregler

2.1.3   Festlegung der Struktur des Reglers

Im folgenden soll kurz der Zusammenhang der klassischen Reglerstrukturen mit den neu entwickelten und in diesem Buch ausführlich dargestellten Klassen- und Fuzzy Regelungen dargestellt werden. Es soll auf der einen Seite die beim Entwurf unbedingt zu berücksichtigenden regelungs-technischen Erkenntnisse und auf der anderen Seite die Möglichkeiten der neuen Konzepte aufgezeigt werden. Als Ausgangspunkt soll die These stehen:

> *"Die Klassen- und Fuzzy Regler sind im allgemeinen*
> *nichtlineare,*
> *zeitdiskrete*
> *Kennfeldregler."*

Deshalb soll kurz auf die Mehrpunktregelung, die Kennfeldregelung, die zeitdiskrete Regelung und die Zustandsregelung eingegangen werden.

2.1.3.1   Die Mehrpunktregelung [FÖL 89], [UNB 82], [OPE 63]

Das Konzept der unstetigen Regler in der Form von Zwei- und Dreipunkt-reglern mit und ohne Hysterese sowie mit und ohne Totzone wurde sehr früh zur Lösung von Regelungsaufgaben eingesetzt. Typische Kennlinien un-stetiger Mehrpunktregler sind im Bild 2.1.7 dargestellt.

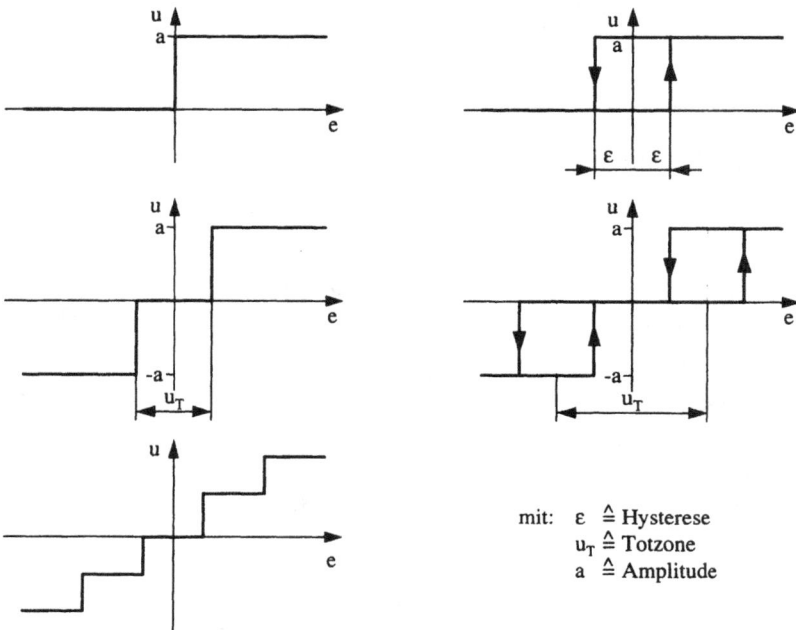

mit: $\varepsilon \; \triangleq$ Hysterese
$\quad\;\; u_T \triangleq$ Totzone
$\quad\;\; a \;\; \triangleq$ Amplitude

Bild 2.1.7: Kennlinien unstetiger Regler

Der Einsatz wurde teilweise, aufgrund der vorhandenen Sensorik und Aktorik erforderlich. In Regelungsaufgaben mit einer geringeren Anforderung an die Regelgüte ist das Konzept ausreichend und kostengünstig. Das typische Verhalten dieser Regler soll anhand einer Simulation (die Simulationen wurden mit dem Programmsystem Matlab[®]/Simulink[®] durchgeführt) eines Zweipunktreglers (Bild 2.1.8a) sowie eines Dreipunktreglers mit Totzone (Bild 2.1.8b) mit einer I-T$_2$ Strecke demonstriert werden.

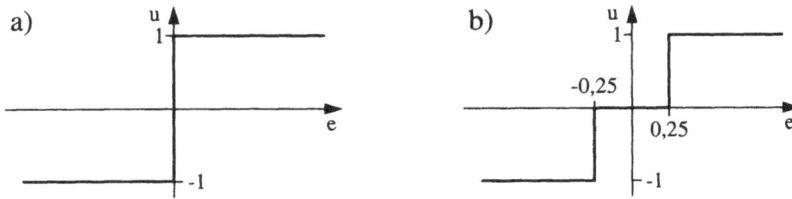

Bild 2.1.8: Kennlinien der verwendeten Zwei- und Dreipunktregler

Im Bild 2.1.9a ist das Simulationsschema sowie die Regelgröße y(t) und die Stellgröße u(t) für eine Sollwertänderung von 0 auf 2 für den Zweipunktregler (Bild 2.1.9b) und den Dreipunktregler (Bild 2.1.9c) dargestellt.

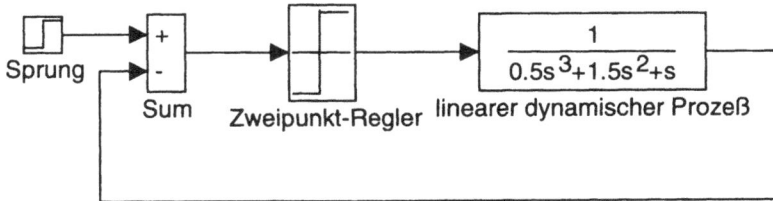

Bild 2.1.9a: Simulationsschema

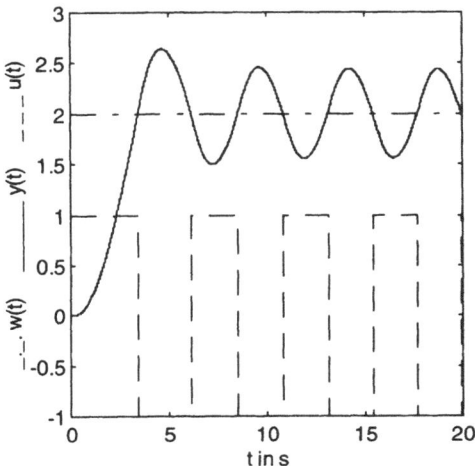

Bild 2.1.9b: Simulationsergebnis des Zweipunktreglers

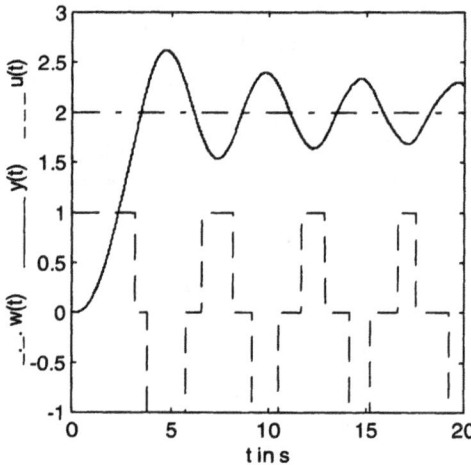

Bild 2.1.9c: Simulationsergebnis des Dreipunktreglers

Aus den Verläufen der Stellgrößen ist sehr gut die nichtstetige Arbeitsweise des Regelungskonzeptes zu sehen, die einem nichtlinearen Proportionalreglerverhalten entspricht. Für Zwei- und Dreipunktregler und bekanntem Systemverhalten sind ingenieurtechnische Entwurfsstrategien entwickelt worden. Für Mehrpunktregler und beliebigem Systemverhalten sind durchgängige Entwurfskonzepte nicht bekannt. Dies gilt auch für die Verwendung von differenzierenden oder integrierenden Einflußgrößen in das Reglerkonzept.

Es sei an dieser Stelle bereits darauf verweisen, daß jeder Mehrpunktregler durch ein Regelwerk der Form:

$$R_i : Wenn \quad < Bedingung \ e >$$
$$Dann \quad < Aktion \ u >$$

als Abbildung von scharfen Mengen (siehe Abschnitt 2.4.1) hinterlegt und sehr einfach umgesetzt werden kann. Das durch die Abarbeitung des Regelwerkes entstehende Reglerverhalten entspricht genau den simulierten Verläufen.

2.1.3.2 Die Kennfeldregelung [OPE 63], [TRU 60]

Ist die Stellgröße u(t) von zwei oder mehr Eingangsgrößen abhängig, kann das statische Verhalten als Kennfläche dargestellt werden. Diese Hinterlegung von Kennflächen ist dann sinnvoll, wenn keine geschlossenen analytischen Beziehungen zwischen der Stellgröße und den Einflußgrößen existieren. Dies ist bei unstetigen nichtlinearen Konzepten der Fall.

Hauptanwendungsgebiete sind u. a. Motorregelungen und Schaltgetrieberegelungen. Ihr Einsatz ist bereits eng mit den ersten Anwendungen der

Regelungstechnik erfolgt [OPE 63].

Für einen Kennfeldregler mit den Eingangsgrößen e_1 und e_2 ist für ein Dreipunktkonzept das Kennfeld im Bild 2.1.10 dargestellt.

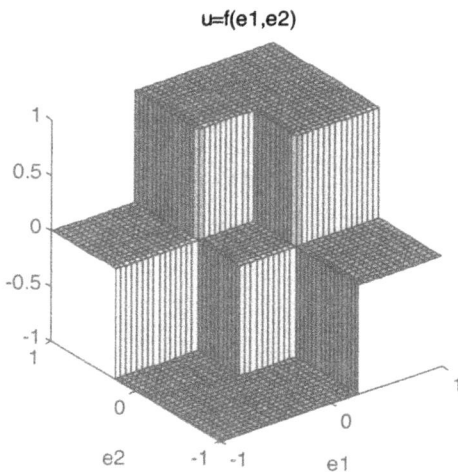

Bild 2.1.10:
Kennfeld eines zweidimensionalen Kennfeldreglers
(Dreipunktverhalten)

Deutlich ist zu sehen, daß es Gebiete gibt, bei denen bei unterschiedlichen Werten der Eingangsgrößen gleiche Stellgrößen erzeugt werden. Der Vorteil von Kennfeldreglern besteht in der Möglichkeit, stetige oder unstetige nichtlineare Funktionen zu hinterlegen. Offen bleibt in vielen Fällen die Entwurfsstrategie für optimale Kennfelder und die Reduzierung auf das proportionale Reglerkonzept.

Auch für den Kennfeldregler gilt die im Abschnitt 2.1.3.1 realisierte Notierung als Regelmenge. Für den vorgestellten Fall haben die Regeln die Form:

$$\text{Wenn} \ < Bedingung\ e_1 > \ und \ < Bedingung\ e_2 >$$
$$\text{Dann} \ < Aktion\ u >$$

als logische Verknüpfung von zwei Bedingungen zu einer Entscheidung.

2.1.3.3 Die zeitdiskrete Regelung [GÜN 86], [ISE 88], [FÖL 90]

Mit der zeitdiskreten Regelung ergeben sich eine Reihe weiterer Gestaltungsmöglichkeiten. Gleichzeitig sind Aspekte zu berücksichtigen, die beim Entwurf der Klassensteuerung und der Fuzzy Regelungen wichtig sind. Die Grundstruktur einer einfachen zeitdiskreten Regelung ist im Bild 2.1.11 dargestellt.

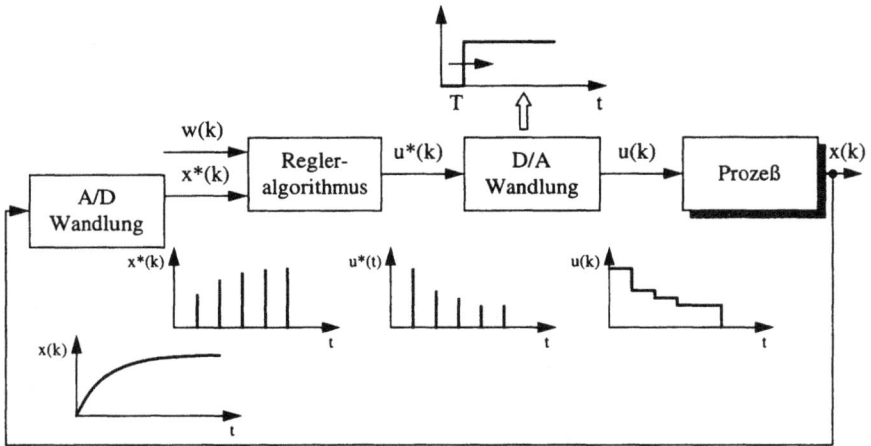

Bild 2.1.11: Grundstruktur einer zeitdiskreten Regelung

Eine der ersten Aufgaben beim Entwurf zeitdiskreter Regelungen ist die Festlegung einer sinnvollen Tastperiode T. Ihre Größe bestimmt die Qualität der Regelung und sie ist ausschlaggebend für die Stabilität des Regelkreises. Die unterste Grenzen der Tastperiode T ist durch das Abtasttheorem nach Shannon entsprechend Gl. (2.1.1) bestimmbar. Es gilt:

$$T \leq \frac{\pi}{\omega_{max}}$$

(2.1.1)

mit ω_{max} = *maximal zu rekonstruierende Frequenz* .

In der Praxis ist häufig eine größere Tastperiode ausreichend. Eine Abschätzung kann z. B. auf der Grundlage von a priori Informationen über das dynamische Verhalten des Systems entsprechend der Beziehung

$$T = (0{,}2 \ \cdots \ 0{,}4) \cdot T_{\Sigma}$$

(2.1.2)

mit T_{Σ} = *Summenzeitkonstante des Systems*

vorgenommen werden.

Der Einfluß der Tastperiode T auf das Stabilitätsverhalten des Regelkreises ist für ein Beispiel im Bild 2.1.12 dargestellt.

PI-Regler mit T=2s

PI-Regler mit T=4s

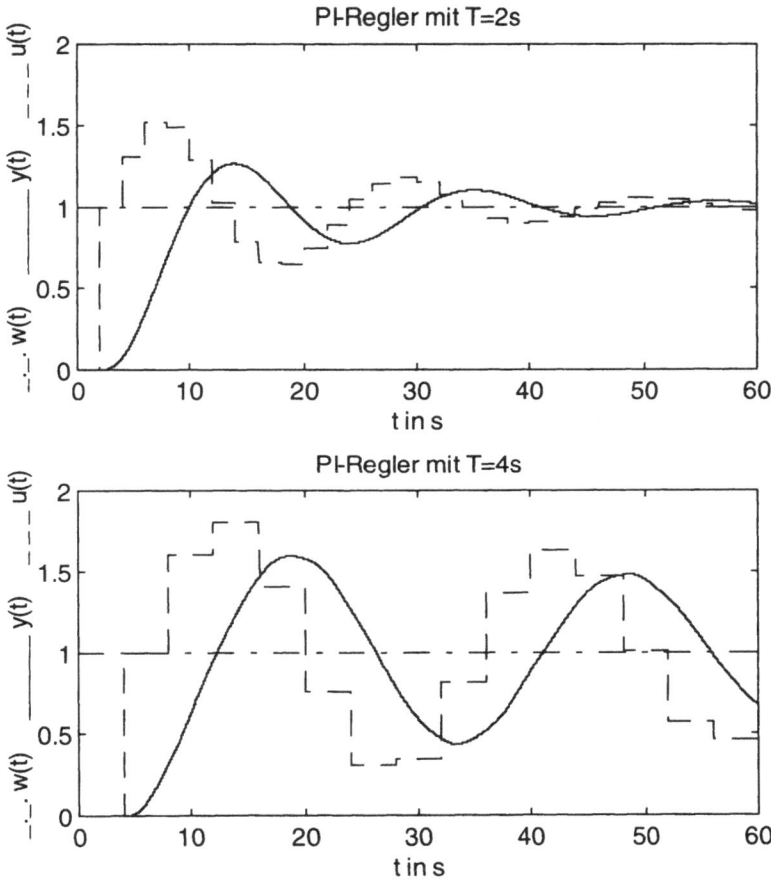

Bild 2.1.12: Einfluß der Tastperiode

Der zweite betrachtete Aspekt ist die Grundstruktur des zeitdiskreten Reglers.

Ausgangspunkt soll das klassische PID-Reglerkonzept sein, bei dem die Steuergröße u(t) aus den Bewertungen der Regelabweichung e(t) nach der Vorschrift:

$$u(t) = K_p \left[e(t) + \frac{1}{T_n} \cdot \int_0^t e(t)\, dt + T_v \cdot \frac{de(t)}{dt} \right] \qquad (2.1.3)$$

gebildet wird.

Aus Gl. (2.1.3) kann durch Anwendung der Rechteckregel und bei einer Tastperiode T der Steueralgorithmus für den linearen quasikontinuierlichen (zeitdiskreten) Regler entsprechend Gl. (2.1.4) hergeleitet werden.

Es gilt:

$$u(k) = c_1 e(k) + c_2 \sum_{i=0}^{k-1} e(i) + c_3 [e(k) - e(k-1)]$$

$$\text{mit} \quad c_1 = K_p \quad ; \quad c_2 = \frac{K_p \cdot T}{T_n} \quad ; \quad c_3 = \frac{K_p \cdot T_v}{T}$$ (2.1.4)

$$u(k) = u(kT) \quad ; \quad e(k) = e(kT) \quad .$$

In der zeitdiskreten Beschreibung wird zusätzlich zu den beiden Mehrpunkt-und Kennfeldreglern verwendeten proportionalen Wichtung der Eingangsgrößen e(k) die integrale und differenzierende Wichtung realisiert. Damit werden im Konzept folgende Merkmale verwendet:

- *aktueller Fehler* $[e(k)]$

- *aktueller Fehlergradient* $[e(k) - e(k-1)]$

(2.1.5)

- *aktuelle Fehlersumme* $\left[\sum_{i=0}^{k-1} e(i)\right]$.

Durch die Verwendung der integralen Fehlerwichtung (Ianteil) ist garantiert, daß bei Systemen mit Ausgleich und sprungförmiger Änderung der Führungs- oder Störungsgröße die bleibende Regelabweichung Null wird. Der Entwurf zeitdiskreter Regler bei Verwendung der genannten Merkmale oder der Entwurf von Reglern mit einer beliebigen Anzahl von Eingangsgrößen bereitet Schwierigkeiten bei Systemen, die folgende Eigenschaften besitzen:
- nichtlineares statisches oder dynamisches Verhalten,
- Totzeitverhalten/Allpaßverhalten,
- zeitvariantes Verhalten,
- verteilte Parameter.

Ein leistungsfähiger Ausweg wird der optimale Entwurf von zeitdiskreten nichtlinearen Reglern auf der Basis des Klassifikatorkonzeptes und der Fuzzy Theorie sein.

2.1.3.4 Die Klassenregelung [BÖH 85], [KOC 94]

Ausgehend von den Mehrpunkt- und Kennfeldreglern kann das Entscheidungskonzept zu dem der Klassenregelung verallgemeinert werden. Die Klassenregelung beruht entsprechend den Ausführungen im Abschnitt 1.2.3 auf der im Bild 2.1.13 dargestellten Grundstruktur und den angegebenen Entwurfsinformationen.

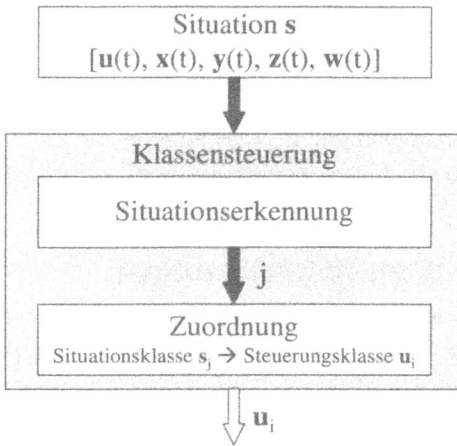

Bild 2.1.13:
Modelle der Klassensteuerung

Die Entscheidung wird bei diesem Konzept in die Teilaufgaben:
1. Erkennen der vorliegenden Situationsklasse,
2. Zuordnung einer geeigneten Steuerung
untergliedert.
Das Situationserkennungssystem löst im allgemeinen nichtlineare Entscheidungsprobleme. Für die geeignete Steuerung sind Steuergesetze zu formulieren und deren Parameter optimal zu ermitteln. Wie die weiteren Ausführungen im Abschnitt 3 zeigen werden, sind lineare dynamische Konzepte mit PID-ähnlichem Verhalten in der jeweiligen Klasse sehr zweckmäßig und ausreichend. Als ein einfaches Beispiel dieses Steuerkonzeptes kann ein progressiver Regler angesehen werden.
Als Situation soll die Regelabweichung e(t), als Situationsklassen große und geringe Regelabweichung und als mögliche Regler in den Steuerklassen PI- und PD-Regler verwendet werden.

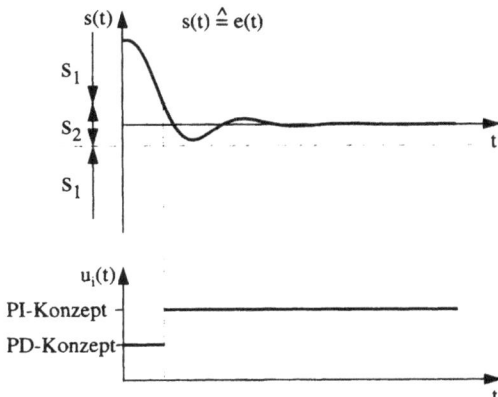

Bild 2.1.14:
Anwendungsbeispiel für eine Klassensteuerung

Damit ergeben sich die im Bild 2.1.14 dargestellten Verläufe der Situation
s und der Steuerstrategien u. Im Bereich großer Regelabweichungen (Fern-
bereich) ist ein PD-Konzept und im Bereich kleiner Regelabweichungen
(Nahbereich) ist ein PI-Konzept am zweckmäßigsten. Auf mögliche Strategien beim Übergang von einer Steuerungsklasse in die andere sowie auf den
notwendigen Kompromiß zwischen der Güte der Situationserkennung und
der Entscheidung wird im Abschnitt 3 ausführlich eingegangen.

2.1.3.5 Die Zustandsregelung [FÖL 90], [ISE 88], [GÜN 85]

Ist auf der Grundlage der theoretischen Prozeßanalyse eine Systembeschrei-
bung im Zustandsraum möglich oder durch eine Messung/Beobachtung der
Ein-, Zustands- und Ausgangsgrößen das Systemverhalten erfaßbar, können
optimale Zustandsregler entworfen werden. Wenn von einer Beschreibung
der Form:

$$x(k+1) = A^\cdot x(k) + B^\cdot u(k)$$
$$y(k) = C^\cdot x(k)$$

$$(2.1.6)$$

im zeitdiskreten Fall ausgegangen wird, kann bei linearen Systemen ein
lineares Rückführungsgesetz der Form:

$$u(k) = -R \cdot x(k)$$

$$(2.1.7)$$

bei geeigneter Wahl der Elemente der Rückführungsmatrix R dafür sorgen,
daß beliebige Störungstrajektorien der Zustandsregelung für t → ∞ gegen
Null streben. Soll gleichzeitig das Führungsverhalten beachtet werden, so
muß durch eine Erweiterung des Steuergesetzes zu:

$$u(k) = -R \cdot x(k) + M \cdot w(k)$$

$$(2.1.8)$$

der Führungsgrößenvektor $w(k)$ über die Vorfiltermatrix M berücksichtigt
werden. Damit ergibt sich die im Bild 2.1.15 dargestellte Gesamtstruktur der
Zustandsregelung mit Vorfilter für ein System mit einem Ein- und Ausgang.
Das Verhalten der Zustandsregelungen soll am Führungsverhalten eine
I-T_2-Strecke bei Verwendung von Zustandsreglern demonstriert werden. Im
Bild 2.1.16b ist ·das Führungsverhalten unter Verwendung der Ausgangs-
größen y als Zustandsgröße x_1 im Zustandsregler dargestellt. Das Gesamt-
verhalten zeigt starke Schwingungen der Systemgrößen.

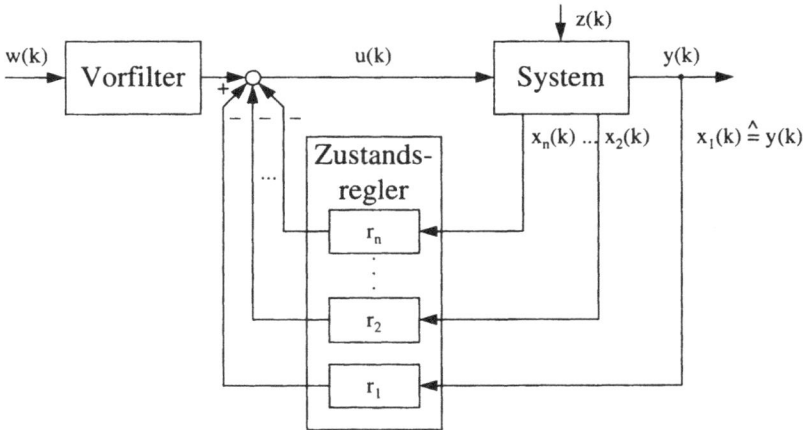

Bild 2.1.15: Zustandsregelung mit Vorfilter

Durch die Hinzunahme der Zustandsgröße x_2 als weitere Eingangsgröße des Zustandsreglers wird das Führungsverhalten wesentlich verbessert (siehe Bild 2.1.16c). Gleichzeitig ist zu bemerken, daß der klassische Zustandsregler einem mehrdimensionalem Proportionalregler entspricht. Mit diesem einfachen Demonstrationsbeispiel ist die Notwendigkeit des strukturellen Reglerentwurfs gezeigt, der bei einer Reihe von Arbeiten zur Regelung von Pendel und Kranen mit Fuzzy Konzepten leider nicht berücksichtigt wurde.

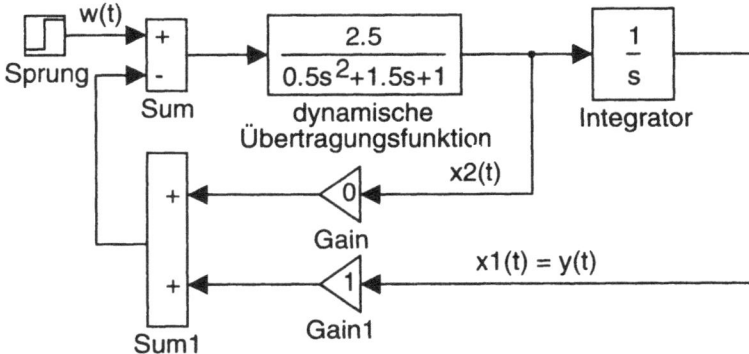

Bild 2.1.16a: Simulationsschema

Der Entwurf der Zustandsregler soll so erfolgen, daß
1) die Übergänge der Zustandsgrößen nicht zu langsam und nicht zu stark oszillieren und
2) die für die Übergänge erforderliche Energie möglichst klein ist [FÖL 90].

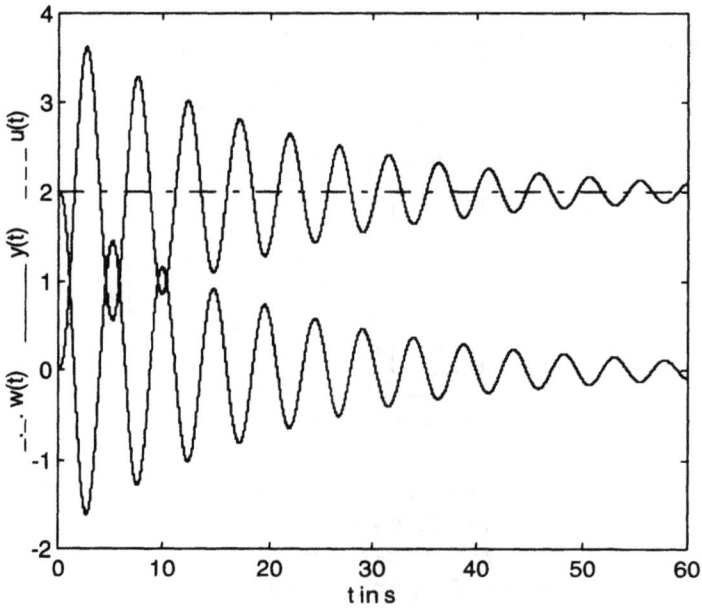

Bild 2.1.16b: Zustandsregelung mit x_1

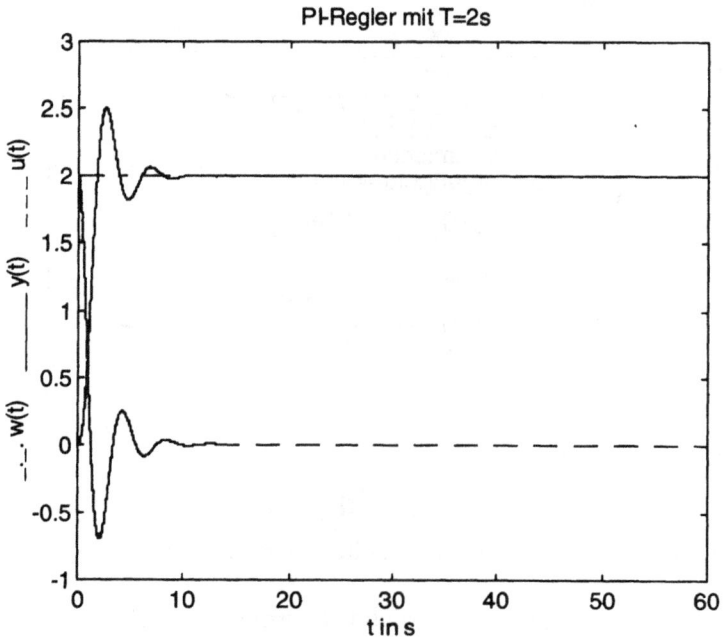

Bild 2.1.16c: Zustandsregelung mit x_1 und x_2

Beide Forderungen in Form der Regeln können durch die Minimierung des allgemeinen quadratischen Gütemaßes

$$I = \frac{1}{2} \int_0^\infty \left[x^T(t)\ Q\ x(t) + u^T(t)\ S\ u(t) \right] dt$$

(2.1.9)

mit Q , S = *Wichtungsmatrizen*

erfüllt werden. Mit $u(t) = -R \cdot x(t)$ kann Gl. (2.1.9) in die Form zur Berechnung des optimalen Zustandsreglers überführt werden:

$$I = \frac{1}{2} \int_0^\infty \left[x^T(t)(Q + R^T S R)\ x(t) \right] dt \quad .$$

(2.1.10)

Die analytische Lösung der Optimierungsaufgabe ergibt den Ricatti-Regler, dessen Grundstruktur

$$u(t) = -r(x(t), t)$$

(2.1.11)

ist. Ist die analytische Lösung des Optimierungsproblems nicht möglich, sind leistungsstarke deterministische oder zufällige Suchverfahren zu verwenden. Da die Zustandsregelung nur als Konzept im Rahmen dieses Buches angesprochen werden soll, muß an dieser Stelle auf weiterführende Literatur [FÖL 90], [ISE 88], [GÜN 86] verwiesen werden.
Wichtig für die weiteren Betrachtungen sind folgende Gesichtspunkte:
1. Die Zustandsregelung beruht auf einer bewichteten Rückführung der Zustandsgrößen,
2. Die Zustandsgrößen können in vielen Fällen als Ableitung von gemessenen Größen gebildet werden,
3. Der optimale Reglerentwurf ist als Kompromiß zwischen Regelgüte, Stellaufwand und Zeit auf analytischem Weg oder durch Suchverfahren zu realisieren.

2.1.4 Parameteroptimierung von Regelungen [ISE 88], [FÖL 90], [REI 74]

Nach der Festlegung einer Regelungsstruktur soll in diesem Abschnitt auf einige Probleme der Optimierung von Steuerungen eingegangen werden.
Nach Reinisch [REI 74] sollten der Entwurf und die Beurteilung der Arbeitsweise einer Steuerung auf Grundlage einer Zielfunktion/Gütekriterium erfolgen. Eine optimale Steuerung ist durch einen Extrementwurf der Zielfunktion bezüglich der Steuergröße bzw. der freien Parameter gekennzeichnet.
Gleichzeitig sind Beschränkungen der Steuergrößen und der Parameter zu

beachten. Von einer zufriedenstellenden Steuerung wird gesprochen, wenn der Wert des Gütekriteriums in einem zulässigen Toleranzband liegt. Schwerpunkt der Betrachtungen in diesem Buch ist die Optimierung des dynamischen Verhaltens.

Die dynamische Optimierung kann folgende Teilaufgaben lösen [FÖL 90]:
1. die optimale Eliminierung der Auswirkungen von Störgrößen,
2. die optimale Nachführung bei veränderlichen Führungsgrößen,
3. die optimale Umsteuerung des Prozesses.

Die Lösung des Optimierungsproblems kann bei vorhandenem Modell des Systems analytisch oder durch Suchverfahren erfolgen. Eine Optimierung der Steuerung durch eine Suche direkt am realen System ist nur in wenigen Fällen möglich und wird aufgrund der hohen Anzahl der beim Fuzzy und Klassifikator Konzept auftretenden Parametern und Beschränkungen nicht weiter verfolgt. Eine Ausnahme bildet die Anpassung einer am Modell gefundenen optimalen Steuerungslösung an das reale System (siehe Abschnitt 1.3).

Für den modellgestützten optimalen Steuerungsentwurf sind folgende Aspekte zum Verständnis der in diesem Buch beschrittenen Entwurfswege näher zu betrachten:
1. die Gütekriterien,
2. die Verfahren zur Parameteroptimierung.

Beide Aspekte müssen unter dem Gesichtspunkt des Entwurfs einer nichtlinearen zeitdiskreten Regelung untersucht werden.

2.1.4.1 Gütekriterien

Zur Bewertung einer zu entwerfenden nichtlinearen Regelung können verschiedene Gütefunktionen herangezogen werden. Neben den bekannten analytisch formulierbaren Integralkriterien gibt es auch ganz gezielte Möglichkeiten, bestimmte Gütemaße des Reglerverhaltens über ein Gütekriterium zu erzwingen.

Integralkriterien
Der Reglerentwurf durch Parameteroptimierung für lineare Regelkreise geht davon aus, daß aufgrund der Linearität ein einzelner Sollwertübergang bzw. eine einzelne Störausregelung in einem gewählten Arbeitspunkt repräsentativ für den gesamten Arbeitsbereich des Systems sind. Deshalb ist es zulässig, die Gütekriterien auf einen einzelnen Regelungsvorgang in einem einzelnen Arbeitspunkt zu beschränken. Im Kern bleiben diese Gütekriterien auch für die Bewertung nichtlinearer Regelungen erhalten, müssen jedoch modifiziert werden. In diesem Falle gelten diese Gütekriterien für den einzelnen Führungsübergang.

Für die Bewertung der Regelgüte eines einzelnen Führungsüberganges gibt es folgende Möglichkeiten, wobei die angegebenen Gleichungen sich auf einen zum Zeitpunkt t = 0 ausgelösten Sollwertübergang beziehen. Sehr häufig werden die Integralkriterien angewandt. Hierbei besteht das Ziel in der Minimierung quadratischer Fehlerflächen. So lautet das Gütekriterium für die Regelgüte beispielsweise entsprechend Gl. (2.1.12)

$$Q_R = \int_{t=0}^{\infty} e^2(t)\,dt \qquad \textit{quadratische Regelfläche}$$

$$\tag{2.1.12}$$

$$Q_R = \int_{t=0}^{\infty} |e(t)|\,dt \qquad \textit{betragslineare Regelfläche} \qquad .$$

Soll die Einregelzeit auch minimiert werden, so kann das Gütekriterium modifiziert werden zu Gl. (2.1.13). Es gilt:

$$Q_R = \int_{t=0}^{\infty} t \cdot e^2(t)\,dt \qquad \textit{zeitgewichtete quadratische Regelfläche}$$

$$\tag{2.1.13}$$

$$Q_R = \int_{t=0}^{\infty} t \cdot |e(t)|\,dt \qquad \textit{zeitgewichtete betragslineare Regelfläche} \qquad .$$

Der Stellaufwand spielt ebenfalls eine große Rolle. Handelt es sich um einen Prozeß mit integralem Verhalten, d. h., daß die Stellgröße nach dem Einregeln eines Sollwertes Null ist, so kann ein ähnliches Kriterium wie für die Regelgüte verwandt werden. Es lautet:

$$Q_s = \int_{t=0}^{\infty} u^2(t)\,dt \qquad .$$

$$\tag{2.1.14}$$

Sollte es sich um einen Ausgleichsprozeß handeln, so daß auch im statischen Abgleich eine von Null verschiedene Stellgröße zur Einhaltung des Sollwertes notwendig ist, so lautet das Kriterium für den Stellaufwand entsprechend Gl. (2.1.15):

$$Q_s = \int_{t=0}^{\infty} \left(\frac{du(\tau)}{d\tau} \right)^2 dt \qquad .$$

$$\tag{2.1.15}$$

Auf diese Weise wird nur die Änderung der Stellgröße bewertet und bei der Optimierung minimiert. In vielen Fällen wird die gesuchte Lösung ein Kompromiß zwischen Regelgüte und Stellaufwand sein. Um hier nicht auf komplizierte Verfahren der Bestimmung der Kompromißmenge (Paretomenge) zurückgreifen zu müssen, wird der Kompromiß durch die gewichtete Addition der Teilkriterien erzwungen.

Es gilt:

$$Q = \alpha \cdot Q_R + (1 - \alpha) \cdot Q_s \qquad\qquad 0 < \alpha \le 1 \quad . \qquad\qquad (2.1.16)$$

Während diese Kriterien für einen gegebenen Prozeß und Regler durch Synthese des Regelkreises im Bildbereich, Rücktransformation in den Zeitbereich und Grenzwertbildung noch analytisch berechenbar sind, ist im Falle der allgemeinen nichtlinearen Prozesse nur eine Simulation der entsprechenden Regelvorgänge möglich. Dabei muß beachtet werden, daß die Simulation nur über einen endlichen Zeithorizont durchgeführt werden kann und die Länge dieses zeitlichen Horizontes sich direkt auf die Rechenzeit für die Simulation auswirkt. Um das Gütekriterium für die Simulation nutzbar zu machen, ist es also notwendig, einen zeitlichen Horizont T_{max} für die Regelungsvorgänge festzulegen. Hierbei muß gefordert werden, daß die Regelungsvorgänge zum Zeitpunkt T_{max} als abgeschlossen betrachtet werden können. Entscheidend für die Simulation ist auch die Wahl des Integrationsverfahrens.

Außerdem darf nicht mehr von der Linearität der Systeme ausgegangen werden. Reale Regelkreise werden schon durch vorhandene Stellbegrenzungen nichtlinear. Mit dem Einsatz der Fuzzy Logik im Regelkreis ist dieser ohnehin als nichtlinear zu betrachten. Deshalb ist die Annahme falsch, daß ein einzelner Ein- oder Ausregelvorgang das Regelkreisverhalten für den gesamten Arbeitsbereich repräsentiert. Vielmehr kann ein Gütewert nur noch hinsichtlich von Soll- und Störwerttrajektorie bzw. Toleranzgrenzen für diese angegeben werden. Diese Trajektorien können entweder realen Betriebsdaten entsprechen oder nach den gegebenen Erfordernissen aufgestellt werden. Die Eigenschaften der Optimalität bezieht sich demzufolge nicht mehr auf eine Regeleinrichtung als solche, sondern kann nur bezüglich einer Soll- oder Störwerttrajektorie verstanden werden. Deshalb sollten die für die Berechnung des Gütekriteriums durch Simulation gewählten Trajektorien stets repräsentative Belastungsfolgen für die zu optimierende Regelung sein.

Beispiel für ein nichtlineares zeitdiskretes Integralkriterium
An dieser Stelle soll ein Vorschlag für ein geeignet umgeformtes Integralkriterium unterbreitet werden. Es sei ein Regelkreis gegeben, wobei der Regler mit der Tastperiode T getastet wird und deshalb sämtliche relevanten Prozeßsignale zu diesen Tastzeitpunkten in der Regeleinrichtung zur Verfügung stehen. Ein Einregelvorgang mit der vorliegenden Reglereinstellung sei nach k_{max} Tastperioden abgeschlossen. Für den Regelkreis sind n = 3 Sollwerte vorgegeben (W_1, W_2, W_3) wobei jeder Übergangsvorgang zwischen diesen Sollwerten möglich sein sollte. Besonders wichtig ist das genaue Einregeln des zweiten Sollwertes.

Es ist ein ausgewogener Kompromiß zwischen Regelgüte und Stellaufwand anzustreben.

Im ersten Schritt wird die Diskretisierung der Integralkriterien vorgenommen. Für die Reglerbewertung genügt die Anwendung der Rechteckregel. Damit folgt:

$$Q_R : \int_{t=0}^{\infty} t \cdot e(t)^2 dt \quad \rightarrow \quad \sum_{k=0}^{k_{max}} k \cdot T \cdot e(k)^2 \quad ; \quad k_{max} \approx \frac{T_{max}}{T}$$

(2.1.17)

$$Q_s : \int_{t=0}^{\infty} t \cdot \frac{du(\tau)}{\tau} dt \quad \rightarrow \quad \sum_{k=1}^{k_{max}} k \cdot T \cdot (u(k) - u(k-1)) \quad .$$

Da die Abtastzeit nur als konstanter Faktor Auswirkungen hat, ändert sie nichts an der Gestalt des Gütegebirges und sie hat daher keinen Einfluß auf die Lage des Optimums. Deshalb kann die Abtastzeit, sofern sie konstant bleibt, bei der Berechnung des Gütewertes vernachlässigt werden. Der Kompromiß zwischen Regelgüte und Stellaufwand wird über einen Wichtungsfaktor erzwungen.

Um sämtliche kombinatorisch möglichen Sollwertübergänge zu erfassen, wird der Sollwertvektor aufgestellt, d. h. ein Vektor, der die vollständige Sollwertkombination enthält (Gl. (2.1.18) und Bild 2.1.17). Dies sind in diesem Falle n (n - 1) + 1, also 7 Sollwerte. Da die Sollwerte unterschiedlich gewichtet sein sollen, wird außerdem ein Wichtungsvektor aufgestellt. Es gilt:

$$W = \begin{pmatrix} W_1 \\ W_2 \\ W_1 \\ W_3 \\ W_2 \\ W_3 \\ W_1 \end{pmatrix} \quad \lambda = \begin{pmatrix} \lambda_1 \\ \lambda_2 \\ \lambda_1 \\ \lambda_3 \\ \lambda_2 \\ \lambda_3 \\ \lambda_1 \end{pmatrix} \quad \begin{matrix} \lambda_1 = 0{,}1 \\ \lambda_2 = 0{,}8 \\ \lambda_3 = 0{,}1 \\ \\ \sum_{v=1}^{n} \lambda_v = 1 \end{matrix}$$

(2.1.18)

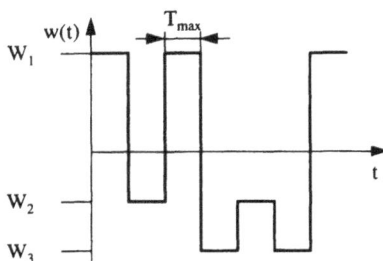

Bild 2.1.17:
Sollwertfolge

Wenn die Simulation auf den Arbeitspunkt W_1 initialisiert wurde, kann dann die Berechnung des Gütekriteriums mit Gl. (2.1.19)

$$Q_{ges} = \sum_{i=2}^{n \cdot (n-1) \cdot 1} \lambda_i \cdot \left(\alpha \cdot \sum_{k=0}^{k_{max}} k \cdot (W_i - y(k))^2 + (1 - \alpha) \cdot \sum_{k=1}^{k_{max}} k \cdot (u(k) - u(k-1)^2 \right)$$

$$\alpha = 0,5 \tag{2.1.19}$$

vorgenommen werden. Auf diese Weise kann während der Simulation oder aus den angelegten Werteverlaufsdateien ein Gütewert bestimmt werden, der als Bewertung eines nichtlinearen Regelkreises geeignet ist. Das Gütekriterium ist bereits zeitdiskret umgesetzt. Es enthält einen Kompromiß zwischen Regelgüte und Stellaufwand und erzwingt durch die Zeitwichtung ein schnelles Einregeln und die Beseitigung der bleibenden Regelabweichung.

Kenngrößenkriterien
Während die Integralkriterien nur verbale Güteforderung an den Regelkreis verkörpern (er soll energie- bzw. zeitoptimal arbeiten), kommt es in der Praxis häufig auf die Einhaltung bestimmter Gütekriterien an. Deshalb ist es sinnvoller, genauer quantisierbare Gütefunktionen aufzustellen. So können bestimmte Kenngrößen des Systems in einer Gütefunktion berücksichtigt werden. Dies sind:

*   Überschwingweite Δh
*   Überschwingzeit T_m
*   Beruhigungszeit T_ϵ
*   bleibende Regelabweichung e_B .

Das Gütekriterium kann das Ziel verfolgen, diese Kenngrößen zu minimieren oder an einen geforderten Wert anzugleichen.

Beispiele

Ziel	*Kriterium*	(2.1.20)
minimale bleibende Regelabweichung	$Q = e_B$	
vorgegebene Überschwingweite	$Q = \lvert \Delta h - \Delta h^* \rvert$	
Beruhigungszeit und Überschwingweite verringern	$Q = \alpha \cdot T_\epsilon + \beta \cdot \Delta h$	

Verlaufskriterien/Schrankenkriterien
Bei diesen Kriterien wird versucht, den Verlauf bestimmter Größen aus dem Regelkreis einem idealen Verlauf anzugleichen. Es wird entweder ein Idealverlauf, beispielsweise für die Regelgröße, vorgegeben und die Abweichung des realen Verlaufs vom Idealverlauf als Strafterm formuliert, oder es werden Schranken für den Idealverlauf angegeben und deren Verletzung in

einem Strafterm behandelt. Dazu muß entweder der Idealverlauf oder dessen Schranken als Funktionen innerhalb des Optimierungshorizontes definiert werden.

Beispiel
Die Regelgröße y(t) soll sich verhalten wie die Vorgabe y*(t) (Bild 2.1.18). Um den Istverlauf y(t) dem Sollverlauf y*(t) anzugleichen, wird das Gütekriterium entweder als betragslinearer oder quadratischer Strafterm formuliert. Es gilt:

$$Q = \int_{t=0}^{T_{max}} |y(t) - y^*(t)| \, dt \quad \text{betragslinearer Strafterm}$$

(2.1.21)

$$Q = \int_{t=0}^{t_{max}} (y(t) - y^*(t))^2 \, dt \quad \text{quadratischer Strafterm}$$

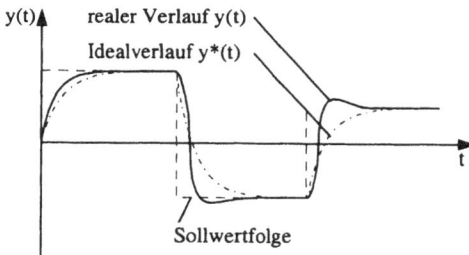

Bild 2.1.18:
Verlaufskriterium

Beispiel
Die Regelgröße y(t) soll sich innerhalb der vorgegebenen Schranken $c_0(t)$ und c_U bewegen (Bild 2.1.19). Hierfür kann ein integrales Gütekriterium formuliert werden, welches aus zwei Straftermen besteht.

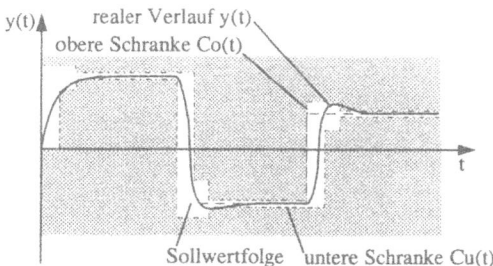

Bild 2.1.19:
Schrankenkriterium

Es gilt:

$$Q = \int\limits_{t=0}^{T_{max}} \eta \, (c_O(t) - y(t)) \cdot \eta \, (y(t) - c_U(t)) \, dt$$

(2.1.22)

$$\eta \, (x) = \begin{cases} 0 & ; \quad x \geq 0 \\ -x & ; \quad x < 0 \end{cases} .$$

Gütebewertung von Mehrgrößensystemen
Die Gütebewertung von Mehrgrößensystemen kann mit den gleichen
Kriterien erfolgen, die dann allerdings vektoriell sind und entsprechende
Suchverfahren für die Polyoptimierung benötigen. Es kann auch eine Zu-
sammenfassung zu einem skalaren Gütekriterium über Wichtungsfaktoren
erfolgen. In jedem Falle sollte, sofern das möglich ist, eine Zerlegung des
Gesamtproblems in Elementen einer Hierarchie die bevorzugte Entwurfs-
methode sein.

2.1.4.2 Optimierungsverfahren

Die Optimierung liefert eine Vielzahl nützlicher Instrumente zur Formulierung und Lösung der mit dem Reglerentwurf verbundenen Aufgaben
[PAP 91]. So können sowohl Modellparameter optimal bestimmt (Identifikation), als auch geeignete Reglerparameter gefunden werden (Reglerentwurf). Schließlich ist es möglich, ganze Steuertrajektorien optimal zu
bestimmen (optimale Steuerung).
Selbstverständlich liefert die Regelungstheorie auch alternative Hilfsmittel,
wie beispielsweise die Methode der Polvorgabe oder das klassische Wurzel-
ortsverfahren, um Regler zu entwerfen. Um diese Verfahren zu verwenden,
muß jedoch ein geeignet formuliertes, lineares Modell des zu regelnden
Prozesses der Form

$$G(s) = K \cdot \frac{(s - Z_1)(s - Z_2) \dots (s - Z_n)}{(s - P_1)(s - P_2) \dots (s - P_2)}$$

oder

(2.1.23)

$$\dot{x} = A \cdot x + B \cdot u$$

$$y = C \cdot x + D \cdot u$$

vorliegen. Das bedeutet, sobald ein Prozeßmodell nicht in diese Form über-
führbar ist, weil es beispielsweise ein nichtlineares Glied enthält, kann der
Reglerentwurf nicht mit der klassischen Regelungstheorie allein bewältigt
werden. In diesem Fall versagen auch die analytischen Entwurfsverfahren
für Optimalregler, wie beispielsweise der Ricatti-Regler. Denn auch diese
Verfahren bleiben auf lineare Prozeßmodelle und quadratische Gütekriterien
beschränkt.

Sowohl die Vorraussetzung der Linearität als auch die Verwendung einfacher quadratischer Gütefunktionen muß im Falle der Verwendung von Fuzzy Reglern aufgegeben werden. Das im Bild 2.1.20 gezeigte Schema soll als Veranschaulichung der Anwendung der nichtlinearen statischen Optimierung zur allgemeinen nichtlinearen Reglerbemessung dienen.

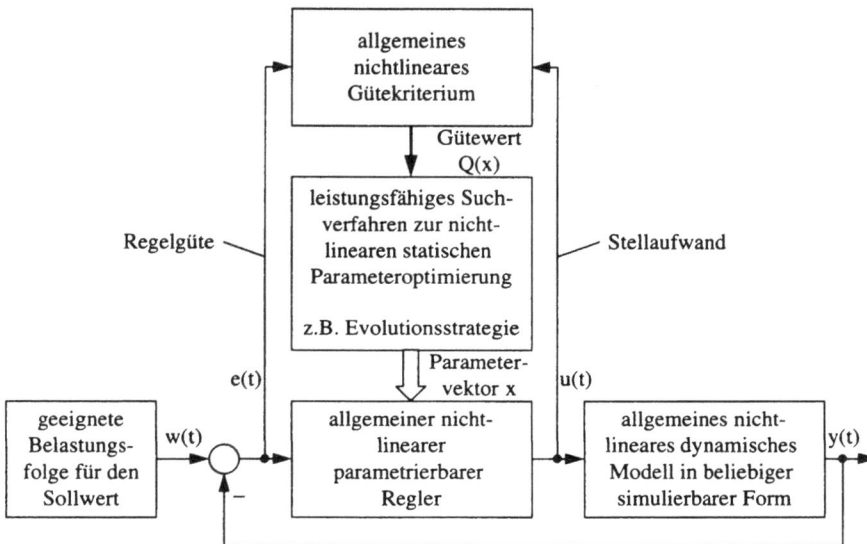

allgemeines
nichtlineares
Gütekriterium

Gütewert
Q(x)

leistungsfähiges Such-
verfahren zur nicht-
linearen statischen
Parameteroptimierung

z.B. Evolutionsstrategie

Regelgüte   Stellaufwand

Parameter-
vektor x

e(t)   u(t)

geeignete
Belastungs-
folge für den
Sollwert   w(t)   −   allgemeiner nichtlinearer
parametrierbarer
Regler   allgemeines nichtlineares dynamisches
Modell in beliebiger
simulierbarer Form   y(t)

Bild 2.1.20: Schema des Reglerentwurfs durch nichtlineare statische Optimierung

Durch die Formulierung geeigneter Gütefunktionen kann die Regelgüte bzw. der Stellaufwand im Sinne der Aufgabenstellung als numerischer Wert repräsentiert werden. In der praktischen Anwendung aber stellt die Übersetzung eines Regelungsproblems in ein Optimierungsproblem eine nichttriviale Ingenieurleistung dar [PAP 91]. In diesem Kapitel soll deshalb die Übersetzung von regelungstechnischen in optimierungstheoretische Probleme behandelt werden.
Die Problematik der Suchverfahren wird dabei eine eher untergeordnete Rolle spielen. Es kann davon ausgegangen werden, daß inzwischen eine ganze Reihe geeigneter Verfahren in verschiedenen Numerikprogrammpaketen verfügbar sind und vom Anwender als "Black Box" genutzt werden können. An dieser Stelle sei exemplarisch das Numerikpaket Matlab® genannt, insbesondere auf die Optimization Toolbox verwiesen.
Wenn in diesem Kapitel von Optimierung die Rede ist, so soll ausschließlich von einer Parameteroptimierung ausgegangen werden. Die Parameteroptimierung ist seit Beginn der klassischen Regelungstheorie in Gebrauch und ist für eine Vielzahl von Aufgabenstellungen ein geeignetes Entwurfsverfahren [FÖL 90]. Sicher werden die Optimierungsmöglichkeiten durch die feststehende Reglerstruktur stark eingeschränkt, so daß bei der reinen

Parameteroptimierung nicht von Optimierung im eigentlichen Sinne die Rede sein kann. Bei dem, im Rahmen dieses Buches vorgestellten Entwurfsverfahren liegt die Reglerstruktur jedoch nicht fest, sondern viel mehr in der Hand des Ingenieurs, der seine Regel- bzw. Steuerstrategie in Form von linguistischen Regeln hinterlegt. Damit findet die Struktur- bzw. Strategiesuche auf linguistischer Ebene, quasi in menschlicher Sprache statt, während die numerischen Parameter von maschinell implementierten Suchverfahren optimal bestimmt werden.

Doch bevor dieses komplexe Thema behandelt werden kann, soll die Übersetzung von regelungstechnischen Problemen in geeignete statische Gütefunktionale anhand einfacher Beispiele betrachtet werden.

I. Die Optimierung eines einzelnen Parameters nach einem quadratischen Kriterium

Für den gewählten linearen Beispielprozeß I (Gl. (2.1.24)) soll ein P-Regler entworfen werden. Es gelte:

$$G_S(s) = \frac{1}{s \cdot (1 + s \cdot T)^2}$$

$$G_R(s) = K \tag{2.1.24}$$

$$T = 1s$$

Die Strukturanalyse der Übertragungsfunktion $G_S(s)$ zeigt, daß der Prozeß einen I-Anteil besitzt (Pol bei Null). Damit ist die Beseitigung der bleibenden Regelabweichung auch bei Verwendung eines P-Reglers gegeben. Bei der Zusammenfassung von Regler und Strecke ergibt sich mit

$$G_0(s) = G_R(s) \cdot G_S(s) = \frac{K}{s \cdot (1 + s \cdot T)^2} \tag{2.1.25}$$

die Übertragungsfunktion der offenen Kette. Das verbale Ziel des optimalen Reglerentwurfs besteht im Erreichen eines günstigen Reglerverhaltens. In diesem Beispiel soll insbesondere das Führungsverhalten des Regelkreises bei sprungförmiger Sollwertänderung untersucht werden. Dazu wird die Führungsübertragungsfunktion benötigt. Diese ergibt sich zu:

$$G_W(s) = \frac{G_0(s)}{1 + G_0(s)}$$

$$= \frac{K}{s \cdot (1 + s \cdot T)^2 + K} \tag{2.1.26}$$

Betrachtet man die Wurzelortskurve dieser Übertragungsfunktion, so läßt sich feststellen, daß sich mit Vergrößerung von K ein komplexes Polpaar ausbildet (Regelkreis schwingt), welches in die positive Halbebene wandert (Instabilität). Daraus folgt, daß die Darstellung im Zeitbereich eine Fallunterscheidung für Kriechfall und Schwingfall vornehmen müßte.

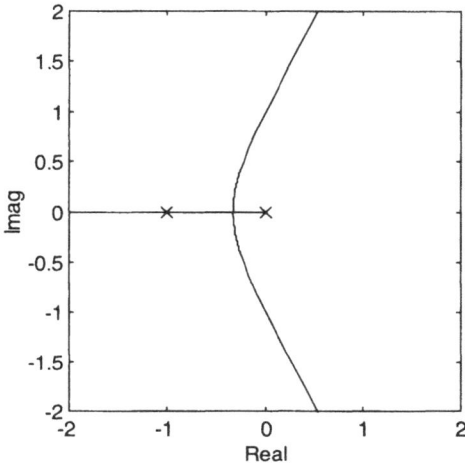

Bild 2.1.21:
Wurzelortskurve des
Beispielregelkreises I

Das Gütekriterium wird im Zeitbereich formuliert. Mittels unendlicher Integration der Gütefunktion entsteht ein zu minimierender statischer Gütewert. Zuerst soll das naheliegendste und gebräuchlichste Gütemaß, das unendliche Integral der quadratischen Regelabweichung untersucht werden. Dieses lautet:

$$Q = \int_0^\infty e^2(\tau)\,d\tau \quad mit \quad e(t) = w(t) - y(t) \quad und \quad w(t) = \sigma(t) \quad . \tag{2.1.27}$$

Im allgemeinen nichtlinearen Fall, und von diesem soll ausgegangen werden, ist weder e(t) noch dessen unendliches quadratisches Integral analytisch darstellbar. Bestünde diese Möglichkeit, so könnte mit der Aufstellung von Q(K) das Reglerbemessungs- in ein Extremwertproblem überführt und mittels

$$\frac{\partial Q(K)}{\partial K} = 0 \quad und \quad \frac{\partial^2 Q(K)}{\partial K^2} > 0 \tag{2.1.28}$$

notwendig   *hinreichend*

gelöst werden. Im allgemeinen nichtlinearen Fall muß aber auf eine analytische Lösung verzichtet und auf eine numerische Approximation zurückgegriffen werden. Neben der Simulation des Regelkreises und der numerischen Integration ist das wichtigste Approximationsproblem die Wahl des Zeithorizontes T_∞ für die Integration des quadratischen Regelfehlers.

Der numerische Wert sollte die Forderung

$$Q \approx \hat{Q}$$

$$\int_0^{\infty} e^2(\tau)d\tau \approx \int_0^{T_\infty} e^2(\tau)d\tau \tag{2.1.29}$$

erfüllen. In der Realität wird diese Forderung nur bedingt erfüllt. Um diese Problematik zu veranschaulichen, werden mit der Wahl von $T_\infty = 20$ s vier Fälle der numerischen Approximation der unendlichen Integration des quadratischen Regelfehlers untersucht und die Approximationsfehler betrachtet.

Fall I   *K = 0*
Hier ist der Regler quasi abgeschaltet und der Regelkreis reagiert überhaupt nicht auf den Sprung der Führung. Da damit y(t) auf Null verbleibt, ergibt sich mit

$$\lim_{K \to 0} Q(K) = \int_0^{\infty} (w(\tau) - y(\tau))^2 d\tau = \int_0^{\infty} \sigma^2(\tau)d\tau = \infty \tag{2.1.30}$$

eine unendliche Lösung der korrekten Gütefunktion. Berechnet man dagegen den numerischen Wert des Integrals, so erhält man mit

$$\lim_{K \to 0} \hat{Q}(K) = \int_0^{T_\infty} \sigma^2(\tau)d\tau = T_\infty = 20 \tag{2.1.31}$$

einen endlichen Wert. Damit ist die aufgestellte Forderung nach Ähnlichkeit des numerischen und des exakten Wertes nicht erfüllt.

Fall II   *K = ϵ*
Für sehr kleine Werte von K wird die Forderung auch nicht erfüllt. Die folgende Grafik (Bild 2.1.22) verdeutlicht dies. Im linken Diagramm ist die simulierte Sprungantwort, im rechten die Fläche unter der e^2-Kurve dargestellt. Bei K = 0,05 wird die in Wirklichkeit aufzuintegrierende Fläche unter der e^2-Kurve nicht innerhalb von 20 Sekunden vollständig erfaßt. Wenn also der Verstärkungsfaktor zu niedrig ist, so ist die numerische Integration fehlerbehaftet, da aufgrund des endlichen Integrationshorizontes die Fläche unter der e^2-Funktion nicht vollständig erfaßt wird. Damit tritt der Effekt auf, daß die Güte nicht nur eine Funktion des zu optimierenden Parameters, sondern auch eine Funktion des gewählten Zeithorizontes ist. Dieser unerwünschte Effekt ist allerdings weniger kritisch in der praktischen Anwendung, da der prinzipielle Verlauf der Gütefunktion erhalten bleibt.

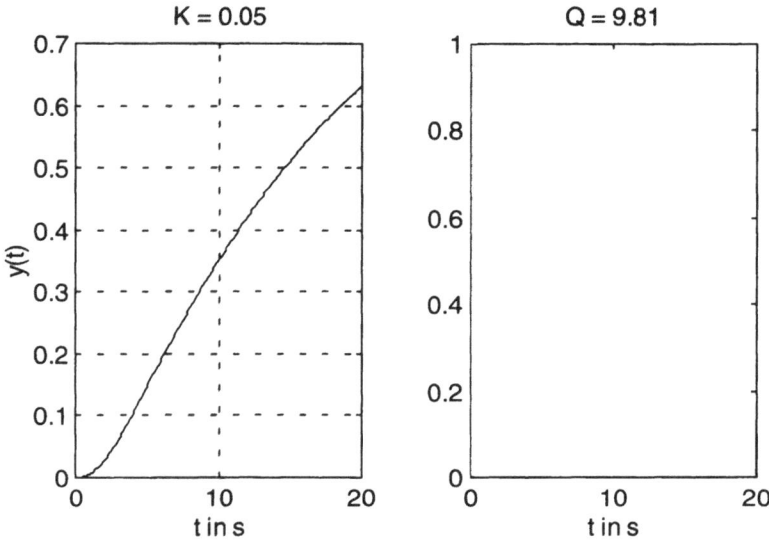

Bild 2.1.22: Berechnung des numerischen Gütekriteriums für sehr kleine Verstärkung

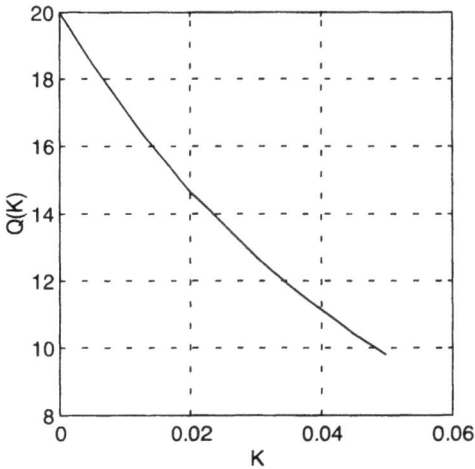

Bild 2.1.23:
Verlauf der numerischen
Gütefunktion für sehr kleine
Verstärkung

Auf diese Weise finden auch die numerischen Suchverfahren den Weg zum Optimum.

Fall III
Wenn es gelingt, die bleibende Regelabweichung innerhalb des Integrationshorizontes zu beseitigen, so kann die numerische Integration als zulässige Approximation des quadratischen Gütekriteriums gelten.
Zwar ist, vom exakten mathematischen Standpunkt gesehen, die Regelabweichung noch nicht beseitigt, die numerische Erfassung von e(t) läßt aber

die infinitesimalen Werte spätestens bei der Bildung von $e^2(t)$ zu Null werden. Der numerische Wert für das Gütekriterium ist damit keine Funktion des Zeithorizontes mehr.

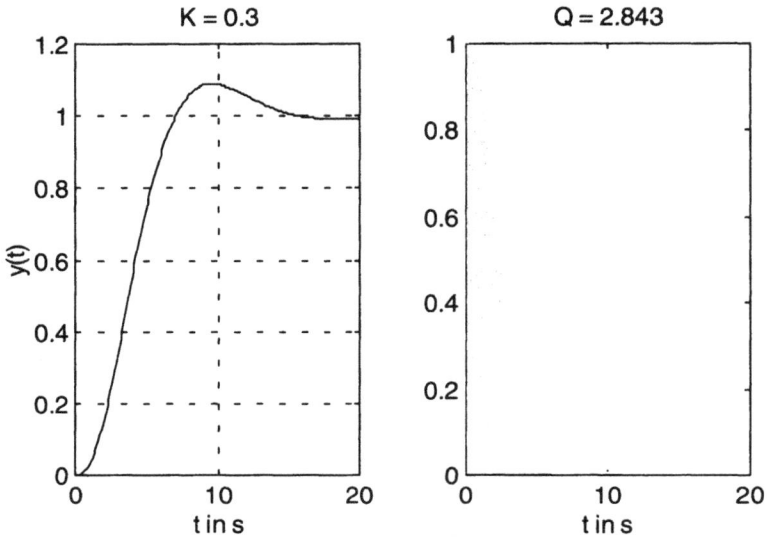

Bild 2.1.24: Verlauf der numerischen Gütefunktion bei beseitigter Regelabweichung

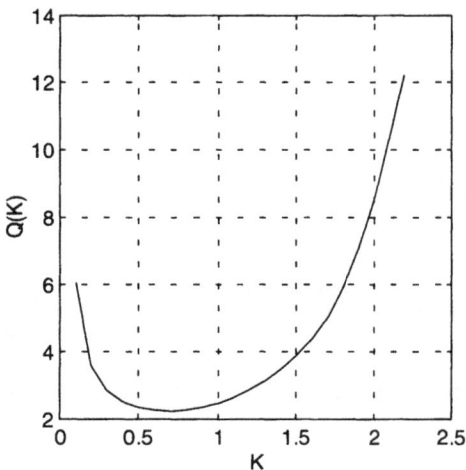

Bild 2.1.25:
Verlauf der numerischen
Gütefunktion im Intervall
zulässiger Approximation

Fall IV
Bei einer weiteren Erhöhung der Verstärkung beginnt der Regelkreis, gemäß den Vorbetrachtungen, immer stärker zu schwingen und wird schließlich instabil. Schon vor Erreichen der Stabilitätsgrenze tritt eine Verfälschung bei der numerischen Approximation des Gütewertes ein,

da die Regelabweichung nicht mehr innerhalb des verfügbaren Horizontes beseitigt wird. Das Gütekriterium ist wieder eine Funktion des Zeithorizontes geworden.

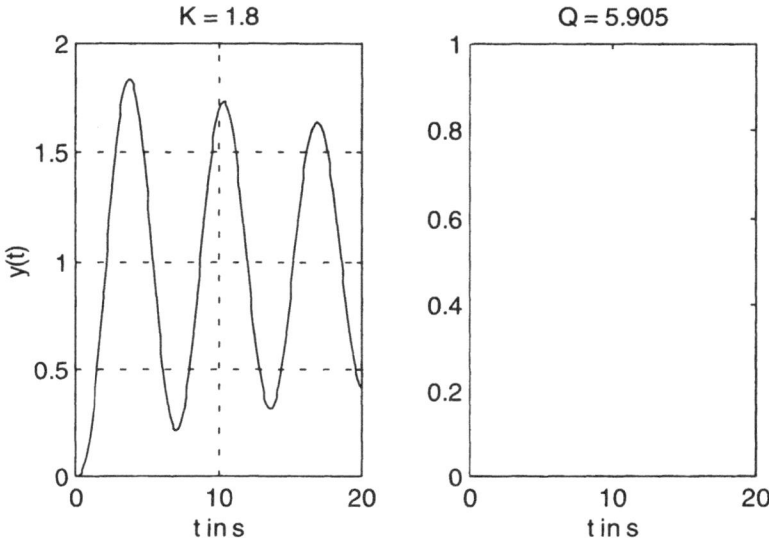

Bild 2.1.26: Verfälschung des numerischen Gütewertes bei stark oszillierendem Regelkreis

Noch extremer werden diese Verfälschungen im Gebiet der Instabilität.

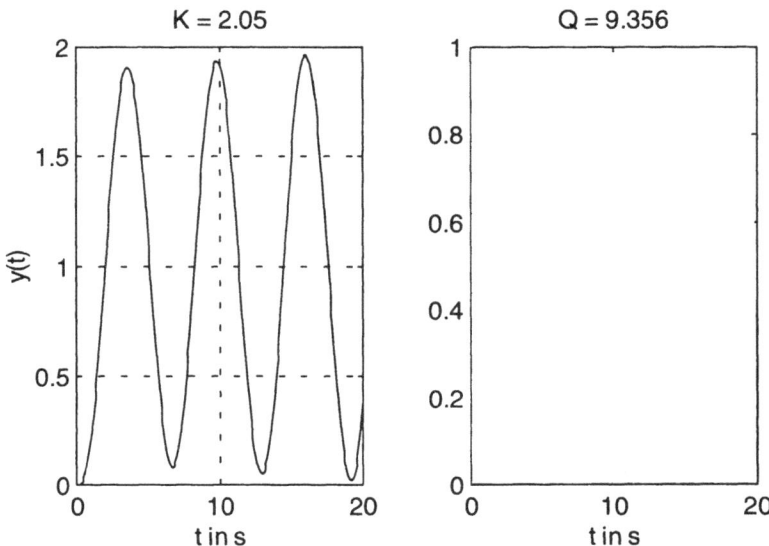

Bild 2.1.27: Verfälschung des numerischen Gütewertes bei instabilem Regelkreis

Der Wert des realen Gütekriteriums strebt bei instabilem Regelkreis ins Unendliche, während die numerische Approximation weiterhin endliche Werte liefert.

In den vier betrachteten Fällen wird nur in *Fall III* die Gütefunktion zufriedenstellend numerisch approximiert. Offensichtlich bedeutet die Forderung nach genauer Approximation die Beseitigung der Regelabweichung im vorgegebenen Zeithorizont. Gelingt es nicht, diese Forderung zu erfüllen, so ist die numerische Approximation quadratischer Integralkriterien nicht zulässig. Deswegen müssen Regelkreise, die strukturell nicht in der Lage sind, die bleibende Regelabweichung zu beseitigen von diesem Verfahren ausgeschlossen werden.

In der weiteren Darstellung soll die in *Fall III* beschriebene Approximation als zulässig bezeichnet werden und als Rechtfertigung für die Vereinfachung $\hat{Q} = Q$ dienen. Die im Bild 2.1.25 gezeigte Gütefunktion kann mit einfachsten Suchverfahren, wie dem Goldenen Schnitt Algorithmus, minimiert werden. Es ergibt sich ein optimaler Verstärkungsfaktor von $K^* = 0,7$.

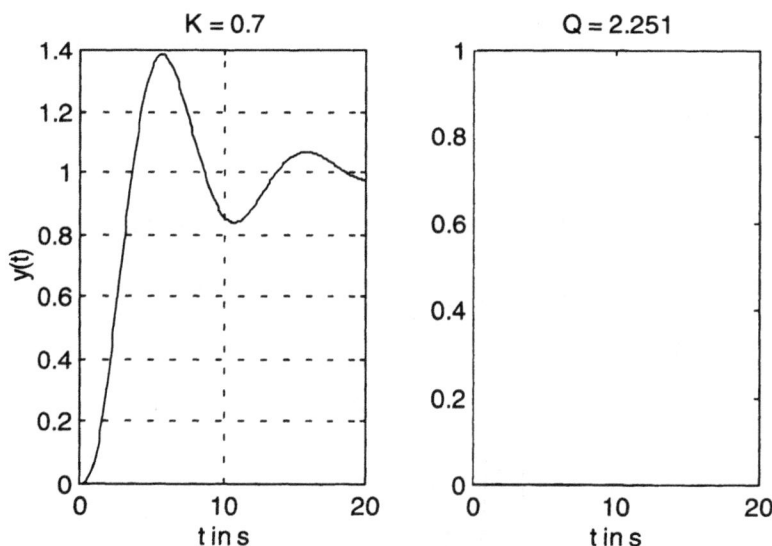

Bild 2.1.28: Optimale Lösung für Beispiel I bei einfachem quadratischem Kriterium

Der resultierende Verlauf zeigt ein recht unruhiges Reglerverhalten. Ein solches Überschwingen sollte in technischen Prozessen vermieden werden. Dennoch stellt es die optimale Lösung des quadratischen Integralkriteriums dar. Offensichtlich ist das einfache quadratische Integralkriterium ungeeignet, um technolgische Anforderungen an den Regelkreis gezielt zu formulieren. Durch einfache Modifikationen kann dieses Ziel erreicht werden.

Doch zunächst soll das einfache quadratische Integralkriterium an einem Beispiel mit zwei zu optimierenden Parametern angewendet werden.

II. Optimierung mehrerer Parameter nach einem quadratischen Kriterium

Um die folgenden Darstellungen transparent zu gestalten, soll eine Beschränkung auf zwei zu optimierende Parameter erfolgen. Als Beispiel diene der Prozeß:

$$G_S(s) = \frac{1}{(1 + s \cdot T)^3} \qquad (2.1.32)$$

mit T = 1 Sekunde. Da der Prozeß als solcher keinen I-Anteil besitzt, muß dieser vom Regler realisiert werden. Deshalb wird ein einfacher PI-Regler mit der Beschreibung

$$G_R(s) = K_P + \frac{K_I}{s} \qquad (2.1.33)$$

verwendet, um die bleibende Regelabweichung zu beseitigen. Damit sind K_P und K_I als die zu optimierenden Parameter festgelegt. Sie werden zum Parametervektor

$$x = \begin{pmatrix} K_P \\ K_I \end{pmatrix} \qquad (2.1.34)$$

zusammengefaßt. Es ergibt sich somit als Übertragungsfunktion der offenen Kette:

$$G_0(s) = \frac{K_P \cdot s + K_I}{s \cdot (1 + s \cdot T)^3} \, . \qquad (2.1.35)$$

Ganz offensichtlich lassen sich sowohl Amplituden-, als auch Phasengang der Übertragungsfunktion über die beiden Parameter modifizieren. Es soll hier untersucht werden, welchen Einfluß die beiden Parameter auf die Gütefunktion haben. T_∞ wird wieder zu 20 Sekunden gewählt. Dabei ergibt sich im Bereich zulässiger Approximation der im Bild 2.1.29 dargestellte Verlauf für das Gütefunktional.

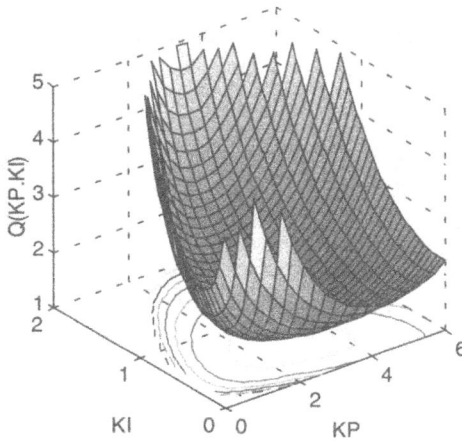

Bild 2.1.29:
Verlauf der Gütefunktion

Die Topologie dieser lokalen Gütefunktion ist so günstig, daß jedes einigermaßen leistungsfähige Suchverfahren zur Parameteroptimierung in der Lage sein dürfte, das Optimum zu finden.

Die optimale Lösung ergibt sich zu $K_P^* = 2,7$ und $K_I^* = 0,5$. Der Regelvorgang und die quadratische Fehlerfläche in diesem Punkt haben das im Bild 2.1.30 dargestellte Aussehen.

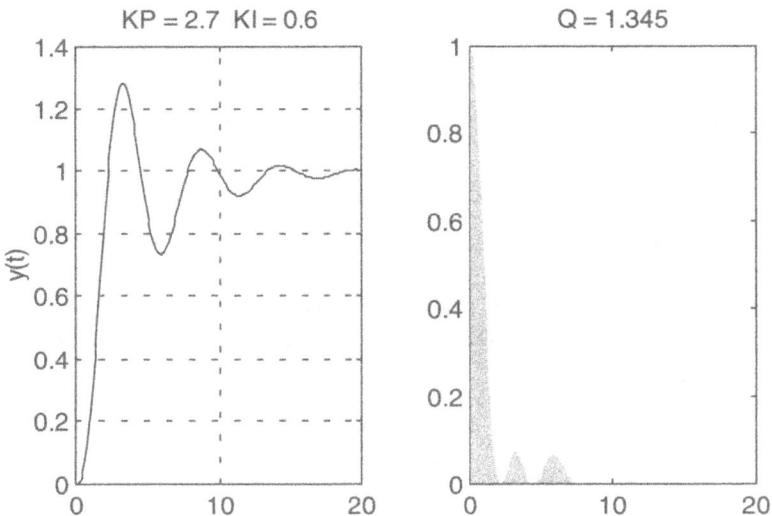

Bild 2.1.30: Optimale Lösung für Beispielprozeß II

Auch hier erhält man einen sehr unruhigen Verlauf als optimale Lösung des einfachen quadratischen Gütekriteriums.

Schwieriger gestaltet sich die Suche nach der optimalen Lösung, wenn kein Startpunkt aus dem Gebiet der zulässigen Approximation a priori bekannt ist und deshalb zuerst nach einem solchen gesucht werden muß. Das globale Gütegebirge für Beispiel II hat beispielsweise die im Bild 2.1.31 dargestellte Form.

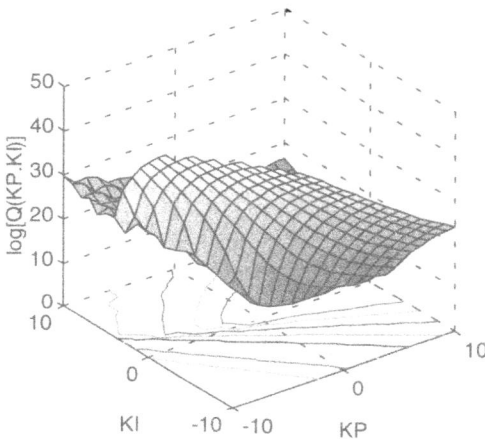

Bild 2.1.31:
Globale numerische Gütefunktion
für Beispiel II

Aufgrund der großen Unterschiede zwischen den Gütewerten im stabilen und im instabilen Bereich mußte eine logarithmische Darstellung gewählt werden. Ein solches globales Gütegebirge enthält eine Vielzahl lokaler Optima, so daß gradientenbasierte Suchverfahren in den meisten Fällen versagen dürften. Bei höherdimensionalen Problemen nimmt die Neigung zur Ausprägung lokaler Optima im instabilen Bereich noch zu. Deshalb besteht bei a priori unbekanntem Startpunkt aus dem Gebiet der zulässigen Approximation nur die Chance der Nutzung stochastischer Suchverfahren, wie beispielsweise der Evolutionsstrategie. In jedem Falle sollte der Startparametersatz auf seine Lage geprüft werden und wenn möglich im Bereich der zulässigen Approximation liegen.

III. Einführung einer Zeitwichtung

Die Verwendung integraler quadratischer Gütekriterien stellt zunächst eine recht verbale Formulierung von Güteforderungen an den Regelkreis dar. Meist werden konkrete Forderungen, wie die nach einer bestimmten Überschwingweite Δh oder nach einer bestimmten Beruhigungszeit nicht erreicht. Letztere Forderung nach möglichst schneller Beruhigung des Regelkreises kann über eine Zeitwichtung in das quadratische Gütefunktional eingebracht werden.

Mit

$$Q_T(x) = \int_0^{T_-} \tau \cdot e^2(\tau)\, d\tau \qquad\qquad (2.1.36)$$

werden Regelabweichungen in der zeitlichen Nähe des Sollwertsprunges wenig gewichtet, während spätere Regelabweichungen hart bestraft werden. Die Wirkung dieser Zeitwichtung auf die zu integrierende quadratische Fehlerfläche soll anhand von Beispiel I gezeigt werden. In den folgenden Bildern sind im linken Diagramm der Regelvorgang, im mittleren die Fläche unter dem quadratischen Regelfehler und im rechten Diagramm die Fläche unter dem zeitgewichteten quadratischen Regelfehler dargestellt (Bild 2.1.32).

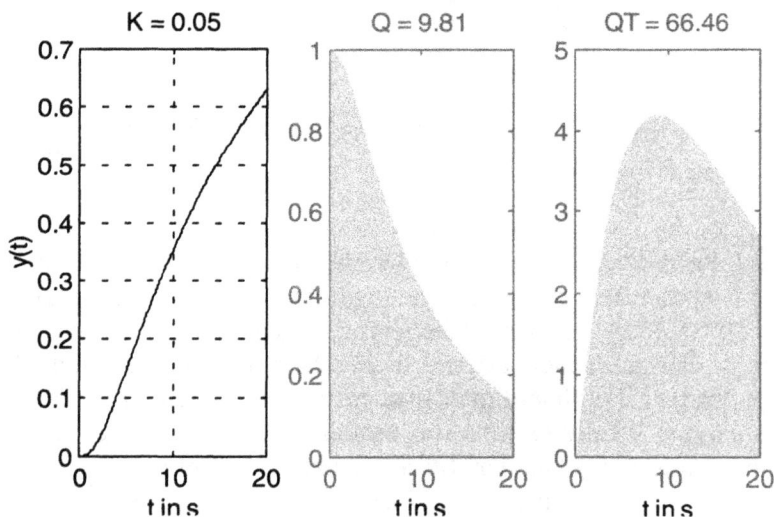

Bild 2.1.32: Zeitwichtung für K = 0,05

Für K = 0,05 zeigt sich, daß die Zeitwichtung einen wesentlich höheren Funktionswert bewirkt. Damit wird ein zu langsames Einregeln härter bestraft (Bild 2.1.33).
Während das ungewichtete Kriterium das sanfte Einregeln mit dem selben Maß berücksichtigt wie das Überschwingen, erhält das einsetzende Überschwingen bei der Zeitwichtung eine höhere Bedeutung. Auf diese Weise wird eine schnelle Beruhigung des Übergangsvorganges erzwungen (Bild 2.1.34).

K = 0.3　　　　Q = 2.843　　　　QT = 5.06

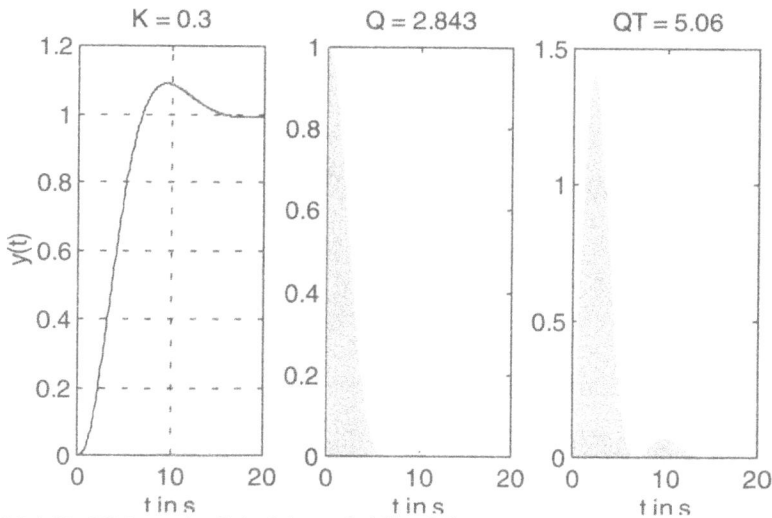

Bild 2.1.33: Wirkung der Zeitwichtung bei K = 0,3

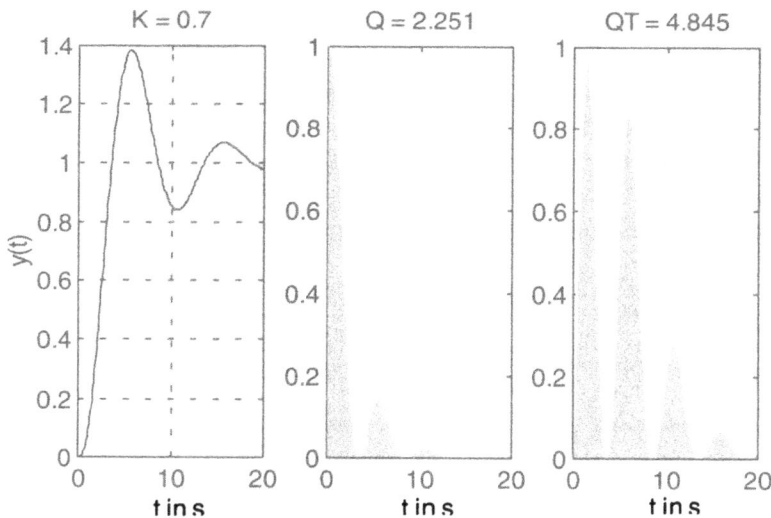

K = 0.7　　　　Q = 2.251　　　　QT = 4.845

Bild 2.1.34: Wirkung der Zeitwichtung bei K = 0,7

Das Schwingen des Regelkreises findet damit bei der Zeitwichtung eine wesentlich härtere Bestrafung als ohne Zeitwichtung. Durch diese Bestrafung wird das Oszilieren nahezu unterbunden.

Es ergibt sich eine Gütefunktion mit dem im Bild 2.1.35 dargestellten Verlauf.

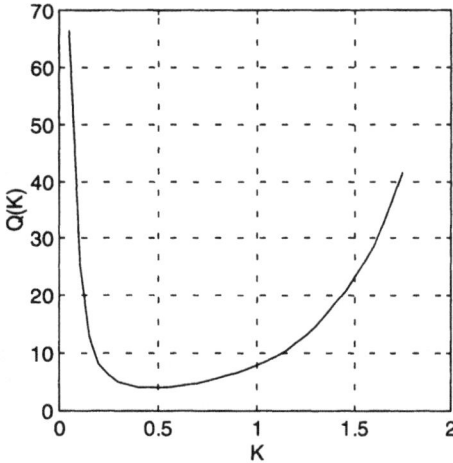

Bild 2.1.35:
Gütefunktion von Beipiel I bei Zeitwichtung

Der optimale Verstärkungsfaktor ergibt sich jetzt zu $K^* = 0,5$. Damit wird das im Bild 2.1.36 dargestellte Regelverhalten erzielt.

Diese Übergangsfunktion stellt mit 26 % Überschwingen und schneller Beruhigung schon eher ein zufriedenstellendes Ergebnis dar.

Es gelingt also, mittels Zeitwichtung ein schnelles Einregeln und ein schnelles Beruhigen des Regelkreises zu erzwingen.

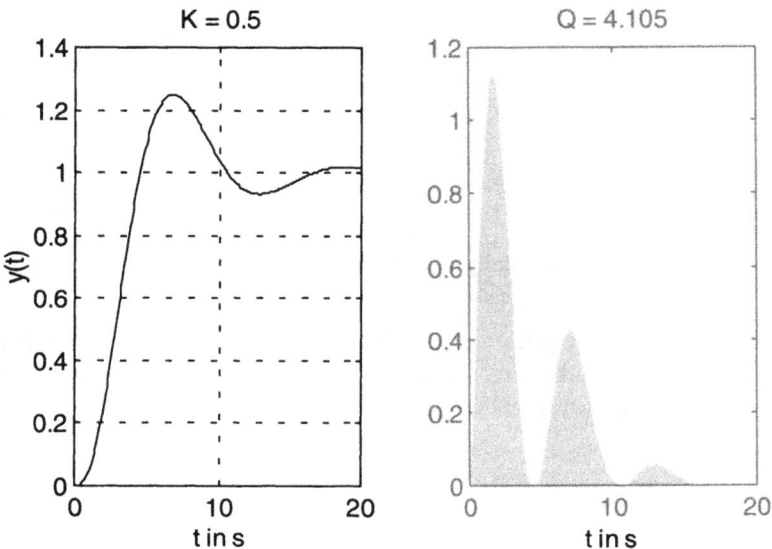

Bild 2.1.36: Optimaler Regelvorgang bei Zeitwichtung

Für Beispiel II ergibt sich die im Bild 2.1.37 dargestellte Gütefunktion.

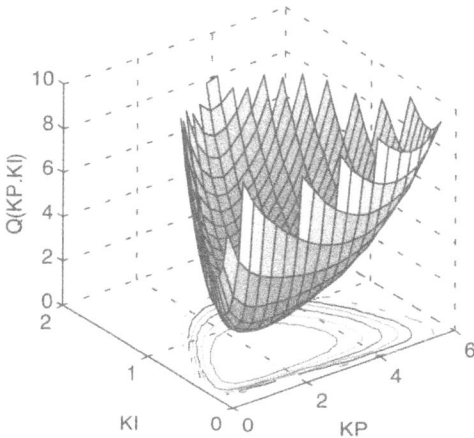

Bild 2.1.37:
Gütefunktion für Beipiel II mit
Zeitwichtung

Auch diese Gütefunktion erweist sich als günstig für die Suchverfahren. Die Topologie ist immer noch sehr einfach und das globale Optimum eindeutig. Die optimale Lösung kann zu $K_P^* = 1,7$ und $K_I^* = 0,5$ bestimmt werden.

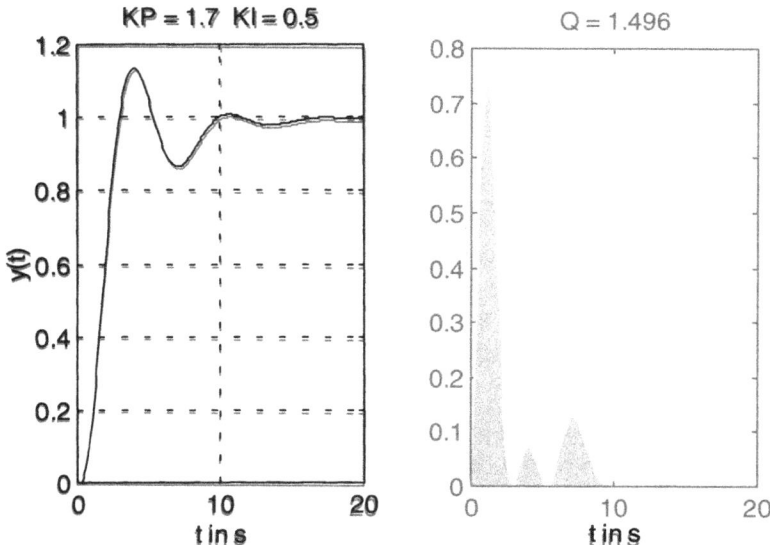

Bild 2.1.38: Optimale Lösung des zeitgewichteten Kriteriums für Beispiel II

Auch in diesem Fall wird das Entwurfsziel "schnelle Beruhigung" erreicht (siehe Bild 2.1.38).

IV. Unterdrückung des Überschwingens

Durch eine geeignete Modifikation des quadratischen Kriteriums ist es möglich, solche Entwurfsziele, wie z. B. ein minimales Überschwingen, durchzusetzen. Ein solches modifiziertes Gütekriterium lautet:

$$Q_\Theta(x) = \int_0^{T_\infty} e_\Theta^2(\tau)\,d\tau \quad mit \quad e_\Theta(t) = \begin{cases} e(t); & e(t) \le 0 \\[2mm] \Theta \cdot e(t); & e(t) > 0 \end{cases} \tag{2.1.37}$$

Die Fläche unter den "Überschwingern" wird also mit einem Faktor Θ, der sinnvollerweise viel größer als 1 gewählt werden sollte, gewichtet. In der Beispielrechnung wurde ein Faktor von 100 gewählt. Die Auswirkung einer solchen Wichtung des Überschwingens soll durch Bild 2.1.39 verdeutlicht werden.

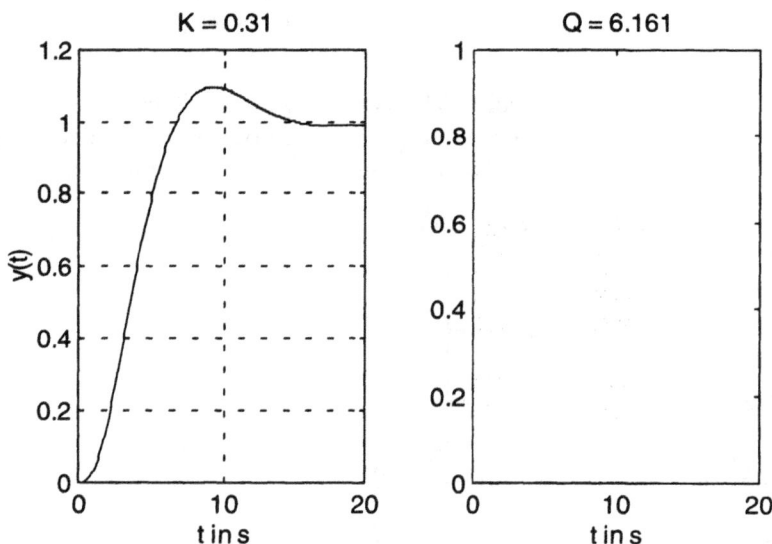

Bild 2.1.39: Auswirkung der Überschwingwichtung auf die zu integrierende Fläche

Die "Überschwinger" erhalten ein derartig hohes Gewicht, so daß sie bei genügend großem Θ als dominant angesehen werden können. Damit kann als Entwurfsziel das Überschwingen nahezu vermieden werden. Für den Faktor 100 wurde der im Bild 2.1.40 dargestellte Gütefunktionsverlauf ermittelt.

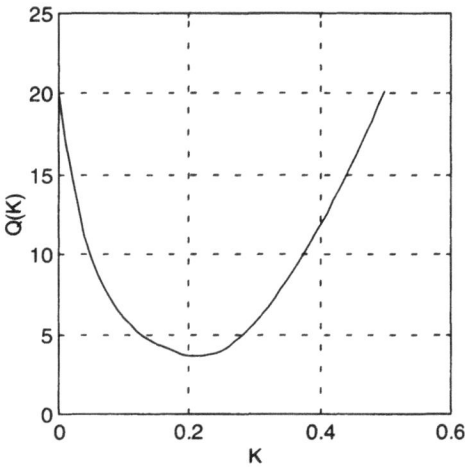

Bild 2.1.40:
Gütefunktion für Beispiel I mit
Überschwingwichtung

Die optimale Lösung weist nur noch ein geringfügiges Überschwingen (Bild 2.1.41) auf.

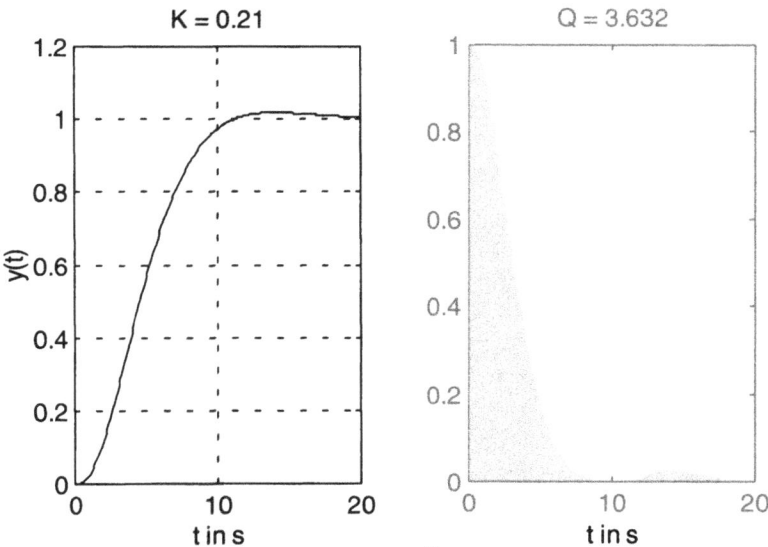

Bild 2.1.41: Optimale Lösung für Beispiel I mit Überschwingwichtung

Bei Beispiel II verschlechtert die Einführung der Überschwingwichtung deutlich die Topologie der Gütefunktion, so daß Probleme bei der numerischen Suche entstehen können. So ist zu erkennen (siehe Bild 2.1.42), daß aus den Isoklinen recht enge Ellipsen geworden sind, die nicht othogonal im Suchraum liegen. Je größer Θ gewählt wird, desto enger werden diese Ellipsen. Das Gebiet um das Optimum zieht sich ebenfalls immer weiter zusammen, wobei ein deutliches schmales Tal mit steilen Wänden zu erkennen ist.

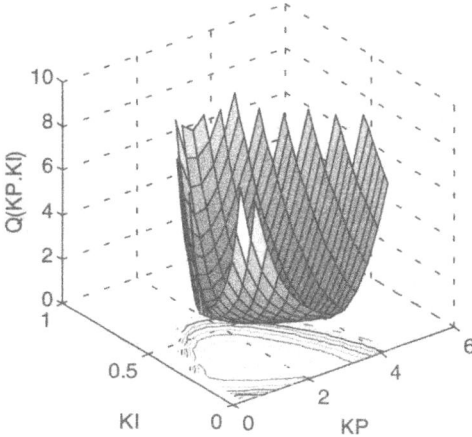

Bild 2.1.42:
Gütefunktion für Beispiel II mit
Überschwingwichtung

Die optimale Lösung ist bestrebt, ein Überschwingen zu vermeiden.

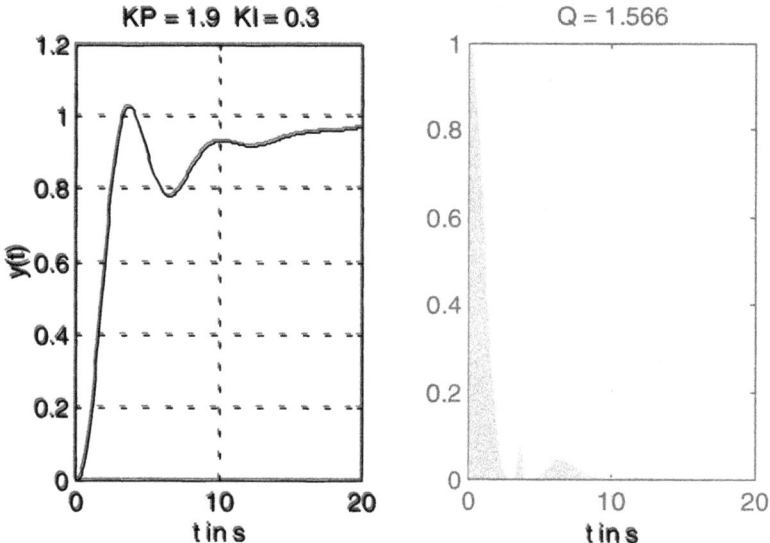

Bild 2.1.43: Optimale Lösung für Beispiel II mit Überschwingwichtung

V.   Einführung von Trajektorienschranken

Alle bis jetzt aufgestellten Gütefunktionen hatten bestenfalls verbalen Charakter. So konnte weder eine bestimmte Überschwingweite noch eine bestimmte Beruhigungszeit vom Gütekriterium vorgegeben werden. Die Güteanforderungen an Regelkreise in der industriellen Praxis beinhalten aber eben solche konkreten Forderungen. Diese können nicht mit den klassischen Integralkriterien durchgesetzt werden. Deshalb ist ein Schrankenkriterium zur Optimierung hinsichtlich konkreter Güteforderungen wesentlich besser geeignet.

Zur Definition des Schrankenkriteriums werden Schranken für den Regelgrößenverlauf festgelegt. So entsteht beispielsweise der im Bild 2.1.44 dargestellte Verlauf.

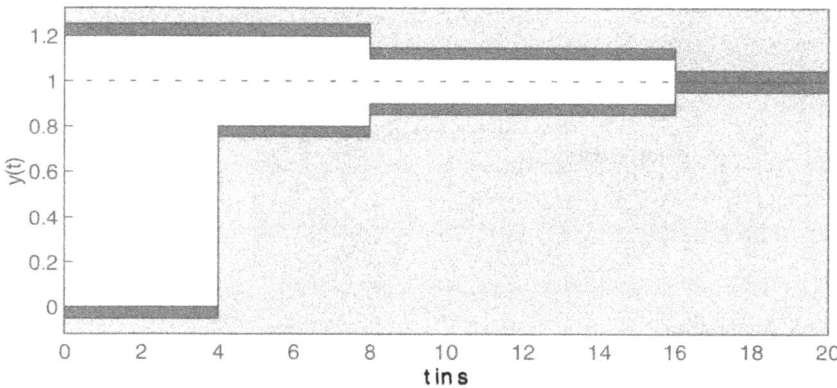

Bild 2.1.44: Definierte Schranken

Als konkrete Güteforderungen sind festgelegt:

$$\Delta h \quad = 20 \%$$
$$T_{80\%} = 4 \text{ s}, \qquad T_{90\%} = 8 \text{ s}, \qquad T_{100\%} = 16 \text{ s}, \qquad T_\infty = 20 \text{ s} .$$

Diese Auswahl wurde willkürlich getroffen. Selbstverständlich können in der praktischen Anwendung beliebige Güteforderungen auf diese Weise formuliert werden.

Die definierten Schranken seien durch die stückweise linearen Funktionen $c_u(t)$ und $c_o(t)$ für die untere bzw. die obere Schranke beschrieben. Dann gilt als Gütekriterium das Integral des Betrages der Schrankenverletzung. Dieser Wert wird mittels der Beziehung:

$$Q = \int_{t=0}^{T_{max}} \eta(c_O(t) - y(t)) + \eta(y(t) - c_U(t)) \, dt$$

$$\eta(x) = \begin{cases} 0; & x \geq 0 \\ -x; & x < 0 \end{cases}$$

(2.1.38)

ermittelt.

Ein weiterer Vorteil dieser Art von Gütekriterien ist die Tatsache, daß sie, sobald alle gestellten Güteforderungen erfüllt sind, den Wert Null liefern. Damit kann eine gefundene Lösung sofort auf ihre Eignung hin untersucht werden und gegebenenfalls eine andere Reglerstruktur gewählt werden, wenn die Güteforderungen trotz Optimierung nicht erfüllt werden.

Bei der Berechnung des Gütekriteriums für das Beispiel I mit dem Verstärkungsfaktor 1,0 ergibt sich der im Bild 2.1.45 dargestellte Verlauf.

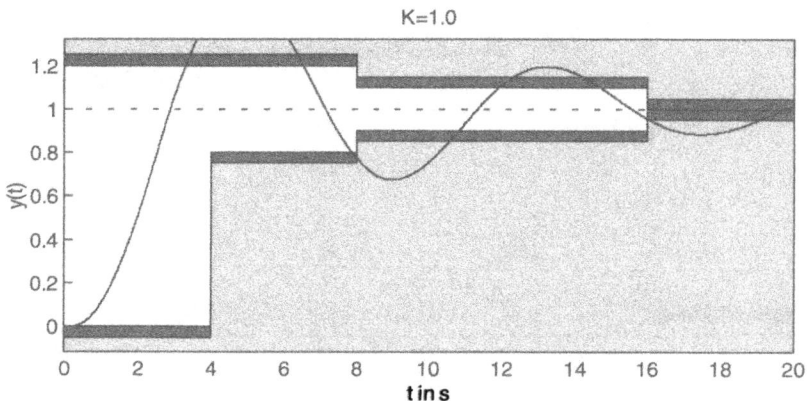

Bild 2.1.45: Verletzung der Schranken bei K = 1,0

Die Summe der verletzten Flächen bildet das zu minimierende Kriterium. Die verletzten Flächen haben die Form entsprechend Bild 2.1.46.

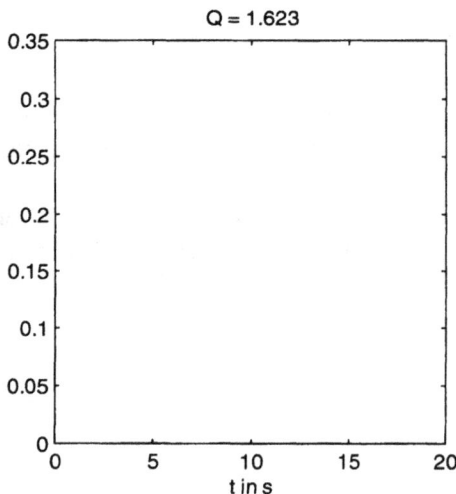

Bild 2.1.46:
Verletzungsflächen der Schranken

Die Minimierung dieser Flächen hat demzufolge das Ziel, den Verlauf der Regelgröße in die vorgegebenen Schranken zu zwingen. Die Form der Verletzungsflächen läßt auf eine komplizierte Gütefunktion schließen.

In der Realität sieht die Gütefuktion $Q_S(K)$ allerdings der des quadratischen Kriteriums ähnlich. Damit ist die numerische Suche weniger problematisch. Der größte Vorteil dieser Gütefunktion liegt jedoch darin, daß kein im Unendlichen definiertes Integralkriterium, sondern ein ganz konkreter Regelgrößenverlauf mit endlichem Horizont bewertet wird.

Der optimale Verstärkungsfaktor hinsichtlich des Schrankenkriteriums ergibt sich zu $K^* = 0,425$ (Bild 2.1.47).

Der optimale Übergangsvorgang verletzt immer noch die Schranken und damit die gestellten Güteforderungen. Wenn diese unbedingt erfüllt werden sollen, so muß eine andere Reglerstruktur, beispielsweise ein PD-Regler ausgewählt werden.

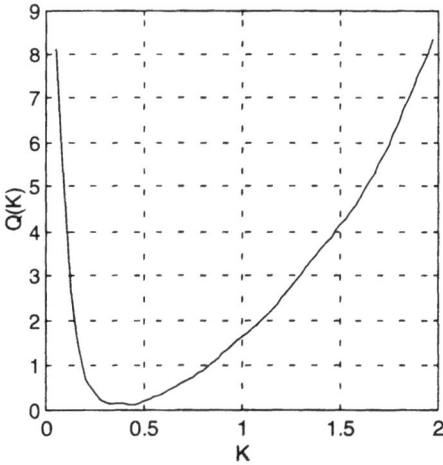

Bild 2.1.47: Güteverlauf des Schrankenkriteriums für Beispiel I

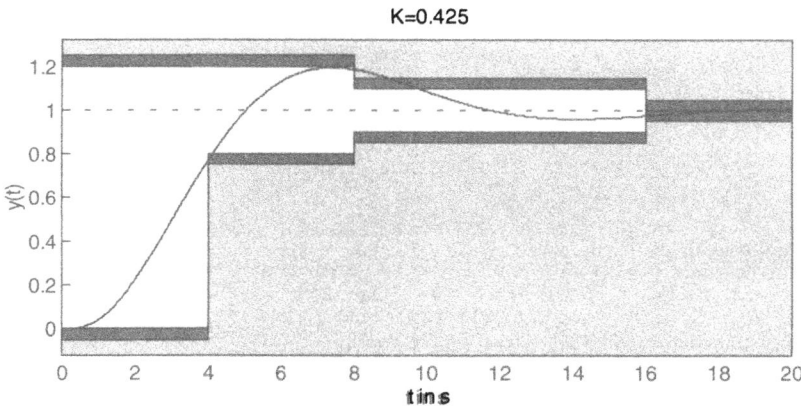

Bild 2.1.48: Sprungantwort des optimal P - geregelten Kreises

Das gleiche Kriterium wurde für Beispiel II verwendet. Dabei ergibt sich der Verlauf für die Gütefunktion entsprechend Bild 2.1.49.

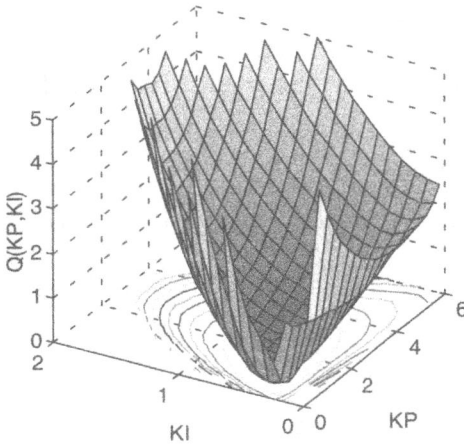

Bild 2.1.49:
Verlauf des Schrankenkriteriums
für Beispiel II

Der optimale Regelungsvorgang erfüllt alle gestellten Güteanforderungen. Die Einhaltung der vorgegebenen Schranken gelingt nicht nur für genau einen Parametersatz, sondern mit einem ganzen Gebiet von Parametern. Deshalb hat das Optimum die Gestalt einer Ebene mit dem Gütewert Null. Je größer dieses Gebiet ist, desto sicherer werden die gesetzten Schranken, auch bei Modellunsicherheiten oder zeitvariantem Prozeß, eingehalten.

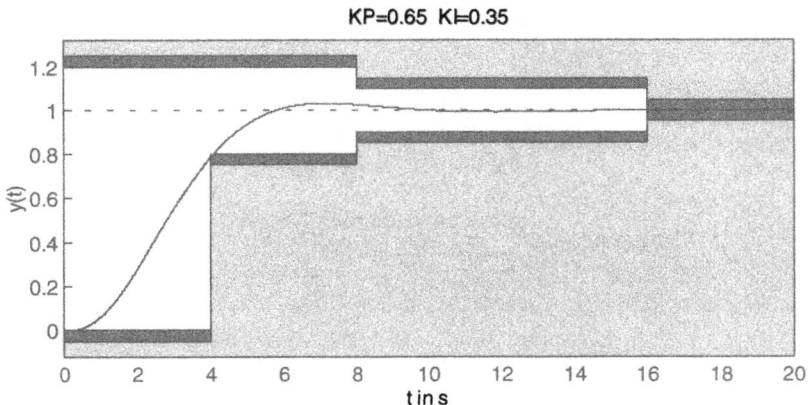

Bild 2.1.50: Optimaler Regelgrößenverlauf für Beispiel II

Das Schrankenkriterium kann als die geeigneteste bekannte Möglichkeit zur Übersetzung regelungstechnischer in optimierungstheoretische Probleme angesehen werden, solange nur die Regelgüte betrachtet wird. In technischen Prozessen sollte im Sinne des Energieverbrauchs auch der Aufwand, der zur

Erreichung bestimmter Güteforderungen an die Regelung notwendig ist, Beachtung finden.

VI. Berücksichtigung des Stellaufwandes

Mit Stellaufwand wird die aufzuwendende Energie zur Erreichung eines bestimmten Regelverhaltens bezeichnet. Selbstverständlich kann auch hier ein quadratisches Integralkriterium verwendet werden. Sehr nahe liegt es, die Beziehung

$$Q_S(\pmb{x}) = \int\limits_0^{T_\infty} u^2(\tau)\,d\tau \qquad\qquad (2.1.39)$$

zu formulieren. Handelt es sich bei dem betrachteten Prozeß um ein System mit eigenem I-Anteil, wie beispielsweise Beispiel I, so erreicht der Regler im Intervall zulässiger Approximation zum Zeitpunkt T_∞ den Stellwert Null, da die Regelabweichung zu diesem Zeitpunkt bereits beseitigt ist. In diesem Falle wird auch die Fläche unter der u^2-Funktion endlich sein und damit keine Funktion des Zeithorizontes.

Sollte der Prozeß keinen I-Anteil besitzen, so daß dieser vom Regler gestellt werden muß, so bleibt auch zum Zeitpunkt T_∞ ein von Null verschiedener Wert für die Stellgröße. Das ist auch notwendig, um die Regelgröße im Sollwert zu halten. Allerdings wird damit die vom einfachen quadratischen Kriterium zu integrierende Fläche unendlich groß, bzw. eine Funktion des gewählten Zeithorizontes. Deshalb erscheint es besser die Gleichung

$$Q_S(\pmb{x}) = \int\limits_0^{T_\infty} \dot u^2(\tau)\,d\tau \qquad\qquad (2.1.40)$$

als Gütemaß für den Stellaufwand zu verwenden. Insbesondere bei Stellgliedern, wie Ventilen ist dieses Kriterium weitaus sinnvoller. Denn nicht die absolute Ventilposition, sondern deren Veränderung bedeutet einen Stellaufwand.

Logischerweise ändert sich die Stellgröße nach dem Einregeln nicht mehr, so daß der Wert ihrer Ableitung zu Null wird. Damit wird auch die zu minimierende Fläche endlich und ist keine Funktion des Zeithorizontes mehr. Allerdings muß beachtet werden, daß die, von einem Regler mit P-Anteil ausgegebene Stellgröße bei einem Sprung des Sollwertes ebenfalls einen Sprung enthält. Die Ableitung des Sprunges ist als Impuls definiert. Numerisch bereitet diese Ableitung große Probleme, da der Dirac-Impuls nicht rechentechnisch exakt abgebildet werden kann. Deshalb ist es nicht nur notwendig, sondern auch inhaltlich sinnvoll, diesen Impuls zum Zeitpunkt Null durch eine Zeitwichtung zu unterdrücken.

Das Kriterium lautet dann:

$$Q_S(x) = \int_0^{T_\infty} \tau \cdot \dot{u}^2(\tau) \, d\tau \quad . \tag{2.1.41}$$

Auf diese Weise wird nicht nur der numerisch kaum zu erfassende Impuls beseitigt, sondern ebenfalls dafür gesorgt, daß ohnehin notwendige Stelleingriffe kurz nach dem Sollwertsprung weniger gewichtet werden als ein langes Schwanken der Stellgröße.

In der optimalen Steuerungstheorie wird das Steuerungsziel als Restriktion formuliert und nur noch die aufzuwendende Stellenergie minimiert [FÖL 90]. In der Regelungstechnik fällt die Formulierung einer solchen Restriktion schwer. Beispielsweise könnte man das vorgeschlagene Schrankenkriterium verwenden, um die Regelgüteforderungen durchzusetzen und die Minimierung des Stellaufwandes nur unter der Bedingung, daß die Gütefunktion für die Regelgüte Null ist, also keine Schranke verletzt wird, durchführen. Das heißt in der optimierungstheoretischen Übersetzung, daß der Stellaufwand unter Einhaltung der, durch die Schranken formulierten Gleichungsbeschränkung minimiert wird.

Eine weitere Möglichkeit besteht darin, die Güteforderungen für Regelgüte und Stellaufwand als multikriterielles Problem zu behandeln. Ein einfaches Gedankenexperiment kann den, im Vergleich zum rechentechnisch notwendigen Aufwand geringen Nutzen dieser Verfahrensweise nachweisen. Die Paretomenge aller optimalen Regler enthält als Randpunkte den völlig untätigen, abgeschalteten Regler, da dieser das Kriterium "minimaler Stellaufwand" am besten erfüllt und den Regler mit der besten Regelgüte, wobei der, sicher nicht unerhebliche Stellaufwand nicht beachtet wird. Die Menge aller dazwischen liegenden Regler würde einem Anwender zur manuellen Auswahl angeboten werden. Das ist sicher kein sinnvoller Weg.

Besser eignet sich die Kombination von Regelgüte und Stellaufwand in einem Gütekriterium durch eine gewichtete Addition. Im Kriterium

$$Q_{ges} = \alpha \cdot Q_R + (1 - \alpha) \cdot Q_S$$
$$0 < \alpha \leq 1 \tag{2.1.42}$$

wird über den Faktor α festgelegt, welches Gewicht auf die Regelgüte bzw. den Stellaufwand gelegt wird. Für $\alpha = 1$ wird nur die Regelgüte beachtet. Für kleinere Werte kommt mehr und mehr der Stellaufwand hinzu. Dieses kombinierte Kriterium soll im folgenden untersucht werden.

Als Kriterium für die Regelgüte wurde das in Gl. (2.1.36) beschriebene zeitgewichtete Integral der quadratischen Regelabweichung verwendet.

Damit ergibt sich mit

$$v(\tau) = \tau \cdot \left(\alpha \; e^2(\tau) + (1-\alpha) \; \dot{u}^2(\tau) \right)$$

$$Q_{ges} = \int_0^{T_\infty} v(\tau) d\tau \tag{2.1.43}$$

die aufzuintegrierende Funktion v(t) bzw. der Gütewert. Bei der Berechnung dieses Kriteriums für Beispiel II würde sich die im Bild 2.1.51 gezeigte Darstellung ergeben.

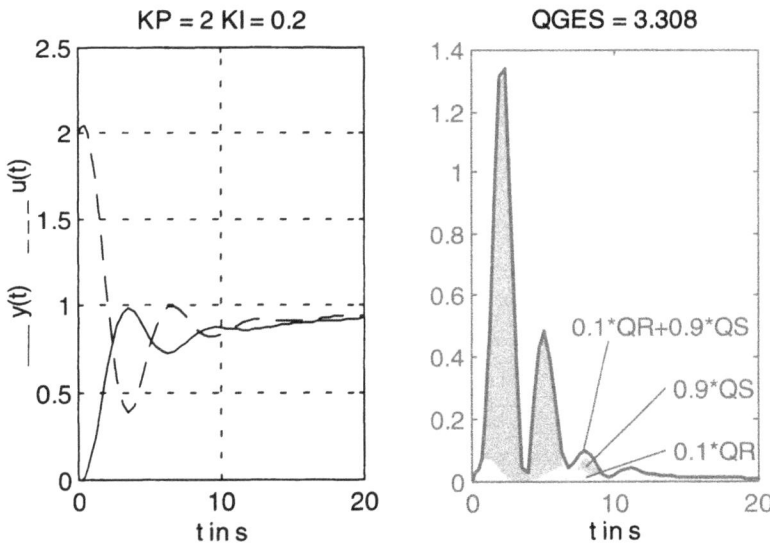

Bild 2.1.51: Beispielrechnung für das kombinierte Gütekriterium

Die aufzuintegrierende Fläche unter der Funktion v(t) ist ein Maß für Regelgüte und Stellaufwand gleichermaßen. Berechnet man für Beispiel II das Gütegebirge für das Kompromißgewicht $\alpha = 0,1$, so ergibt sich das im Bild 2.1.52 dargestellte Gütegebirge. Die Lage des Optimums hat sich deutlich durch die Berücksichtigung des Stellaufwandes zugunsten kleinerer Verstärkungen verschoben. Besonders deutlich wird diese Verschiebung bei der Wahl von $\alpha = 0,01$. Hier verschiebt sich das Optimum zum Koordinatenursprung, d. h., kleine Verstärkungen werden priorisiert. Trotz der jetzt berücksichtigten Stellenergie behält die Gütefunktion, die für die Suchverfahren günstige Topologie. Das globale Optimum zeichnet sich weiterhin durch ein großes Einzugsbebiet (Bild 2.1.53) aus.

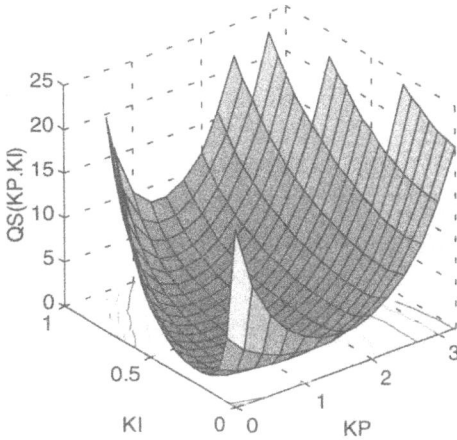

Bild 2.1.52:
Gütefunktion für Beipiel II mit
$\alpha = 0,1$

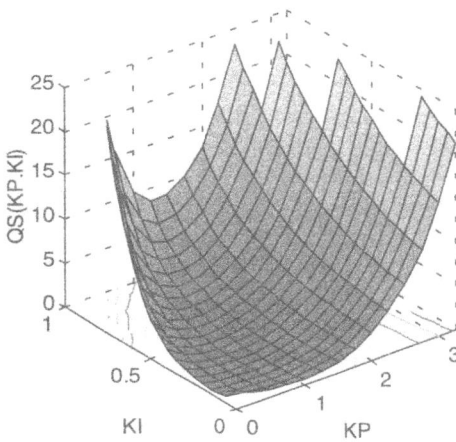

Bild 2.1.53:
Gütefunktion für Beispiel II mit
$\alpha = 0,01$

Im nächsten Abschnitt sollen die Schwierigkeiten bei der Optimierung nichtlinearer Regelkreise als Ausblick auf die in Kapitel 4 geschilderte Problematik des optimalen Entwurfes von Fuzzy Reglern kurz aufgezeigt werden.

VII.   Verallgemeinerung der Gütekriterien auf nichtlineare Kreise

Die Verwendung der genannten Gütekriterien für nichtlineare Regelkreise wird erst dann sinnvoll, wenn diese ihr gesamtes Regelverhalten in der Berechnung des Gütewertes offenbaren. Ein linearer Regelkreis ist mit dem Sprung geeignet angeregt. Das gezeigte Regelverhalten wird maßstabsgerecht für jede sprungförmige Sollwertänderung zutreffen.

Bei nichtlinearen Systemen kann nicht vom einzelnen Sollwertübergang auf das Regelverhalten des Kreises geschlossen werden. Erweist sich das Regelverhalten bei einem Sollwertsprung auf Niveau A als günstig, so kann ein Sollwertsprung auf Niveau B bereits zur Instabilität des Kreises führen. Aus diesem Grunde sollte das Gesamtkriterium aus einer Vielzahl von Sollwertsprüngen bestehen, wobei die einzustellenden Sollwertniveaus von technischer Relevanz sein und möglichst das gesamte Arbeitsgebiet des Regelkreises umfassen sollten.

Obwohl diese Problematik zu einem späteren Zeitpunkt in Kapitel 4 umfassender behandelt wird, soll hier ein transparentes Beispiel gegeben werden. Wird Beispiel II zu einem nichtlinearen System modifiziert, indem eine Nichtlinearität mit der Übertragungsgleichung

$$f(x) = \begin{cases} x; & x \geq 0 \\ \\ 2x; & x < 0 \end{cases} \tag{2.1.44}$$

in Wienerstruktur in den Signalfluß eingefügt wird, so sollten zwei Sollwerte aus beiden charakteristischen Abschnitten der Nichtlinearität gewählt werden. Wählt man als Sollwertniveaus die Werte -1 und 1, so ergibt sich bei Verwendung des Kriteriums aus Gl. (2.1.43) und $\alpha = 0,1$ das im Bild 2.1.54 dargestellte Gütegebirge.

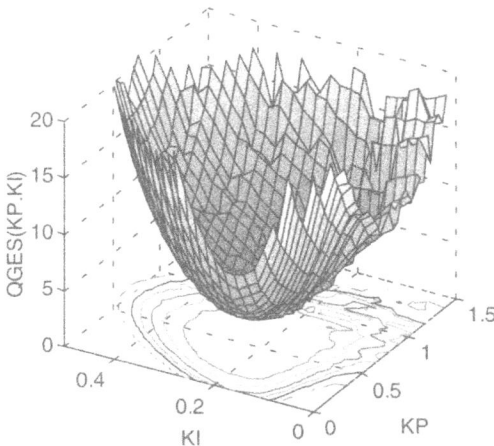

Bild 2.1.54:
Gütegebirge des nichtlinearen Regelkreises

Zwar handelt es sich immer noch um ein eindeutiges globales Minimum, doch dessen Einzugsgebiet hat sich extrem verkleinert, so daß schon in der Nähe lokale Minima vorhanden sind. In solch einem Gütegebirge ist die Verwendung stochastischer Suchverfahren, wie beispielsweise die Evolutionsstrategie, dringend anzuraten. Gradientenabstiegsverfahren haben große

Probleme, in einer solchen Funktion das globale Minimum zu finden.

Als letzte Anmerkung sei gestattet, daß technische Regelkreise aufgrund ihrer Stellbeschränkungen stets als nichtlinear aufgefaßt werden müssen. Deshalb bedeutet die Einführung der Fuzzy Regler nicht die Aufgabe der Vorteile linearer Systeme.

2.1.4.3   Gewährleistung der Robustheit

Da der Entwurf im Allgemeinen am Modell durchgeführt wird, besteht immer die Gefahr, daß der entworfene Regler sämtliche Modellierungsfehler berücksichtigt und die Optimalität nur bezüglich des Prozeßmodells gegeben ist. Diese potentielle Gefahr kann nicht vollständig beseitigt werden, ist aber in großem Maße reduzierbar.

Unter Robustheit wird die Fähigkeit einer Regelung, trotz veränderter Prozeßparameter den regelungstechnischen Anforderungen gerecht zu werden, verstanden. Robuste Regler sind von einer weit höheren Relevanz für die industrietechnischen Prozeßautomatisierung als adaptive Konzepte. Die Regleralgorithmen bleiben beim robusten Regler genauso einfach, lediglich die eingestellten Parameter erfüllen die Forderung nach Robustheit. Während für lineare Systeme eine Reihe analytischer und numerischer Verfahren zur Bemessung robuster Regler existieren, bleibt für den robusten Entwurf nichtlinearer Regelkreise nur der Weg des Probierens, z. B. können durch Monte-Carlo-Simulationen mit zufälliger Wahl der unsicheren Parameter die Gütekriterien robuster gestaltet werden.

Im Rahmen des Buches soll ein Vorschlag zur Eröffnung einer weiteren Ebene der Hierarchie für die Optimierung der Regler vorgestellt werden, die dafür sorgt, daß die entworfenen Regler sich durch Robustheit auszeichnen. Die Grundidee besteht in der Nutzung mehrerer Prozeßmodelle beim Entwurf. Diese können entweder auf die gleiche experimentelle Weise bei verschiedenen Ordnungsansätzen, oder auf völlig verschiedene Weise erzeugt werden, wie z.B.

Modell 1:   Resultat einer theoretischen Prozeßanalyse,
Modell 2:   Ergebnis eines Schätzverfahrens,
Modell 3:   angelerntes Künstliches Neuronales Netz.

Diese Modelle unterscheiden sich in der Regel mehr oder minder geringfügig in ihrem Ein-/Ausgangsverhalten bei der Simulation. Ziel des robusten Entwurfes ist es, einen Regler zu finden, der für jedes dieser Modelle ein zufriedenstellendes Reglerverhalten aufweist. Mit einiger Sicherheit kann dann davon ausgegangen werden, daß auch am realen Prozeß die Regelungen die an sie gestellten Forderungen erfüllt. Das damit gegebene Problem ist wiederum als multikriterielle Optimierungsaufgabe aufzufassen. Wie auch beim Entwurf unter Berücksichtigung von Regelgüte und Stelllaufwand, wird auch bei diesem Schritt nach einem zentralen Punkt innerhalb der Paretomenge gesucht. Randpunkte des Kompromißgebietes sind bei der Lösung regelungstechnischer, mehrkriterieller Probleme von untergeordneter Bedeutung. Genausowenig wie ein Regler mit hervorragender Regelgüte auf Kosten eines ungerechtfertigten Stellaufwandes nicht den gesuchten Kompromiß verkörpert, ist auch ein Regler, der hervorragend an Modell 2 arbeitet, an Modell 1 und 3 jedoch nicht zufriedenstellt, keine akzeptable Lösung, obschon sie Elemente der Kompromißmenge wäre. Aus diesem Grunde wurde zur Kompromißsuche wiederum die einfache, aber zufriedenstellend arbeitende Methode der gewichteten Addition der Teilkriterien gewählt. Es gilt:

$$Q_{ges} = \sum_{v=1}^{\Omega} \xi_v \cdot Q_v$$

$$mit \quad \sum_{v=1}^{\Omega} \xi_v = 1 \qquad\qquad (2.1.45)$$

$\quad Q_v \quad$ *Gütewert an Modell* v

$\quad \xi_v \quad$ *Gewicht für Modell* v

$\quad \Omega \quad$ *Anzahl der zu berücksichtigenden Modelle*

Die Möglichkeit der Wichtung eröffnet einen weiteren sinnvollen Freiheitsgrad in der Optimierung, indem die "Vertrauenswürdigkeit" der einzelnen Modelle einbezogen werden kann. Im Zweifelsfalle führt auch die gleichmäßige Wichtung zum gewünschten Erfolg.

2.1.5 Stabilitätsanalyse von Fuzzy Regelungen

Aussagen zum Stabilitätsverhalten eines entworfenen und in die Praxis umgesetzten Regelungskonzeptes müssen Bestandteil jeder sorgfältigen ingenieurtechnischen Arbeit sein. Während es auf dem Gebiet der Stabilitätsanalyse linearer kontinuierlicher und zeitdiskreter dynamischer Systeme eine Reihe sehr leistungsfähiger Verfahren im Zeit- und Frequenzbereich gibt [REI 79], [FÖL 89], [FÖL 90], [GÜN 86] sind für nichtlineare dynamische Systeme sehr unterschiedliche Konzepte entwickelt und bereits eingesetzt worden [REI 79], [FÖL 89].
Ziel dieses Abschnittes ist es, dem Leser einen Eindruck von der Komplexität der Stabilitätsanalyse von Fuzzy Regelungen zu verschaffen und gleichzeitig den Standpunkt der Autoren dazu darzustellen. Da dieses wichtige Problem nicht den Hauptgegenstand des Buches darstellt, muß auf weiterführende Literatur verwiesen werden [BRE 94], [KIE 93], [BÖH 93].
Die Fuzzy Steuerungen und Regelungen werden entsprechend den Darlegungen in den Abschnitten 3 und 4 des Buches

1. in der optimalen Nachbildung des Entscheidungsverhaltens des Menschen und

2. im modellgestützten optimalen Entwurf

off-line entworfen und in einer zweiten Phase zur Steuerung und Regelung der realen Prozesse in die Zielhardware implementiert. Als Resultat beider Entwurfswege ergeben sich, wie bereits erwähnt, *nichtlineare zeitdiskrete Kennfeldregler*. Damit ist vor der Einsatzüberführung die Frage der Stabilität sicher zu beantworten. Das Problem der Stabilität soll am Führungsverhalten des nichtlinearen Regelkreises mit der

Strecke: *Wiener-Struktur*

$$G_s(s) = \frac{0,25}{s(1 + 1s)^3}$$

(2.1.46)

$$NL : y - \tilde{y}^2$$

Regler:

$$G_R(s) = K_R$$

(2.1.47)

und verschiedenen Aussteuerungen exemplarisch gezeigt werden. Im Bild 2.1.55 ist sowohl anhand des Führungsverhaltens als auch in der Phasenebene gut zu erkennen, daß bei Vergrößerung des Sollwertes w(t) der Gesamtkreis sich der Stabilitätsgrenze nähert.

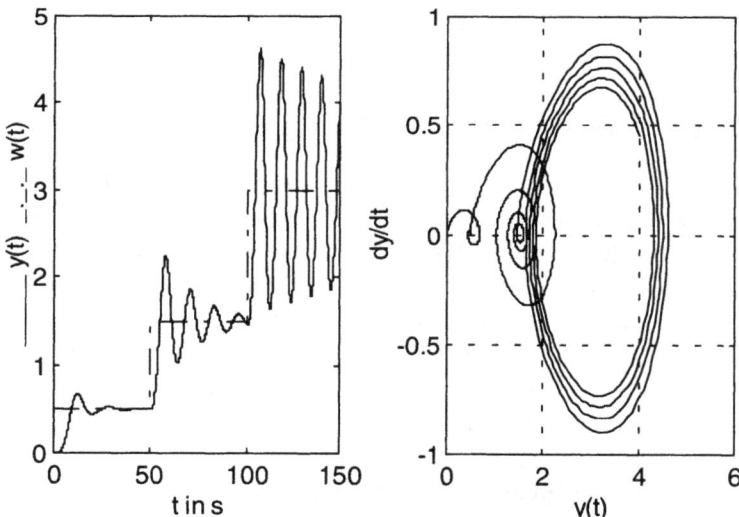

Bild 2.1.55: Führungsverhalten (a) und Phasenebene (b) eines nichtlinearen Regelkreises

Im ersten Entwurfsweg kann davon ausgegangen werden, daß die als Lernprobe verwendeten erfolgsbewerteten Handlungen des Menschen sich im Stabilitätsbereich des Systems befinden. Damit wird die optimale Nachbildung des Vorbildes "Mensch" durch einen Fuzzy Regler bei zeitinvarianten Systemen und gleichem Entscheidungs-/Steuerraum auch stabil sein.

Der modellgestützte Entwurfsweg als zweite Strategie erfordert Aussagen zum Stabilitätsverhalten des entworfenen Gesamtsystems. Als Modelle des zu regelnden Systems können nichtlineare mathematische Modelle, Fuzzy Modelle oder Künstliche Neuronale Netze Anwendung finden. Typische Systemklassen für die Anwendung von Fuzzy Regelungen zeichnen sich u. a. durch ein nichtlineares Verhalten, ein Totzeitverhalten, ein Allpaß-verhalten oder ein zeitvariantes Verhalten aus. Hinzu kommt das nichtlineare zeitdiskrete Kennfeldreglerkonzept der Fuzzy Strategie. Damit sind die Methoden der Stabilitätsanalyse für nichtlineare zeitdiskrete Regelungen weiter zu entwickeln [REI 79], [FÖL 90], [ZYP 63]. Erste Ansätze und Lösungswege sind für den quasikontinuierlichen Fall in Übersichten in [BRE 94] und [KIE 93] enthalten. Generell wird entweder eine Linearisie-rung im Arbeitspunkt (kleine Aussteuerungen) vorgenommen oder die Frage der Stabilität für gewählte Aussteuerbereiche beantwortet.

Im ersten Fall können bekannte Verfahren zur Stabilitätsanalyse linearer zeitdiskreter Systeme zur Anwendung kommen [FÖL 90], [GÜN 86]. Im zweiten Fall sind für kontinuierliche Systeme im Zeitbereich auf Zustands-raumverfahren [CHE 93], auf die Erweiterung der Ljapunow-Theorie [CHE 88], [KIE 93] und auf die Hyperstabilitätstheorie [OPI 93] Stabilitäts-analyseverfahren für Fuzzy Systeme weiterentwickelt worden. Im Frequenz-bereich gilt dies für die Methoden der harmonischen Balance [KIE 93], dem Sektor- und Kreiskriterium [OPI 93] sowie für das Popov-Kriterium [BÖH 93]. Eine Lösung für nichtlineare zeitdiskrete Regelungen stellt die Anwendung des modifizierten Popov-Kriteriums unter Berücksichtigung der Tastperiode T dar [ZYP 63].

Da bei der von den Autoren verfolgten Entwurfsstrategie immer Modelle des Systems, Gütekriterien und "Fahrkurven" mit wesentlichen Sollwerten angenommen werden, wird das entworfene Fuzzy System auch in der Reali-tät stabil und robust sein. Dies gilt nicht, wenn Gültigkeitsbereiche des Modells oder von den "Fahrkurven" abweichende Entscheidungsbereiche gewählt werden. Für diesen Fall ist die Anordnung eines übergeordneten Fuzzy Systems als "Stabilitätsmonitor" sinnvoll und praktisch geeignet [BRE 94].

Diese der Fuzzy Regelung überlagerte Stabilitätsüberwachung und -steue-rung muß aufgrund der Einschätzung des Stabilitätszustandes durch Ent-scheidungen die Stabilität in jedem Arbeitspunkt und zu jeder Zeit sichern. Damit kann nach [BRE 94] die Stabilität von Fuzzy Regelungen wie folgt definiert werden:

"Die Fuzzy Regelung garantiert für beschränkte äußere und innere Einflußgrößen (Störungen) ungefährliche und tolerierbare Ausgangsgrößen."

2.2 Aspekte der Wahrscheinlichkeitstheorie und Statistik [FIS 65], [LIN 64], [GNE 71]

2.2.1 Häufigkeit und Wahrscheinlichkeit

Um Aussagen über Gesetzmäßigkeiten zufälliger Ereignisse (d. h. Ereignisse, die unter gleichen Versuchsbedingungen eintreten oder nicht eintreten) machen zu können, wird versucht, den Charakter der Zufälligkeit durch die *absolute* und *relative Häufigkeit* zu quantifizieren. Ist bei n Wiederholungen eines zufälligen Versuches ein Ereignis A n_A-mal eingetreten, dann wird als

- *absolute Häufigkeit* $H_a(A) = n_A$

- *relative Häufigkeit* $H_r(A) = n_A/n$

$$(2.2.1)$$

bezeichnet. Die relative Häufigkeit hat folgende Eigenschaften:
1. $0 \leq H_r(A) \leq 1$
2. $H_r(A \vee B) = H_r(A) + H_r(B) - H_r(A \wedge B)$
3. $H_r(\bar{A}) = 1 - H_r(A)$.

Grundsätzlich kann das Auftreten des einzelnen Ereignisses nur wahr oder unwahr sein. Durch eine Aussage über eine große Anzahl von Beobachtungen wird der Wahrheitswert der Auftretensmöglichkeiten ermittelt. Die Werte der Häufigkeit sind stark von der Anzahl der durchgeführten Versuche/Beobachtungen abhängig. Aus diesem Grunde wurde zu dem allgemeinen Begriff der *Wahrscheinlichkeit* übergegangen. Es existieren zwei Wege zur Beschreibung des Wahrscheinlichkeitsbegriffs:

* *Grenzwertbildung der relativen Häufigkeit*

$$P(A) = \lim_{n \to \infty} H_r(A) \quad .$$

$$(2.2.2)$$

* *Axiomatische Beschreibung*

Jedes Ereignis A eines zufälligen Versuches/einer Beobachtung aus der Menge *E* aller möglichen Ereignisse wird durch eine Zahl P(A), d. h. die Wahrscheinlichkeit des Ereignisses *A*, beschrieben, die folgende Axiome erfüllt:

$$P(A) \geq 0$$

$$P(E) = 1$$

$$P(A \vee B) = P(A) + P(B)$$

$$(2.2.3)$$

$$\text{für} \quad P(A \wedge B) = 0 \quad .$$

Aus den Axiomen können weitere Eigenschaften abgeleitet werden.

Es gilt:

$P(0) = 0$,
d. h., die Wahrscheinlichkeit   eines unmöglichen   Ereignisses   ist Null ;

$P(\overline{A}) = 1 - P(A)$
$P(A \vee B) = P(A) + P(B) - P(A \wedge B)$
$P(A/B) = P(A \wedge B)/P(B)$.
$P(A/B)$ ist die bedingte Wahrscheinlichkeit   für das Eintreten des
Ereignisses A unter der Bedingung , daß das Ereignis B
bereits eingetreten ist .

$P(A \wedge B) = P(A)\, P(B)$ für unabhängige   Ereignisse   A und B .

Formel für die totale Wahrscheinlichkeit   ;
Bayessche   Formel

$$P(A) = \sum_{i \cdot 1}^{m} P(A/B_i)P(B_i); \quad i = 1,\, 2,\, \ldots m,$$

$$P(A_i/B) = P(A_i)/\sum_{k \cdot 1}^{m} P(B/A_k)P(A_k)$$

2.2.2   Zufallsgrößen und
Wahrscheinlichkeitsverteilungen

Wird jedem Versuchsergebnis eine reelle Zahl zugeordnet, wird also das
zufällige Ereignis auf die Menge der reellen Zahlen abgebildet, erhält man
eine statistische Variable, die Zufallsgröße. Die Zufallsgröße beschreibt
damit jedes zufällige Ereignis aus der Menge der möglichen Ereignisse
durch eine reelle Zahl bzw. durch ein Intervall reeller Zahlen.
Eine Zufallsgröße X wird als stetige Zufallsgröße bezeichnet, wenn sie in
einem endlichen Intervall a, b unendlich viele Werte x_i annehmen kann (Bild
2.2.1a).
Dagegen nimmt eine diskrete Zufallsgröße in einem Intervall a, b eine
endliche oder höchstens abzählbar unendliche Menge von Werten x_i an (Bild
2.2.1b).
Von Interesse ist nun, wie die Wahrscheinlichkeit für das Auftreten der
einzelnen Werte der Zufallsgröße über ihren Wertebereich verteilt ist.
Diese Information ist in der Wahrscheinlichkeitsverteilung - Verteilungsdichtefunktion $f(x)$, Verteilungsfunktion $F(x)$ - enthalten.

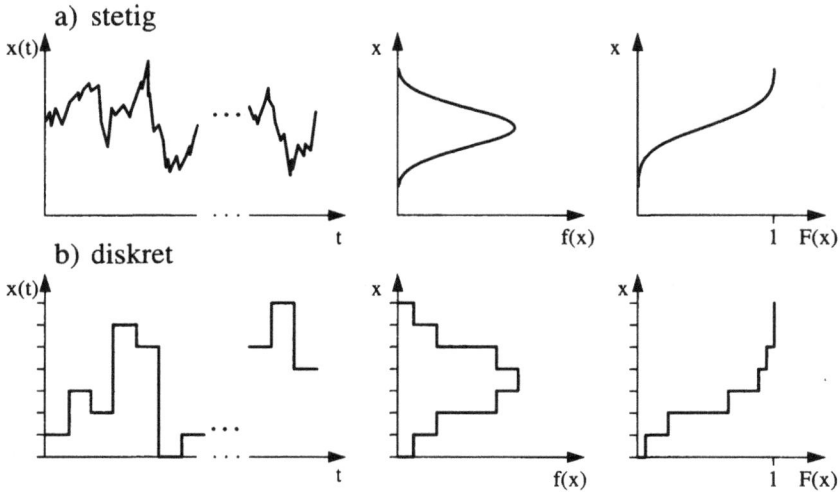

Bild 2.2.1: Verteilung und Verteilungsdichte

Die *diskrete Verteilungsdichtefunktion f(x)* für eine Zufallsgröße - im folgenden mit Verteilung bezeichnet - ergibt sich durch die Darstellung aller Einzelwahrscheinlichkeiten $p_i = P(X = x_i)$ mit i = 1, 2, ... über x (Bild 2.2.1b). Aus der diskreten Verteilung kann die *diskrete Verteilungsfunktion F(x)* eindeutig nach der Vorschrift

$$F(x) = \sum_{\substack{i \\ x_i < x}} P(X = x_i)$$

(2.2.4)

bestimmt werden. Sie gibt die Wahrscheinlichkeit für das Auftreten der diskreten Zufallsgröße im Bereich - ∞, x an. Ihre Eigenschaften sind u. a.
1. $0 \le F(x) \le 1$
2. $F(- \infty) = 0$; $F(+ \infty) = 1$
3. $F(x)$ monoton, nichtfallend.
Die Verteilung einer stetigen Zufallsgröße ist als Verteilungsdichte auf der Basis der *stetigen Verteilungsfunktion*

$$F(x) = P(X < x) = \int_{-\infty}^{x} f(z)\,dz$$

(2.2.5)

zu ermitteln, da die Wahrscheinlichkeit für das Auftreten eines Wertes Null ist.

Mit Gl. (2.2.6) gilt für die *stetige Verteilung(sdichte)*

$$f(x) = \frac{dF(x)}{dx}$$

$$\text{mit } f(x) \geq 0; \quad \int_{-\infty}^{+\infty} f(z) dz = 1 \tag{2.2.6}$$

Eine der wichtigsten Verteilungen ist die Normalverteilung NV (µ, σ), die durch die Beziehung:

$$f(x) = \frac{1}{\sigma \cdot \sqrt{2\pi}} \cdot e^{-\frac{(x-\mu)^2}{2\sigma^2}} \tag{2.2.7}$$

analytisch beschrieben wird.

2.2.3 Momente der Verteilung

Die Verteilung und die Verteilungsfunktion beschreiben das Amplitudenverhalten von Zufallsgrößen vollständig. Die Verteilungsgesetze enthalten einige Parameter, die bereits das gesuchte Verhalten der Zufallsgröße und die Gestalt/Lage der Verteilung beschreiben. Diese Kenngrößen sind *Momente* und aus den Momenten abgeleitete Größen.
Als *normales Moment* k-ter Ordnung wird der Ausdruck

$$\alpha_K = E\{X^k\} \tag{2.2.8}$$

mit $k = 1, 2, ...$ und $E\{ ... \}$ = Erwartungswert $\{ ... \}$ bezeichnet. Die Ermittlung für stetige bzw. diskrete Zufallsgrößen erfolgt entsprechend

$$\alpha_k = \begin{cases} \int_{-\infty}^{+\infty} x^k f(x) dx \, , & \textit{falls } X \textit{ stetig} \\\\ \sum_{i=1}^{\infty} x_i p_i \, , & \textit{falls } X \textit{ diskret} \end{cases} \tag{2.2.9}$$

Das erste normale Moment, der *Erwartungswert* µ, wird berechnet zu:

$$\alpha_1 = \mu = E\{X\} \quad . \tag{2.2.10}$$

Deutung: Schwerpunkt der Verteilung;
Das *zentrale Moment* k-ter Ordnung wird nach der Vorschrift

$$m_k = E\{(X-\mu)^k\} \quad \textit{mit} \quad k = 1, 2, ... \tag{2.2.11}$$

ermittelt.

Ein wesentliches zentrales Moment ist das zweite zentrale Moment, die *Varianz* σ^2_x. Für sie gilt:

$$m_2 = \sigma_x^2 = E\left\{(X - \mu)^2\right\} \quad . \tag{2.2.12}$$

Deutung: Varianz um den Erwartungswert der Zufallsgröße. Die positive Wurzel der Varianz wird als Standardabweichung σ_x bezeichnet.
Im Bild 2.2.2 ist der Verlauf einer Normalverteilung NV (5, 1) dargestellt.

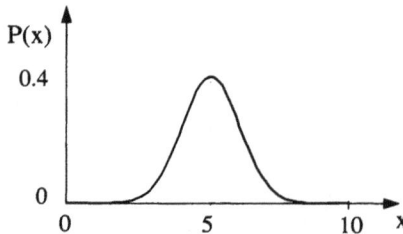

Bild 2.2.2:
Verlauf einer Normalverteilung
NV (5,1)

2.2.4 Mehrdimensionale Zufallsgrößen und ihre Verteilung

In der Realität muß häufig der Einfluß von *m* Zufallsgröße, die *gleichzeitig* das System beeinflussen, untersucht werden.
Die *m-dimensionale Zufallsgröße* bzw. der *Zufallsvektor* ergibt sich aus den Werten von *m* gleichzeitig auftretenden Zufallsgrößen (X_1, ... X_m) in einem *m*-dimensionalen euklidischen Raum. Die entsprechenden Verteilungen werden als *m-dimensionale Verteilung* bezeichnet. Wie im eindimensionalen Fall wird zwischen stetigen und diskreten Zufallsgrößen unterschieden. Im Rahmen dieses Abschnittes werden nur zweidimensionale Zufallsgrößen (Bild 2.2.3) betrachtet, da die für sie geltenden Beziehungen leicht auf *m*-dimensionale Zufallsgrößen übertragen werden können.
Werden die Wertepaare x_{1i}, x_{2k} mit i, k = 1, 2, ... einer zweidimensionalen diskreten Zufallsgröße (X_1, X_2) und die entsprechenden Verbundwahrscheinlichkeiten

$$P(X_1 = x_{1i}, X_2 = x_{2k}) = p_{ik} \tag{2.2.13}$$

ermittelt (Bild 2.2.4a), so hat die Verteilungstabelle, die *diskrete zweidimensionale Verteilung*, die im Bild 2.2.5 angegebenen Form. Die diskrete *zweidimensionale Verteilungsfunktion* lautet entsprechend Gl. (2.2.13)

$$F(x_1, x_2) = P(X_1 < x_1, X_2 < x_2) = \sum_i \sum_k p_{ik} \tag{2.2.14}$$

$$mit \quad i = 1, 2, ..., r \quad ; \quad k = 1, 2, ..., l \quad .$$

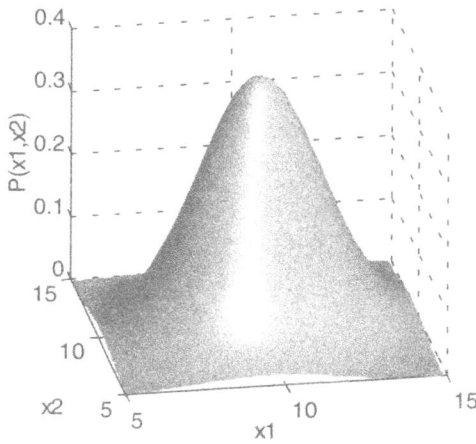

Bild 2.2.3:
Zweidimensionale Normverteilung
NV (x_1, x_2)

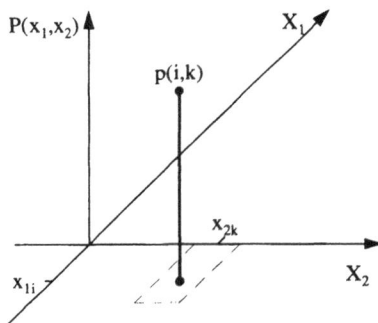

a)   b)

Bild 2.2.4: Kenngrößen zweidimensionaler Zufallsgrößen
a) Verbundwahrscheinlichkeit
b) Verteilungsfunktion

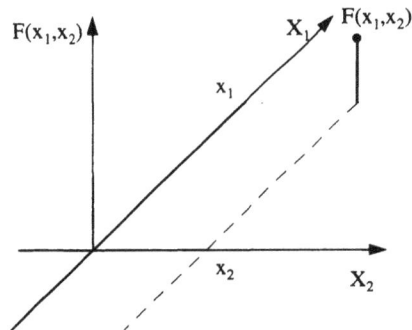

Bild 2.2.5:
Zweidimensionale diskrete
Verteilung

Wird die Wahrscheinlichkeit für das Auftreten des Wertes x_{1i} der Zufallsgröße X_1 unter der Bedingung gesucht, daß die Zufallsgröße X_2 den Wert
x_{2k} angenommen hat, so ist der Wert

$$P(X_1 = x_{1i} | X_2 = x_{2k}) = \frac{P(X_1 = x_{1i}, X_2 = x_{2k})}{P(X_2 = x_{2k})} = P(x_{1i} | x_{2k}) \qquad (2.2.15)$$

als *bedingte Wahrscheinlichkeit* zu berechnen.

In Analogie zur Beschreibung eindimensionaler stetiger Zufallsgröße gilt für
die *zweidimensionale stetige Verteilung(sdichte)* (siehe Bild 2.2.3)

$$f(X_1, X_2) = \frac{\partial^2 F(x_1, x_2)}{\partial x_1 \, \partial x_2} \quad . \qquad (2.2.16)$$

Die *zweidimensionale stetige Verteilungsfunktion* kann nach der Vorschrift:

$$F(x_1, x_2) = P(X_1 < x_1, X_2 < x_2) = \int\limits_{-\infty}^{x_2} \int\limits_{-\infty}^{x_1} f(\xi, \eta) \, d\xi \, d\eta \qquad (2.2.17)$$

ermittelt werden.

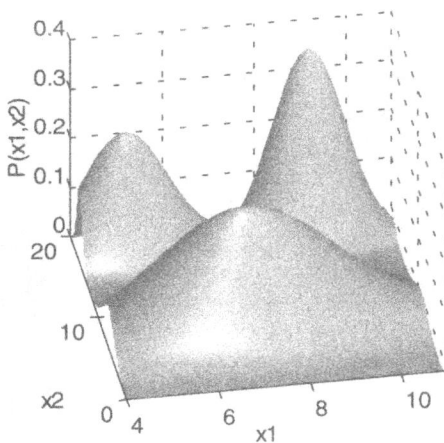

Bild 2.2.6:
Zweidimensionale mehrgipflige
Verteilung

Im zweidimensionalen Raum können sich mehrere Verteilungen mit unterschiedlichen Parametern überlagern (siehe Bild 2.2.6). Dieses Problem tritt
bei der Datenanalyse und der automatischen Klassifikation auf und wird im
Abschnitt 3 aufgegriffen.

2.2.5 Stichproben, statistische Prüf- und Schätzverfahren

2.2.5.1 Stichproben und ihre Verteilung

In der Wahrscheinlichkeitsrechnung wird von der vollständigen Information über die Wahrscheinlichkeitsverteilung der betrachteten Zufallsgrößen ausgegangen. Bei den Methoden der Statistik wird angenommen, daß keine oder nur eine unvollständige Information über die Verteilung oder deren Parameter vorliegen. Aus einer Menge von *n* Realisierungen aus der Grundgesamtheit, die als *konkrete Stichprobe* vom Umfang *n* bezeichnet wird, wird die *Stichprobenfunktion* gebildet. Bekannte wichtige Stichprobenfunktionen sind

$$\varphi_1 = \frac{1}{n} \sum_{i=1}^{n} x_i = \bar{x} \qquad (\textit{Stichprobenmittel})$$

$$(2.2.18)$$

$$\varphi_2 = \frac{1}{n-1} \sum_{i=1}^{n} (x_i - \bar{x})^2 = s^2 \qquad (\textit{Stichprobenvarianz}) \quad .$$

Die Stichprobenfunktionen sind ebenfalls Zufallsgrößen, weil die konkrete Stichprobe Zufallsgrößen entnommen wird. Damit haben die Stichprobenfunktionen Verteilungen, die als *Stichprobenverteilungen* bezeichnet werden. Im Rahmen der weiteren Ausführungen wird nur das Stichprobenmittel betrachtet, daß bereits das Entscheidungskonzept der Statistik hinreichend beschreibt.
Wenn die Stichprobe einer normalverteilten Zufallsgröße, deren Werte außerdem unabhängig voneinander sind, entnommen wird, ist die Verteilung des Stichprobenmittels $\underline{x}$ eine Normalverteilung mit den Parametern

$$E\{\bar{x}\} = \mu \ \textit{und} \ \sigma_{\bar{x}} = \sigma_x / \sqrt{n} \quad . \qquad (2.2.19)$$

Häufig wird die normierte Stichprobenfunktion

$$z = \frac{\bar{x} - \mu}{\sigma_x} \sqrt{n} \qquad (2.2.20)$$

verwendet, die ebenfalls normalverteilt (Bild 2.2.7) mit den Parametern $E\{z\} = 0$ und $\sigma_z = 1$ ist.

Stichprobenfunktion	Stichprobenverteilung
$$z = \frac{\bar{x} - \mu}{\sigma_x} \sqrt{n}$$	
$$t = \frac{\bar{x} - \mu}{s_x} \sqrt{n}$$	

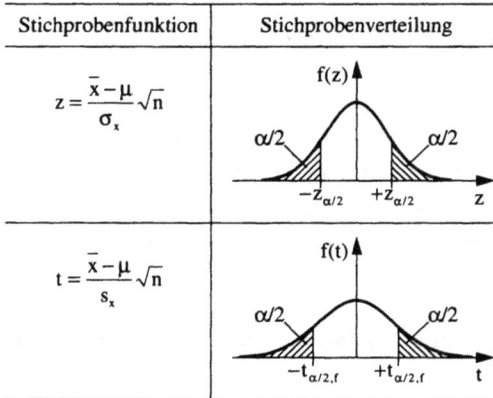

Bild 2.2.7:
Stichprobenfunktion und
Stichprobenverteilung

Die in die Stichprobenverteilung eingetragenen Vertrauensgrenzen $-z_{\alpha/2}$ und $+z_{\alpha/2}$ ergeben sich aus der vorgegebenen Wahrscheinlichkeit $P = 1 - \alpha$ für das mögliche Eintreten von μ in diesem Bereich (Konfidenzintervall). Die Größe α wird als *Irrtumswahrscheinlichkeit* bezeichnet. Damit gilt:

$$P(\bar{x} - \Delta x < \mu < \bar{x} + \Delta x) = P(|x - \mu| < \Delta x) = 1 - \alpha \quad . \tag{2.2.21}$$

Ist die Varianz σ^2_x nicht bekannt und muß sie durch die Varianz der Stichprobenwerte s_x^2 ersetzt werden, ergibt sich aus Gl. (2.2.21) die Stichprobenfunktion:

$$t = \frac{\bar{x} - \mu}{s_x} \sqrt{n} \quad . \tag{2.2.22}$$

Die Stichprobenfunktion t unterliegt für eine Stichprobe aus einer normalverteilten Zufallsgröße einer *Student-Verteilung/t-Verteilung* (Bild 2.2.7).

2.2.5.2 Statistische Prüfverfahren

Die aus der Grundgesamtheit entnommene konkrete Stichprobe enthält bekanntlich unvollständige Informationen über die Verteilung der Grundgesamtheit und über ihre Momente. Diese unvollständigen Informationen werden nun benutzt, um in Verbindung mit einer gewählten Irrtumswahrscheinlichkeit α eine Entscheidung über statistische Hypothesen H zur Verteilung oder deren Momente zu treffen. Die Prüfung der Hypothesen wird mittels *statistischer Prüfverfahren*, auch *statistische Tests* genannt, durchgeführt. Dabei wird die Hypothese H als *Nullhypothese* H_0 bezeichnet, wenn weitere Hypothesen, die *Alternativhypothesen* genannt werden, aufgestellt werden können. Für die Entscheidung über die Nullhypothese H_0 werden die normierten Stichprobenfunktionen mit jeweils eingesetzter Hypothese verwendet. Die sich dann ergebenden Zufallsgrößen werden als

Prüfgrößen bzw. *Testgrößen* (z, t) bezeichnet. Die Prüfung der Hypothese H_0 für eine Stichprobenfunktion kann nach folgendem Schema erfolgen:

1. Aufstellen der Nullhypothese H_0,
2. Wahl der Irrtumswahrscheinlichkeit α,
3. Ermittlung des Ablehnungsbereiches für die Nullhypothese für α (Bilder 2.2.8 und 2.2.9),
4. Berechnung der Prüfgröße auf der Grundlage der Stichprobe,
5. Entscheidung über die Nullhypothese H_0 durch Vergleich der Prüfgröße mit den Werten des Ablehnungsbereiches.

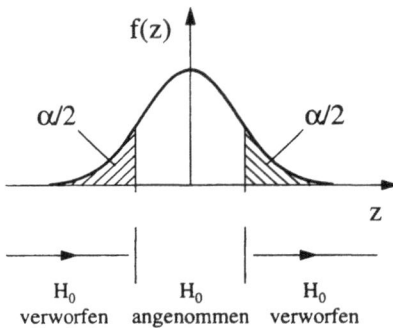

Bild 2.2.8:
Zeiseitige Fragestellung im Hypothesentest

Es gibt viele Möglichkeiten zur Festlegung eines Ablehnungsbereiches (kritischer Bereich) bei einer vorgegebenen Irrtumswahrscheinlichkeit. Für die Praxis haben sich die sog. zweiseitige und die einseitige Fragestellung als wichtig erwiesen. Bei einer zweiseitigen Fragestellung wird davon ausgegangen, daß der kritische Bereich für die Hypothese H_0 mit jeweils einer Irrtumswahrscheinlichkeit von $\alpha/2$ ermittelt wird. Im Bild 2.2.8 ist dies für eine Testgröße NV (0; 1) dargestellt. Bei einer einseitigen Fragestellung wird der kritische Bereich für eine symmetrisch verteilte Prüfgröße auf der linken oder rechten Seite mit einer Irrtumswahrscheinlichkeit von α betrachtet. Dieser Sachverhalt wird im Bild 2.2.9 gezeigt.

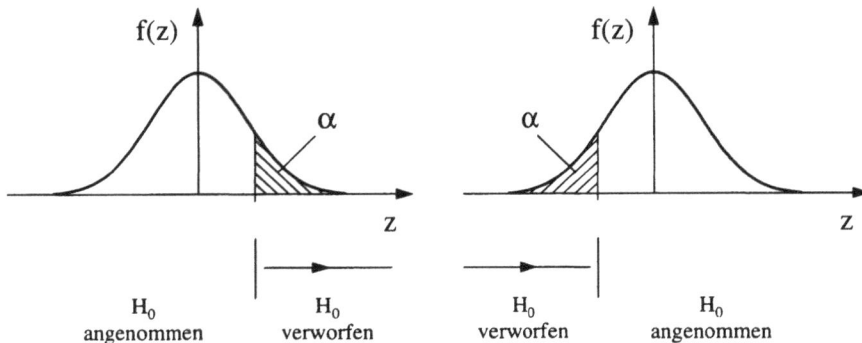

Bild 2.2.9: Einseitige Fragestellung im Hypothesentest

Mit den Prüfverfahren ist es bereits möglich, auf der Grundlage einer Stichprobe und der Annahme über das Gesamtverhalten, einzelne Punkte und die Grenze des Vertrauensbereiches der Aussage zu überprüfen. Damit ist man in der Lage, eine Aussage mit einer statistischen Sicherheit von $P = 1 - \alpha$ zu treffen.

2.2.5.3 Statistische Schätzverfahren

Bei der Schätzung eines Intervalls mit den Grenzen G_u und G_o ($G_u < G_o$) für den unbekannten Parameter der Grundgesamtheit auf der Grundlage einer Stichprobe wird davon ausgegangen, daß die Wahrscheinlichkeit für das Auftreten der unbekannten Parameter in diesem Bereich

$$P(G_u < \mu, \sigma^2 < G_o) = 1 - \alpha \qquad (2.2.23)$$

ist. Die Werte G_u und G_o werden als *Konfidenzgrenzen* (Vertrauensgrenzen), der Bereich G_u, G_o als *Konfidenzintervall* (Vertrauensintervall) und α als Irrtumswahrscheinlichkeit bezeichnet.

Auf der Basis der Stichprobenfunktionen und der festgelegten Bereiche für die Annahme der Nullhypothese werden für den Parameter μ die Konfidenzintervalle ermittelt.

Konfidenzintervall für μ bei bekanntem σ^2
Ausgangspunkt für die Ableitung des Konfidenzintervalls für μ ist der Bereich für die Annahme der Hypothese $H_o : \mu = \mu_o$. Es gilt:

$$- z_{\alpha/2} < \bar{x} - \frac{\mu}{\sigma} \sqrt{n} < + z_{\alpha/2} \quad . \qquad (2.2.24)$$

Aus Gl. (2.2.25) erhält man durch Umstellen das Konfidenzintervall für den Parameter μ zu

$$\bar{x} - z_{\alpha/2} \frac{\sigma}{\sqrt{n}} < \mu < \bar{x} + z_{\alpha/2} \frac{\sigma}{\sqrt{n}} \quad . \qquad (2.2.25)$$

Damit wird das Konfidenzintervall kleiner, wenn die Irrtumswahrscheinlichkeit größer gewählt bzw. die Anzahl der Beobachtungen vergrößert wird.

Konfidenzintervall für μ bei unbekanntem σ^2
Für die Ableitung des Konfidenzintervalls für μ bei unbekannter Varianz der Grundgesamtheit σ^2 wird durch dem Bereich der Annahme der Nullhypothese $H_o : \mu = \mu_o$ des t-Testes ausgegangen. Für ihn gilt:

$$- t_{\alpha/2, f} < \bar{x} - \frac{\mu}{s} \sqrt{n} < + t_{\alpha/2, f} \quad . \qquad (2.2.26)$$

Aus Gl. (2.2.27) erhält man das Konfidenzintervall für μ zu

$$\bar{x} - t_{\alpha/2,\, f} \frac{s}{\sqrt{n}} < \mu < \bar{x} + t_{\alpha/2,\, f} \frac{s}{\sqrt{n}} \quad . \tag{2.2.27}$$

Bei gleichem Stichprobenumfang n und gleicher Irrtumswahrscheinlichkeit α ist das Konfidenzintervall von Gl. (2.2.27) größer als das von Gl. (2.2.26).

2.3 Aspekte der Klassifikationsmethoden [BOC 74], [SCH 77], [BOC 87]

Zum Gebiet der Klassifikation bzw. der Mustererkennung existieren seit Jahren eine große Anzahl von Methoden und eine Reihe sehr guter Fachbücher. Ziel der folgenden Ausführungen ist die Darlegung der notwendigen Begriffe für die Anwendung von Methoden der automatischen Klassifikation zum Entwurf von Klassensteuerungen für statische und dynamische nichtlineare Systeme.

2.3.1 Objekt, Klasse, Merkmal

Die Begriffsfestlegungen für das Objekt, die Klasse und das Merkmal im Zusammenhang mit den Methoden der Klassifikation erfolgen in Anlehnung der Arbeiten von Bocklisch und Schürmann.
Ein Objekt X der realen Welt ist unter dem kybernetischen Gesichtspunkt ein ähnlich relativer Begriff wie der des Systems. Als Objekte X_i werden diskrete Abbildungen von Systemen bezeichnet, die durch eine festgelegte Menge von Informationen bestimmt sind. Die Objekte X bilden in der Regel nur Teile der Realität ab und sie können belebte und unbelebte Systeme als auch Abstracta darstellen (Bild 2.3.1).

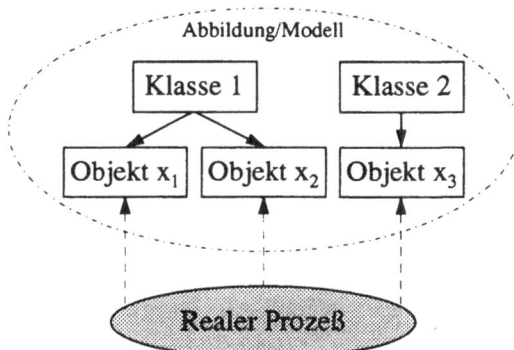

Bild 2.3.1:
Realität, Objekte, Klassen

In dynamischer Prozeßumgebung können die am System vorhandenen Signale und die Systemparameter Funktionen der Zeit sein. Soll die Situation/der Zustand des Prozesses aufgrund der gemessenen Prozeßgrößen klassifiziert werden, muß die konkrete Prozeßsituation als Objekt einem bestimmten Zeitabschnitt zugeordnet werden (siehe Bild 2.3.2).

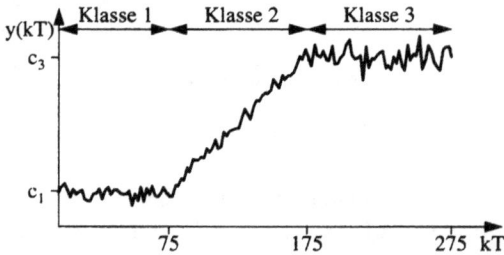

Bild 2.3.2:
Beispielverlauf einer Prozeßgröße

Bezogen auf die Aufgaben der Automatisierung sind die Objekte dann konkrete Prozeßsituationen, die durch Meßgrößen und/oder Beobachtungen beschrieben werden.

Wenn man davon ausgeht, daß das Objekt X mit seinen Informationen ein Element des Wissens über den Prozeß darstellt, ist es sinnvoll, in einer höheren Abstraktionsstufe eine Menge von Objekten mit gleichen bzw. ähnlichen Eigenschaften zu einem Ganzen, der *Klasse*, zusammenzufassen. Mit dieser Aggregation ist auf der einen Seite sehr häufig ein Informationsverlust verbunden, auf der anderen Seite werden für die Entscheidung wesentliche Zusammenhänge erst sichtbar. Die Klasse definiert damit eine Menge von Objekten, die hinsichtlich festgelegter Kriterien gleiche oder ähnliche Eigenschaften besitzen. Dabei fassen *semantische Klassen* solche Objekte zusammen, die im inhaltlichen Sinne entsprechend dem Zweck, dem Anliegen, ihrem Einsatz ähnlich sind (u. a. Auto, Mensch, Haus). Objekte, die im formalen Sinn ähnlich sind, werden als *natürliche Klassen* bezeichnet u. a. Autos mit bestimmtem Hubraum, Menschen einer bestimmten Größe). Die Grundlage zur Bildung natürlicher Klassen sind Abstandsmaße, die Bildung semantischer Klassen ist stark subjektiv geprägt und standpunktabhängig.

Die Eigenschaften der Objekte, die zur Bildung von Klassen notwendig sind, werden durch *Merkmale* beschrieben. *Metrische Merkmale*, auch als quantitative Merkmale bezeichnet, werden aus den gemessenen Prozeßgrößen gebildet. Es können u. a. Werte, Momente, Gradiente, Flächen, Frequenzen und Abstände als metrische Merkmale verwendet werden. *Nichtmetrische Merkmale*, auch als qualitative Merkmale bezeichnet, werden vorwiegend durch subjektive Bewertungen gewonnen. Zu dieser Merkmalsgruppe gehören Aussagen wie "schön", "elegant" und "hochwertig".

Insgesamt ist festzuhalten, daß entsprechend der Darstellung im Bild 2.1.13

aus dem erfaßten Prozeßsituationsvektor s durch Algorithmen der Merkmalbildung der Merkmalsvektor m festgelegt wird. Im Bild 2.3.2 ist der Verlauf
der Prozeßausgangsgröße in Form der abgetasteten Werte y(kT) dargestellt.
Man erkennt drei typische Prozeßzustände:

*   Klasse 1:   stationäres Verhalten

    mit $y = c_1$, $s^2_y = c_2$ und k = 75 Objekten/Meßwerten,

*   Klasse 2:   instationäres Verhalten

    mit $y = f(kT)$, $s^2_y = c_2$ und k = 100 Objekten/Meßwerten,

*   Klasse 3:   stationäres Verhalten

    mit $y = c_3$, $s^2_y = c_4$ und k = 150 Objekten/Meßwerten.

2.3.2 Klassifikator

Auf der Grundlage des aus dem Situationsvektor s gewonnenen Merkmalsvektor m und den erfolgsbewerteten Entscheidungen u kann eine Lernprobe
LP $\{m, u, k\}$ zum Entwurf eines Klassifikators gebildet werden. Ein *Klassifikator* ist nach [BOC 87] ein Algorithmus oder ein technisches System, das
in der Kannphase ein unbekanntes Objekt X_i einer oder mehreren Klassen
zuordnet. Es wird in einer Lernphase aufgrund der Lernprobe LP $\{m, u, k\}$
entworfen. Die Resultate des Klassifikators können direkt oder als Entschei-
dungsvorschlag für den Menschen verwendet werden (Bild 2.3.3).

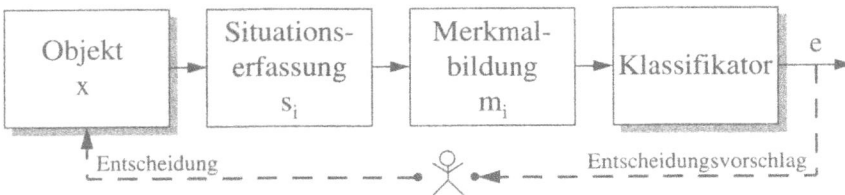

Bild 2.3.3: Klassifikationskonzept

Eine Zuordnung der Objekte X in eine oder mehrere Klassen erfolgt auf der
Basis von Ähnlichkeits-, Distanz-, Wahrheits- oder Zugehörigkeitsmaßen
(siehe Abschnitt 2.3.3). Wird von einer Beschreibung des Objektes durch
einen eindimensionalen Situations-/Merkmalsvektor ausgegangen, wird die
Entscheidung e des Klassifikators in den Stufen:

1.   Ermittlung der Ähnlichkeiten/ Distanzen/ Zugehörigkeiten/ Wahrheits-
     werte der i-ten Situation zu allen k-Klassen,
2.   Bestimmung der Rangfolge der Ähnlichkeiten der Klassen,
3.   Auswahl der Klasse mit der maximalen Ähnlichkeit bzw. der minimalen
     Distanz

ermittelt.

Die Struktur des Klassifikators ist im Bild 2.3.4 dargestellt.

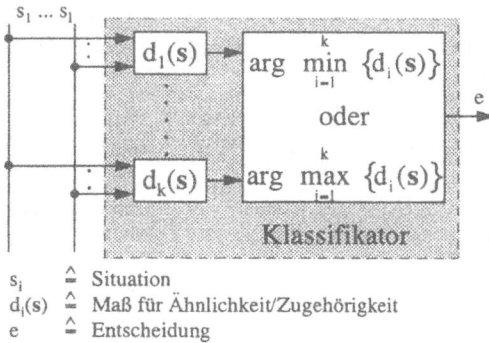

s_i $\,\hat{=}\,$ Situation
$d_i(s)$ $\,\hat{=}\,$ Maß für Ähnlichkeit/Zugehörigkeit
e $\,\hat{=}\,$ Entscheidung

Bild 2.3.4:
Klassifikationsstruktur

In den meisten Fällen wird bei der Klassifikationsaufgabe davon ausgegangen, daß stationäre/zeitinvariante Prozesse vorliegen. In diesem Fall sind die Parameter des Klassifikators auch stationär. Liegen zeitvariante Prozesse vor, müssen die Ähnlichkeitsmaße des Klassifikators ständig neu gelernt werden. In diesem Fall wird von einem instationären Klassifikator gesprochen.

2.3.3　Klassifikationsmethoden

Um die Eingrenzung auf die in diesem Buch weiter verwendeten statistischen und unscharfen Klassifikator Konzepte zu verdeutlichen, soll eine kurze Übersicht über allgemeine Ansätze gegeben werden.
Die Klassifikationskonzepte werden in die folgenden Gruppen gegliedert:
1. Deterministische Methoden
2. Statistische Methoden
3. Fuzzy Methoden
4. Künstliche Neuronale Netze.
Die weiteren Aussagen und Darstellungen sind zum besseren Verständnis auf ein Klassifikationsproblem mit zwei Eingangsgrößen beschränkt.
Beim *deterministischen Klassifikator Konzept* ist jeder Punkt im Situations-/Merkmalsraum R^2 eindeutig einer Klasse zugeordnet. Für einen typischen Vertreter dieses Konzeptes, einem Punkt-zu-Punkt-Klassifikator, ist die Vorgehensweise im Bild 2.3.5 dargestellt. Die eindeutige/sichere Zuordnung einer Entscheidung erfolgt durch eine Indexberechnung (Tabellentechnik) der Klasse, in der sich der Merkmalsvektor befindet.

Klassenindex i=0,1,2, ... 9
möglicher Suchraum

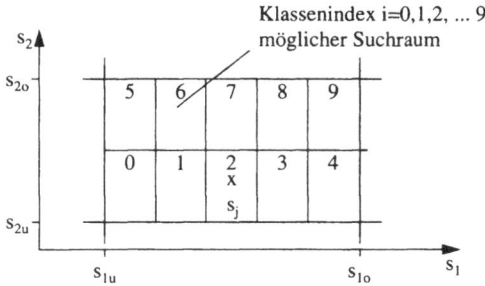

Bild 2.3.5:
Prinzip eines Punkt-zu-Punkt-
Klassifikators

Zu den *statistischen Klassifikationsmethoden* können die Gruppe der Bayes Klassifikatorifikatoren, der Abstandsklassifikatoren und der Trennfunktions-Klassifikatoren gezählt werden (siehe Bild 2.3.6). Ihnen ist gemeinsam, daß jeder Punkt im Situations-/Merkmalsraum mehreren Klassen mit einer bestimmten bedingten Wahrscheinlichkeit P (i|s) bzw. einem Ähnlichkeits-maß $d_{ij}(s)$ angehören kann. Die Bayes Klassifikatoren gehen davon aus, daß eine Situation s mit einer bestimmten bedingten Wahrscheinlichkeit P(i|s) zu einer Entscheidungsklasse i gehört. Eine Rangfolge der bedingten Wahrscheinlichkeiten stellt damit den Entscheidungsvorschlag dar. Unter Annahme von Normalverteilungsgesetzten kann das Klassifikationsproblem auch dann noch Bayes-optimal gelöst werden, wenn die Erwartungswerte und die Kovarianzen zum Klassifikatorentwurf verwendet werden (Diskriminanzfunktion). Ein weiteres sehr leistungsfähiges statistisches - Klassifikator Konzept beruht auf der Parametrierung der bedingten Wahrscheinlichkeiten und der Parameterschätzung mit Regressionsverfahren. Diese unter dem Begriff der Polynom Klassifikatoren bekannte Strategie wird im Abschnitt 3 aufgrund vieler Vorteile weiter verfolgt.

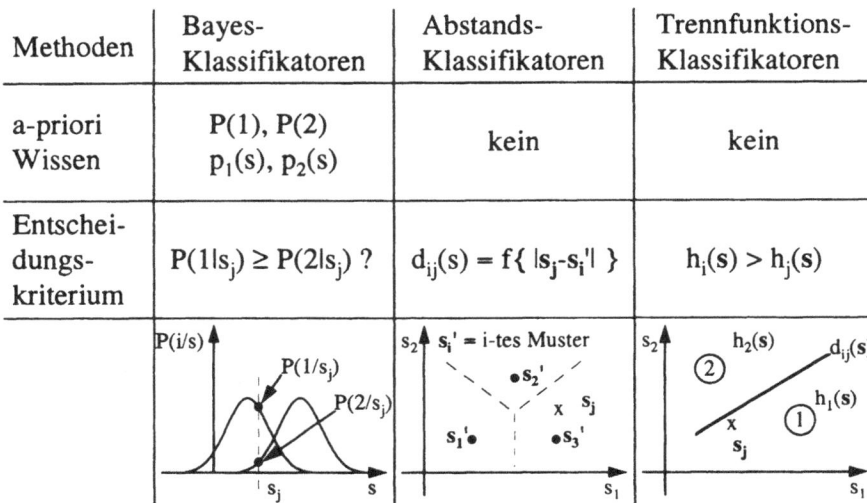

Methoden	Bayes-Klassifikatoren	Abstands-Klassifikatoren	Trennfunktions-Klassifikatoren
a-priori Wissen	P(1), P(2) $p_1(s)$, $p_2(s)$	kein	kein
Entschei-dungs-kriterium	$P(1|s_j) \geq P(2|s_j)$?	$d_{ij}(s) = f\{ |s_j-s_i'| \}$	$h_i(s) > h_j(s)$

Bild 2.3.6: Statistische Klassifikator Konzepte

Auf der Verwendung von Abstandsmaßen in Form von bewerteten Vektor-
normen beruhen die *Abstandsklassifikatoren* (siehe Bild 2.3.6). Die in der
Mustererkennung weit verbreiteten Methoden gehen davon aus, daß Re-
präsentanten vorhanden sind oder durch Gruppierungsverfahren (Clusterverfahren siehe Abschnitt 3) gebildet werden können. Für jede Situation s
wird die Ähnlichkeit zu jedem Muster $d_{ij}(s)$ ermittelt und das Muster ausgewählt, das die größte Ähnlichkeit/geringste Distanz hat.

Für nichtlineare Klassifikationsprobleme können sehr vorteilhaft
Trennfunktions-Klassifikatoren verwendet werden. Auf der Grundlage von
Unterscheidungsfunktion $h_i(s)$ der Entscheidungsklassen können Trennfunktionen $d_{ij}(s)$ ermittelt werden, die eine Zuordnung der konkreten Situation s gewährleisten.

Ein *Fuzzy Klassifikator* ordnet jedem Punkt im Situations-/Merkmalsraum
mit einem bestimmten Wahrheitswert/einer bestimmten Zugehörigkeit $m_i(s)$
(siehe Abschnitt 4) den Entscheidungsklassen zu. Als Entscheidung wird die
Klasse mit maximalem Zugehörigkeitswert vorgeschlagen (siehe Bild 2.3.7).

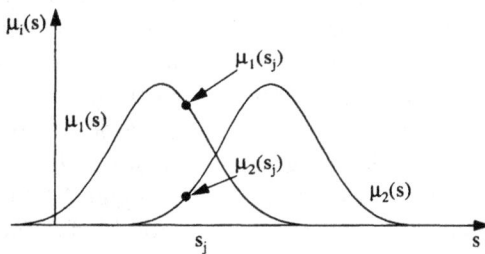

Bild 2.3.7:
Fuzzy Klassifikation

Die *Künstlichen Neuronalen Netze (KNN)* sind auch für die
Klassifikationsaufgabe sehr erfolgreich eingesetzt worden [SCH 91],
[MIL 90]. Sie werden im Rahmen dieses Buches an dieser Stelle nur zur
Vollständigkeit mit genannt. Für ein k-Klassenproblem ist eine KNN-
Klassifikatorstruktur im Bild 2.3.8 dargestellt.

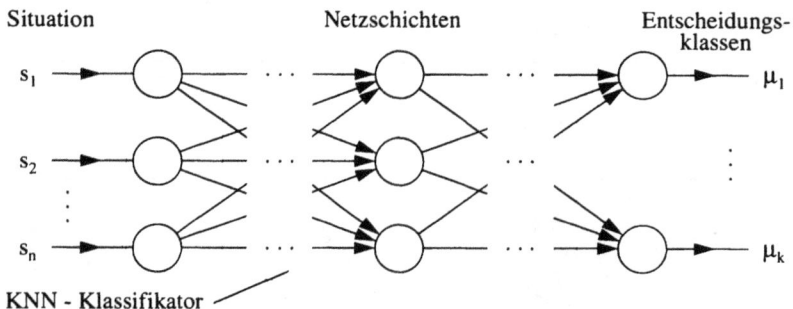

Bild 2.3.8: Künstliches Neuronales Netz-Klassifikator (feed-forward-Netzwerk)

2.4 Grundlagen des Fuzzy Konzeptes [ZAD 65], [ZAD 75], [KOS 90], [BAN 90], [BAN 92], [BOC 87],[ZIM 85], [ZIM 87], [PED 89]

2.4.1 Scharfe und unscharfe Mengen, Zugehörigkeitsfunktionen

Die Grundlage des Fuzzy Konzeptes ist wie bereits erwähnt, der Übergang vom klassischen zweiwertigen Wahrheitsbegriff zum graduellen, mehrwertigen Wahrheitsbegriff für die Gültigkeit einer Aussage, einer Information oder einer Entscheidung. Die mathematische Beschreibung des graduellen Wahrheitswertes wurde durch Zadeh mit der Theorie der unscharfen Menge, den *fuzzy sets*, entwickelt.

Zum besseren Verständnis der weiteren Ausführungen wird der Begriff der scharfen Menge als Ausgangspunkt gewählt.

Eine *Menge M* stellt die Zusammenfassung von Objekten (Meßwerte, Systeme, ...) zu einem Ganzen (einer Klasse) dar. Als eine *scharfe Menge* M_s wird die Zusammenfassung von Objekten X zu einem Ganzen angesehen, die einer Eigenschaft/Bedingung E exakt genügen. Der Wahrheitswert oder der Zugehörigkeitswert des Objektes x_j zur i-ten Menge $\mu_i(x_j)$ kann nur die Werte:

$$\mu_i(x_j) = \begin{cases} = 0 & \text{Objekt gehört nicht zur Menge } M_{si} \\ \\ = 1 & \text{Objekt gehört zur Menge } M_{si} \end{cases} \qquad (2.4.1)$$

annehmen. Im Bild 2.4.1 ist dieser Sachverhalt beispielhaft dargestellt.

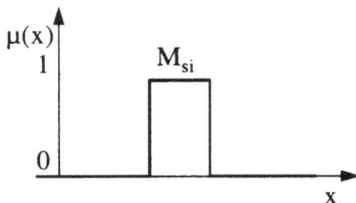

Bild 2.4.1: Scharfe Menge M_s

Dieser Mengenbegriff ist die Grundlage der Booleschen Logik, die nach wie vor in vielen Systemen erfolgreich zur Anwendung kommt.

Durch eine graduelle Bewertung der Zugehörigkeit eines Objektes X der Grundmenge G zu einer Menge M wird der Begriff der unscharfen Menge M_u, die fuzzy sets, geprägt.

Eine *unscharfe Menge* M_u stellt die Zusammenfassung von Objekten X zu einem Ganzen dar, die einer Eigenschaft/Bedingung mit bestimmten Wahrheitswerten/Zugehörigkeitswerten $\mu_i(x_j)$ genügen. Im Bild 2.4.2a ist der Zugehörigkeitswert $\mu_i(x_j)$ für drei unscharfe Mengen dargestellt.

Der Zugehörigkeitswert $\mu_i(x_j)$ hat folgende Eigenschaften:

1. $\mu_i(x_j) \geq 0$

    mit $\mu_i(x_j) = 0$ keine Zugehörigkeit von x_j zur i-ten Menge M_{ui}

    $\mu_i(x_j) > 0$ Maß für die Zugehörigkeit von x_j zur i-ten Menge M_{ui}

2. die Werte von $\mu_i(x_j)$ sind um so größer, je besser die Eigenschaft/ Bedingung E erfüllt wird.

Ermittelt man für alle x_j die Zugehörigkeiteswerte $\mu_i(x_j)$, erhält man die *Zugehörigkeitsfunktion $\mu_i(x)$*.

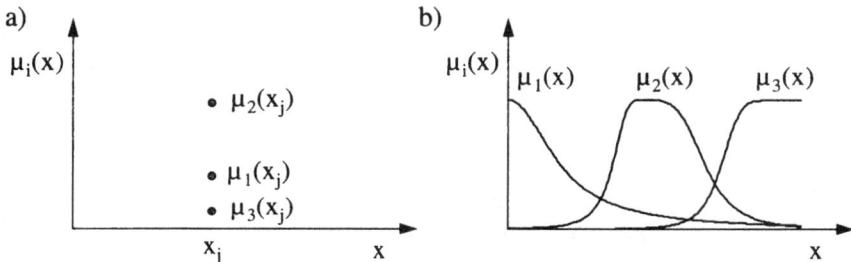

Bild 2.4.2:   a) Zugehörigkeitswerte $\mu_i(x_j)$ zu unscharfen Mengen M_{ui}
b) Zugehörigkeitsfunktionen $\mu_i(x)$ unscharfer Mengen M_{ui}

Für drei unscharfe Mengen sind die Zugehörigkeitsfunktion $\mu_i(x)$ im Bild 2.4.2b beispielhaft dargestellt.

Die Zugehörigkeitsfunktion $\mu_i(x)$ gibt damit die Zugehörigkeit des Elementes x der Grundmenge G zur unscharfen Menge, der Fuzzy Menge M_{ui} an. Der Wert $\mu_i(x_j)$ einer Zugehörigkeitsfunktion $\mu_i(x)$ wird Zugehörigkeitsgrad genannt und gibt für das Element x_j an, in welchem Maße es zu der Fuzzy Menge M_{ui} gehört. Der Wertebereich von $\mu_i(x_j)$ ist beliebig. Sinnvoll ist deshalb die Normierung in den Formen:

1. $\int_{-\infty}^{-\infty} \mu_i(x)\,dx = 1$ (*Flächennormierung*)

$$(2.4.2)$$

2. $0 \leq \mu_i(x) \leq 1$ (*Einheitsintervallnormierung*)   .

Im Rahmen dieses Buches wird die Einheitsnormierung gewählt, da ihre Verwendung eine Reihe von Vorteilen besitzt (siehe Abschnitt 3 und 4).

Eine besondere Beachtung muß, sowohl im Hinblick auf die Entscheidungsgüte als auch unter dem Aspekt der Soft- und Hardwarerealisierung, die geeignete Wahl des Konzeptes der Zugehörigkeitsfunktion finden.

Unterschieden wird zwischen parametrischen und nichtparametrischen Konzepten. *Parametrische Konzepte* für die Beschreibung gestatten die geschlossene Darstellung von $\mu_i(x_j)$ durch analytische Ansätze $\mu_i(x_j, \mathbf{p})$. Die Parameter $\mathbf{p}_i$ der Beschreibung sind sehr flexibel anpaßbar und gestatten eine Interpretation der Fuzzy Menge. In der Literatur sind vielfältige Ansätze vorgeschlagen und untersucht worden. Ausgewählt werden:

1. Zugehörigkeitsfunktion von Zadeh [ZAD 65]
Als parametrischer Ansatz wurden gewählt:
α) S-Funktion (Bild 2.4.3a)

$$S(x, c_1, c_2, c_3) = \begin{cases} 0 & \textit{für } x < c_2 \\[2mm] 0,5 \left(\dfrac{x - c_2}{c_1 - c_2} \right)^2 & \textit{für } c_2 \leq x \leq c_1 \\[2mm] 1 - 0,5 \left(\dfrac{x - c_3}{c_1 - c_3} \right)^2 & \textit{für } c_1 < x \leq c_3 \\[2mm] 1 & \textit{für } x > c_3 \end{cases} \tag{2.4.3}$$

β) Π-Funktion (Bild 2.4.3b)

$$\Pi(x, c_1, c_2, c_3) = \begin{cases} S\left(x, c_1 - \dfrac{c_2}{2}, c_1 - c_2, c_1 \right) & \textit{für } x \leq c_1 \\[3mm] 1 - S\left(x, c_1 + \dfrac{c_2}{2}, c_1, c_1 + c_2 \right) & \textit{für } x > c_1 \\[2mm] & c_2 > o \end{cases} \tag{2.4.4}$$

a)   S(x,c₁,c₂,c₃)

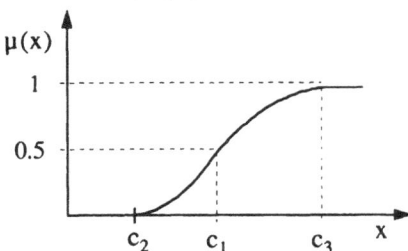

b)   π(x,c₁,c₂)

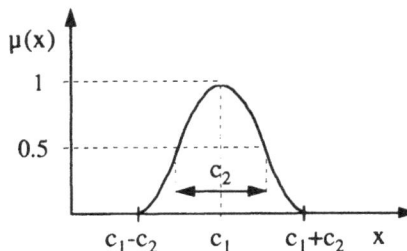

Bild 2.4.3: Zugehörigkeitsfunktionen nach Zadeh

2. Zugehörigkeitsfunktionen nach Aizermann [AIZ 77]
Auf der Grundlage nichtlinearer Beziehungen hat Aizermann folgende Potentialfunktionen vorgeschlagen:
α) Typ 1 (Bild 2.4.4a)

$$\mu(x,\ c_1,c_2,c_3) = \begin{cases} \dfrac{1}{1 + c_2\left|x - c_1\right|^{c_3}} & \textit{für } x \le c_1 \\[3em] 1 & \textit{für } x > c_1 \end{cases}$$

(2.4.5)

mit $c_2 > 0, c_3 > 1$

β) Typ 2 (Bild 2.4.4b)

$$\mu(x,\ c_1,c_2,c_3) = \frac{1}{1 + c_2\left|x - c_1\right|^{c_3}} \ .$$

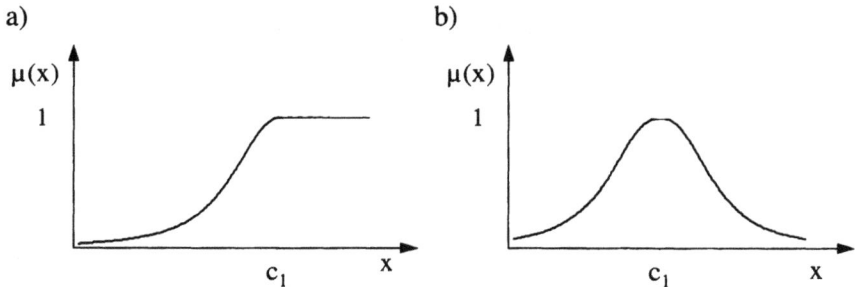

(2.4.6)

a)

b)

Bild 2.4.4: Zugehörigkeitsfunktionen nach Aizermann

3. Zugehörigkeitsfunktionen nach Bocklisch [BOC 87]
In konsequenter Weiterentwicklung der Ideen von Zadeh und Aizermann hat Bocklisch das folgende leistungsfähige und flexible parametrische Konzept vorgeschlagen (Bild 2.4.5 und Bild 2.4.6).

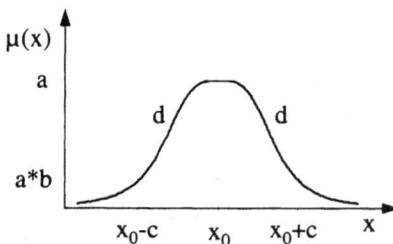

Bild 2.4.5:
Symmetrische Zugehörigkeitsfunktion nach [BOC 87]

Zuerst wurden Parameter der Verteilung der "Unschärfe" festgelegt.

Entsprechend Bild 2.4.6 sind dies:
- x_0 = Schwerpunkt/Modalwert von $\mu(x)$
- a = Maximum von $\mu(x)$
- b = Randzugehörigkeit bei $x_0 \pm c$
- c = Ausdehnung von $\mu(x)$
- d = Abfall von $\mu(x)$.

In der zweiten Stufe wurde das Konzept auf n-Größen und auf die Möglichkeit einer unsymmetrischen Gestaltung erweitert. Für die analytische Beschreibung gilt:

$$\mu(x,\cdots) = a \left\{ 1 + \sum_{i=1}^{P} \frac{1}{2} \; sign \; (-x_i) \left[\left(\frac{1}{b_{li}} - 1 \right) \left| -\frac{x_i}{c_{li}} \right|^{d_{li}} \right] + \right.$$

$$\left. + \sum_{i=1}^{P} \frac{1}{2} \; (1 + sign \; (x_i)) \left[\left(\frac{1}{b_{ri}} - 1 \right) \left| \frac{x_i}{c_{ri}} \right|^{d_{ri}} \right] \right\}^{-1}$$

mit der Signumfunktion

$$sign \; (x) = \begin{cases} -1 & \text{für } x < 0 \\ \\ 0 & \text{für } x = 0 \\ \\ 1 & \text{für } x > 0 \end{cases}$$

(2.4.7)

und x auf x_0 zentriert .

Für zwei eindimensionale Fälle sind die Zugehörigkeitsfunktionen im Bild 2.4.6 dargestellt.

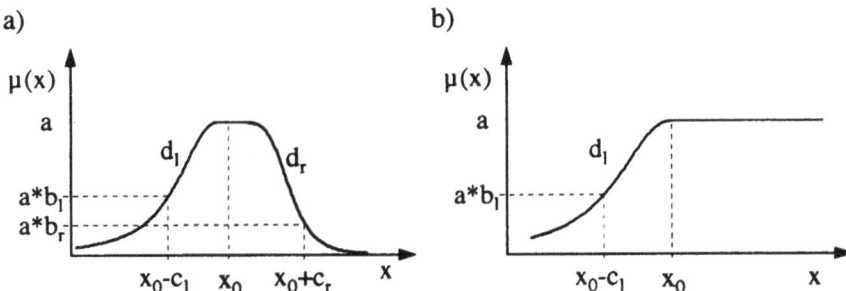

Bild 2.4.6: Eindimensionale Zugehörigkeitsfunktionen nach Bocklisch [BOC 87]

Durch die getrennte Gestaltungsmöglichkeit der linken und rechten Seite der Zugehörigkeitsfunktionen ist eine hohe Flexibilität und Universalität des Konzeptes gegeben.

Die Parameter der Beschreibung besitzen folgende Bedeutungen:
- x_{oi} = Modalwert/Schwerpunkt von $\mu_i(x)$
- a_i = Maß für den maximalen Wert von $\mu_i(x)$/Gewicht der Klasse i
- b_i = Zugehörigkeitswert an den Klassengrenzen (b_{li}, b_{ri})
- c_i = Maß der Entfernung von zur Klasse gehörender Randobjekte zu x_o (c_{li}, c_{ri})
- d_i = Maß für die Objektverteilung in der Klasse i (d_{li}, d_{ri}).

Der Verlauf von drei verschiedenen zweidimensionalen Zugehörigkeits-funktionen $\mu_1(x)$, $\mu_2(x)$, und $\mu_3(x)$ ist im Bild 2.4.7 dargestellt.

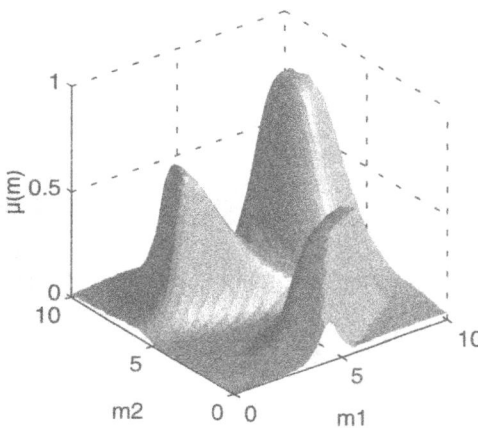

Bild 2.4.7:
Zweidimensionale
Zugehörigkeitsfunktionen nach
Bocklisch [BOC 87]

Die von Bocklisch entwickelten parametrischen Fuzzy Konzepte haben sich insbesondere bei Klassifikationsaufgaben bewährt und werden deshalb im Rahmen des Buches im Abschnitt 3 bevorzugt eingesetzt.

4. Stückweise lineare Zugehörigkeitsfunktionen
Für viele Aufgaben, insbesondere bei der Lösung von Regelungsaufgaben, ist die Approximation des nichtlinearen Verhaltens der Zugehörigkeits-funktion durch stückweise lineare Ansätze sinnvoll und ausreichend (siehe Abschnitt 4). Als eine günstige Parametrierung wird folgender Ansatz vorgeschlagen:
- Jede Zugehörigkeitsfunktion $\mu_i(x)$ wird durch maximal 4 Stützstellen $\{p_1, p_2, p_3, p_4\}$ und die Geradengleichungen/Anstiege beschrieben.
- Die Stützstellen besitzen den Wert Null oder Eins.

Damit gilt für die Zugehörigkeitsfunktion $\mu_1(x)$:

$$\mu_i(x) = \mu_i(x, p_1, p_2, p_3, p_4) \quad .$$

(2.4.8)

Die vier Hauptformen von Zugehörigkeitsfunktionen auf der Grundlage stückweise linearer Abschnitte sind im Bild 2.4.8 dargestellt.

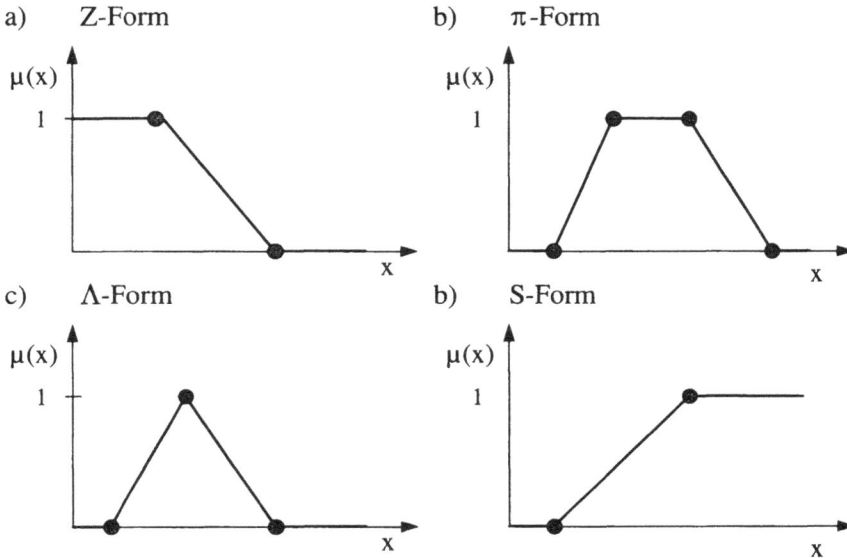

a) Z-Form

$\mu(x)$

b) π-Form

$\mu(x)$

c) Λ-Form

$\mu(x)$

b) S-Form

$\mu(x)$

Bild 2.4.8: Stückweise lineare Zugehörigkeitsfunktionen

Nichtparametrische Konzepte stellen die Zugehörigkeitsfunktionen in Form von Dateien bzw. in Form einer endlichen Anzahl von Singletons $\mu(x)/x$ dar. Das Konzept wurde von Mamdani [MAM 77] zur Beschreibung linguistischer Variabler benutzt. Für ein Beispiel mit den linguistischen Variablen Negativ, Null, Positiv ist im Bild 2.4.9 die Tabellenform der Zugehörigkeit dargestellt.

x \ $\mu(x)$	-2	-1	0	+1	+2
Positiv	0	0	0.2	0.8	1.0
Null	0	0.2	1.0	0.3	0
Negativ	1.0	0.7	1.0	0	0

Bild 2.4.9:
Dateidarstellung der
Zugehörigkeitsfunktionen

Es ist zu erkennen, daß diese Darstellungsform besonders dort angewendet werden sollte, wo keine oder nur eine geringe Nachbarschaftsbeziehung der Objekte existiert.

Die Darstellung der Fuzzy Menge durch eine endliche Menge von Singletons ist für ein Beispiel im Bild 2.4.10 gezeigt. Als diskrete unscharfe Menge wird angenommen:

$$M_u : = \{0/1; \quad 0,6/2; \quad 1/3; \quad 1/4; \quad 0,5/5; \quad 0,4/6; \quad 0/7\} \quad . \tag{2.4.9}$$

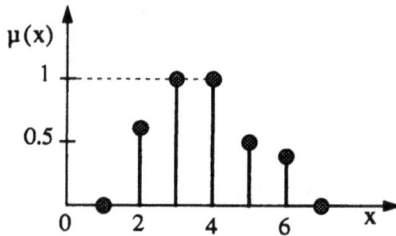

Bild 2.4.10:
Diskrete Fuzzy Menge

2.4.2 Elementare Fuzzy Operatoren

In Analogie zu den Verknüpfungen scharfer Mengen sollen an dieser Stelle die Konjunktion (UND-Operator), die Disjunktion (ODER-Operator) und die Negation (NEG-Operator) als wesentliche Operatoren vorgestellt werden.
Durch die *Konjunktion* wird die Schnittmenge M_C

$$M_C = M_A \wedge M_B \tag{2.4.10}$$

aus den Elementen der Menge M_A und M_B gebildet, die beiden angehören (siehe Bild 2.4.12). Diese Schnittmenge M_C kann als logische UND-Operation modelliert werden.
Die *Disjunktion* stellt die Vereinigungsmenge M_C

$$M_C = M_A \vee M_B \tag{2.4.11}$$

aller der Elemente dar, die entweder zu einer der Mengen M_A und M_B oder zu beiden gehören (siehe Bild 2.4.11).

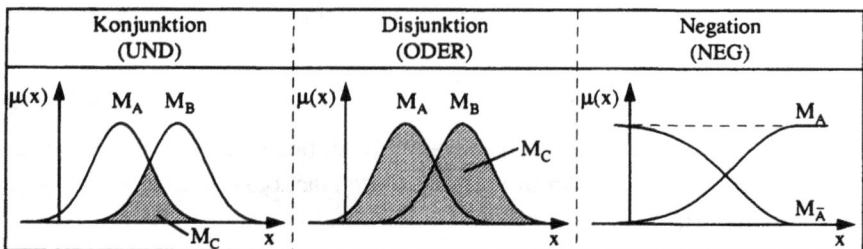

Bild 2.4.11: Fuzzy Operatoren

Die Vereinigungsmenge wird als logische ODER-Operation modelliert.
Die *Negation* umfaßt als Komplimentärmenge $M_{\bar{A}}$ alle Elemente, die nicht
zur Menge M_A gehören. Sie wird bestimmt aus der Beziehung

$$M_{\bar{A}} = 1 - M_A \quad . \tag{2.4.12}$$

Für die Berechnung der Wahrheitswerte der linguistischen Aussagen unter
Verwendung der Konjunktion bzw. der Disjunktion gibt es eine Reihe von
Vorschlägen [ZIM 87], [PED 89].
An dieser Stelle werden nur die klassischen Fuzzy-UND- und Fuzzy-ODER-
Operatoren vorgestellt. Der Fuzzy-UND-Operator für den Wahrheitswert der
Konklusion

$$\mu_C(x) = \mu_A(x) \wedge \mu_B(x), \quad x \in G$$

wird bestimmt aus der Beziehung $\tag{2.4.13}$

$$\mu_C(x) = Min\,(\mu_A(x), \mu_B(x)), \quad x \in G \quad .$$

In Gl. (2.4.13) ist μ_C der Zugehörigkeitsgrad der UND-Verknüpfung der
Zugehörigkeitsgrade μ_A für die Aussage x ist A und μ_B für die Aussage x ist
B. Die Verwendung des Fuzzy-UND-Operators stellt eine pessimistische
Entscheidungsstrategie dar, da immer als Kompromiß die geringere der
beiden Wahrheitswerte verwendet wird.
Der Fuzzy-ODER-Operator für den Wahrheitswert der Disjunktion

$$\mu_C(x) = \mu_A \vee \mu_B; \quad x \in G$$

wird bestimmt aus der Beziehung $\tag{2.4.14}$

$$\mu_C(x) = Max\,(\mu_A(x), \mu_B(x)); \quad x \in G \quad .$$

Dabei ist μ_C der Zugehörigkeitsgrad der ODER-Verknüpfung der Zugehörigkeitsgrade μ_A für die Aussage x ist A und μ_B für die Aussage x ist B. Der
Fuzzy-ODER-Operator stellt als Kompromißlösung immer eine optimisti-
sche Strategie dar, da von beiden Wahrheitswerten immer der größere
ausgewählt wird. Weiterführende Betrachtungen zur Festlegung von Fuzzy
Operatoren sind in [ZIM 87], [BAN 90], [PED 89] enthalten.

2.4.3 Linguistische Variable und linguistische Regeln

Das deklarative Wissen des Menschen kann sehr häufig durch Regeln der
Form:

Wenn < *Bedingung* >
Dann < *Schlußfolgerung* >

beschrieben werden.

In den Regeln können sowohl die Bedingungen (Prämissen) als auch die Schlußfolgerungen (Konklusion) durch linguistische Variablen als Ausdruck von Umgangs- und Fachsprachen beschrieben werden.

Die *linguistischen Variablen* beschreiben Ausprägungen einer Erscheinung. Die konkreten Ausprägungen der linguistischen Variablen werden als linguistische Werte bezeichnet. So können zum Beispiel der Blutdruck die linguistische Variable und die Aussagen niedrig, normal, hoch seine linguistischen Werte sein. Den linguistischen Werten werden Zugehörigkeitsfunktionen zugeordnet, die dann als Fuzzy Mengen zu behandeln sind. Zur Abbildung der linguistischen Variablen werden metrische Hilfsskalen verwendet, die die Aussagen auf das konkrete Objekt fixieren. Im Bild 2.4.12 sind die linguistischen Variablen tief, normal, hoch für den Blutdruck eines Menschen als Beispiel dargestellt.

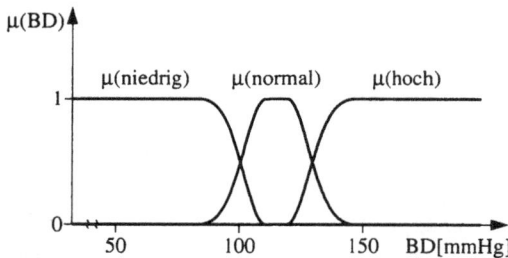

Bild 2.4.12:
Zugehörigkeitsfunktionen linguistischer Variabler des Blutdrucks

In der *linguistischen Regel* beschreibt die Bedingung eine Eingangssituation durch linguistische Aussagen/linguistische Werte. Die Schlußfolgerung kann als linguistische Aussage/linguistischer Wert (relationale Fuzzy Regel) oder als funktionaler Zusammenhang scharfer Größen (funktionale Fuzzy Regel) formuliert werden. Da das Wissen häufig aus einer größeren Anzahl von linguistischen Regeln besteht, ist der Aufbau von Regelbasen erforderlich. Eine *Regelbasis* beschreibt das Wissen in Form mehrerer linguistischer Regeln. Damit erhält man:

$$R\,1: \quad Wenn \quad <B_1> \quad Dann \quad <A_1>$$
$$R\,2: \quad Wenn \quad <B_2> \quad Dann \quad <A_2>$$
$$\vdots \qquad\qquad \vdots \qquad\qquad \vdots$$
$$R\,n: \quad Wenn \quad <B_n> \quad Dann \quad <A_n>$$

$$mit \; B_i = Ausprägung \; linguistischer \; Variabler$$
$$der \; Bedingung$$

$$A_i = Ausprägung \; linguistischer \; Variabler$$
$$der \; Aktion \, / Aussage \quad .$$

(2.4.15)

Die Regeln können gleichberechtigt oder durch Prioritäten (Echtzeitsystem) bevorzugt sein.

2.4.4 Relationen von Fuzzy Mengen

In den linguistischen Regeln werden Fuzzy Mengen der Bedingungen und der Schlußfolgerungen in Beziehung gesetzt. Damit muß der Begriff der Fuzzy Menge von der einfachen Grundmenge auf Kreuzproduktmengen erweitert werden. Die Fuzzy Menge, die aus einer Kreuzproduktmenge entsteht, wird in Analogie zur klassischen Mengenlehre *Fuzzy Relation* bezeichnet. Die weiteren Ausführungen wurden auf die beiden Grundmengen der Bedingung/der Eingangsgrößen M_u und der Schlußfolgerung/der Ausgangsgröße M_y begrenzt. Damit gilt für die Regeln:

$$Wenn\ u\ < B_i >\ Dann\ y\ < A_j >.$$

Die Kreuzproduktmenge der beiden Grundmengen

$$R = B_i \quad x \quad A_j \quad \rightarrow \quad [\ 0,\ 1\ ] \tag{2.4.16}$$

stellt eine neue Fuzzy Menge dar und wird als zweistellige Fuzzy Relation bezeichnet.

Die Fuzzy Relation kann durch die Zugehörigkeitsfunktion $\mu_R(u,\ y)$, die jedem Element $(B_i,\ A_j)$ den Zugehörigkeitswert $\mu_R(B_i,\ A_j)$ zuordnet, beschrieben werden. Fuzzy Mengen können durch die bereits dargestellten Operatoren (Min-, Max-Operator) zu Fuzzy Relationen auf Basis der Kreuzproduktmenge verbunden werden.

Für die UND-Verknüpfung bei der Bildung der Fuzzy Relationen gilt somit:

$$\mu_R(u,y) = Min\ (\mu_B(x), \mu_A(x)) \quad . \tag{2.4.17}$$

Die Beziehung Gl. (2.4.17) ist das Ergebnis aus dem Kreuzprodukt

$$\mu_B \quad x \quad \mu_A \quad : \quad u \quad x \quad y \quad \rightarrow \quad [\ 0,\ 1\ ] \tag{2.4.18}$$

gegeben durch

$$(\mu_B \quad x \quad \mu_A)\ (u,\ y) \quad : \quad = \quad Min\ (\mu_B(u), \mu_A(y)) \quad . \tag{2.4.19}$$

Die Anwendung dieser Fuzzy-Relationen bei der Fuzzyverarbeitung (siehe Abschnitt 2.5) bewirkt, daß der Zugehörigkeitsgrad der Konklusion auf das Niveau des Zugehörigkeitsgrades der Prämisse begrenzt wird. Das heißt, die Aussage kann nicht wahrer sein als die Bedingungen für die Aussage.

Im Bild 2.4.13 ist dieser Sachverhalt in einem Beispiel dargelegt.

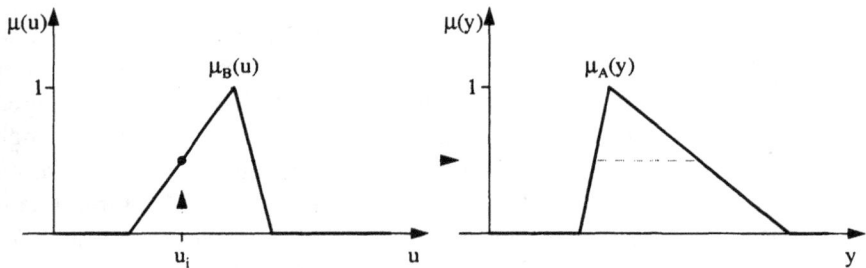

Bild 2.4.13: Wirkung der Relation

2.5 Allgemeine Struktur der Fuzzyverarbeitung

2.5.1 Struktur der Fuzzyverarbeitung

Die Fuzzyverarbeitungsstruktur ist im Bild 2.5.1 dargestellt.

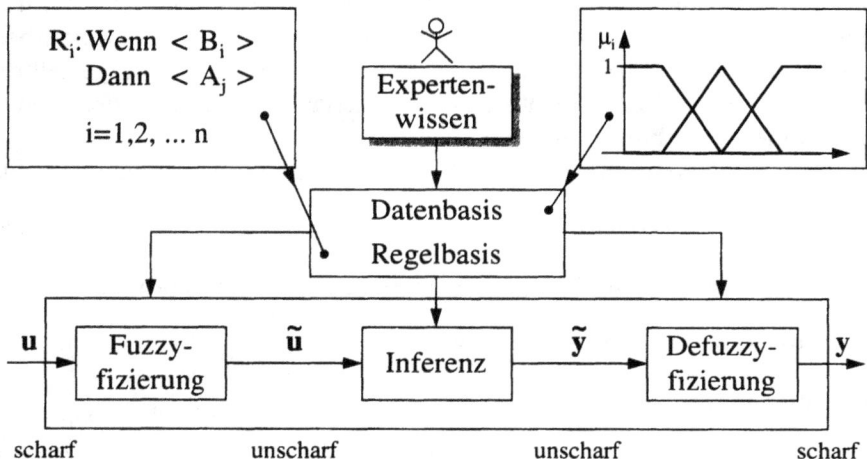

Bild 2.5.1: Fuzzyverarbeitungsstruktur in der Automatisierung

Es wird davon ausgegangen, daß der Experte in der Lage ist, die Regelbasis mit Regeln der Form

Wenn < Prämisse > Dann < Konklusion >

und die Zugehörigkeitsfunktionen für die Prämissen $\mu_i(u)$ und die Konklusion $\mu_j(y)$ vorgeben oder ermitteln kann. Damit liegen linguistische Regeln mit linguisitschen Variablen vor.

Die Lösung der Entscheidungsaufgabe benötigt noch eine Inferenzstrategie. Die Inferenzstrategie wertet die linguistischen Regeln aus und ist in der Lage, die Konklusion der verschiedenen Regeln zu einer linguistischen Aussage zusammenzufassen. Mit diesen Bestandteilen ist die Struktur bereits arbeitsfähig (z. B. Fuzzy Expertensystem). Im Bereich der Automatisierungs- und Systemtechnik ist zur Nutzung linguistischer Regeln als Entscheidungsmodell sowohl eine Transformation der scharfen (quantitativen) Meßwerte als auch der unscharfen (qualitativen) Entscheidungen notwendig. Diese Transformationen erfüllen die Module zur Fuzzyfizierung und der Defuzzyfizierung. Damit wird das "Gesamtverhalten" des Fuzzy Systems von u auf y determiniert. Eine Reihe der im weiteren verwendeten Vereinbarungen und Festlegungen sind in Anlehnung an [BET 94] vorgenommen worden.

2.5.2 Die Fuzzyfizierung

Die Fuzzyfizierung dient der Transformation/der Umwandlung von quantitativen Größen in linguistische/qualitative Größen (siehe Bild 2.5.2).

Bild 2.5.2:
Fuzzyfizierungsschema

Damit werden die Zugehörigkeitswerte aller linguistischen Aussagen bestimmt. Jedem quantitativen Wert der Eingangsgrößen des Fuzzy Verarbeitungssystems wird mit Hilfe der jeweiligen Zugehörigkeitsfunktion $\mu(x)$ für die linguistische Aussage ein Zugehörigkeitswert $\mu_i(x_j)$ zugeordnet. Diese Zugehörigkeitswerte geben an, in welchem Maße die linguistischen Aussagen einer linguistischen Variable erfüllt sind. Im Bild 2.5.3 ist das Prinzip der Fuzzyfizierung für eine linguistische Variable mit den drei Aussagen tief, mittel und hoch dargestellt. Die Zugehörigkeitswerte $\mu_i(x_j)$ der konkreten scharfen Größe x sind auf der Grundlage von vorgegebenen Zugehörigkeitsfunktionen $\mu_i(x)$ bestimmbar.

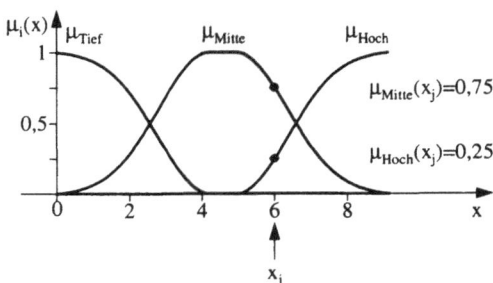

$$\mu_{Mitte}(x_j)=0,75$$

$$\mu_{Hoch}(x_j)=0,25$$

Bild 2.5.3:
Fuzzyfizierungsbeispiel

Für die Lösung von Klassifikationsaufgaben werden parametrische Zugehörigkeitsfunktion von Bocklisch (siehe Abschnitt 3) und für den Entwurf von Fuzzy Regelungen Zugehörigkeitsfunktion mit stückweise linearen Gebieten und 4 Stützstellen (siehe Abschnitt 4) ausgewählt. Bei der Lösung von Klassifikatoraufgaben muß das Zugehörigkeitsgebiet sehr gut abgebildet werden, da immer das Maximum im Gebiet gesucht wird. Beim Entwurf von Fuzzy Regelungen wird durch die Inferenzstrategie und die Defuzzyfizierung eine Art "Mittelwertbildung" vorgenommen.

2.5.3 Die Fuzzy Inferenzstrategien

Die Fuzzy Inferenzstrategien gestatten das regelbasierte Schließen mit unscharfen Aussagen. Diese Form des Schließens wird auch als *Fuzzy Inferenz* bezeichnet. Für die weiteren Betrachtungen soll von folgender einfacher Regelbasis ausgegangen werden:

$$
\begin{aligned}
R\,1: \quad &\textit{Wenn} \quad u \quad \textit{Negativ} \quad \textit{oder} \quad \Delta\,u \quad \textit{Negativ} \\
&\textit{Dann} \quad y \quad \textit{Positiv}
\end{aligned}
$$

$$
\begin{aligned}
R\,2: \quad &\textit{Wenn} \quad u \quad \textit{Null} \quad \textit{und} \quad \Delta\,u \quad \textit{Null} \\
&\textit{Dann} \quad y \quad \textit{Null}
\end{aligned}
\qquad (2.5.1)
$$

$$
\begin{aligned}
R\,3: \quad &\textit{Wenn} \quad u \quad \textit{Positiv} \quad \textit{oder} \quad \Delta\,u \quad \textit{Positiv} \\
&\textit{Dann} \quad y \quad \textit{Negativ} \quad .
\end{aligned}
$$

Wie leicht zu erkennen ist, handelt es sich um das Regelwerk eines PD-Fuzzy Reglers.

Die regelbasierte Inferenz kann in die Teilschritte der Prämissenauswertung, der Aktivierung und der Aggregation zerlegt werden. Das Ziel der Abarbeitung dieser Schritte ist, in Auswertung der Regelbasis, durch eine Zusammenfassung der Teilentscheidungen der einzelnen Regeln zu einer Schlußfolgerungsentscheidung zu kommen.

Teilschritt 1: Prämissenauswertung
Die Prämissenauswertung erfolgt durch die Verknüpfung der in den Prämissen enthaltenen Aussagen unter Verwendung des Fuzzy-UND- und des Fuzzy-ODER-Operators. Dadurch wird der Zugehörigkeitswert des Wenn-Teiles jeder Regel bestimmt. Anhand der Prämissenauswertung des Beispielregelwerkes im Bild 2.5.4 ist zu erkennen, daß eine UND-Verknüpfung (Regel 2) im Wenn-Teil der Regel durch die Wahl des Minimums der aktuellen Zugehörigkeitswerte realisiert wird.

Die ODER-Verknüpfung (Regel 3) im Wenn-Teil einer Regel wird durch die Wahl des Maximums der aktuellen Zugehörigkeitswerte umgesetzt.

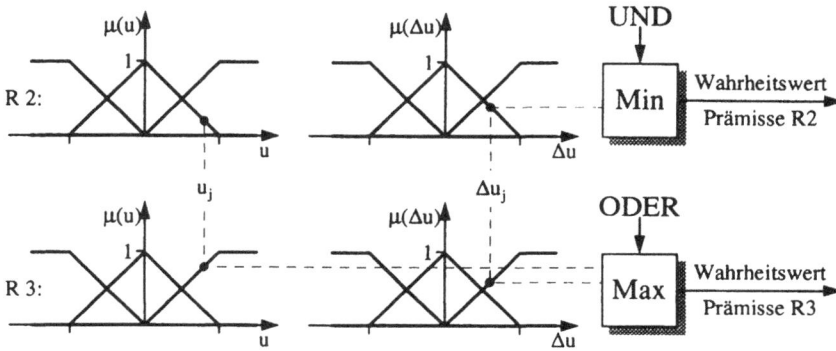

Bild 2.5.4: Prämissenauswertung (Beispielregelbasis)

Teilschritt 2: Aktivierung

Die Festlegung der Zugehörigkeitswerte im Wenn-Teil jeder Regel ist die Grundlage für die Ermittlung des Wahrheitswertes des Dann-Teiles jeder Regel. Über die Eigenschaften der Relation R (siehe Abschnitt 2.4.4) ist bekannt, daß der Wahrheitswert der Konklusion maximal so groß sein kann wie der der Prämissen. Damit werden die Zugehörigkeitswerte des Dann-Teiles der Regel auf die des Wenn-Teiles begrenzt.

Für die Aktivierung einer Regel können die im Bild 2.5.5 dargestellten Min- oder die Produkt-Methode verwendet werden.

Bei der *Min-Methode* werden die Zugehörigkeitsfunktionen des Dann-Teiles der Regel auf den Zugehörigkeitswert des Wenn-Teiles begrenzt. Durch eine Mulitplikation der Zugehörigkeitsfunktion des Dann-Teiles der Regel mit dem Zugehörigkeitswert des Wenn-Teiles wird bei der *Produkt-Methode* die für die Aussage gültige Zugehörigkeitsfunktion gebildet.

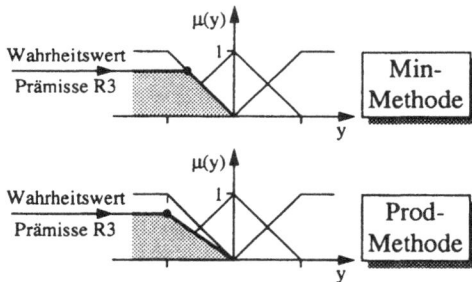

Bild 2.5.5:
Aktivierung (Beispielregelbasis R_3)

Teilschritt 3: Aggregation

Als Aggregation wird das Zusammensetzen der einzelnen durch die Aktivierung festgelegten Zugehörigkeitsfunktion der Dann-Teile der Regeln bezeichnet. Die Zugehörigkeitsfunktion über alle Regeln wird durch eine Max-Operation (Oder-Verknüpfung) aus den durch die Aktivierung bestimmten Zugehörigkeitsfunktionen der einzelnen Regeln gebildet.

Im Bild 2.5.6 ist dieses Vorgehen für das Beispielregelwerk dargestellt.

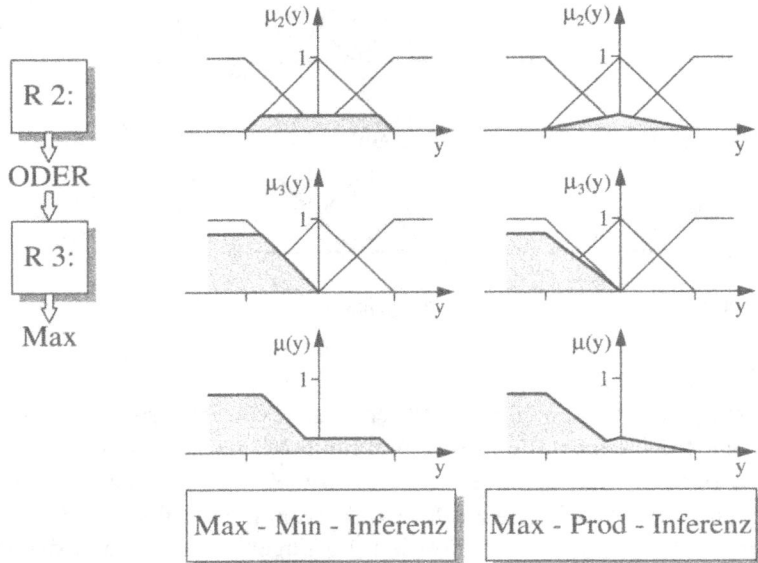

Bild 2.5.6: Aggregation (Beispielregelwerk R_2, R_3)

Damit sind die beiden Strategien der Aggregation durch die *Max-Min-Inferenz* und die *Max-Prod-Inferenz* aus dem Ziel, der Zusammenfassung von Wahrheiten der einzelnen Regeln und den Gesetzen der Relation R eines Regelwerkes, ableitbar.

Noch festzulegen sind Strategien zur Ableitung von scharfen Entscheidungen aus dem unscharfen Ergebnis der Fuzzy Inferenz. Diese Aufgabe wird durch Methoden der Defuzzyfizierung gelöst.

2.5.4   Die Defuzzyfizierung

Das Ergebnis einer Fuzzy Inferenz ist eine aggregierte unscharfe Menge. Die Ermittlung einer scharfen Größe aus dieser unscharfen Menge wird als Defuzzyfizierung bezeichnet. Die *Defuzzyfizierung* stellt demnach entsprechend Bild 2.5.7 eine Transformation/Umwandlung einer linguistischen (qualitativen) Größe in eine scharfe (quantitative) Größe dar.

Bild 2.5.7:
Konzept der Defuzzyfizierung

Folgende Strategien können bei der Defuzzyfizierung angewendet werden:

α) die Maximum-Methode

Bei dieser Methode wird aus der aggregierten unscharfen Menge der gesuchte scharfe Wert y_k für die Größe y aus dem Maximum der Zugehörigkeitsfunktion μ(y) bestimmt (siehe Bild 2.5.8).

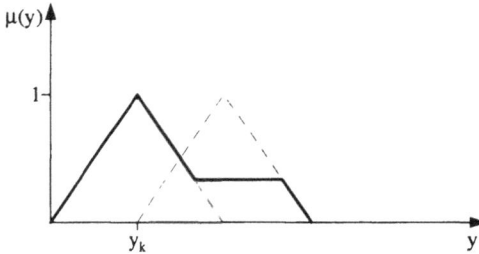

Bild 2.5.8:
Maximum-Methode

Diese Strategie findet ihre sinnvolle Anwendung bei der Lösung von Klassifikations- und Diagnoseaufgaben. Probleme treten auf, wenn mehrere Maxima auftreten und Entscheidungen durch eine Flächenbewertung der Zugehörigkeitsfunktion μ(y) sinnvoller sind. Durch eine Mittelwertbildung über die auszuwertenden Maxima, der sogenannten Maximum-Mittelwert-Methode, kann das erste Problem der Ermittlung eines scharfen Wertes y_k von y reduziert werden.

β) die Schwerpunktmethode

Für den Entwurf von Steuerungen und Regelungen haben sich die Schwerpunktmethode und ihre Sonderformen bewährt.

Die *Schwerpunktmethode* ermittelt die scharfe Größe y_k als Flächenschwerpunkt der aggregierten Zugehörigkeitsfunktion μ(y). Für die Berechnungsvorschrift gilt:

$$y_k = \frac{\int y\mu\,(y)\,dy}{\int \mu\,(y)\,dy} \; . \qquad (2.5.2)$$

Das Prinzip der Schwerpunktmethode ist im Bild 2.5.9 dargestellt. Dem Vorteil der Flächenbewertung stehen der erhöhte Rechenaufwand und der Speicherplatzbedarf gegenüber.

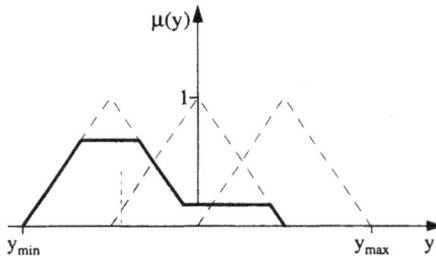

Bild 2.5.9:
Schwerpunktmethode
(beliebige $\mu_i(y)$)

Bereits eine Vereinfachung der Flächenbewertung wird erreicht, wenn für die Zugehörigkeitsfunktion der Entscheidungen Rechtecke angenommen werden (siehe Bild 2.5.10). Der Schwerpunkt der Fläche der Zugehörigkeitsfunktion $\mu(y)$ wird nach der Vorschrift:

$$y_k = \frac{\sum\limits_{i-1}^{n} A_i \cdot y_{si}}{\sum\limits_{i-1}^{n} A_i}$$

(2.5.3)

mit n = *Anzahl der Ausprägungen / Attribute*

A_i = *Fläche von* $\mu_i(y)$

y_{si} = *Schwerpunkt von* $\mu_i(y)$

berechnet.

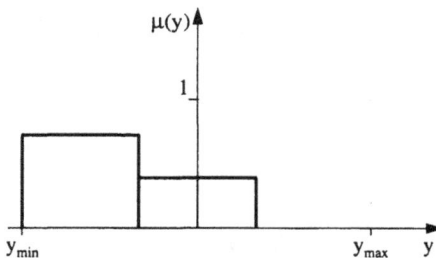

Bild 2.5.10:
Schwerpunktmethode
(rechteckförmige $\mu_i(y)$)

Um bei der Lösung von Steuer- und Regelungsaufgaben den vollen Stellbereich von y_{min} bis y_{max} ausnutzen zu können, ist eine rechentechnische Erweiterung der beiden Ausprägungen/Attribute an den Bereichsgrenzen der Stellgröße notwendig. Damit kann auch bei Verwendung der Schwerpunktmethode, auch als *erweiterte Schwerpunktmethode* bezeichnet, der volle Stellbereich genutzt werden (siehe Bild 2.5.11).

fiktive $\mu(y)$ fiktive
Erweiterung   Erweiterung

1

. . .   . . .

y_{min} y_{max} y

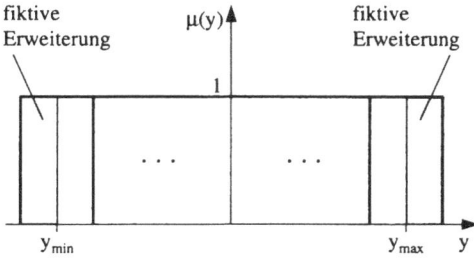

Bild 2.5.11:
Erweiterte Schwerpunktmethode

Der Rechenaufwand und der Speicherplatzbedarf kann ohne Güteverlust für die Lösung von Steuerungs- und Regelungsaufgaben noch weiter dadurch reduziert werden, daß die Zugehörigkeitsfunktion der Ausprägungen/ Attribute $\mu_i(y)$ zu *Singletons* entarten. Damit liegt der gesamte Wahrheitswert des Attributes an einer Stelle und hat den Wert 1 (siehe Bild 2.5.12). Die Schwerpunktermittlung nach der *Schwerpunktmethode für Singletons* erfolgt dann nach der Beziehung:

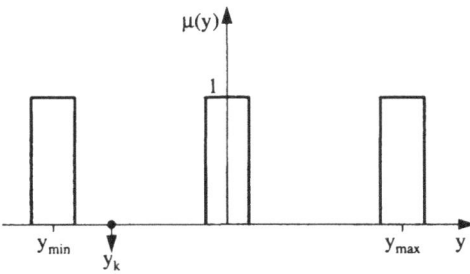

$\mu(y)$

1

y_{min} y_k y_{max} y

Bild 2.5.12:
Schwerpunktmethode für
Singletons

$$y_k = \frac{\sum\limits_{i=1}^{n} \mu_i(y) \cdot y_i}{\sum\limits_{i=1}^{n} \mu_i(y)} \qquad (2.5.4)$$

mit $\mu_i(y)$ = *Zugehörigkeitswert des i-ten Attributes*
      y_i = *Singletonposition des i-ten Attributes* .

Wird davon ausgegangen, daß die Summe der Zugehörigkeitswerte $\mu_i(y_i)$

$$\sum\limits_{i=1}^{n} \mu_i(y_i) = 1 \qquad (2.5.5)$$

ist, vereinfacht sich Gl. (2.5.5) zu:

$$y_k = \sum\limits_{i=1}^{n} \mu_i(y) \cdot y_i \quad . \qquad (2.5.6)$$

Damit ist eine sehr effektive Defuzzifizierungsmethode gegeben, die bereits bei den vorhandenen Automatisierungssystemen eine schnelle und genaue Fuzzyverarbeitung gestattet.

2.5.5 Entwurf von Kennlinien und Kennflächen mit Fuzzy Systemen

Auf der Grundlage der in den letzten Abschnitten vorgestellten Teilmodule eines Fuzzy Systems, soll der prinzipielle Entwurf und das Ein-/Ausgangs-verhalten dieser Entscheidungssysteme aufgezeigt werden. Das Ziel ist es, die Gemeinsamkeiten, aber auch die neuen Möglichkeiten zu den im Abschnitt 2.1 dargelegten Strategien zum Entwurf von Regelungen aufzuzeigen. Ausgangspunkt ist das im Bild 2.5.13 dargestellte Fuzzy System mit einem Eingang (Merkmal) und einem Ausgang (Entscheidung).

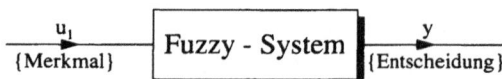

u_1
{Merkmal} — **Fuzzy - System** — y {Entscheidung}

Bild 2.5.13:
Fuzzy-System
(1 Eingang, 1 Ausgang)

Die Eingangsgröße besitzt 5 Attribute und die Ausgangsgröße 9 Attribute, wobei im Regelwerk folgende Bezeichnungen verwendet werden:

```
Positiv sehr groß  PVL; Positiv groß  PL;
Positiv mitte  PM; Positiv gering  PS;

Null  ZE;

Negativ gering  NS; Negativ mitte  NM; Negativ groß  NL;
Negativ sehr groß NVL.
```

Die Regelbasis umfaßt folgende Regeln und lautet:

```
Wenn (u₁ = NL)  Dann y: = NL;
Wenn (u₁ = NS)  Dann y: = NS;
Wenn (u₁ = ZE)  Dann y: = ZE;
Wenn (u₁ = PS)  Dann y: = PS;
Wenn (u₁ = PL)  Dann y: = PL;
```

Als Zugehörigkeitsfunktionen der Ausgangsgröße werden Singletons und als Fuzzy Inferenz die Max-Min-Inferenz verwendet. Untersucht werden soll der Einfluß der Form der Zugehörigkeitsfunktionen der Attribute der Eingangsgröße auf die Kennlinie, d. h., auf das Übertragungsverhalten des Fuzzy Systems.

Für den Fall von rechteckförmigen Zugehörigkeitsfunktionen $\mu_i(u_1)$ ergibt sich die im Bild 2.5.14 dargestellte Kennlinie für das Übertragungsverhalten.

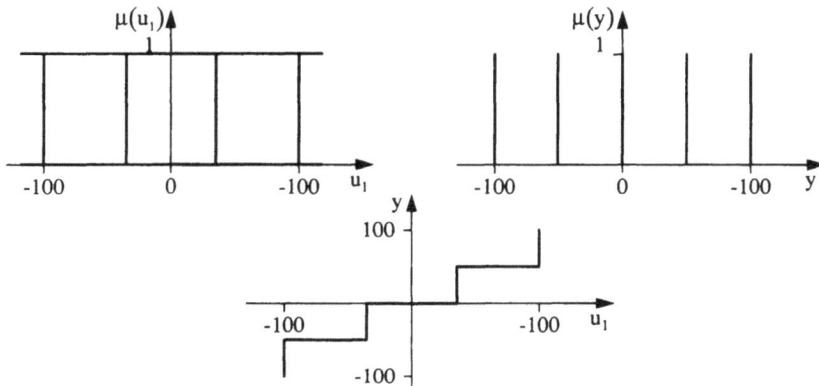

Bild 2.5.14: Zusammenhang: Zugehörigkeitsfunktion $\mu_i(u)$ und Kennlinie $y = f(u)$
                (rechteckförmige $\mu_i(u)$)

Es ist deutlich zu erkennen, daß diese Kennlinie die eines 5-Punktreglers in klassischer Darstellung entspricht. Geht man zu trapezförmigen Zugehörigkeitsfunktionen $\mu_i(u_1)$ entsprechend den im Bild 2.5.15 dargestellten Verläufen über, bilden sich terassenförmige Übergänge in der Kennlinie aus.

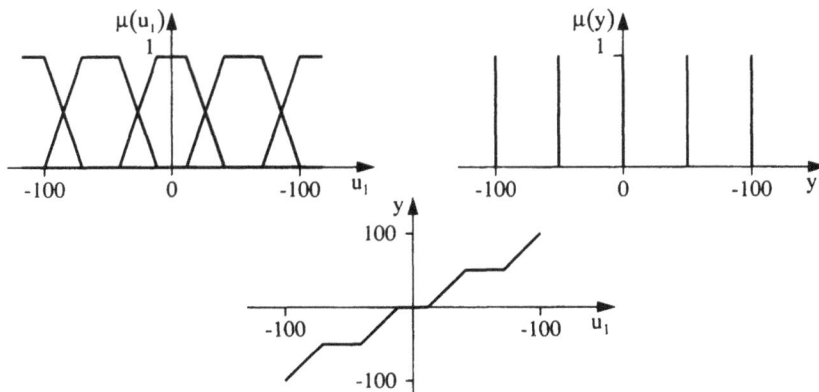

Bild 2.5.15: Zusammenhang: Zugehörigkeitsfunktionen $\mu_i(u)$ und Kennlinie $y = f(u)$
                (trapezförmige $\mu_i(u)$)

Als Grenzfall werden symmetrische dreieckige Zugehörigkeitsfunktionen $\mu_i(u_1)$ angenommen.

Als Ein-/Ausgangsverhalten wird eine lineare Kennlinie durch das Fuzzy System abgebildet (siehe Bild 2.5.16).

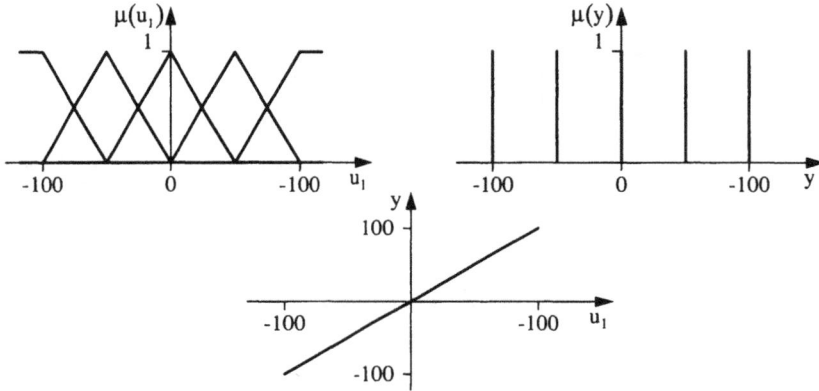

Bild 2.5.16: Zusammenhang: Zugehörigkeitsfunktionen $\mu_i(u)$ und Kennlinie y =f(u)
(dreieckförmig $\mu_i(u)$)

Der große Vorteil des Fuzzy Systems ist, daß es ohne Schwierigkeiten auf mehrere Eingänge (Merkmale) erweitert werden kann. Die Eingänge können aktuelle Meßwerte oder transformierte Größen sein. Damit sind mehrdimensionale nichtlineare statische und dynamische Reglerstrategien umsetzbar. Nach der Vorstellung und Diskussion des Entwurfs von Kennlinien soll das Konzept auf Kennfelder erweitert werden. Angenommen wird ein Fuzzy System mit zwei linguistischen Eingangs- und einer linguistischen Ausgangsgröße (Bild 2.5.17).

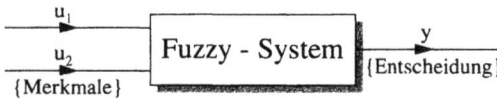

Bild 2.5.17:
Fuzzy-System mit zwei Eingängen u_1 und u_2 und einem Ausgang y

Als Ausprägungen der linguistischen Größen werden die bereits genannten verwendet. Die Fuzzy Inferenz wird als Max-Min-Inferenz realisiert. Die Regelbasis hat folgende Gestalt:

```
Wenn (u₁ = NL)   Und (u₂ = NL)   Dann y: = NVL;
Wenn (u₁ = NL)   Und (u₂ = NS)   Dann y: = NL;
Wenn (u₁ = NL)   Und (u₂ = ZE)   Dann y: = NM;
         ...              ...              ...
         ...              ...              ...
         ...              ...              ...
Wenn (u₁ = PL)   Und (u₂ = ZE)   Dann y: = PM;
Wenn (u₁ = PL)   Und (u₂ = PS)   Dann y: = PL;
Wenn (u₁ = PL)   Und (u₂ = PL)   Dann y: = PVL.
```

Im Bild 2.5.18 sind für rechteckige Zugehörigkeitsfunktionen der linguistischen Größen u_1 und u_2 und Singletons für die Größe y das Ein-/Ausgangsverhalten des Fuzzy Systems dargestellt. Deutlich ist das terassenförmige Verhalten mit den ausgeprägten Plateaus, entsprechend der Breite der Ausprägungen der linguistischen Eingangsgrößen, zu erkennen.

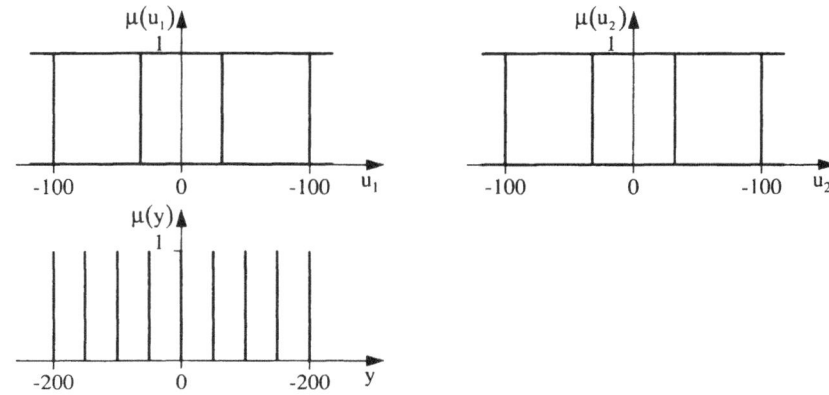

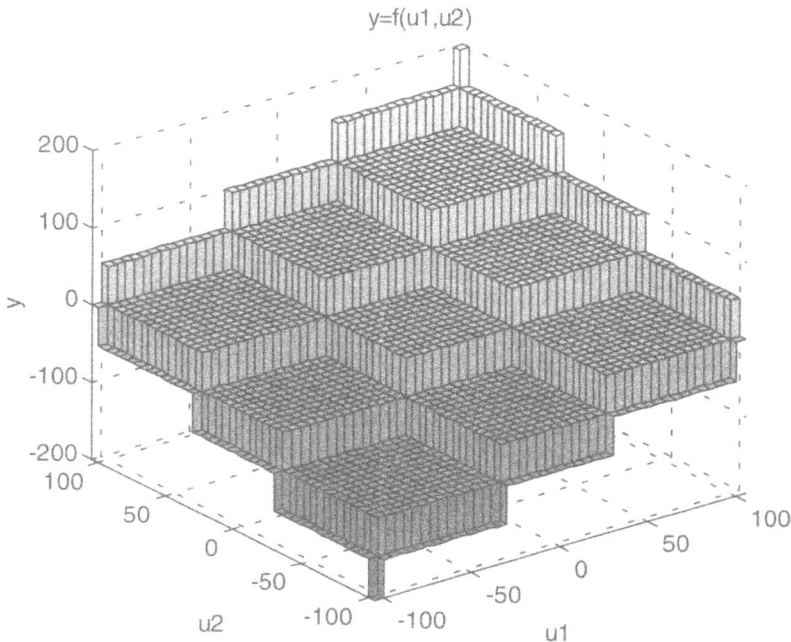

Bild 2.5.18: Zusammenhang: Zugehörigkeitsfunktionen $\mu_i(u_1)$ und $\mu_i(u_2)$ und Kennfeld y = f(u_1, u_2) (rechteckförmige $\mu_i(u_j)$)

Werden die Zugehörigkeitsfunktionen $\mu_i(u_1)$ und $\mu_i(u_2)$ in trapezförmige
Verläufe überführt, wird das Kennfeld $y = f(u_1, u_2)$ linearisiert, und von den
Plateaus bleiben nur die Gebiete über, wo die $\mu_i(u_1)$ und alle $\mu_i(u_2)$ den Wert
eins besitzen (Bild 2.5.19).

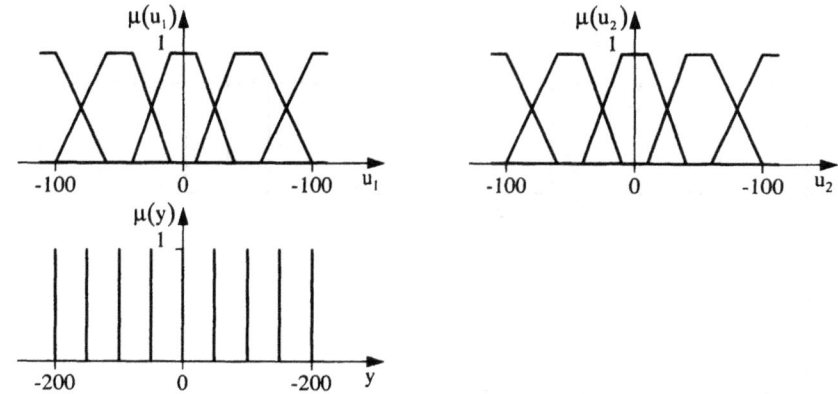

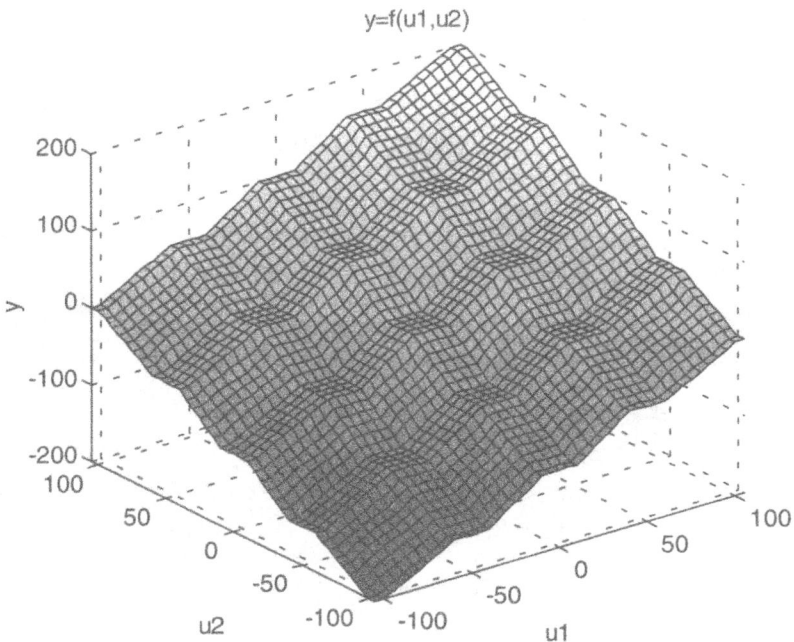

Bild 2.5.19: Zusammenhang: Zugehörigkeitsfunktion $\mu_i(u_1)$ und $\mu_i(u_2)$ und
Kennfeld $y = f(u_1, u_2)$ (trapezförmige $\mu_i(u_j)$)

Werden symmetrische dreieckförmige Zugehörigkeitsfunktionen $\mu_i(u_1)$ und $\mu_i(u_2)$ verwendet, wird die Kennfläche $y = f(u_1, u_2)$ näherungsweise linear (Fehleraussagen im Abschnitt 4) und das Verhalten des Fuzzy Systems kann nicht besser sein als das eines linearen konventionellen Reglers bzw. einer Steuerung. Im Bild 2.5.20 ist das Kennfeld dargestellt.

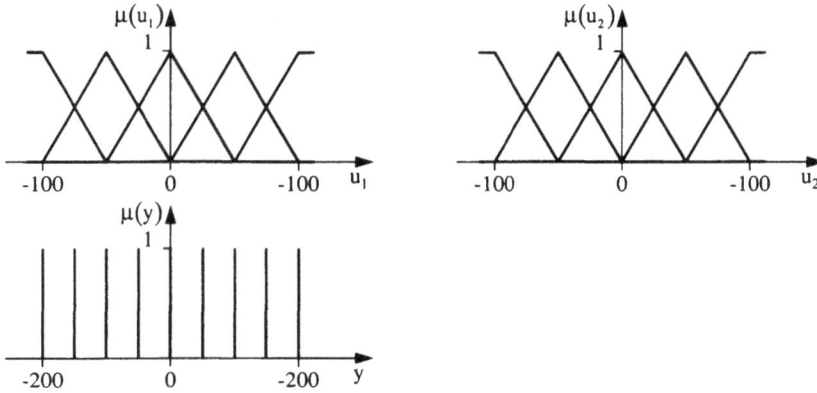

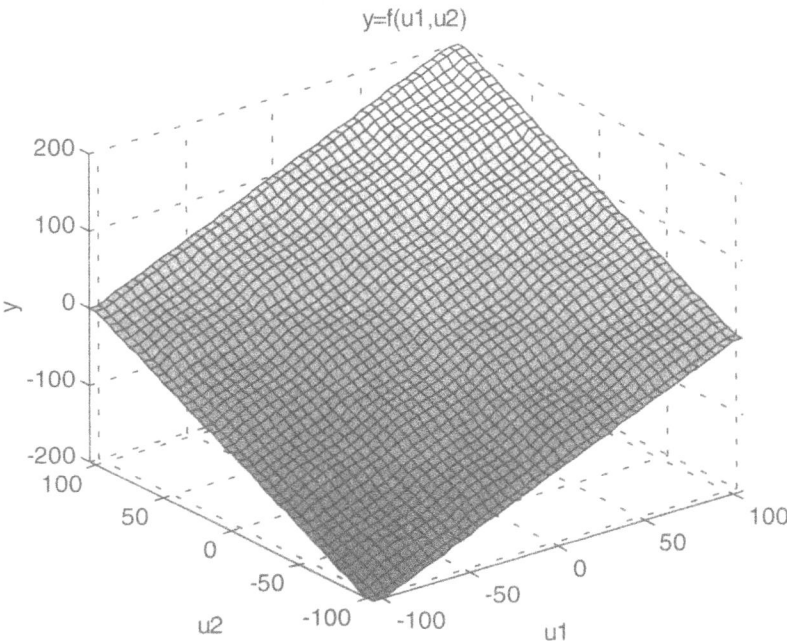

Bild 2.5.20: Zusammenhang: Zugehörigkeitsfunktionen $\mu_i(u_1)$ und $\mu_i(u_2)$ und Kennfeld $y = f(u_1, u_2)$ (dreieckförmige $\mu_i(u_j)$)

2.6 Zusammenfassende Wertung

Ziel der Betrachtungen in diesem einführenden Abschnitt waren ausgehend von Aspekten der klassischen Steuerungs- und Regelungstechnik, die Möglichkeiten der statistischen und der unscharfen Entscheidungskonzepte zur Lösung von Automatisierungaufgaben aufzuzeigen. Neben notwendigen Grundlagen der Entscheidungsstrategien sollten insbesondere folgende Gesichtspunkte für die weitere Gestaltung des Buches herausgearbeitet werden:

1. Es existiert ein direkter Zusammenhang zwischen dem Entscheidungskonzept und dem Wissens-/Informationstyp,
2. Unsicheres, unscharfes, unvollständiges Wissen erfordert, ausgehend von der klassischen Regelungstechnik, neue Entscheidungsstrategien,
3. Neben analytischem Wissen ist die Nutzung von in linguistischer Form hinterlegtem Wissen möglich,
4. Die grundsätzlich rechnergestützte Lösung setzt zeitdiskrete Betrachtungen voraus.

Insgesamt wird davon ausgegangen, daß die in den folgenden Kapiteln dargelegten Verfahren und Methoden eine notwendige und wertvolle Erweiterung der Regelungstechnik darstellen. Ihre Anwendung erfordert ein hohes Maß an ingenieurtechnischem und systemtechnischem Wissen und Fähigkeiten, da es sich in der Regel um den Entwurf von

zeitdiskreten nichtlinearen dynamischen Entscheidungssystemen

in komplexen Umgebungen handeln wird. Zusätzlich ist in vielen Fällen das System "Mensch" als Operator in das abzubildende oder zu gestaltende Entscheidungssystem mit einzubeziehen.

3 Klassifikation und Klassensteuerung

3.1 Das Steuerungs- und Regelungsproblem als Klassifikationsaufgabe

Klassifikationsverfahren sind seit den 60er Jahren bekannt für ihren Einsatz zur Lösung von Erkennungsaufgaben auf den Gebieten der Muster-, Sprach- und Bildverarbeitung. Maßgebend für das Wiederbeleben dieser Theorie war die rasche Entwicklung der digitalen Rechentechnik, die erstmals die Bearbeitung großer Informationsmengen, wie sie bei Erkennungsproblemen auftreten, ermöglicht.

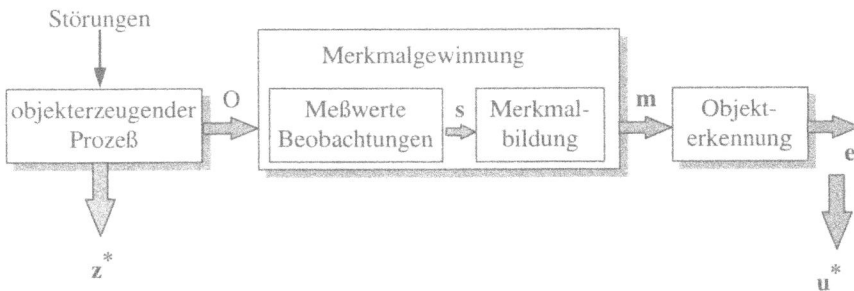

Bild 3.1.1: Grundprinzip der Objekterkennung/Klassifikation

Klassifikatoren haben die Aufgabe, ein vorliegendes Objekt in eine der definierten Objektklassen einzuordnen. Bild 3.1.1 zeigt das Prinzip der Informationsverarbeitung auf der Grundlage von Klassifikatoren.
Bei der zu lösenden Steuerungsaufgabe stellen die Objekte O Prozeßsituationen dar, die sich mit Hilfe von Meßwerten und Beobachtungen s beschreiben lassen. Im Rahmen einer Merkmalbildung wird der Situationsvektor s in einen Merkmalvektor $\mathbf{m} = \mathbf{f}(\mathbf{s})$ transformiert, der die Eingangsgröße für das Erkennungssystem (Klassifikator) darstellt. Das können die Meßwerte und Beobachtungen selbst, aber auch abgeleitete Größen wie Mittelwerte, berechnete Zustandsgrößen, spektrale Größen usw. sein.

Das Erkennungssystem weist dem Merkmalvektor **m** die Entscheidung e über die Zugehörigkeit in eine der vorgegebenen Situationsklassen zu. Die Entscheidung kann sowohl eine skalare Größe e in Form einer scharfen Klassenzuordnung sein. Sie kann jedoch auch einen Vektor **e** mit Zugehörigkeitswerten zu den einzelnen Klassen repräsentieren. Die Entscheidung e muß über die definierte Klassensemantik zu einer sinnvollen Steuerhandlung **u*** führen.

Der Vektor **z*** enthält die Information über die richtige Klassenzuordnung eines vorliegenden Objektes. Seine Dimension entspricht der Klassenanzahl K. Jedes Vektorelement wird der entsprechenden Klassennummer zugeordnet und kann als Wahrscheinlichkeit der Zuordnung des Objektes zur jeweiligen Klasse interpretiert werden. Das Element hat den Wert Eins, wenn das Objekt der Situationsklasse angehört, ansonsten besitzt es den Wert Null.

Eine ausführliche Darstellung der Klassifikationsverfahren enthält Abschnitt 3.3.

Entsprechend der Aufgabenstellung besteht das Ziel dieses Kapitels darin, Methoden zum Steuerungsentwurf auf der Grundlage von Verfahren der Automatischen Klassifikation zu entwickeln. Als Vorbild zur Lösung der Klassifikationsaufgabe, d. h. der sinnvollen Zuordnung von Prozeßsituation und Steuerhandlung, soll das Entscheidungsverhalten des erfahrenen Operateurs dienen.

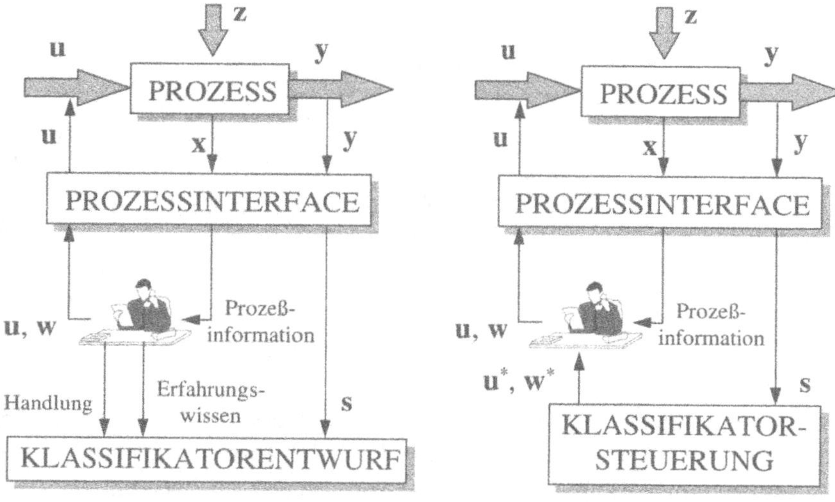

Bild 3.1.2: Entwurf und Einsatz einer Klassensteuerung

Im Bild 3.1.2 sind Entwurfs- und Einsatzphase der Klassensteuerung schematisch dargestellt. Während der Entwurfsphase wird auf der Grundlage der vorhandenen Informationen die Steuerung strukturiert und mittels Lernen aus Beispielen anschließend parametrisiert. Es wird vorausgesetzt, daß die Beispiele in Form einer Lernprobe LP {**m**, **u**, q} vorliegen. Diese enthält eine Menge durch Merkmalvektoren **m** beschriebene Prozeßsituationen und zugehörige Steuerhandlungen **u**. Alle Beispiele können mit einer skalaren Größe q, die die Güte der realisierten Steuerhandlung zum Ausdruck bringt ($0 \leq q \leq 1$), versehen sein. Eine weitere Forderung besteht darin, daß die Lernprobe den gesamten Arbeitsbereich überdeckt, da Klassifikatoren nur vorgelegte Handlungen nachvollziehen können. Auf der Grundlage von Ähnlichkeitsbeziehungen wird jedoch die Interpolationsfähigkeit zwischen den Beispielen gewährleistet. Die Extrapolation über den Trainingsbereich hinaus kann, muß aber nicht zwangsläufig zu geeigneten Steuerhandlungen führen. Das Verfahren sollte aber in der Lage sein, derartige Situationen zu erkennen und angemessen zu reagieren (z. B. letzte Steuerhandlung beibehalten, Alarmauslösung, Extrapolation).

In der Einsatzphase erzeugt die Klassifikatorsteuerung einen Handlungsvorschlag an den Operateur oder bei automatisiertem Betrieb eine Steuerhandlung direkt an den Prozeß. Wie bereits erwähnt, können die Handlungen im Sinne einer Prozeßführung sowohl direkte Steuereingriffe als auch Führungsgrößen für unterlagerte Steuerungen/Regelungen sein.

Das in diesem Abschnitt vorgestellte Steuerungskonzept geht davon aus, daß ein nichtlinearer Prozeß in definierten Arbeitspunkten betrieben wird. Das Verhalten in diesen Arbeitspunkten soll sich durch jeweils lineare Modelle beschreiben lassen, so daß auch zur Steuerung entsprechend lineare Konzepte eingesetzt werden können. Für jeden Arbeitspunkt und die möglichen Arbeitspunktwechsel existiert ein Handlungsmodell des Prozeßbedieners, welches durch die Steuerung nachgebildet werden soll.

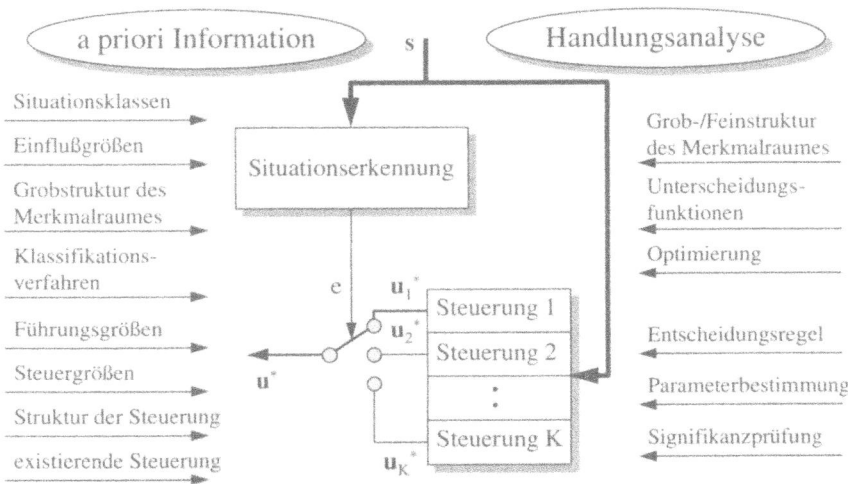

Bild 3.1.3: Struktur und Entwurfsinformation einer Klassensteuerung

Das Entscheidungsproblem läßt sich damit in zwei Teilaufgaben zerlegen (Bild 3.1.3):
1. Erkennung der vorliegenden Prozeßsituation (Situationsklasse) und
2. Zuordnung einer geeigneten Steuerhandlung (Klassensemantik).

Die Teilaufgabe 1 wird durch das Erkennungssystem gelöst, welches ein nichtlineares Entscheidungsverhalten aufweist. Zur Bearbeitung der zweiten Teilaufgabe sind geeignete Steuergesetze zu formulieren, die nach Möglichkeit lineare, dynamische Eigenschaften besitzen sollten. Diese Zerlegung des Steuerproblems entspricht einer Vorgehensweise, wie sie aus der nichtlinearen Modellbildung bekannt ist, wo ebenfalls eine Trennung in statische Nichtlinearität und lineares dynamisches Verhalten vorgenommen wird, diese jedoch in einer Reihenstruktur angeordnet werden (z. B. Hammerstein- oder Wiener-Modell).

Untersuchungen des menschlichen Regelungsverhaltens haben ergeben, daß sich das Verhalten unter bestimmten Voraussetzungen durch lineare Modelle beschreiben läßt. Zu diesen Voraussetzungen gehören u. a. ein guter Trainingszustand der handelnden Person, geeignete Instruktionen zur Problemlösung und ein überschaubarer Arbeitsbereich. Als Ergebnis einer experimentellen Verhaltensanalyse anhand von Fallbeispielen wurde festgestellt, daß sich ein PID-ähnliches Steuerverhalten erkennen läßt [BIE 86], [JOH 77]. Die in diesen Arbeiten getroffenen Aussagen bestätigen ebenfalls den vorgeschlagenen Strukturansatz, der sowohl eine Eingrenzung der Arbeitsbereiche in einzelnen Klassengebiete als auch die Nutzung PID-ähnlicher Reglerstrukturen in diesen Klassen gestattet. Auf dieser Grundlage wird ein neues Steuerkonzept entwickelt, das im weiteren als *Klassensteuerung* bezeichnet werden soll.

Obwohl sich zwei relativ selbständige Teilaufgaben formulieren lassen, muß der Entwurf das Zusammenspiel von Erkennung und Handlung berücksichtigen. Das betrifft die Einbeziehung sowohl von a priori Informationen als auch der Ergebnisse einer Handlungsanalyse. Welche Informationen für den Steuerungsentwurf nutzbar sind zeigt Bild 3.1.3. Mit dem Ziel, eine zeit- und speicherplatzgünstige Steuerung zu entwerfen, werden im weiteren für das Erkennungs- und das Steuerungssystem ausschließlich parametrische Ansätze verwendet.

Aus dem vorliegenden Expertenwissen lassen sich folgende strukturelle Informationen ableiten:
-    Festlegung der Anzahl der Situationsklassen aus der Kenntnis der Arbeitspunkte und des Übergangsverhaltens des Prozesses,
-    Auswahl wesentlicher Informationen für die Situationserkennung,
-    Aussagen zu den vorhandenen und nutzbaren Steuer- und Stellgrößen,
-    Festlegung einer geeigneten Struktur für das Steuergesetz,
-    Möglichkeiten der Einbeziehung existierender Steuerungen.

Über die Handlungsanalyse, die in Form der Lernprobe als Protokoll einer Expertenbeobachtung vorliegen sollte, werden die Parameter des Systems ermittelt. Außerdem kann eine Optimierung der vorgeschlagenen Klassenstruktur und der zur Verfügung stehenden Merkmale erfolgen. Ein wichtiger Aspekt zur Realisierung eines günstigen Steuerverhaltens besteht in der Gestaltung der Umschaltregel (Entscheidungsregel) zwischen den Situationsklassen. Auch hierfür sind die Informationen der Handlungsanalyse nutzbar.

Aus den Darstellungen wird deutlich, daß für den Steuerungsentwurf eine Vielzahl von Informationsquellen und Kenntnissen genutzt werden können. Der Entwurfsvorgang soll jedoch so gestaltet sein, daß dieses Wissen gezielt zur Behandlung von Teilproblemen eingesetzt wird und die Entwicklungsarbeit effektiviert.

Die Voraussetzung zum Einsatz einer Klassensteuerung bildet, wie zum Steuerungsentwurf allgemein, ein regelungstechnisches Grundverständnis. Die exakte Formulierung der konkreten Automatisierungsaufgabe (Zielgrößen, meßbare Zustandsgrößen, Steuergrößen ...) kann dem Anwender niemand abnehmen. Aufgabe dieses Kapitels soll es jedoch sein, einen zielgerichteten Entwurfsprozeß, frei von unnötigen heuristischen Elementen, anzubieten. Der Nutzer soll sich auf den regelungstechnischen und prozeßspezifischen Aspekt des Steuerungsentwurfs konzentrieren können und nicht mit Problemen des implementierten Algorithmus oder mit Fragen der Mustererkennung belastet werden.

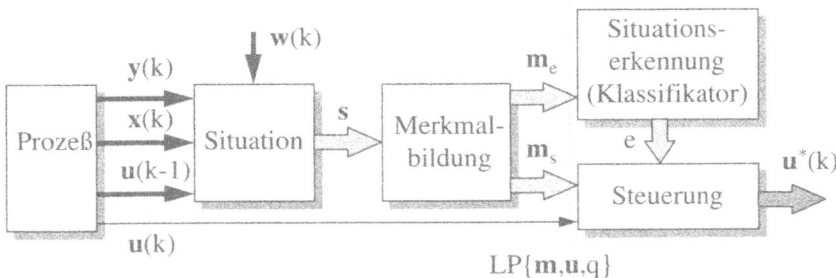

Bild 3.1.4: Blockschaltbild der Klassensteuerung

Die Struktur und die Prozeßankopplung der Klassensteuerung sind noch einmal aus Bild 3.1.4 ersichtlich. Im folgenden werden die für den Steuerungsentwurf wesentlichen Blöcke detailliert beschrieben. Der Abschnitt 3.2 widmet sich dem Problem der Merkmalbildung, im Abschnitt 3.3 sind die verwendeten Klassifikationsverfahren dargestellt und Abschnitt 3.4 enthält Aussagen zur Formulierung der Steuergesetze. Auf der Grundlage dieser Vorbetrachtungen schließt sich im Abschnitt 3.5 die Darstellung des vollständigen Entwurfsweges der Klassensteuerung an.

3.2 Merkmale zur Situationsbeschreibung

Eine Voraussetzung für die Ermittlung von sinnvollen Steuerhandlungen besteht in der Bereitstellung der erforderlichen Prozeßinformationen. Diese Informationen müssen das aktuelle Prozeßverhalten und sein Zustande-kommen möglichst adäquat beschreiben. Sollen Klassifikationsverfahren eingesetzt werden, so ist dieses Wissen im Merkmalvektor zu hinterlegen. Die Qualität der Merkmalbildung bestimmt damit wesentlich die Güte der gesamten Steuerung.

Bild 3.1.4 zeigt die Einordnung der Merkmalbildung in das Gesamtkonzept der Klassensteuerung.

Prinzipiell liegt mit der Definition der Komponenten des Situations- bzw. Merkmalvektors eine heuristische Aufgabe vor, deren Lösung jedoch mit analytischen Verfahren unterstützt werden kann. Da es sich um ein dyna-misches Erkennungsproblem handelt, sind sowohl aktuelle als auch zurück-liegende Meßwerte und Beobachtungen in die Situationsbeschreibung einzubeziehen. Der Ansatz, die gesamte zur Verfügung stehende Informa-tion zu nutzen und daraus die zur Entscheidung relevanten Merkmale ab-zuleiten, erscheint für die zu lösende Problematik aufgrund der Datenmenge als unrealistisch. Außerdem soll der Steuerungsentwurf die durchaus vor-handenen a priori Kenntnisse des Regelungstechnikers und des Prozeßbedie-ners sinnvoll einbeziehen. Die Merkmalauswahl stellt ein derartiges Problem dar, das durch Nutzung von Erfahrungswissen wesentlich effektiver zu lösen ist. Das schließt eine nachträgliche Optimierung der Merkmalmenge durch analytische Verfahren nicht aus.

Im Rahmen von Untersuchungen zur Situationserkennung bei kon-tinuierlichen Prozessen wurden verschiedene Ansätze zur Merkmalgewin-nung bereits vorgestellt [PET 90], [PET 91]. Ausgehend von Meßwerten werden unterschiedliche Verfahren zur Transformation (z.B. Fourier-, Haar-, Walsh-Transformation), der Kennwertermittlung aus der Signalstatistik (Momente), der Kennwertermittlung aus Approximationsverfahren (An-stiege, Krümmungen) und der heuristischen Merkmalbildung untersucht. Die Auswahl eines geeigneten Verfahrens muß vom konkreten Prozeß abhängig vorgenommen werden und läßt sich nicht generalisieren.

Besteht das Ziel des Steuerungsentwurfs in der Nachbildung des mensch-lichen Entscheidungsverhaltens, so liegt eine Systembetrachtung im Zeit-bereich nahe. Das trifft sowohl auf die Situationserkennung als auch auf die Ermittlung der Steuerhandlungen zu. Zum einen werden vom Prozeßbe-diener die anfallenden, zeitbezogenen Meßsignale ausgewertet, um den aktuellen Prozeßzustand festzustellen, zum anderen wird er seine Steuerhandlungen von Abweichungen der Prozeßgrößen vom Vorgabewert oder von Trends dieser Größen abhängig machen. Dieses Herangehen erscheint für unterschiedlichste Prozesse realisierbar und kann somit in einem allgemeinen Entwurfskonzept eingesetzt werden. Im speziellen Fall können ohne weiteres abgeleitete Merkmale zur Situationsbeschreibung ergänzt werden.

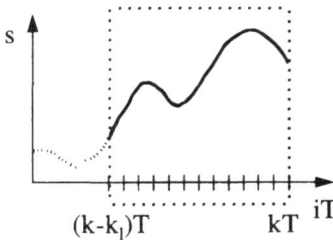

Bild 3.2.1:
Fenstertechnik zur Beschreibung
von Signalverläufen

Dynamische Vorgänge lassen sich nicht durch einzelne Meßwerte erfassen, sondern erfordern die Bereitstellung eines Signalverlaufs. Eine häufig angewendete Methode ist die Zeitfenstertechnik. Sie besteht darin, daß ein Meßwertfenster mit definierter Fensterlänge über das Meßsignal geschoben wird. Der Fensteranfang befindet sich jeweils im aktuellen Meßwert (Bild 3.2.1). Die Voraussetzung für die Vergleichbarkeit der Signalmuster von unterschiedlichen Prozeßsituationen und somit für die Anwendung von Objekterkennungsalgorithmen besteht in der einheitlichen Erstellung des Merkmalvektors. Um das zu gewährleisten, erfolgt die Signalabtastung mit einer festen Abtastzeit, die entsprechend der vorliegenden Prozeßdynamik gewählt werden sollte. Die Wahl der Fensterlänge hängt von der zu lösenden Erkennungsaufgabe ab. Soll das dynamische Prozeßverhalten erfaßt werden, so ist die Fensterlänge der Gedächtnislänge des Prozesses (ca. 3 mal Gedächtnis des Systems) anzupassen. Wird durch das Erkennungssystem die statische Nichtlinearität des Prozesses abgebildet, so sind die dafür erforderlichen Abtastwerte (im überwiegenden Fall - bei eineindeutigen Kennlinen - die jeweils aktuellen Signalwerte) zu berücksichtigen.
Die gewählte Fensterlänge und die damit festgelegte Merkmalmenge kann nachträglich mit Methoden zur Auswahl wesentlicher Einflußgrößen (Merkmale) korrigiert und angepaßt werden. Im folgenden sollen verschiedene Klassifikatorstrukturen bezüglich der realisierten Merkmalbildung dargestellt werden.

3.2.1 Situationsbezogene Merkmalbildung

Eine Prozeßsituation wird durch alle in einem festgelegten Zeitfenster erfaßten Prozeßsignale beschrieben. Der Situationsvektor **s** enthält alle Abtastwerte der aufgezeichneten Größen (Methode des Viel-Kanal-Zeitfensters).

Die entsprechende Struktur ist im Bild 3.2.2 dargestellt.

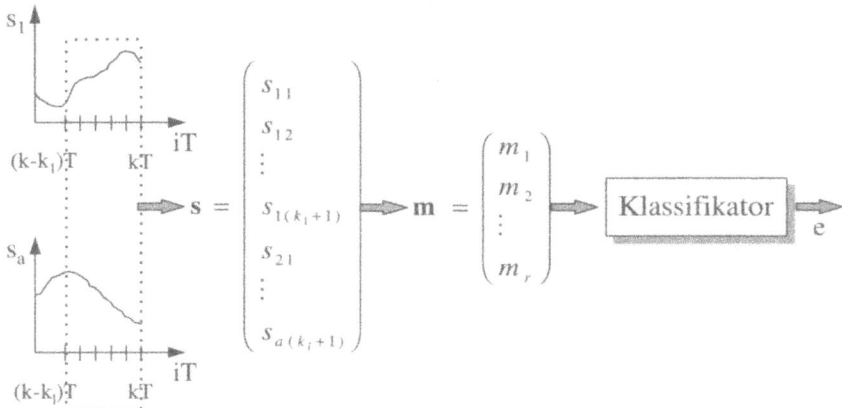

Bild 3.2.2: Klassifikatorstruktur bei situationsbezogener Merkmalbildung

Der Vorteil dieser Herangehensweise besteht im einfachen Entwurf des Klassifikators, da eine unmittelbare Zuordnung von Prozeßsituation und Entscheidung vorliegt und damit ein einstufiger Klassifikator ausreicht. Nachteilig wirkt sich die hohe Dimension des Situationsvektors auf den Entwurfs- und Erkennungsprozeß aus.

Werden, wie beim Bayes Klassifikator , aus den Signalen Koeffizienten einer Polynomfunktion geschätzt, so treten durch die zeitliche Abhängigkeit der Signalwerte Konditionierungsprobleme von Matrizen im Schätzalgorithmus auf. Möglichkeiten zur Lösung dieses Problems bestehen in

- der Wahl der Abtastzeit, die sowohl der Prozeßdynamik gerecht werden als auch eine zu starke Autokorrelation der Signalwerte verhindern muß,
- der Wahl der Fensterlänge,
- der Transformation des Merkmalvektors (Orthogonalisierung),
- der Wahl eines geeigneten Schätzverfahrens.

Ein Sonderfall dieses Konzeptes liegt vor, wenn ausschließlich die aktuellen Meßsignale in den Situationsvektor aufgenommen werden (Methode der Augenblicksprozeßzustände [PET 90]). Diese Methode ist bei der Modellierung eindeutiger nichtlinearer Kennlinien von Interesse.

3.2.2 Signalbezogene Merkmalbildung

Bezieht man sich bei der Merkmalbildung auf *ein* Prozeßsignal, so verringert sich die Dimension des Situationsvektors auf die Anzahl der Abtastwerte im Zeitfenster. Der nachgeschaltete Klassifikator erzeugt zunächst eine Einordnung des jeweiligen Prozeßsignals in eine Signalklasse. Da diese Zuordnung für alle a Signale erfolgen muß, sind somit a Klassifikatoren auf dieser

Stufe erforderlich (Methode des Ein-Kanal-Zeitfensters). Die erhaltene Signalklassifikation kann als abgeleitetes und möglicherweise interpretierbares Signalmerkmal aufgefaßt werden. Die Interpretierbarkeit beispielsweise im Sinne von Signalgröße oder Signaltendenz kann als Entwurfskriterium dieser Klassifikatorstufe genutzt werden (siehe Bild 3.2.3).

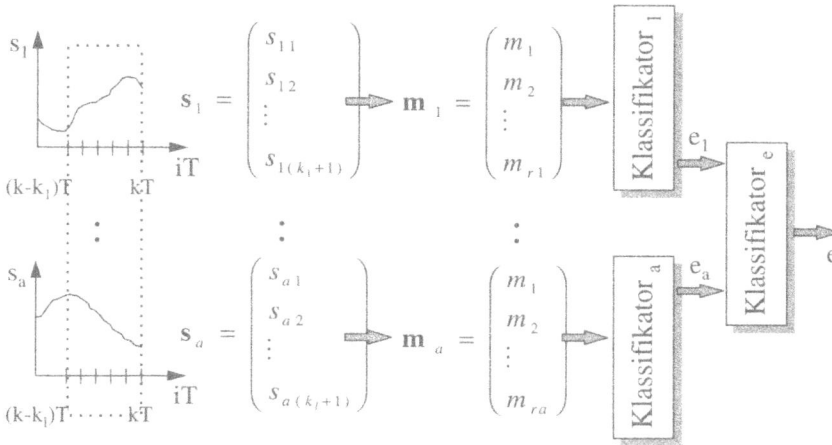

$$\mathbf{s}_1 = \begin{pmatrix} s_{11} \\ s_{12} \\ \vdots \\ s_{1(k_1+1)} \end{pmatrix} \Rightarrow \mathbf{m}_1 = \begin{pmatrix} m_1 \\ m_2 \\ \vdots \\ m_{r1} \end{pmatrix}$$

$$\mathbf{s}_a = \begin{pmatrix} s_{a1} \\ s_{a2} \\ \vdots \\ s_{a(k_1+1)} \end{pmatrix} \Rightarrow \mathbf{m}_a = \begin{pmatrix} m_1 \\ m_2 \\ \vdots \\ m_{ra} \end{pmatrix}$$

Klassifikator 1 — e_1 — Klassifikator e — e
Klassifikator a — e_a

Bild 3.2.3: Klassifikatorstruktur bei signalbezogener Merkmalbildung

Auf der Grundlage der Signalklassifikation erfolgt in einem zweiten Schritt die Erkennung der aktuellen Prozeßsituation.
Die Zerlegung der Erkennungsaufgabe in die Teilaufgaben Signal- und Situationserkennung führt zunächst zu einer Verringerung der Dimension der Situationsvektoren für die Einzelklassifikatoren und gestattet eine Parallelverarbeitung von Teilaufgaben, löst jedoch nicht das Problem der Korreliertheit der Signalwerte innerhalb eines Merkmalvektors. Durch die Mehrstufigkeit erhöht sich der Entwurfsaufwand. Für die Ebene der Signalerkennung muß deshalb noch ein geeignetes Entwurfskriterium festgelegt werden.

3.2.3 Entscheidungsbezogene Merkmalbildung

Die bisher vorgestellten Konzepte berücksichtigen die Dimension der Zeit ausschließlich in der Merkmalgenerierung in Form von zeitbezogenen Abtastwerten. In die Klassifikatorentscheidung geht somit über die Komponenten des Merkmalvektors der zeitliche Prozeßverlauf ein. Die Entscheidung enthält also in extrem komprimierter Form die Vorgeschichte des aktuellen Prozeßverhaltens. Es liegt damit nahe, zurückliegende Entscheidungen in die Erkennung der aktuellen Prozeßsituation einzubeziehen und damit im Klassifikator selbst den Zeitbezug herzustellen. Durch die

Rückkopplung der Entscheidung entsprechend Bild 3.2.4 läßt sich die Länge
des Zeitfensters und somit die Dimension des Situationsvektors verringern
[KOC 94].

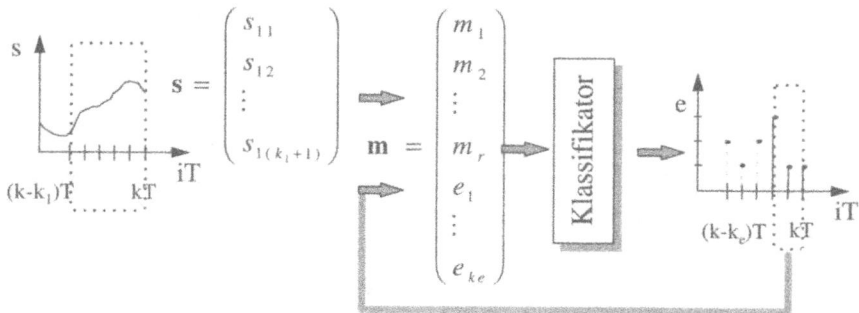

$$s = \begin{pmatrix} s_{11} \\ s_{12} \\ \vdots \\ s_{1(k_1+1)} \end{pmatrix} \Rightarrow \quad m = \begin{pmatrix} m_1 \\ m_2 \\ \vdots \\ m_r \\ e_1 \\ \vdots \\ e_{ke} \end{pmatrix} \Rightarrow \boxed{\text{Klassifikator}} \Rightarrow$$

Bild 3.2.4: Klassifikatorstruktur bei entscheidungsbezogener Merkmalbildung

Über ein Auswahlverfahren für wesentliche Merkmale läßt sich ein optimaler Merkmalvektor ermitteln. Als Gütekriterium können dazu die Minimierung der Reststreuung zwischen Klassifikatorfunktion und Zielfunktion bzw.
die Maximierung der linearen Unabhängigkeit der Polynomterme (und damit
der Merkmale) genutzt werden. Auf spezielle Verfahren wird im Abschnitt
3.5.4 näher eingegangen.
Im nachfolgend beschriebenen Steuerungskonzept soll mit dem Klassifikator
der aktuelle Arbeitspunkt bzw. Arbeitsbereich festgestellt werden, das
dynamische Verhalten wird in die Definition der Klassensemantik verlagert.
Dementsprechend sind zur Situationserkennung die Merkmale Augen-
blickswert und Signaltendenz ausreichend, d. h., es werden der aktuelle und
zur Trendbestimmung einer oder mehrere zurückliegende Abtastwerte benötigt. Aufgrund dieser geringen Fensterlänge läßt sich das auf der situationsbezogenen Merkmalbildung aufbauende Klassifikatorkonzept praktisch
leicht realisieren, und es wird deshalb im Entwurfsverfahren eingesetzt.

3.3 Die Klassifikationsverfahren

Die im Abschnitt 3.1 dargestellte Grundstruktur der Klassensteuerung führt
das Steuerungsproblem auf die Lösung einer Erkennungsaufgabe zurück.
Die zu realisierende Steuerhandlung ist das Ergebnis einer Situationserfas-
sung (Objekterkennung) und einer der Situation entsprechenden Reaktion als
Klassenbeschreibung (Klassensemantik). Das Kernstück des dargestellten
Verfahrens bildet somit ein Objekterkennungsalgorithmus in Form eines

Klassifikationsverfahrens. Aus Bild 3.1.4 wird deutlich, wie sich die Teilaufgabe der Situationserkennung in das Gesamtkonzept einordnet.

Es wurde bereits darauf hingewiesen, daß im Sinne des effektiven Entwurfs und Einsatzes der Steuerung ausschließlich parametrische Ansätze verwendet werden. Die weiteren Darlegungen befassen sich mit der Untersuchung und dem Vergleich von zwei unterschiedlichen Entwurfsmethoden für Klassifikatoren unter dem Aspekt ihres Einsatzes in der Prozeßsteuerung. Es handelt sich hierbei einerseits um einen Bayes-optimalen Polynomklassifikator und andererseits um einen auf der Grundlage der Fuzzy Theorie entworfenen unscharfen Klassifikator mit parametrischen Zugehörigkeitsfunktionen.

Die Auswahl dieser beiden Ansätze beruht sowohl auf den bereits vorhandenen Erfahrungen im praktischen Umgang mit diesen Verfahren aufgrund langjähriger Forschungsarbeiten im Fachgebiet Systemanalyse der Technischen Universität Ilmenau und liefert gleichzeitig eine Antwort auf die gegenwärtig euphorisch geführte Diskussion um die Vorteile der Fuzzy Methoden. Da diese Verfahren weitestgehend bekannt sind, sollen sie nur kurz dargestellt werden. Der Schwerpunkt der Darlegungen liegt auf deren praktischen Einsatz und einer vergleichenden Bewertung.

3.3.1 Der Bayes Klassifikator (BK)

Auf der Grundlage der Entscheidungstheorie wurde ein Bayes-optimaler Klassifikator entworfen, der nach der maximalen a posterorie Wahrscheinlichkeit $P(k|\mathbf{m})$ der Zuordnung einer beobachteten Situation $\mathbf{m}$ zu einer der vorgegebenen Klassen K entscheidet [BOC 74], [STE 76], [SCH 77], [BÖH 85].

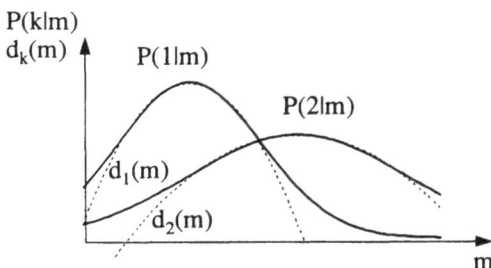

Bild 3.3.1:
Unterscheidungsfunktionen eines -
Bayes Klassifikator s
(2 Klassen, 1 Merkmal)

Die aus einer Lernprobe zu ermittelnden bedingten Wahrscheinlichkeiten $P(k|\mathbf{m})$ werden mit Hilfe einer Polynomfunktion approximiert.

Es gilt:

$$P(k|m) \approx d_k(m) = w_{0k} + m_1 w_{1k} + \dots + m_{r_e} w_{ik} + m_1^2 w_{(i-1)k} + m_1 m_2 w_{(i-2)k} + \dots$$

$$+ m_{r_e-1} m_{r_e} w_{(r_w-2)k} + m_{r_e}^2 w_{(r_w-1)k} \tag{3.3.1}$$

$$= f^T(m) \cdot w_k$$

$$d(m) = f^T(m) \cdot W$$

mit

k	- Klassenindex	
r_e	- Anzahl der Merkmale	
r_w	- Anzahl der transformierten Merkmale	
K	- Anzahl der Situationsklassen	

                                                     Dimension

$m^T = (m_1 \; m_2 \; \dots \; m_{r_e})$ - Merkmalvektor $(1, r_e)$

$d_k(m)$ - Unterscheidungsfunktionswert der k-ten Klasse

$d(m)$ - Unterscheidungsvektor $(1, K)$

$f^T(m) = (1 \; m_1 \; \dots \; m_{r_e} \; m_1^2 \; m_1 m_2 \; \dots \; m_{r_e-1} m_{r_e} \; m_{r_e}^2)$

                          - transformierter Merkmalvektor $(1, r_w)$

$w_k^T = (w_{0k} \; w_{1k} \; \dots \; w_{ik} \; w_{(i-1)k} \; w_{(i-2)k} \; \dots \; w_{(r_w-2)k} \; w_{(r_w-1)k})$

                          - Koeffizientenvektor der k-ten Klasse $(1, r_w)$

$W = (w_1 \; w_2 \; \dots \; w_K)$ - Koeffizientenmatrix der K Klassen (r_w, K) .

Die Entscheidungsregel des Bayes-optimalen Klassifikators lautet (Gl. (3.3.2)):

$$e = \underset{k=1..K}{argmax} \; d_k(m) \tag{3.3.2}$$

Die Wahl der Struktur der Polynomfunktion (Unterscheidungsfunktion) ist abhängig von der Anzahl und der Verteilung der Merkmale des vorliegenden Prozesses.

In der Regel werden bezüglich der Merkmale **m** lineare oder quadratische Ansätze verwendet. Die Schätzung der Parametermatrix **W** der Polynomfunktion erfolgt mittels direkter Regression aus n Lerndatensätzen (Beobachtungen) (Gl. (3.3.3)):

$$\hat{W} = [F^T F]^{-1} F^T Z^* \tag{3.3.3}$$

mit

n - Anzahl der Lernobjekte in der Lernprobe

Dimension

$F^T = (f(m_1)\ f(m_2)\ ...f(m_n))$ - transformierte Merkmalmatrix (r_w, n)

$Z^{*^T} = (z^*_1\ z^*_2\ ...\ z^*_n)$ - Zuordnungsmatrix (K, n)

$z^*_i = (1\ 0\ ...\ 0)$ - Zuordnungsvektor (z.B. Klasse 1) $(1, K)$.

3.3.2 Der Fuzzy-Klassifikator (FK)

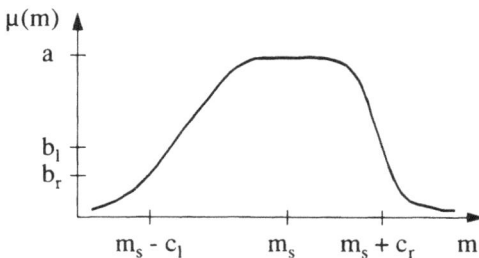

Bild 3.3.2:
Eindimensionale Zugehörigkeitsfunktion eines Fuzzy-Klassifikators

Der auf der Basis der Fuzzy Theorie entworfene Klassifikator beruht auf einem parametrischen Konzept der Zugehörigkeitsfunktionen nach [BOC 87]. Dieses stellt eine Erweiterung der Aizermann'schen Potentialfunktion auf unsymmetrische Funktionsansätze dar (Bild 3.3.2). Wie Gl. (3.3.4) zeigt, lassen sich linker und rechter Funktionsteil separat definieren:

$$\mu(m) = a\left\{ 1 + \sum_{i=1}^{r} 0.5 \cdot [1 + sgn(-M_i)] \cdot \left(\frac{1}{b_{l_i}} - 1\right) \cdot \left|\frac{M_i}{c_{l_i}}\right|^{d_{l_i}} \right.$$

$$\left. + \sum_{i=1}^{r} 0.5 \cdot [1 + sgn(M_i)] \cdot \left(\frac{1}{b_{r_i}} - 1\right) \cdot \left|\frac{M_i}{c_{r_i}}\right|^{d_{r_i}} \right\}^{-1}$$

(3.3.4)

mit

$M_i = m_i - m_{si}$ - i-tes, zentriertes Merkmal,

m_i - i-tes Merkmal,

m_{si} - Schwerpunkt des i-ten Merkmals.

Ist eine scharfe Klassifikatorentscheidung zu treffen, so beruht diese auf der Suche nach der maximalen Zugehörigkeit der beobachteten Situation zu einer der gegebenen Klassen entsprechend (Gl. (3.3.5)):

$$e = \underset{k=1..K}{argmax}\ \mu_k(m)$$

(3.3.5)

Die Berechnung der Parameter a, m_{si}, b_{li}, b_{ri}, c_{li}, c_{ri}, d_{li}, d_{ri} erfolgt nach

[BOC 87] unter Verwendung spezieller Berechnungsvorschriften. Es gilt:

$$m_s = \frac{1}{n_k}\sum_{i=1}^{n_k} m_i$$

$$a = a_{max}(1-e^{-n_k}) \qquad\qquad b = \frac{A_s^{\,d}}{A_s^{\,d} + \left(c \cdot \frac{\pi}{2}\right)^d} \qquad\qquad (3.3.6)$$

$$c_l = m_s - m_{min} + c_e$$
$$c_r = m_{max} - m_s + c_e$$

$$d = \begin{cases} 20 & \textit{für } q_m \le 1 \\ 18\,e^{-3(q_m-1)} + 2 & \textit{für } q_m > 1 \end{cases}$$

mit

n_k -   Objektanzahl der k-ten Klasse,
c_e -   elementare Unschärfe,
A_s -   Gesamtfläche unter den elementaren Zugehörigkeitsfunktionen der
         Lernobjekte,
q_m -   mittlerer Stufensprung.

Zu einer Verbesserung der Trennbarkeit der Klassengebiete kann eine Hauptachsentransformation durchgeführt werden. Man versteht darunter die Drehung einer Koordinatenachse des Merkmalraumes in Richtung der Regressionsgeraden, die sich aus der Anordnung der Lernobjekte im Merkmalraum ergibt.

3.3.3 Entwurfsbeispiele für den Bayes- und Fuzzy-Klassifikator

Im folgenden Abschnitt soll der Klassifikationsentwurf anhand eines Beispieles dargestellt werden. Die Daten sind dem Anwendungsfall im Abschnitt 3.6.1 "Talsperrensteuerung Ratscher" entnommen. Die Aufgabe besteht in der Erkennung von Normal- und Hochwassersituation zur Festlegung des erforderlichen Talsperrenbetriebes. Als meßbare Größen stehen der Zufluß Q_{zu} und die Stauhöhe h_{Stau} zur Verfügung. Dementsprechend gilt für den aktuelle Situationsvektor zum Zeitpunkt k:

$$s = \begin{pmatrix} Q_{zu}\ (k) \\ h_{Stau}\ (k) \end{pmatrix} . \qquad\qquad (3.3.7)$$

Zur Bewertung des Zustandes der Talsperre im Hinblick auf das notwendige Steuerverhalten ist der verfügbare Hochwasserstauraum (HWSR) von Interesse.

Dieser ergibt sich nach der Beziehung:

$$HWSR\,(k) \;=\; V_{max} - V_{Stau}(k)$$

$$V_{Stau}(k) \qquad = f(h_{Stau}(k))$$

$$V_{max} \qquad\quad - \; maximales \;\; Stauvolumen \;\; der \;\; Talsperre$$

$$V_{Stau}(k) \qquad - \; aktuelles \;\; Stauvolumen$$

$$h_{Stau}(k) \qquad - \; aktuelle \;\; Stauhöhe$$

$$f(h_{Stau}(k)) \;\; - \; Pegelkennlinie \qquad ,$$

(3.3.8)

und läßt sich somit direkt aus der gemessenen Pegelhöhe berechnen. Damit gilt für den Merkmalsvektor als Klassifikatoreingang:

$$\boldsymbol{m} \;=\; \begin{pmatrix} Q_{zu} & (k) \\ HWSR & (k) \end{pmatrix}$$

(3.3.9)

Zu unterscheiden sind die Situationsklassen Normal (1)- und Hochwassersituation (2). Die zur Verfügung stehende Lernprobe ist im Bild 3.3.3 dargestellt.

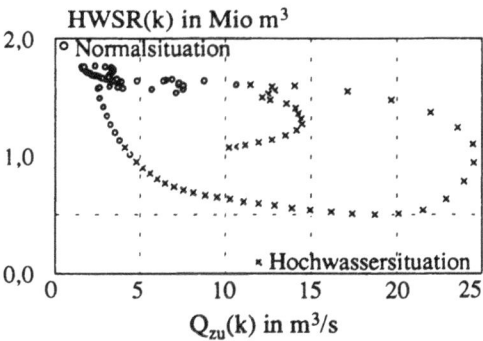

Bild 3.3.3:
Lernprobe der Talsperrensteuerung

a) Der Bayes Klassifikatorentwurf

Ziel des Klassifikatorentwurfs ist die Nachbildung der bedingten Wahrscheinlichkeiten $P(1|\boldsymbol{m})$ und $P(2|\boldsymbol{m})$ des beobachteten Prozesses. Dazu erhält jedes Objekt der Lernprobe die Wahrscheinlichkeitswerte aller Klassenzuordnungen, d. h., für ein Objekt i der Klasse 1 gilt:

$$P(1|\boldsymbol{m}_i) = 1 \quad ; \quad P(2|\boldsymbol{m}_i) = 0 \quad ; \quad \boldsymbol{z}^T = [1 \; 0]$$

(3.3.10)

und analog für ein Objekt j der Klasse 2:

$$P(1/\boldsymbol{m}_j) = 0 \quad ; \quad P(2/\boldsymbol{m}_j) = 1 \quad ; \quad \boldsymbol{z}^T = [0 \; 1] \quad .$$

(3.3.11)

Der Zuordnungsvektor **z** faßt diese Informationen zusammen. Das Ergebnis dieses Schrittes zeigt Bild 3.3.4 wobei nur das Merkmal 1 des Merkmalvektors verwendet wurde.

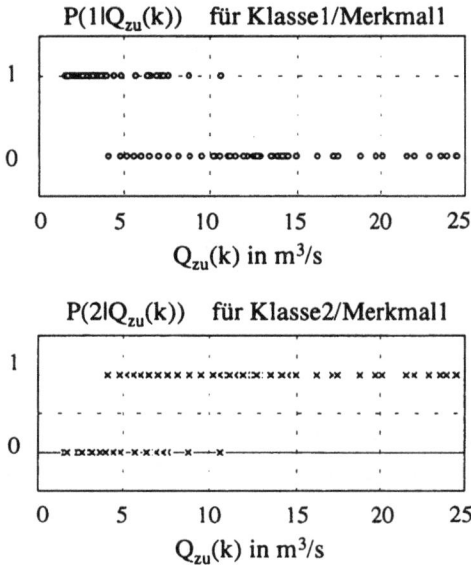

Bild 3.3.4:
Bedingte Wahrscheinlichkeiten der Lernprobe

Die dargestellten Punkte bilden die Stützstellen der gesuchten Polynomfunktion $d_k(\mathbf{m})$, die die unbekannten a priori Wahrscheinlichkeiten $P(k|\mathbf{m})$ approximieren sollen.

Für die Polynomfunktion wurde folgender quadratischer Ansatz gewählt:

$$d(\mathbf{m}) = W_0 + W_1 Q_{zu}(k) + W_2 HWSR\,(k) + W_3 Q_{zu}(k)^2 +$$
$$+ W_4 Q_{zu}(k) HWSR\,(k) + W_5 HWSR\,(k)^2 \quad . \tag{3.3.12}$$

Für den Entwurf gilt:

$$d(\mathbf{m}) = z \quad . \tag{3.3.13}$$

Die transformierte Lernprobe ergibt sich aus der Struktur der Polynomfunktion mit den transformierten Merkmalsvektoren $\mathbf{f}(\mathbf{m})$.

Der Vektor $f(m)$ lautet:

$$f(m) = \begin{pmatrix} 1 \\ Q_{zu}(k) \\ HWSR\ (k) \\ Q_{zu}(k)^2 \\ Q_{zu}(k)\,HWSR\ (k) \\ HWSR\ (k)^2 \end{pmatrix} \ . \tag{3.3.14}$$

Beispielsweise gilt für folgende Objekte der Lernprobe mit den Merkmalen $[Q_{zu}(k), HWSR(k)]$ und der Klassenzuordnung k:

$$\begin{aligned} m_1^{\ T} &= [2,9 \quad 1,5] \quad k = 1 \\ m_2^{\ T} &= [17,5 \quad 0,5] \quad k = 2 \end{aligned} \tag{3.3.15}$$

der Transformationsvektor $f(m)$ und der Zuordnungsvektor z:

$$\begin{aligned} f^T(m_1) &= [1 \quad 2,9 \quad 1,5 \quad 2,9^2 \quad 2,9 \cdot 1,5 \quad 1,5^2] \quad z_1^{\ T} = [1 \quad 0] \\ f^T(m_2) &= [1 \quad 17,5 \quad 0,5 \quad 17,5^2 \quad 17,4 \cdot 0,5 \quad 0,5^2] \quad z_2^{\ T} = [0 \quad 1] \end{aligned} \tag{3.3.16}$$

Die transformierte Lernprobe enthält alle Lernobjekte in der Form:

$$F(m) = \begin{pmatrix} f^T(m_1) \\ f^T(m_2) \end{pmatrix} \tag{3.3.17}$$

und der Zuordnungsvektor die zugehörigen bedingten Wahrscheinlichkeiten:

$$Z = \begin{pmatrix} z_1^{\ T} \\ z_2^{\ T} \\ \vdots \end{pmatrix} \ . \tag{3.3.18}$$

Die daraus mittels direkter Regression bestimmte Parametermatrix W ist in der Tafel 3.3.1 dargestellt.
Die Spalten enthalten die Parametersätze der einzelnen Klassen und die Zeilen die Koeffizienten der definierten Polynomstruktur.

Tafel 3.3.1: Geschätzte Parametermatrix

		Klasse 1	Klasse 2
	w0	- 0.7882	1.7882
	w1	0.1222	- 0.1222
W	w2	1.5940	- 1.5940
	w3	0.1074	- 0.1074
	w4	- 0.6532	0.6532
	w5	- 0.1975	0.1975

Den Verlauf der resultierenden Polynomfunktionen zeigt Bild 3.3.5. Sie entsprechen den klassenbezogenen Unterscheidungsfunktionen des Klassifikators. Im Bild 3.3.6 ist die Trennfunktion zwischen Klasse 1 und 2 dargestellt, die sich aus der Bedingung

$$d_1(m) = d_2(m) \qquad\qquad\qquad (3.3.19)$$

ergibt. Die realisierte Aufteilung des Klassenraumes zeigt das gewünschte Entscheidungsverhalten mit wenigen Fehlklassifikationen (2).

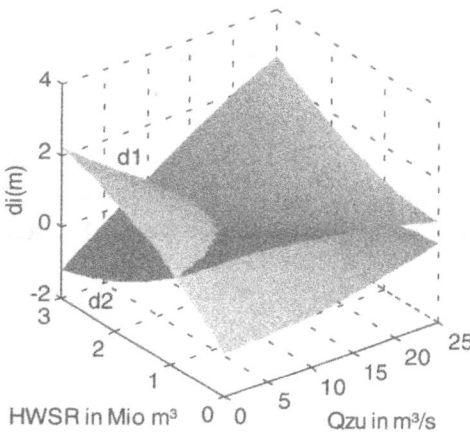

Bild 3.3.5:
Verlauf der Polynomfunktion

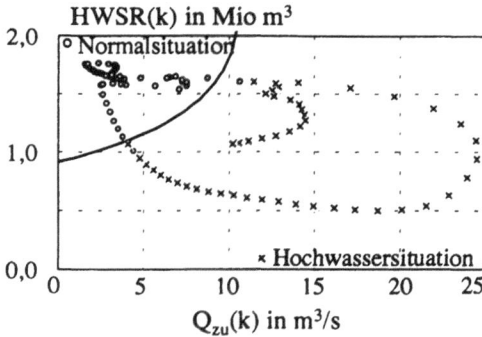

Bild 3.3.6:
Verlauf der Trennfunktion beim
Bayes Klassifikator

b) Der Fuzzy-Klassifikator-Entwurf

Der Entwurf des Fuzzy Klassifikators beruht auf einer getrennten Betrachtung der Objekte der einzelnen Klassen. Jedem Objekt wird dabei eine elementare Unschärfe zugeordnet, aus der sich in der Zusammensetzung aller Objekte, die Zugehörigkeitsfunktion $\mu_k(\mathbf{m})$ der Klassen ableitet. Bild 3.3.7 zeigt diesen Gedanken bezüglich Merkmal 1 in der Aufteilung der Objekte in die zwei Situationsklassen.

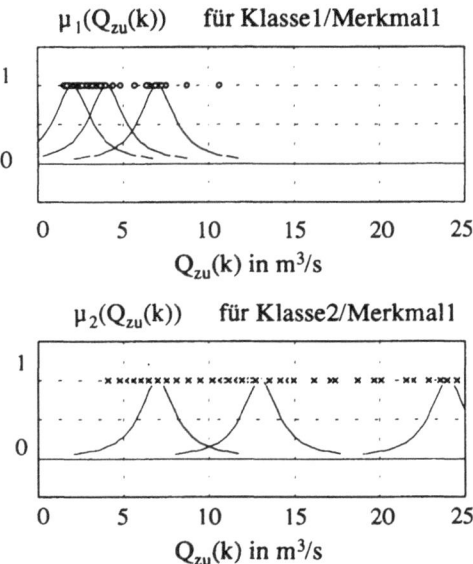

Bild 3.3.7:
Bildung der
Zugehörigkeitsfunktionen

Die Bestimmung der Parameter der Zugehörigkeitsfunktionen entsprechend Gl. (3.3.4) wird klassenweise in folgender Form vorgenommen:

1. Hauptachsentransformation
- Bestimmung des Drehwinkels α zwischen der Regressionsgeraden und der Merkmalsachse 1
- Transformation der Lernprobe in den gedrehten Merkmalsraum.

2. Parameterbestimmung
- merkmalsweise Berechnung vom Schwerpunkt m_s, der maximalen Klassenzugehörigkeit a, der Klassengrenzen c_l/c_r, der Objektverteilungen d_l/d_r und den Zugehörigkeitswerten an den Klassengrenzen b_l/b_r.

Die berechneten Parameter sind in der Tafel 3.3.2 zusammengefaßt.

Tafel 3.3.2: Parameter der Zugehörigkeitsfunktionen

	Klasse 1		Klasse 2	
	Merkmal 1	Merkmal 2	Merkmal 3	Merkmal 3
ms	3.9157	1.6031	13.5490	1.0102
a	9.9536	9.9536	9.9427	9.9427
bl	0.2557	0.1255	0.0910	0.3365
br	0.0582	0.4560	0.0548	0.2239
cl	2.5171	1.0881	9.5487	1.0278
cr	6.7840	0.6463	11.0513	1.0966
dl	2.000	2.000	2.000	3.2840
dr	2.000	2.0414	2.000	2.000
α	1.000	- 0.0104	1.000	0.0033

Bild 3.3.8 zeigt den grafischen Verlauf der Zugehörigkeitsfunktionen im Merkmalsraum.

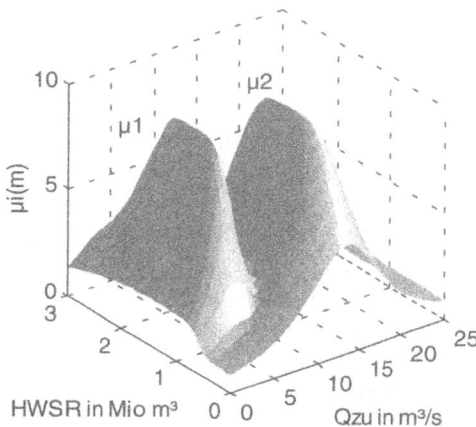

Bild 3.3.8:
Verlauf der Zugehörigkeitsfunktionen

An der Darstellung wird die gute Interpretierbarkeit des Funktionsverlaufes deutlich. Der für die Klassifikation interessante Verlauf der Trennfunktion ist aus Bild 3.3.9 ersichtlich. Hierbei zeigt sich, daß aufgrund fehlender Möglichkeiten, Korrelationen zwischen den Merkmalen zu berücksichtigen, ein im Vergleich zum Bayes Klassifikator schlechteres Trennverhalten vorliegt. Die Lösung dieses Problems besteht in der vollständigen, achsenweisen Transformation des Merkmalsraumes.

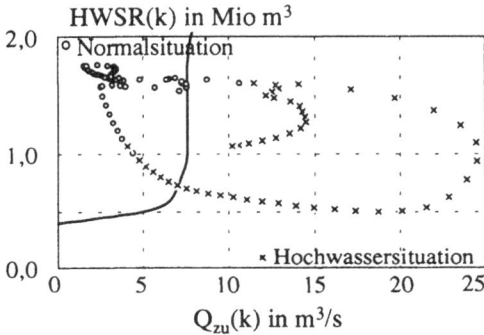

Bild 3.3.9:
Verlauf der Trennfunktion beim Fuzzy Klassifikator

3.3.4 Vergleich der Klassifikator Konzepte zur Lösung von Steuerungsaufgaben

Die vorgestellten Klassifikator Konzepte sollen im folgenden hinsichtlich ihres Einsatzverhaltens zur Lösung von Steuerungsaufgaben untersucht und verglichen werden. Die Untersuchungen werden an einem Simulationsbeispiel durchgeführt, wobei eine Klassensteuerung nach Abschnitt 3.1 genutzt werden soll. Da hier zunächst das Verhalten der Klassifikationsverfahren zur Situationserkennung von Interesse ist, werden die Steuergesetze als bekannt vorausgesetzt.

Im Simulationsbeispiel beschreibt das Multi-Modell einen nichtlinearen Prozeß mit zwei Arbeitspunkten. Die zwei linearen Teilmodelle besitzen jeweils $P\text{-}T_3$-Verhalten. Das Prozeßverhalten und damit das gültige Prozeßmodell sind zustandsabhängig. Im gewählten Beispiel dient die Ausgangsgröße y_s als Kriterium für die Modellumschaltung (Bild 3.3.10). Für beide Teilmodelle wurde separat ein PID-Regler nach Reinisch [REI 82] entworfen.

Die Simulation erfolgt quasikontinuierlich mittels Differenzengleichungen bei einer Tastzeit von 1s. Alle nachfolgenden Berechnungen zum Klassifikatorentwurf und -test wurden mit dem Programmsystem ILMKLASS [KOC 95] durchgeführt.

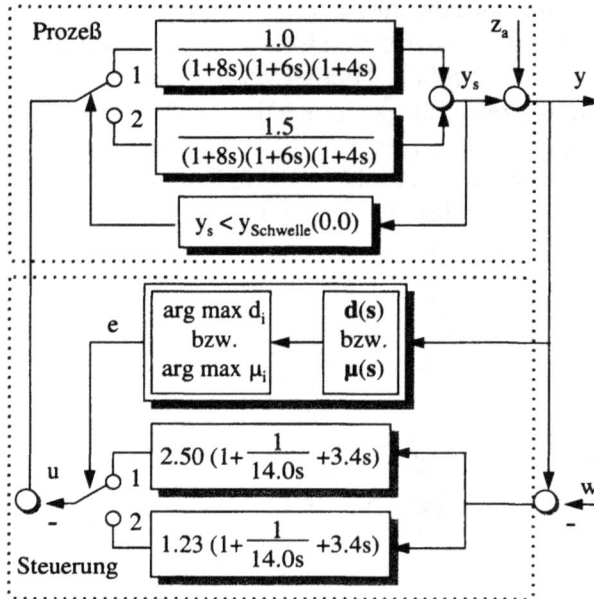

Bild 3.3.10: Signalflußplan des Simulationsbeispiels zum Klassifikatoreinsatz

3.3.4.1 Der Klassifikatorentwurf

Die Voraussetzung für den Klassifikatorentwurf bildet die Wahl geeigneter
Merkmale. Im Beispiel sollen der aktuelle und die beiden zurückliegenden
Abtastwerte der Regelgröße y genutzt werden. Obwohl es sich dabei um eine
dynamische (zeitabhängige) Prozeßgröße handelt, wird die Erkennungsaufgabe jedoch als statisches Problem aufgefaßt, d. h., jede Prozeßsituation
wird ausschließlich durch die drei Merkmale

$$m_1 = y(t) = y(k), \ m_2 = y(t\text{-}T) = y(k\text{-}1) \ und \ m_3 = y(t\text{-}2T) = y(k\text{-}2)$$

beschrieben. Damit lautet der Merkmalvektor:

$$\boldsymbol{m}^T = [m_1, m_2, m_3] = [y(k), y(k\text{-}1), y(k\text{-}2)] \quad .$$

Während der Lernphase des Klassifikators wird durch das System parallel
zur Streckenmodellumschaltung (Strecke 1 oder 2) auch die entsprechende
Reglerauswahl (Regler 1 oder 2) getroffen und als Information dem Klassifikator zur Verfügung gestellt. Die Anregung des Regelkreises erfolgte über
eine periodische Folge von Führungssprüngen auf die beiden Arbeitspunkte.

Der Signalverlauf dieser Lernprobe (LP-RU) ist im Bild 3.3.11 dargestellt.

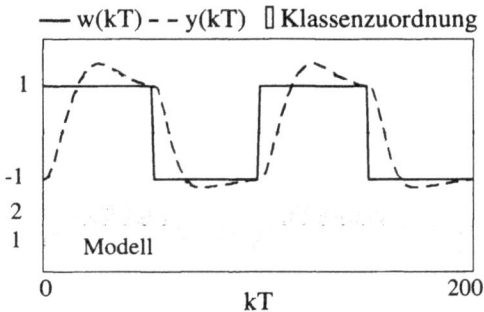

Bild 3.3.11:
Signalverlauf der Lernprobe
(LP-RU) zum Klassifikatorentwurf

(a) Bayes Klassifikator (BK)

Für den Entwurf des BK wird ein linearer Ansatz der Unterscheidungsfunktion in der Form

$$d_k(m) = \hat{w}_0 + m_1\hat{w}_1 + m_2\hat{w}_2 + m_3\hat{w}_3$$

(3.3.19)

gewählt. Damit sind insgesamt $K \cdot \binom{r_e+1}{1} = 8$ Koeffizienten (K=2 Klassen, r_e=3 Merkmale) zu bestimmen. Die Verwendung eines vollständig quadratischen Ansatzes erfordert die Berechnung von $K \cdot \binom{r_e+2}{2} = 20$ Koeffizienten. Die weiteren Untersuchungen greifen, soweit keine anderen Hinweise gegeben werden, auf einen linearen Polynomansatz (siehe Gl. (3.3.19)) zurück.

(b) Fuzzy Klassifikator (FK)

Der Entwurf des FK erfordert nach [BOC 87] die Berechnung von $K(7r_e+1)$ Parametern der Zugehörigkeitsfunktionen. Vergleicht man die zu ermittelnde Parameteranzahl mit der des linearen BK, so unterscheiden sie sich um den Faktor 7. Der Rechenzeitvergleich erbrachte einen Wert, der um das 5fache höher lag als beim BK. Selbst bei Verwendung des BK mit quadratischem Polynomansatz betrug die Rechenzeit nur 70 % der Berechnungszeit für die Parameter der Zugehörigkeitsfunktion, was auf einen höheren (und mit dem Funktionstyp festgelegten) Entwurfsaufwand des Fuzzy Klassifikators hinweist. Um von der Grundannahme der Unabhängigkeit der Merkmale beim Fuzzy Klassifikator abzurücken, müssen die Merkmalachsen gedreht werden. Führt man diese Transformation für jede Achse aus, so müßten weitere $K \cdot \binom{r_e}{2}$ Parameter (Winkel) bestimmt werden. Eine Erhöhung der Trennbarkeit der Klassengebiete läßt sich durch Drehung des Koordinatensystems in die Hauptachsenrichtung erreichen. Damit reduziert sich der Aufwand je Klasse auf r_e-1 Parameter.

Interpretation der Unterscheidungsfunktionen
(a) Bayes Klassifikator

Entsprechend dem zugrunde liegenden Entwurfskonzept stellen die ermittelten Polynomfunktionen $d_k(\mathbf{m})$ Approximationen der bedingten Wahrscheinlichkeiten $P(k|\mathbf{m})$ dar. Die Parameter enthalten in ihrer Gesamtheit die Informationen über den Funktionsverlauf und sind somit nicht als Einzelgrößen interpretierbar. In der Regel sind die Polynomterme nicht linear unabhängig voneinander, so daß ein Entfernen einzelner Terme zu einer Verfälschung des Funktionsverlaufes führen kann.

Die Approximation einer in den meisten Fällen unbekannten Verteilung mittels Polynomfunktion bietet den Vorteil, den Klassifikatorentwurf hinsichtlich Aufwand (Anzahl der Ansatzterme) und Klassifikatorgüte in einer der Problemstellung angepaßten Weise zu realisieren. Gewöhnlich wird mit linearen oder quadratischen Ansätzen gearbeitet. Darüber hinaus existieren eine Reihe von Verfahren zur optimalen Struktursuche auf der Basis von Kriterien der Entscheidungs- (Minimierung des Klassifikationsfehlers) und der Schätztheorie (minimale Varianz, maximale lineare Unabhängigkeit der Merkmale) [STE 76], [SCH 77], [NIE 83].

(b) Fuzzy Klassifikator

Die Grundlage des Klassifikatorentwurfs bildet die Beschreibung der Klassen als unscharfe Mengen mittels Zugehörigkeitsfunktionen. Die Entwicklung dieser Funktionen stellt zunächst ein heuristisches Problem dar, das eine Entscheidung über den Funktionstyp und die Art der Bestimmung der Beschreibungsgrößen (Parameter) erfordert.

In der Regel wird man sich im ersten Schritt auf einen Funktionstyp festlegen, dessen Eigenschaften bekannt sind und der hinsichtlich der Parameter an das Problem anzupassen ist.

Der vorliegende Funktionstyp gemäß Gl. (3.3.4) gestattet eine Interpretation der einzelnen Parameter, wie sie aus Tafel 3.3.3 ersichtlich wird. Entsprechend der Bedeutung der Parameter lassen sich geeignete Berechnungsvorschriften angeben. Da man bei diesem Konzept von der (linearen) Unabhängigkeit der Merkmale ausgeht, wird für jedes Merkmal der einzelnen Klassen ein eigener Parametersatz, unabhängig von allen anderen Merkmalen, bestimmt.

Tafel 3.3.3: Bedeutung der Parameter der Zugehörigkeitsfunktion und deren wahrscheinlichkeitstheoretische Interpretation

Para- meter	Bedeutung	wahrscheinlichkeitstheoretische Interpretation
m_s	Klassenrepräsentant Modalwert Berechnung als Mittelwert	klassenbezogener Erwartungswert $E\{m\}$
a	maximale Klassenzugehörigkeit	a priori Klassenwahrscheinlichkeit $const \cdot P(k) \cdot e^{-\alpha t}$
b_l, b_r	Wert der Zugehörigkeitsfunktion an der linken/rechten Klassengrenze	Wahrscheinlichkeit eines Ereignisses
c_l, c_r	linke/rechte Klassengrenze	Varianz/Schiefe der Verteilung
d_l, d_r	Objektverteilung in einer Klasse links/rechts vom Modalwert	Exzess der Verteilung

Betrachtet man den Funktionsverlauf einer Zugehörigkeitsfunktion (Bild 3.3.2), so liegt der Vergleich mit einer Wahrscheinlichkeitsverteilung nahe. Entspricht der Parameter m_{si} ohnehin dem Erwartungswert der jeweiligen Merkmalausprägung, so lassen sich auch für die anderen Kenngrößen Zusammenhänge mit Momenten einer Verteilung angeben (Tafel 3.3.3). Als Beispiel soll hierzu die Klassengrenze c betrachtet werden.

Es ist zu erwarten, daß die Klassengrenze zum einen von der Streuung σ^2 des Merkmals abhängen wird, und, da es sich bei $\mu(\mathbf{m})$ um eine nichtsymmetrische Funktion handelt, von der Schiefe γ. Mit Hilfe der Größen μ, σ^2, γ und der Normierung (Gl. (3.3.20))

$$\int_{-\infty}^{\infty} f(m) \ dm = 1 \qquad (3.3.20)$$

läßt sich eine Verteilung mit 4 Parametern rekonstruieren, aus der die Unsymmetrie zur Bestimmung der Klassengrenzen ermittelt werden kann. Für die nachfolgenden Berechnungen wurde eine unsymmetrische Punktverteilung gewählt.

Die Parameter lassen sich entsprechend Bild 3.3.12 in folgender Weise
bestimmen:

$$a_1 = 0.5 \cdot \left(1 - \frac{\gamma}{\sqrt{\gamma^2 + 4}}\right) \qquad\qquad a_2 = 1 - a_1$$

$$m_1 = \mu - \sigma \cdot \sqrt{\frac{1 - a_1}{a_1}} \qquad\qquad m_2 = \mu + \sigma \cdot \sqrt{\frac{a_1}{1 - a_1}}$$

$$c_l' = \mu - m_1 = \sigma \cdot \sqrt{\frac{1 - a_1}{a_1}} \qquad\qquad c_r' = m_2 - \mu = \sigma \cdot \sqrt{\frac{a_1}{1 - a_1}} \quad .$$

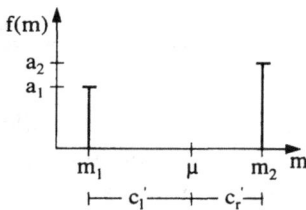

Bild 3.3.12:
Punktverteilung zur Berechnung der Unsymmetrie in
der Merkmalverteilung

Die Simmulationsergebnisse zeigen, daß durch die Parameter c_l' und c_r' die
Unsymmetrie der Verteilung ausreichend genau approximiert werden kann.
Die Werte für c_l bzw. c_r bewegen sich im Bereich

$$c_l = 2..3 \cdot \sigma + c_l' \qquad\qquad c_r = 2..3 \cdot \sigma + c_r' \quad . \qquad\qquad (3.3.21)$$

In dem verwendeten Konzept der Parameterermittlung erscheint die Bestimmung des Parameters c als kritisch, weil hier auf Einzelwerte der Lernprobe in Form der maximalen und minimalen Merkmalausprägung innerhalb
einer Klasse zurückgegriffen wird. Infolge von Ausreißern kann somit ein
Ausbreiten der Klassengebiete entstehen, wodurch die Trennbarkeit der einzelnen Klassen abnimmt. Die Ermittlung der Klassengrenzen über Momente
der Merkmalverteilung ist unabhängig von Einzelobjekten und gewährleistet
eine Reproduzierbarkeit des Klassifikatorentwurfs bei unterschiedlichen
Lernproben.
Anhand der Gegenüberstellung läßt sich damit zeigen, daß die Zugehörigkeitsfunktionen gemäß Gl. (3.4.4) durchaus im Sinne von Verteilungen
interpretierbar sind und somit ein dem Polynomklassifikator ähnliches
Verhalten erwarten läßt.

Gütebewertung der Klassifikatoren

Die Gütebewertung der entworfenen Klassifikatoren erfolgt anhand von Testproben auf der Grundlage des relativen Klassifikationsfehlers:

$$f = \frac{n_f}{n} \tag{3.3.22}$$

mit n_f -   Anzahl der fehlerhaft klassifizierten Situationen,
   n -   Gesamtzahl der Situationen.

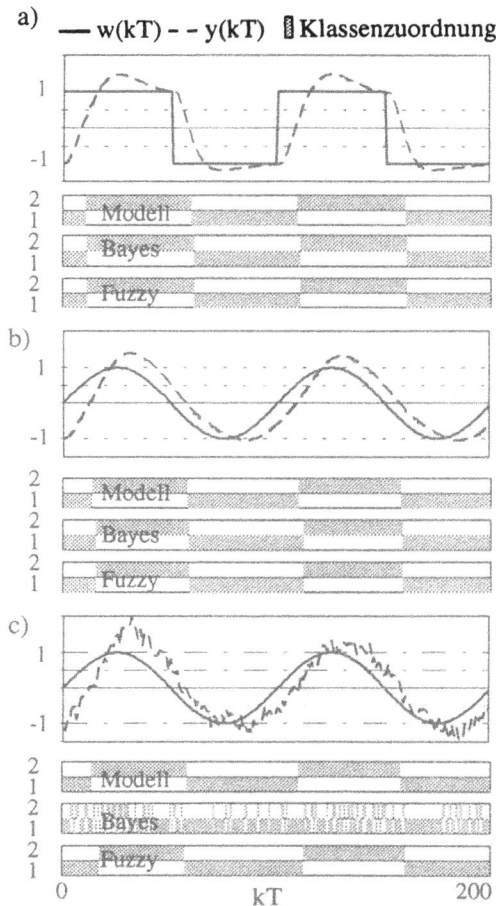

Bild 3.3.13:
Signalverlauf und Klassifikatorentscheidung für
a) TP-RU
b) TP-SU
c) TP-SG

Die Testprobe 1 (TP-RU Bild 3.3.13) entsprach dabei der Entwurfslernprobe, bei Testprobe 2 (TP-SU Bild 3.3.13) wurde die sprungförmige Änderung der Führungsgröße durch einen sinusförmigen Verlauf ersetzt und Testprobe 3 (TP-SG Bild 3.3.13) enthielt zusätzlich eine Störung am Streckenausgang (weißes Rauschen, normalverteilt, $\mu = 0$, $\sigma^2 = 0{,}04$).

Die Ergebnisse sind in Tafel 3.3.4 zusammengefaßt.

Tafel 3.3.4: Simulationsergebnisse zur Gütebewertung der Klassifikatoren

	relativer Klassifikationsfehler [%]		
	Fuzzy Klassifikator	Bayes Klassifikator	
Testprobe		direkte Regression	Kammlinien-regression
TP-RU (Rechteck, ungestört)	2	2	2
TP-SU (Sinus, ungestört)	2	2	2
TP-SG (Sinus, gestört)	4.5	38.5	3.5

Aus den Ergebnissen wird die relative Störunempfindlichkeit des Fuzzy Klassifikators im Vergleich zum Bayes Klassifikator deutlich. Die Ursachen dieses Verhaltens sollen im folgenden näher untersucht werden.

(a) Bayes Klassifikator
Im Bild 3.3.14 sind die Zusammenhänge der einzelnen Signale im Hinblick auf die Parameterschätzung dargestellt. **W** stellt dabei die Parametermatrix des Systems und $\hat{\mathbf{W}}$ die geschätzte Parametermatrix dar.

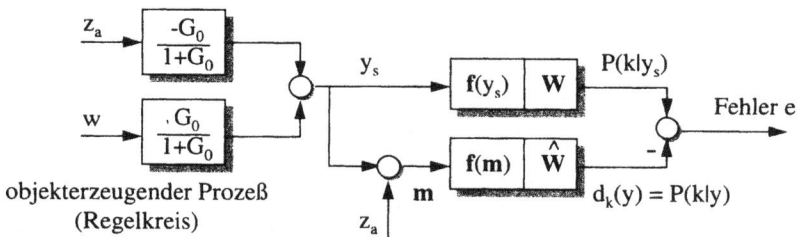

Bild 3.3.14: Modellstruktur zur Parameterschätzung der Unterscheidungsfunktionen

Aus Bild 3.3.14 ist ersichtlich, daß der betrachtete Prozeß durch folgende Eigenschaften gekennzeichnet ist:
- Kreuzkorrelation der Eingangsgröße y_s und der Störgröße z_a infolge der Rückkopplung des Regelkreises,
- Autokorrelation der Eingangsgröße y_s bzw. der Merkmale **m** infolge des dynamischen Systemverhaltens,
- Vorhandensein unterschiedlicher Regelkreisanregungen (Führung, Störung).

Werden die Parameter der Polynomfunktion mittels direkter Regression geschätzt, so wirkt sich die Autokorrelation der Merkmale der Entwurfslernprobe direkt auf das Schätzergebnis aus. Der Klassifikator liefert nur solange befriedigende Entscheidungen, solange sich die Abhängigkeiten zwischen den Merkmalen nicht ändern. Tafel 3.3.5 enthält die Korrelationskoeffizienten zwischen den Merkmalen des Simulationsbeispiels für die verschiedenen Lernproben. Bei TP-SG wird eine deutliche Verringerung der Korrelation infolge aufgeprägter Störungen deutlich.

Tafel 3.3.5: Korrelationskoeffizienten zwischen den Merkmalen

	Testprobe		Korrelationskoeffizient r		
Nr	Führung	Störung	$r(m_1,m_2)$	$r(m_1,m_3)$	$r(m_2,m_3)$
TP-RU	Rechteck	ungestört	0.997	0.989	0.997
TP-SU	Sinus	ungestört	0.998	0.993	0.998
TP-SG	Sinus	gestört	0.907	0.908	0.907

Zur Lösung dieses Problems lassen sich prinzipiell zwei Wege unterscheiden:
1. Verwendung geeigneter Schätzverfahren [ISE 91], [WER 89] oder
2. Verwendung bzw. Erzeugung unkorrelierter Merkmale [STE 76], [NIE 83].

Ein aus der Literatur zur Behandlung stark korrelierter Signale bekanntes Schätzverfahren, das sich auch für die vorliegenden Untersuchungen als geeignet erwiesen hat, stellt die Kammlinienregression entsprechend Gl. (3.3.23) dar [WER 89], [GUI 75]. Für sie gilt:

$$\hat{W} = [F^T F + \gamma I]^{-1} F^T Z \qquad . \tag{3.3.23}$$

Für die Nutzung dieses Verfahrens läßt sich auch eine informationstheoretische Begründung angeben, die als Problem der Generalisierung diskutiert wird. Ist der Umfang oder aber, wie im vorliegenden Fall, der Informationsgehalt der Lernprobe infolge starker Abhängigkeiten zwischen den Beispielen zu gering, so kommt es bei der Parameterbestimmung zu einer Überadaption an die Entwurfslernprobe. Zur Verringerung dieser Gefahr kann jedes Stichprobenelement als Zentrum eines normalverteilten Zufallsprozesses $NV(\mu,\sigma^2)$ aufgefaßt werden. Überträgt man diese Annahme in vereinfachter Weise von kugelförmigen Zufallsprozessen $NV(\mu,\sigma^2 I)$ auf die Polynomvektoren $\mathbf{f(m)}$, so führt das ebenfalls auf eine Schätzvorschrift analog Gl. (3.3.23) mit $\gamma=\sigma^2$ [SCH 91]. Mit dieser Interpretation kann die Wahl des Faktors γ als additive Störvarianz vorgenommen werden.

In [WER 89] wird zur Festlegung von γ der Verlauf der Reststreuung in Abhängigkeit von γ zugrunde gelegt. Der Wert γ ist so zu wählen, daß keine wesentliche Erhöhung der Reststreuung s_R^2 eintritt. Bild 3.3.15 zeigt den Funktionsverlauf für LP-RU des Simulationsbeispiels. Entsprechend der Darstellung wurde γ = 0,2 gewählt.

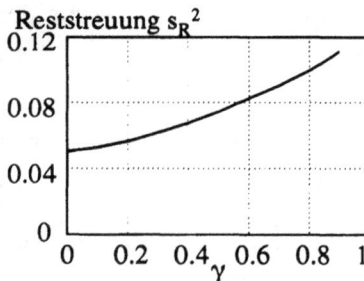

Bild 3.3.15:
Reststreuungsverlauf s_R^2 in Abhängigkeit vom Kammlinien-Parameter γ

Der mittels Kammlinienregression entworfene Klassifikator erreichte nahezu identische Gütewerte für unterschiedliche Regelkreisanregungen (Bayes-Kammlinie in Tafel 3.3.4). Es ist zu erkennen, daß sich im Fall stark korrelierter Merkmale (LP-RU Bild 3.3.16) mit Hilfe der Kammlinienregression bzw. unter Verwendung weniger korrelierter Merkmale (LP-SG) mit Hilfe der direkten Regression nahezu identische Trennfunktionen ergeben (Bild 3.3.16b und 3.3.16c).

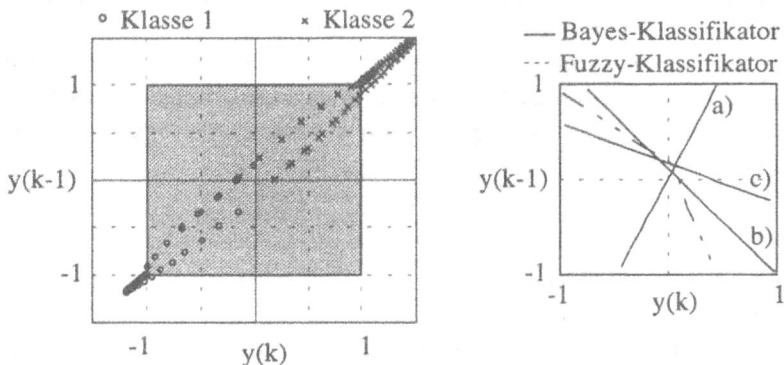

Bild 3.3.16: Anordnung der Lerndaten LP-RU in der Merkmalebene y(k), y(k-1) und Lage der Trennfunktionen für Bayes- und Fuzzy-Klassifikator
a) LP-RU (BK mit direkter Regression),
b) LP-RU (BK mit Kammlinienregression),
c) LP-SG (BK mit direkter Regression).

Die 'künstliche' Erhöhung der Varianz der Parameter bei der Kammlinienregression führt ebenso wie die Störung der Merkmalvektoren zu einer Verringerung der Trennschärfe des Klassifikators, was im geringeren Anstieg der Unterscheidungsfunktionen d(**m**) deutlich zum Ausdruck kommt.

Die Unterscheidungsfunktionen haben folgenden Verlauf:

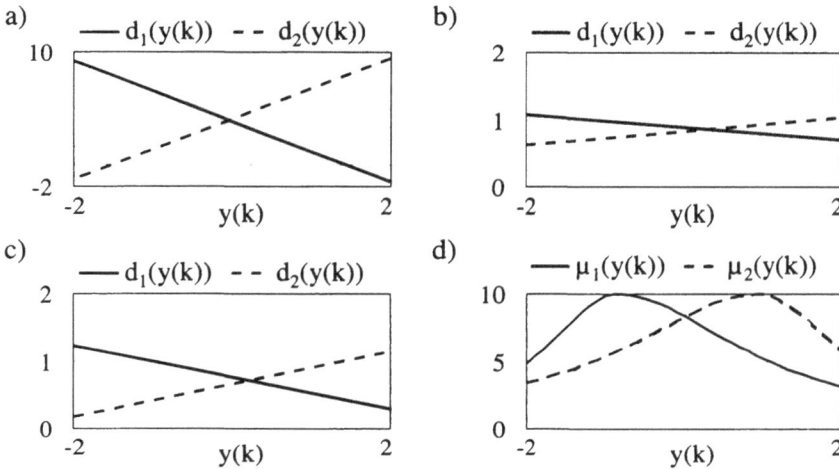

Bild 3.3.17: Unterscheidungsfunktionen
a) BK, TP-RU, direkte Regression b) BK, TP-RU, Kammlinienregression
c) BK, TP-SG, direkte Regression d) FK, TP-RU

Es ist weiterhin bekannt, daß das Verfahren der direkten Regression nur dann erwartungstreue Schätzwerte liefert, wenn System- (Klassifikator-) eingang **m** und Störung z_a nicht miteinander korreliert sind. Wie bereits aus Bild 3.3.14 ersichtlich wird, ist diese Voraussetzung nicht erfüllt.
Die Schätzung wird sowohl durch die Korrelation von Systemeingang **m** mit der Störung z_a als auch die der Ausgangsgröße y mit z_a beeinflußt. Im Verhältnis zur Korrelation der Merkmale untereinander erweist sich jedoch die Abhängigkeit von der Störung im Simulationsbeispiel als vernachlässigbar.

b) Fuzzy Klassifikator
Wie bereits dargestellt, werden die Parameter der Zugehörigkeitsfunktionen unabhängig voneinander bestimmt und keine Wechselwirkungen der Merkmale berücksichtigt. Dies führt zu Berechnungsvorschriften, die robust gegenüber korrelierten Merkmalen arbeiten. Den Verlauf der Zugehörigkeitsfunktionen für das Merkmale $m_1 = y_k$ zeigt Bild 3.3.17d.

3.3.4.2 Spezifische Einsatzanforderungen
Problem 1: Unsichere und fehlende Informationen

a) Bayes Klassifikator
Gibt es während des Klassifikatorentwurfs Hinweise auf vorhandene Unsicherheiten innerhalb der vorliegenden Prozeßmerkmale, beispielsweise infolge von Störungen, Meßungenauigkeiten usw., so können diese

Informationen bei dem Entwurf berücksichtigt werden. Auf der Grundlage einer gewichteten Regression (Markov-Schätzung) [ISE 91] kann für jede beobachtete Prozeßsituation eine Bewertung in Form eines Wichtungswertes in die Parameterschätzung einfließen.

Treten während des Betriebes Störungen bei der Merkmalerfassung verbunden mit einem Ausfall von Merkmalen auf, so besteht die Aufgabe darin, auf der Grundlage der vorhandenen Informationen eine, nach Möglichkeit bezüglich des Entwurfskriteriums optimale Entscheidung zu treffen. Das Problem dabei besteht jedoch darin, daß die einzelnen Merkmale in der Regel nicht unabhängig voneinander vorliegen und damit die Terme des Polynomansatzes nicht unabhängig voneinander geschätzt werden. Das Weglassen der Terme mit fehlenden Merkmalen kann eine erhebliche Verschlechterung der Klassifikatorgüte bewirken. Das läßt sich vermeiden, wenn Kenntnisse über die Abhängigkeiten der Polynomterme vorliegen und zu einer entsprechenden Korrektur der Polynomkoeffizienten genutzt werden. Die im Entwurfsprozeß berechnete Präzisionsmatrix $P = [F^T F]^{-1}$ enthält diese Information, da ihre Elemente als Korrelationskoeffizienten interpretiert werden können und somit eine Aussage zumindest über die linearen Abhängigkeiten zwischen den Polynomtermen enthalten. Darauf aufbauend läßt sich ein Algorithmus zur Korrektur der Koeffizientenmatrix ableiten, der im folgenden dargestellt werden soll. Die Berechnung der Koeffizientenmatrix über direkte Regression liefert

$$\hat{W} = [F^T F]^{-1} F^T Z^* \qquad F = (F_0 \quad F_1) \qquad \hat{W} = \begin{pmatrix} \hat{W}_0 \\ \hat{W}_1 \end{pmatrix} \qquad (3.3.24)$$

mit

F_0 - Matrix mit den verbleibenden Ansatztermen (vorhandene Information)

F_1 - Matrix mit den zu streichenden Ansatztermen (fehlende Information)

$\hat{W}_0$ - Matrix der verbleibenden und damit zu korrigierenden Koeffizienten

$\hat{W}_1$ - Matrix der zu streichenden Koeffizienten.

Die Zerlegung der Matrizen in die einzelnen Bestandteile ergibt folgende Gleichungen:

$$\begin{pmatrix} F_0^T \\ F_1^T \end{pmatrix} \cdot (F_0 \quad F_1) \cdot \begin{pmatrix} \hat{W}_0 \\ \hat{W}_1 \end{pmatrix} = \begin{pmatrix} F_0^T \\ F_1^T \end{pmatrix} \cdot Z^*$$

$$F_0^T F_0 \hat{W}_0 + F_0^T F_1 \hat{W}_1 = F_0^T Z^* \qquad (3.3.25)$$

$$F_1^T F_0 \hat{W}_0 + F_1^T F_1 \hat{W}_1 = F_1^T Z^* \quad .$$

Gesucht ist die Koeffizientenmatrix, die sich nur auf die vorhandene Information stützt:

$$\hat{W}^* = \left[F_0^T F_0\right]^{-1} F_0^T Z^* \quad bzw. \quad \left[F_0^T F_0\right]\hat{W}^* = F_0^T Z^* \tag{3.3.26}$$

mit

$\hat{W}^*$ -   korrigierte Koeffizientenmatrix auf der Basis der vorhandenen Informationen.

Durch Multiplikation des zweiten Summanden in Gl. (3.3.23) mit der Einheitsmatrix

$I = \left[F_0^T F_0\right]\left[F_0^T F_0\right]^{-1}$ folgt:

$$F_0^T F_0 \hat{W}_0 + \left[F_0^T F_0\right]\left[F_0^T F_0\right]^{-1} F_0^T F_1 \hat{W}_1 = F_0^T Z^*$$
$$F_0^T F_0 \left(\hat{W}_0 + \left[F_0^T F_0\right]^{-1} F_0^T F_1 \hat{W}_1\right) = F_0^T Z^* \quad . \tag{3.3.27}$$

Ein Vergleich der Gl. (3.3.27) und Gl. (3.3.28) führt zu der folgenden Berechnungsvorschrift für die korrigierte Koeffizientenmatrix:

$$\hat{W}^* = \hat{W}_0 + \left[F_0^T F_0\right]^{-1} F_0^T F_1 \hat{W}_1 \quad . \tag{3.3.28}$$

Mit Gl. (3.3.28) existiert eine Vorschrift zur Berechnung der gesuchten Koeffizienten **W*** aus der vollständigen Koeffizientenmatrix **W** und Teilen der Präzisionsmatrix **P**. Das Problem besteht nun darin, aus **P** die benötigten Teile $\left[F_0^T F_0\right]^{-1}$ und $F_0^T F_1$ herauszulösen, was im folgenden gezeigt werden soll:

$$\left[F^T F\right] = \begin{pmatrix} F_0^T F_0 & F_0^T F_1 \\ F_1^T F_0 & F_1^T F_1 \end{pmatrix} = \begin{pmatrix} A & B \\ C & D \end{pmatrix} \tag{3.3.29}$$

FROBENIUS-Formel

$$P = \left[F^T F\right]^{-1} = \begin{pmatrix} A & B \\ C & D \end{pmatrix}^{-1} = \begin{pmatrix} Q & R \\ S & T \end{pmatrix} \tag{3.3.30}$$

mit

$$Q = A^{-1} + A^{-1} B E^{-1} C A^{-1} \qquad R = -A^{-1} B E^{-1}$$
$$S = -E^{-1} C A^{-1} \qquad\qquad T = E^{-1} \tag{3.3.31}$$
$$E = D - C A^{-1} B \quad .$$

Mit den Festlegungen aus Gl. (3.3.29) läßt sich die Berechnungsvorschrift für die gesuchte Koeffizientenmatrix in folgender Weise darstellen:

$$\hat{W}^* = \hat{W}_0 + A^{-1}B\hat{W}_1 \quad . \tag{3.3.32}$$

Der Ausdruck $A^{-1}B$ kann aus den Teilmatrizen von $\mathbf{P}$ (Gl. (3.3.31)) ermittelt werden:

$$A^{-1}B = -RT^{-1} \quad . \tag{3.3.33}$$

Die Korrekturvorschrift für die Koeffizientenmatrix bei unvollständiger Prozeßinformation unter Verwendung der Präzisionsmatrix $\mathbf{P}$ lautet demzufolge:

$$\hat{W}^* = \hat{W}_0 - RT^{-1}\hat{W}_1 \quad . \tag{3.3.34}$$

Ordnet man die Zeilen und Spalten der Matrix $\mathbf{P}$ den transformierten Merkmalen $\mathbf{F}$ zu, so findet man die Matrixelemente von $\mathbf{T}$ auf den Schnittpunkten der zu streichenden Zeilen und Spalten (fehlende Merkmale) von $\mathbf{P}$. Die Elemente von $\mathbf{R}$ sind auf den Schnittpunkten der zu streichenden Spalten (fehlende Merkmale) und der verbleibenden Zeilen (vorhandene Merkmale) von $\mathbf{P}$ angeordnet.

BEISPIEL

Gegeben ist die Unterscheidungsfunktion mit folgender Struktur:

$$d(m) = \hat{w}_0 + m_1\hat{w}_1 + m_2\hat{w}_2 + m_3\hat{w}_3 + m_4\hat{w}_4 \tag{3.3.35}$$

und die entsprechende Präzisionsmatrix:

$$\mathbf{P} = \begin{pmatrix} P_{00} & P_{01} & P_{02} & P_{03} & P_{04} \\ P_{10} & P_{11} & P_{12} & P_{13} & P_{14} \\ P_{20} & P_{21} & P_{22} & P_{23} & P_{24} \\ P_{30} & P_{31} & P_{32} & P_{33} & P_{34} \\ P_{40} & P_{41} & P_{42} & P_{43} & P_{44} \end{pmatrix} \quad . \tag{3.3.36}$$

Die Merkmale m_2 und m_3 stehen nicht zur Verfügung, so daß die Koeffizienten w_2 und w_3 aus der Struktur entfernt werden müssen.

LÖSUNG

$$
P = \begin{pmatrix}
 & \Downarrow & \Downarrow & & \\
P_{00} & P_{01} & P_{02} & P_{03} & P_{04} & \leftarrow \\
P_{10} & P_{11} & P_{12} & P_{13} & P_{14} & \leftarrow \\
P_{20} & P_{21} & P_{22} & P_{23} & P_{24} & \\
P_{30} & P_{31} & P_{32} & P_{33} & P_{34} & \\
P_{40} & P_{41} & P_{42} & P_{43} & P_{44} & \leftarrow
\end{pmatrix}
\quad \rightarrow \quad
T = \begin{pmatrix}
P_{02} & P_{03} \\
P_{12} & P_{13} \\
P_{42} & P_{43}
\end{pmatrix}
$$

$$
\rightarrow \quad R = \begin{pmatrix}
P_{22} & P_{23} \\
P_{32} & P_{33}
\end{pmatrix} \quad .
$$

(3.3.37)

Mit Gl. (3.3.34) können die Koeffizienten für die korrigierte Unterscheidungsfunktion zu:

$$
d(x) = \hat{w}_0^* + m_1 \hat{w}_1^* + m_4 \hat{w}_4^*
$$

(3.3.38)

ermittelt werden.

Mit Hilfe von Gl. (3.3.34) ist es möglich, aus der Koeffizientenmatrix $\hat{W}$, die auf der Basis der Merkmalmatrix M geschätzt wurde, die reduzierte Koeffizientenmatrix $\hat{W}^*$ zu rekonstruieren. Dazu ist die Kenntnis der Präzisionsmatrix P ausreichend.

Der Einsatz von Gl. (3.3.34) ist auf zwei Wegen möglich:

1. Schrittweises Entfernen jeweils eines Ansatzterms.
   In diesem Fall entartet die Matrix T zu einem Skalar, so daß die Operation der Matrixinversion in eine einfache Division übergeht. Die Schrittanzahl ist gleich der Anzahl der zu entfernenden Terme.
2. Geschlossene Berechnung der reduzierten Koeffizientenmatrix.
   Die Matrix T enthält alle Matrixelemente von P, die auf den Kreuzungspunkten der Zeilen und Spalten liegen und die den zu entfernenden Termen zuzuordnen sind. Zur Berechnung von $\hat{W}^*$ ist somit eine Inversion der Matrix T erforderlich. Die Berechnung ist nach einem Schritt abgeschlossen.

Die Matrix $\hat{W}^*$ entspricht der Koeffizientenmatrix, die man auf der Grundlage des reduzierten Merkmalsatzes F_0 mittels Regression schätzen würde. Damit ist der Klassifikator in der Lage, auch bei fehlenden Merkmalen optimal im Sinne des Entwurfskriteriums zu entscheiden.

b) Fuzzy Klassifikator

Da das Fuzzy Konzept prinzipiell davon ausgeht, daß die verwendeten Daten eine elementare Unschärfe besitzen, können damit gleichzeitig vorhandene Unsicherheiten berücksichtigt werden. Zum Entwurf eignet sich in diesem Fall ein rekursives Verfahren, wie es in [BOC 87] angegeben ist.

Wenig Probleme bereitet der Klassifikatoreinsatz bei fehlenden Prozeßmerkmalen. Die betreffenden Merkmale können ohne weiteres aus dem Ansatz entfernt werden, weil die Parameter sowohl bei nicht gedrehtem als auch bei in Hauptachsenrichtung gedrehtem Koordinatensystem als unabhängig voneinander bestimmt wurden. Somit bleibt auch hier das Entwurfskriterium des Klassifikators erfüllt.

Problem 2: Zeitvariante Prozesse

Liegt ein zeitvariantes Prozeßverhalten vor, auf das der Operateur seine Steuerstrategie anpaßt oder weist das Steuerverhalten selbst zeitvariantes Verhalten auf (u. a. Trainings-, Ermüdungseffekte), so kann eine Adaption des Steueralgorithmus erforderlich werden. Voraussetzung für einen solchen Vorgang ist die Bereitstellung von Lernbeispielen, die die neue Verhaltensweise repräsentieren. Da zu beiden Klassifikator-Entwurfskonzepten rekursive Vorschriften für die Parameterbestimmung existieren, ist ein schrittweises Umlernen, Neulernen der Steuerung möglich.

Während für den Bayes Klassifikator die Schätzvorschrift der rekursiven Regression gemäß Gl. (3.3.39) angewendet wird,

$$\hat{W}(i{+}1) = \hat{W}(i){+}P(i{+}1)f(i{+}1)\big[z^\star(i{+}1){-}f^T(i{+}1)\hat{W}(i)\big]$$

$$\gamma(i) = \frac{1}{f^T(i{+}1)P(i)f(i{+}1){+}\dfrac{1}{q}} \cdot P(i)f(i{+}1) \qquad\qquad (3.3.39)$$

$$P(i{+}1) = \big[I{-}\gamma(i)f^T(i{+}1)\big]P(i)$$

existieren für die Parameter der ZGF spezielle Korrekturvorschriften. Diese gehen davon aus, daß jedem Lernobjekt eine elementare ZGF (elementare Unschärfe) zugeordnet werden kann, die im Lernprozeß mit der ZGF der jeweiligen Klasse verschmelzen und somit zu einer Veränderung der Parameter führen.

3.3.5   Zusammenfassende Wertung

Der mit einer Regelungsaufgabe vorliegende objekterzeugende Prozeß ist u.a. durch folgende Merkmale gekennzeichnet:
- hohe Dimension des Merkmalraumes infolge der Verwendung von Prozeßsignalen zu unterschiedlichen Zeitpunkten als Einzelmerkmale,
- Korreliertheit der Merkmale (zeitliche Korrelation der Abtastwerte eines Prozeßsignals bzw. Abhängigkeiten der Signale untereinander),
- Korreliertheit der Lernbeispiele,
- Vorhandensein unterschiedlicher Störgrößen, die mit den Prozeßsignalen korrelieren,
- evtl. Vorliegen zeitvarianter Prozesse,
- unsichere bzw. fehlende Prozeßinformationen während des Betriebes.

Die Untersuchung beider Algorithmen zeigt ihre prinzipielle Anwendbarkeit auf Problemstellungen der Prozeßsteuerung. Unter Berücksichtigung der vorgeschlagenen Änderungen bei der Parameterbestimmung wurden über beide Entwurfswege Klassifikatoren mit nahezu identischem Entscheidungsverhalten und vergleichbarer Klassifikationsgüte entworfen. Die Vor- und Nachteile der Entwurfsstrategien sind im folgenden noch einmal kurz zusammengefaßt:

a) Bayes Klassifikator

VORTEILE
- mathematisch-statistisch begründete Zielfunktionen $P(k|\mathbf{m})$,
- flexibel einsetzbares parametrisches Konzept, das einen Kompromiß zwischen Aufwand an zu bestimmenden Koeffizienten (und damit Rechenzeit und Speicherplatz) und Klassifikatorgüte gestattet,
- rekursive Algorithmen zur Koeffizientenbestimmung als Voraussetzung für einen on-line Klassifikatorentwurf bzw. für eine Adaption an die Prozeßdynamik existieren.

NACHTEILE
- Entwurfsalgorithmen (auf der Basis der direkten Regression) empfindlich gegenüber korrelierter Merkmale und Störungen,
- Schätzung abhängiger Parameter.

PROBLEMLÖSUNG
Anwendung der Kammlinienregression.

b) Fuzzy Klassifikator

VORTEILE
- unabhängige Parameterschätzung für die einzelnen Merkmale,
- robust bzgl. unterschiedlicher Prozeßanregungen und -störungen,
- rekursive Algorithmen zur Parameterbestimmung existieren.

NACHTEILE
- mit dem Funktionskonzept festgelegte Flexibilität,
- hoher rechentechnischer Aufwand aufgrund großer Parameteranzahl,
- Parameter von Einzelobjekten abhängig.

PROBLEMLÖSUNG
Modifikation der Parameterberechnung unter Verwendung statistischer Kenngrößen.

3.4 Ermittlung von Steuervorschlägen in einer Situationsklasse

3.4.1 Einführende Betrachtungen

Im Anschluß an die realisierte Situationserkennung und der damit verbundenen Arbeitspunktbestimmung muß eine der Situationsklasse gemäße Steuerhandlung ermittelt werden, wie es aus Bild 3.4.1 hervorgeht.

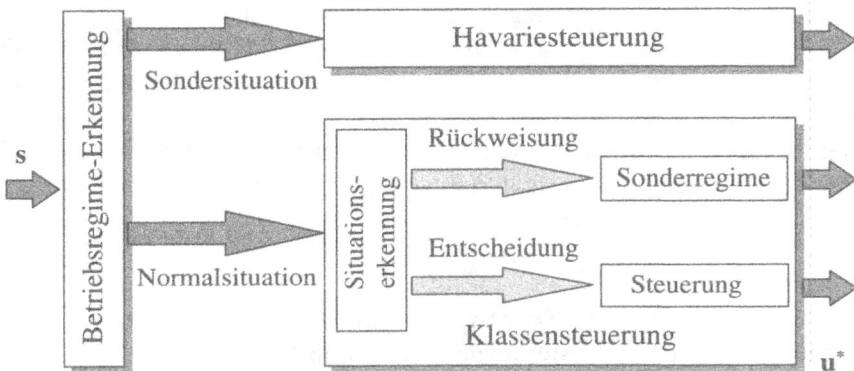

Bild 3.4.1: Erweitertes Steuerungskonzept zur Behandlung von Sondersituationen

Die Nachbildung des Bedienerverhaltens schließt ein, daß sowohl der 'normale' Betriebszustand als auch die Handlungen in Sonder- (Havarie-) situationen richtig erfaßt werden. Im ersten Fall liegen erfahrungsgemäß genügend Informationen über das Prozeß- und Bedienerverhalten vor, so daß ein datenbasierendes Konzept zum Steuerungsentwurf eingesetzt werden kann. Wie sich das menschliche Entscheidungsverhalten in geeigneter Weise *auf der Grundlage einer Lernprobe* und unter Verwendung bekannter regelungstechnischer Strukturen abbilden läßt, ist Gegenstand der weiteren Betrachtungen.

Die Situationserkennung mittels Klassifikatoren besitzt darüber hinaus den Vorteil, neben der Zuordnung in die Situationsklassen auch Rückweisungsentscheidungen treffen zu können. Das ist immer dann sinnvoll, wenn aufgrund fehlender Entwurfsinformationen (Lernbeispiele) keine gesicherten Entscheidungen ableitbar sind. Daraus ergibt sich die Möglichkeit, das Erreichen der Grenzen des 'normalen' Arbeitsbereiches rechtzeitig zu erkennen. Die Steuerhandlungen (Klassensemantik) sind für die 'Rückweisungsklasse(n)' entsprechend des Prozeßverhaltens und Betriebsregimes in geeigneter Form zu ergänzen. Eine ausführliche Darstellung unterschiedlicher Rückweisungsstrategien enthält [VOL 92].

Zur Behandlung von Sondersituationen ist man normalerweise gezwungen, den *Steuerungsentwurf ohne Lernprobe* durchzuführen. Man kennt jedoch in diesem Fall die Merkmale, die zu einer solchen Ausnahmesituation führen. Das können beispielsweise überschrittene Grenzwerte oder eingetretene Ereignisse (Defekt eines Anlagenteiles) sein. Außerdem treten in solchen Situationen spezielle Havarieregime in Kraft, die ebenfalls situationsbezogen a priori feststehen. Beispiele für derartige Entscheidungssysteme findet man u. a. im Umweltbereich und im Katastrophenmanagement.

Eine Einbeziehung dieser Kenntnisse in das vorgestellte Steuerungskonzept erfordert die Erweiterung der Struktur in der mit Bild 3.4.1 dargestellten Weise. Ein übergeordneter Klassifikator übernimmt die Erkennung von Sonder- und Normalsituation und übergibt die Aufgabe an das jeweils zuständige Entscheidungsmodul. Dieses Erkennungsystem läßt sich z. B. in Regel- bzw. Tabellenform oder als einfacher Punkt-zu-Punkt-Klassifikator realisieren.

Mit der Klassensteuerung selbst kann über die Rückweisung auf die Entstehung von Sondersituationen aufmerksam gemacht werden.

3.4.2 Bestimmung der Reglerparameter

Der folgende Abschnitt soll zeigen, wie der Entwurf der klassenbezogenen Steuergesetze für den 'normalen' Betriebszustand im Rahmen der Klassensteuerung erfolgen kann.

Da das Entwurfskonzept von einer Linearisierung im Arbeitspunkt ausgeht, sollen an dieser Stelle auch lineare Steuergesetze eingebunden werden. Weiterhin wird dem Prozeßbediener unterstellt, daß er auf beobachtete Abweichungen der Zielgrößen bzw. auf Signaltrends reagiert, d. h., letztendlich ein PID-ähnliches Steuerverhalten vorliegt [BIE 86], [BÖH 88], [JOH 77]. Die aus der Handlungsanalyse erstellte Lernprobe enthält sowohl die zur Situationsbeschreibung erforderlichen Prozeßgrößen als auch die durchgeführten Steuereingriffe. Damit sind Beispiele für die Zuordnung von Ein- und Ausgangsgrößen des Steuergesetzes vorgegeben (Bild 3.4.2).

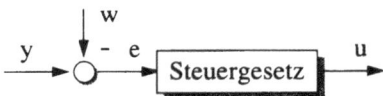

Bild 3.4.2:
Ein- und Ausgangssignale der Steuerung

Das Ziel besteht nun darin, einen analytischen Zusammenhang zwischen diesen Signalen herzustellen, der das Verhalten im gesamten Arbeitsbereich der Situationsklasse beschreibt.

Würde ein diskreter PID-Regler mit jeweils einer Ein- und Ausgangsgröße vorliegen, so läßt sich dessen Übertragungsverhalten durch die in Gl. (3.4.1) dargestellte Differenzengleichung angeben.

Es gilt:

$$u(k) = u(k-1) + r_0 e(k) + r_1 e(k-1) + r_2 e(k-2)$$

$$r_0 = K_R \left(1 + \frac{T_v}{T} \right)$$

$$r_1 = -K_R \left(1 + 2\frac{T_v}{T} - \frac{T}{T_n} \right) \qquad\qquad (3.4.1)$$

$$r_2 = K_R \frac{T_v}{T}$$

mit

T -   Abtastzeit
K_R -   Reglerverstärkung
T_n -   Integrationszeitkonstante
T_v -   Vorhaltzeitkonstante.

Mit der Definition der Regelabweichung e(k)=y(k)-w(k) und dem Übergang zur Stellgrößenänderung Δu(k)=u(k)-u(k-1) ergibt sich aus Gl. (3.4.1)

$$\Delta u(k) = r_0 y(k) + r_1 y(k-1) + r_2 y(k-2) - \left(r_0 w(k) + r_1 w(k-1) + r_2 w(k-2) \right) \quad . \qquad (3.4.2)$$

Unter der Voraussetzung, daß für einen Arbeitspunkt ein konstantes Steuerziel existiert, läßt sich Gl. (3.4.2) in folgende Form überführen:

$$\Delta u_k = r_0 y(k) + r_1 y(k-1) + r_2 y(k-2) + w_q$$

$$= y^T r + w_r$$

$$= f_s^T(m_s) a$$

$$w_r = -\left(r_0 + r_1 + r_2 \right) w \qquad\qquad (3.4.3)$$

$$m_s^T = y^T = \left(y(k) \quad y(k-1) \quad y(k-2) \right)$$

$$f_s^T(m_s) = \left(1 \quad y(k) \quad y(k-1) \quad y(k-2) \right)$$

$$a^T = \left(w_r \quad r_0 \quad r_1 \quad r_2 \right) \quad .$$

Mit Hilfe der zur Verfügung stehenden Lernprobe können die Parameter des in Gl. (3.4.3) formulierten Steuergesetzes geschätzt werden.

Die Schätzung mittels direkter Regression liefert als Lösung:

$$\hat{a} = \left[F_s^T F_s \right]^{-1} F_s^T \Delta u$$

$$F_s^T = \left(f_{s_1} \quad f_{s_2} \quad \cdots \quad f_{s_n} \right) \tag{3.4.4}$$

$$\Delta u^T = \left(\Delta u(k)_1 \quad \Delta u(k)_2 \quad \cdots \quad \Delta u(k)_n \right) \quad .$$

An dieser Stelle muß darauf hingewiesen werden, daß im vorliegenden Fall eine Parameterbestimmung für den geschlossenen Kreis vorgenommen wird. Obwohl der Regelkreis überwiegend Tiefpaßverhalten aufweist und damit eine Anregung auf den unteren Frequenzbereich beschränkt bleibt, liegt trotzdem unter gewissen Voraussetzungen, auf die im nachfolgenden Beispiel eingegangen wird, eine gute Identifizierbarkeit vor. Die Ursache besteht darin, daß die Ein- und Ausgangsgrößen der Steuerung fehlerfrei (ungestört) gemessen werden können. Außerdem ist für den praktischen Einsatz der Steuerung ohnehin der geschlossene Kreis maßgebend, so daß die Parameterschätzung entsprechend der realen Prozeßbedingungen ausgeführt wird [WER 78]. Die beschriebene Variante zur Aufstellung des Steuergesetzes in Anlehnung an einen diskreten PID-Regler ist nur als ein Beispiel aufzufassen.

Das in bezug auf den Merkmalvektor zur Situationserkennung gesagte, trifft in gleicher Weise auch auf die Merkmalkomponenten der Steuerung zu. Der Steuerungsentwurf bietet an dieser Stelle mit der Festlegung der Elemente des Merkmalvektors $\mathbf{m}_s$ den zielgerichteten Einsatz von Erfahrungswissen bzw. die Einbeziehung existierender Steuerungen an. Das Ziel sollte immer darin bestehen, Strukturen mit interpretierbaren Parametern (im Sinne von Verstärkungen, Zeitkonstanten, usw.) zu erzeugen, so daß die Steuerung überschaubar und nachvollziehbar bleibt.

3.4.3 Simulationsergebnisse

Für das im Abschnitt 3.3.4.2 dargestellte Simulationsbeispiel sollen anhand der Lernprobe die eingestellten Reglerparameter identifiziert werden. Da die Reglerstruktur bekannt ist, kann diese zur Definition des Merkmalvektors $\mathbf{m}_s$ genutzt werden. Damit läßt sich eine Aussage bezüglich der Identifikationsgüte der Parameter treffen, ohne daß strukturelle Fehler die Ergebnisse beeinflussen.

Die Identifikationsergebnisse unter Verwendung unterschiedlicher Datensätze (Lernproben) sind in Tafel 3.4.1 zusammengefaßt.

Regler Daten zur Parameterschätzung	Parameter des diskreten Reglers			Parameter des kontinuierlichen Reglers			
	r_0	r_1	r_2	K_R	T_n [s]	T_v [s]	w
Regler 1 (Vorgabe)	5.67	-9.97	4.39	1.28	14.00	3.43	-1.00
LP-RU	51.30	-99.67	48.24	3.06	-24.17	15.74	-3.59
LP-SPR1 ≙ Sprung (1⇒-1)	5.84	-9.96	4.22	1.63	15.02	2.59	-1.00
LP-RU, gewichtet	4.26	-7.24	3.01	1.25	33.52	2.40	-1.09
Regler 2 (Vorgabe)	5.45	-9.58	4.22	1.23	14.00	3.43	-1.00
LP-RU	52.32	-105.00	52.58	-0.26	2.86	-200.26	5.41
LP-SPR2 ≙ Sprung (-1⇒1)	4.20	-7.11	3.00	1.20	12.51	2.49	1.00
LP-RU, gewichtet	5.94	-10.28	4.47	1.48	11.01	3.03	1.02

Tafel 3.4.1: Ergebnisse der Schätzung von Reglerparametern für das dargestellte Simulationsbeispiel

Im Fall 1 wurde die Lernprobe 1 (LP-RU; rechteckförmiger Führungsverlauf ohne Ausgangsstörung) der Parameterschätzung zugrunde gelegt. Zur Bewertung des vorliegenden Schätzfehlers werden im Bild 3.4.3 die Übergangsfunktionen des implementierten und des geschätzten Reglers gegenübergestellt.

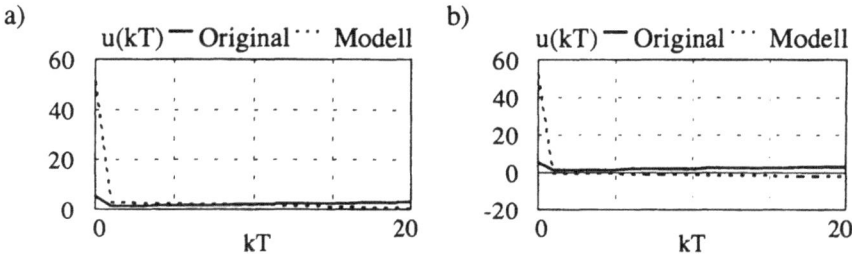

a)
u(kT) — Original ··· Modell

b)
u(kT) — Original ··· Modell

Bild 3.4.3: Übergangsverhalten der mit LP-RU geschätzten Regler 1 (a) und 2 (b)

Es wird deutlich, daß das vorliegende Datenmaterial keine befriedigende Schätzergebnisse liefert. Weder die Interpretierbarkeit der ermittelten Koeffizienten im Sinne von Reglerparametern (Rückrechnung von K_R, T_n, T_v aus r_0, r_1, r_2 in Tafel 3.4.1) noch ein akzeptables Übergangsverhalten der Steuerung wird gewährleistet.

Nutzt man jedoch das Übergangsverhalten des Regelkreises auf einen Führungssprung zwischen den einzelnen Arbeitspunkten (LP-SPR1: Übergang 1⇨-1; LP-SPR2: Übergang -1⇨1), so lassen sich die Parameter nahezu exakt identifizieren.

Sowohl die Rückrechnung der Reglerparameter als auch das Reglerübergangsverhalten bestätigen diese Aussage (Bild 3.4.4).

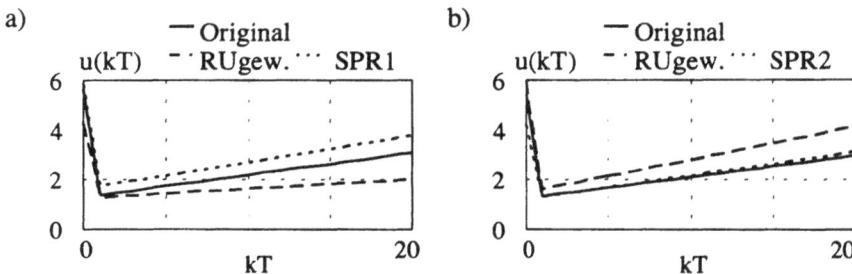

a)
— Original
-- RUgew. ··· SPR1
u(kT)

b)
— Original
-- RUgew. ··· SPR2
u(kT)

Bild 3.4.4:   a)   Übergangsverhalten der mit Führungssprung LP-SPR1 und LP-RU
(gewichtet) geschätzten Regler 1
b)   Übergangsverhalten der mit Führungssprung LP-SPR2 und LP-RU
(gewichtet) geschätzten Regler 2

Das Ergebnis ist insofern einsichtig, da mit diesem Vorgehen das nicht-lineare Systemverhalten, das gerade bei den Arbeitspunktwechseln auftritt, in der Lernprobe kaum abgebildet wird und damit die Parameterbestimmung der linearen Steuergesetze nicht wesentlich beeinflußt. Für den Steuerungsentwurf ergibt sich daraus die Forderung, Datensätze mit einer minimal erforderlichen Anzahl von Arbeitspunktwechseln zu verarbeiten. Im Idealfall führt das zu einer Lernprobe, die den Prozeß in allen Arbeitspunkten *einmal* mit einer ausreichenden Menge von Beobachtungen erfaßt.

Im Gegensatz dazu sollten zur Parametrierung des Erkennungssystems *alle* Arbeitspunkte und *alle* Arbeitspunktwechsel in der Lernprobe vertreten sein, um die Nichtlinearität richtig nachzubilden.

Neben diesen widersprüchlichen Forderungen bezüglich der Entwurfsdaten, die in einer Versuchsplanung berücksichtigt und mit einem aktiven Experiment umgesetzt werden müßten, steht man häufig vor der Tatsache, daß das Datenmaterial bereits vorliegt bzw. lediglich über passives Beobachten gewonnen werden kann. Die Lösung der dargestellten Probleme verlagert sich somit von der gezielten Gestaltung des Datenmaterials auf den Einsatz geeigneter Algorithmen und Entwurfskonzepte.

Um den dargestellten Einfluß des nichtlinearen Übergangsverhaltens zwischen den Arbeitspunkten auf die Parameterschätzung der linearen Steuergesetze zu reduzieren, kann

- eine Wichtung der Daten in Abhängigkeit ihrer Lage zu den Arbeitspunkten oder
- die Interpretierbarkeit der Parameter als Bestandteil eines Gütekriteriums genutzt werden.

Im ersten Fall erhalten die Daten, die einen Arbeitspunktwechsel beschreiben, eine geringere Bedeutung bei der Parameterschätzung. Zur Wichtung läßt sich ein Abstandsmaß als Funktion des jeweiligen Arbeitspunktes formulieren, die in die Schätzung einbezogen werden kann (gewichtete Regression). Das auf diese Weise erzielte Ergebnis ist in den Zeilen "LP-RU, gewichtet" der Tafel 3.4.1 und im Bild 3.4.4 dargestellt.

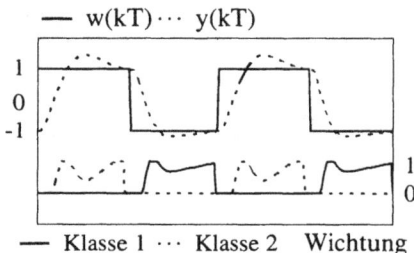

Bild 3.4.5:
Wichtungsverlauf zur Schätzung der Reglerparameter mit LP-RU

Der zweite Lösungsweg berücksichtigt die Interpretierbarkeit der Parameter bei der Strukturierung der Lernprobe. Das Ziel besteht darin, die vorliegenden Lernobjekte so in Situationsklassen einzuordnen, daß die zugehörigen Steuergesetze, die aus den Lernobjekten der jeweiligen Klasse ermittelt werden, interpretierbare Parameter erhalten.

Die entsprechenden Randbedingungen für das Optimierungsproblem können in folgender Weise formuliert werden (PID-Regler):

$$K_R > 0; \quad T_n > 0; \quad T_v \geq 0; \quad T_n > T_v \quad . \tag{3.4.5}$$

Die Anwendung dieser Lösungsvariante erfordert jedoch eine Startpartition, die diese Randbedingungen erfüllt.

3.5 Die Entwurfsstrategie der Klassensteuerung

Nach der notwendigen Betrachtung der Teilprobleme soll im folgenden Abschnitt der neue Entwurfsweg einer Klassensteuerung dargestellt werden. Als Klassifikationsverfahren kommen die in den Abschnitten 3.3.1 und 3.3.2 beschriebenen Algorithmen zum Einsatz. Soweit die Entwurfsschritte keinen Bezug auf die verschiedenen Verfahren enthalten, erfolgt das Vorgehen einheitlich entsprechend der Darstellung im Bild 3.5.1. Es zeigt noch einmal die Struktur und die in den Entwurfsschritten der Klassensteuerung verwendete Symbolik.

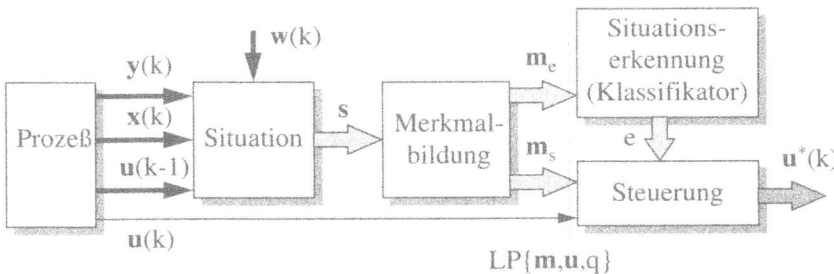

Bild 3.5.1: Struktur und Beschreibungssymbolik der Klassensteuerung

3.5.1 Festlegung der Struktur des Klassifikators und der Steuergesetze

Unter Einbeziehung von a priori Kenntnissen über das Prozeß- und Steuerverhalten werden die Merkmale zur Situationserkennung $\mathbf{m}_e$ und die Einflußgrößen der Steuerung $\mathbf{m}_s$ definiert. Die Merkmale sind jeweils zeitabhängige Meßgrößen, die mit einer geeigneten Abtastzeit erfaßt und mit Hilfe von Algorithmen der Primärdatenverarbeitung aufbereitet wurden. Die Vektoren $\mathbf{m}_e$ und $\mathbf{m}_s$ enthalten direkt oder indirekt die Meßwerte der Zustands-, Regel-, Führungs- und Steuergrößen:

$$(\; x(k) \quad x(k\text{-}1) \quad \dots \quad y(k) \quad y(k\text{-}1) \quad \dots \quad u(k\text{-}1) \quad \dots \quad w(k) \quad w(k\text{-}1) \quad \dots \;) \; . \tag{3.5.1}$$

Es ist prinzipiell auch möglich, abgeleitete Merkmale mittels Transformationen (z.B. $\mathscr{F}$-Transformation) oder Signalmodellen (z.B. AR-, MA-, ARMA-Modelle) zu erzeugen und in die Merkmalvektoren aufzunehmen.

Die *Situationserkennung* geht von einer situationsbezogenen Merkmalbildung entsprechend Abschnitt 3.2.1 aus, d. h., alle Merkmale sind in einem Merkmalvektor $\mathbf{m}_e$ untergebracht. Zur Verarbeitung kommt ein einstufiger Klassifikator zum Einsatz.

a) Bayes Klassifikator

Die Signalverarbeitung im Bayes Klassifikator und die verwendete Symbolik sind im Bild 3.5.2 dargestellt..

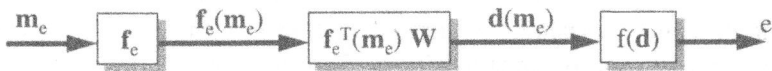

$$\mathbf{m}_e \longrightarrow \boxed{\mathbf{f}_e} \xrightarrow{\mathbf{f}_e(\mathbf{m}_e)} \boxed{\mathbf{f}_e^{\mathrm{T}}(\mathbf{m}_e)\ \mathbf{W}} \xrightarrow{\mathbf{d}(\mathbf{m}_e)} \boxed{\mathbf{f}(\mathbf{d})} \longrightarrow e$$

Bild 3.5.2: Signalverarbeitung im Bayes Klassifikator

Die Unterscheidungsfunktionen des Bayes Klassifikators werden als Polynomfunktion realisiert (Gl. (3.3.1)). Entsprechend der im Merkmalvektor $\mathbf{m}_e$ enthaltenen Merkmale und deren Wechselwirkungen ist die Polynomstruktur zu definieren. Lineare Polynomansätze gestatten eine lineare Trennung der Situationsklassen. Sind nichtlineare Trennfunktionen erforderlich, müssen Ansätze zweiter oder höherer Ordnung verwendet werden. Wenn es die Merkmalanzahl gestattet, sollte der Entwurf von einem Maximalansatz ausgehen, aus dem während des Entwurfsvorganges die nicht relevanten Terme entfernt werden können. Die Polynomstruktur wird mit der Ansatzmatrix $\mathbf{F}_w$ beschrieben (Gl. (3.5.3)). Die Matrixspalten sind den r_e Komponenten des Merkmalvektors $\mathbf{m}_e$, die Zeilen den r_w Termen der Polynomfunktion zuzuordnen. Die Matrixelemente bilden den Exponenten, mit dem das jeweilige Merkmal (Spalte) im betrachteten Ansatzterm (Zeile) auftritt. Die entstehenden Ausdrücke innerhalb einer Zeile werden multipliziert. Wenn für einen Merkmalvektor $\mathbf{m}_e^{\mathrm{T}}=(m_1\ m_2)$ eine Polynomfunktion der Form (Gl. (3.5.2)):

$$d(m_e) = \hat{w}_0 + \hat{w}_1 m_1 + \hat{w}_2 m_2 + \hat{w}_3 m_1^2 + \hat{w}_4 m_1 m_2 \tag{3.5.2}$$

aufgestellt werden soll, ergibt sich die in Gl. (3.5.3) angegebene Ansatzmatrix $\mathbf{F}_w$.

Es gilt:

$$m_e = \begin{pmatrix} m_1 \\ m_2 \end{pmatrix}$$

$$\rightarrow F_w = \begin{pmatrix} 0 & 0 \\ 1 & 0 \\ 0 & 1 \\ 2 & 0 \\ 1 & 1 \end{pmatrix}$$

(3.5.3)

$$\rightarrow f_e(m_e) = \begin{pmatrix} m_1^0 \cdot m_2^0 \\ m_1^1 \cdot m_2^0 \\ m_1^0 \cdot m_2^1 \\ m_1^2 \cdot m_2^0 \\ m_1^1 \cdot m_2^1 \end{pmatrix} = \begin{pmatrix} 1 \\ m_1 \\ m_2 \\ m_1^2 \\ m_1 m_2 \end{pmatrix} .$$

Faßt man die zu den Koeffizienten der Polynomfunktion gehörenden Ausdrücke als transformierte Merkmale $f_e(m_e)$ auf, so läßt sich die Unterscheidungsfunktion entsprechend Gl. (3.5.1) formulieren. Der Vektor $f_e(m_e)$ wird als transformierter Merkmalvektor bezeichnet.

Das neu entwickelte Entwurfskonzept geht von gleichen Ansätzen für die Polynomfunktionen aller Klassen aus. Das Gleichungssystem mit den K Unterscheidungsfunktionen kann somit entsprechend Gl.(3.5.4) in vektorieller Form aufgestellt werden. Es gilt:

$$d(m_e) = f_e^T(m_e) \hat{W}$$

(3.5.4)

mit			Dimension
$d(m_e)$	-	Unterscheidungsfunktionswerte der Klassen	(1,K)
K	-	Anzahl der Klassen	
m_e	-	Merkmalvektor zur Situationserkennung	$(r_e,1)$
r_e	-	Anzahl Merkmale	
$f_e(m_e)$	-	transformierter Merkmalvektor	$(r_w,1)$
r_w	-	Anzahl transformierter Merkmale	
$\hat{W}$	-	Koeffizientenmatrix der Polynomfunktionen	(r_w,K).

b) Fuzzy Klassifikator

Das parametrische Konzept der verwendeten Zugehörigkeitsfunktionen ermittelt die Parameter separat für jedes Merkmal. Werden keine Abhängigkeiten zwischen den Merkmalen berücksichtigt, so kann die

Parameterbestimmung direkt für die Komponenten des Merkmalvektors $\mathbf{m}_e$ vorgenommen werden. Soll zur Verbesserung der Trennbarkeit der Situationsklassen eine Hauptachsentransformation des Merkmalraumes erfolgen, so ist auch der Merkmalvektor entsprechend zu transformieren (Bild 3.5.3).

$$\mathbf{m}_e \longrightarrow \boxed{\mathbf{f}_e} \xrightarrow{\mathbf{f}_e(\mathbf{m}_e)} \boxed{\mu(\mathbf{m}_e,a,b,c,d)} \xrightarrow{\mu(\mathbf{m}_e)} \boxed{f(\mu)} \longrightarrow e$$

Bild 3.5.3: Signalverarbeitung im Fuzzy Klassifikator

Zur Berücksichtigung von Wechselwirkungen zwischen den Merkmalen ist eine unabhängige Drehung sämtlicher Merkmalachsen erforderlich, wozu je Achse $(r_e - 1)$ Drehwinkel benötigt werden. Bei den Untersuchungen wurde auf eine derartige Transformation sowohl aus Aufwandsgründen als auch aufgrund der damit verbundenen Änderung der Eigenschaften des Fuzzy Klassifikators verzichtet.

Zur Realisierung der *Steuerung* wird ebenfalls ein Polynomansatz verwendet (Bild 3.5.4).

$$\mathbf{m}_s \longrightarrow \boxed{\mathbf{f}_s} \xrightarrow{\mathbf{f}_s(\mathbf{m}_s)} \boxed{\mathbf{f}_s^T(\mathbf{m}_s)\,\mathbf{A}_k} \xrightarrow{u_k^*(\mathbf{m}_s)}$$

Bild 3.5.4:
Signalverarbeitung bei der Berechnung der Steuerung

Die Berechnung der Steuerhandlung erfolgt jeweils für die durch den Klassifikator bestimmte Situationsklasse. Der Steuervektor $\mathbf{u}^*$, der die Steuergrößen des Prozesses enthält, stellt eine Funktion der gemessenen Prozeßgrößen dar. Die Betrachtungen im Abschnitt 3.5 zeigen am Beispiel eines PID-Reglers, daß sich zeitdiskrete Steueralgorithmen in Polynomform darstellen lassen. Entsprechend der gewählten Steuerungsstruktur besteht der Merkmalvektor der Steuerung $\mathbf{m}_s$ aus aktuellen und zurückliegenden Meßwerten. Würde für die Implementierung eines P-Reglers im Merkmalvektor der Arbeitspunkt und der aktuelle Abtastwert der Regelgröße ausreichen, erfordert ein PID-ähnlicher Ansatz um 1 und 2 Tastzeiten zurückliegende Meßwerte. Die Festlegung der Steuerungsstruktur und die daraus resultierende Definition des Merkmalvektors bleibt Aufgabe des Nutzers, der die prozeßspezifischen Zusammenhänge zwischen Regel- bzw. Zustandsgrößen und Stellgrößen kennen sollte und eine Aussage über das Reaktionsverhalten der Steuerung treffen muß. Ein Entwurfstool kann hierbei nur eine unterstützende Funktionen haben.

Im Ergebnis dieser Überlegungen können die Steuergesetze der K Klassen entsprechend Gl. (3.5.5.) formuliert werden.

Es gilt:

$$u_k(m_s) = f_s^T(m_s) \cdot A_k \qquad\qquad (3.5.5)$$

mit

			Dimension
$u_k(m_s)$	-	Steuervektor der k-ten Klasse	$(1,r_u)$
r_u	-	Anzahl der Steuergrößen je Klasse	
m_s	-	Merkmalvektor der Steuerung	$(r_s,1)$
$f_s(m_s)$	-	transformierter Merkmalvektor	$(r_a,1)$
A_k	-	Koeffizientenmatrix zur Berechnung der Steuergrößen	
		der k-ten Klasse	(r_a,r_u) .

Die Transformation $f_s(m_s)$ bringt zum Ausdruck, daß neben den Merkmalen im Ansatz Terme enthalten sein können, die z. B. einen Arbeitspunkt, Verknüpfungen zwischen den Merkmalen oder andere nichtlineare Einflüsse beschreiben. Die Transformation läßt sich in analoger Form zur Bestimmung von $f_e(m_e)$ (Gl. (3.5.3)) mit Hilfe einer Ansatzmatrix F_a realisieren.
Empfohlen wird an dieser Stelle jedoch ein linearer (dynamischer) Merkmalansatz einschließlich Arbeitspunkt. In gleicher Weise wie bei dem Erkennungssystem werden die Strukturfestlegungen für die Steuergesetze, d. h., m_s und $f_s(m_s)$, für *alle* Klassen und *alle* Steuergrößen $u_1 \dots u_{r_u}$ einheitlich getroffen.

3.5.2 Erstellen einer Lernprobe

Die Parametrierung der Klassensteuerung erfolgt auf der Grundlage von Prozeßdaten, die in Form einer Lernprobe bereitgestellt werden. Die Lernprobe sollte Beispieldaten aus dem gesamten Arbeitsbereich mit den verschiedenen Betriebsregimen enthalten. Sie stellt somit eine Menge von Merkmalvektoren **m** dar, die die erforderlichen Informationen in den jeweiligen Tastpunkten enthalten. Dazu zählen die in den Vektoren m_e und m_s definierten Merkmale sowie die realisierten Steuerhandlungen **u**. Die Berücksichtigung der dynamischen Prozeßeigenschaften, die wesentlich die Struktur der Steuergesetze bestimmen, erfordert die Einbeziehung historischer Prozeßdaten. Da im neuen Entwurfsverfahren die zurückliegenden Beobachtungen als separate Merkmale aufgefaßt werden, muß die Lernprobe eine entsprechende Ergänzung erhalten. Stellt M_e die Menge der Merkmale zur Situationserkennung (Vektors m_e) und M_s entsprechend die Merkmalmenge des Steuerungsvektors dar (Vektors m_s), so ergibt sich die Menge benötigter Prozeßinformationen als Vereinigung von M_e und M_s zu:

$$M = M_e \cup M_s \quad . \qquad\qquad (3.5.6)$$

Faßt man die Elemente der Merkmalmenge M im Merkmalvektor **m** zusammen, so läßt sich die benötigte nichtklassifizierte Lernprobe darstellen als LP{**m**, **u**} mit

    m - Vektor der Prozeßbeobachtungen und

    u - Vektor der realisierten Steuerhandlungen.

Liegen Aussagen über die Güte der getroffenen Steuerentscheidungen vor, können diese als Wichtungswerte q ($0 \leq q \leq 1$) ergänzt werden. Die somit vorliegende Datenmenge wird als gewichtete nichtklassifizierte Lernprobe LP{**m**, **u**, q} bezeichnet und bildet die Grundlage der nachfolgenden Parametrierung.

Der Aufbau einer Lernprobe entspricht der Form einer Matrix, deren Spalten mit den erfaßten Informationen **m**, **u** und q überschrieben sind und deren Zeilen die konkreten Werte für einen Abtastschritt enthalten.

3.5.3 Strukturierung der Lernprobe und Parametrierung der Klassensteuerung

Die Zerlegung der Steuerungsaufgabe in einen Erkennungs- und einen Steuerungsteil macht es erforderlich, der nichtklassifizierten Lernprobe eine Klassenstruktur aufzuprägen. Es sind Situationsklassen aufzufinden, die interpretierbar sind, und in denen ein typisches Prozeßverhalten vorliegt, das sich mit linearen Beschreibungsgleichungen approximieren läßt.

Es existieren eine Reihe von Verfahren zur Clusterung von Objektmengen, die hinreichend untersucht und in der Literatur ausführlich dargestellt sind [BÖH 85]. Man unterscheidet im wesentlichen:

- die hierarchischen Clusterverfahren, die von einer unbekannten Klassenanzahl ausgehen und schrittweise eine hierarchische Klassenstruktur erzeugen und
- die partitionierenden Clusterverfahren, die auf der Grundlage von Gütekriterien eine vorgegebene Klassenstruktur optimieren.

Das hier benötigte Verfahren muß in der Lage sein,

- eine Datenmenge in eine (vorgegebene) Anzahl von Klassen einzuordnen, die im Sinne von Arbeitspunkten bzw. Arbeitsbereichen interpretierbar sind,
- eine optimale Klassenstruktur hinsichtlich der zu lösenden Erkennungs- und Steuerungsaufgabe zu erzeugen und
- die Parametrierung der Klassifikatorfunktionen und Steuergesetzte vorzunehmen.

Um die genannten Forderungen zu erfüllen, wird in der neu entwickelten Strategie die Kombination eines hierarchischen und eines partitionierenden Clusterverfahrens eingesetzt. Die Strukturierung erfolgt somit in zwei Schritten.

Phase 1: Grobstrukturierung der Lernprobe

Die vorliegende nichtklassifizierte Lernprobe LP{**m**,**u**,q} soll im ersten Schritt in die zu erwartenden Situationsklassen grob eingeordnet werden. Hierzu sind prinzipiell zwei Lösungswege denkbar:

1. Zuordnung der Situationsklassen aufgrund vorhandener Prozeßkenntnisse und Erfahrungswissen oder
2. eine pragmatische Strukturierung mit Hilfe von Objektgruppierungsverfahren.

Die Realisierung dieser Aufgabe führt zu einer klassifizierten Lernprobe LP{**m**,**u**,q,k}, wobei $k \in \{1..K\}$ die Klassenzuordnung in eine der K Klassen darstellt.

Wird der zweite Lösungsweg genutzt, so können auf der Basis von Nachbarschaftsbeziehungen (Distanzmaßen) hierarchische Clusterverfahren eingesetzt werden. Man geht dann davon aus, daß die Objekthäufung um die Arbeitspunkte bzw. in den Arbeitsbereichen ihre Maxima besitzt und die Objekte sehr eng beieinander liegen. Zur Grobstrukturierung sollten die Merkmale aus den Merkmalvektor $\mathbf{m}_e$ genutzt werden, die für die Situationserkennung ausgewählt wurden.

Die einzelnen Clusterverfahren unterscheiden sich in der Wahl des Distanzmaßes zwischen zwei Klassen. Zum Verständnis dieses Entwurfsschrittes sollen die verwendete Symbolik und der Algorithmus unter regelungstechnischem Aspekt dargestellt werden. Ausführliche theoretische Betrachtungen findet man u.a. in [PAN 86]. Für die weiteren Betrachtungen sollen folgende Vereinbarungen gelten:

$d_{ij} = d(\mathbf{m}_i, \mathbf{m}_j)$ Distanz/Abstand zwischen zwei Objekten O_i, O_j

C_k Menge der Objekte der Klasse; $k \in \{1..K\}$

n_k Anzahl der Objekte der k-ten Klasse:

$D_{kl} = D(C_k, C_l)$ Distanz/Abstand zwischen zwei Klassen C_k, C_l

$P(n,K)$ Partition (Objektgruppierung der n Objekte in K Klassen)

$$\mathbf{D} = \begin{pmatrix} O & D_{12}\cdots & D_{1K} \\ D_{21} & 0\cdots & D_{2K} \\ \vdots & & \\ D_{Kl} & D_{K2} & O \end{pmatrix}$$ Distanzmatrix (Matrix aller Klassenabstände) .

Der *Gruppierungsalgorithmus* wird in folgenden Stufen realisiert:

1. Festlegung der Anfangspartition mit K = n Klassen (jedes Objekt bildet eine Klasse) P(n,n)

2. Bestimmung der Abstände zwischen allen Klassen (Tafel 3.5.1)
   Suche des minimalen Abstandes zwischen zwei Klassen

$$D_{kl} = \min_{\substack{i=1..k-1 \\ j=i-1..K}} \{D_{ij}\} \qquad\qquad (3.5.7)$$

3. Verschmelzung der Klassen k und l

$$C_{k'} = C_k \cup C_l \qquad K := K-1 \qquad\qquad (3.5.8)$$

4. Abbruchkriterium z.B.

$$K = K_{soll} \quad oder \quad K = 1 \qquad\qquad (3.5.9)$$

erfüllt: ENDE; nicht erfüllt: Stufe 2.

Tafel 3.5.1: Distanzmaße wichtiger hierarchischer Clusterverfahren

Verfahren	Distanzdefinition
Single Linkage	$D_{kl} = \min_{\substack{m_i \in C_k \\ m_j \in C_l}} d(m_i, m_j)$
Complete Linkage	$D_{kl} = \max_{\substack{m_i \in C_k \\ m_j \in C_l}} d(m_i, m_j)$
Average Linkage	$D_{kl} = \dfrac{1}{n_k n_l} \sum_{m_i \in C_k} \sum_{m_j \in C_l} d(m_i, m_j)$
Zentroid	$D_{kl} = \left(\overline{m_k} - \overline{m_l}\right)^T \left(\overline{m_k} - \overline{m_l}\right)$ $\overline{m_l} = \dfrac{1}{n_k} \sum_{m_i \in C_k} m_i$ $\overline{m_k} = \dfrac{1}{n_l} \sum_{m_j \in C_l} m_j$
WARD	$D_{kl} = s_{kl}^2 - s_k^2 - s_l^2$ $s_k^2 = \dfrac{1}{n_k - 1} \sum_{m_i \in C_k} \left(m_i - \overline{m_k}\right)^T \left(m_i - \overline{m_k}\right)$ $s_l^2 = \dfrac{1}{n_l - 1} \sum_{m_j \in C_l} \left(m_j - \overline{m_l}\right)^T \left(m_j - \overline{m_l}\right)$ $s_{kl}^2 = \dfrac{1}{n_k + n_l - 1} \sum_{m_i \in C_k \cup C_l} \left(m_i - \overline{m_{kl}}\right)^T \left(m_i - \overline{m_{kl}}\right)$ $\overline{m_{kl}} = \dfrac{1}{n_k + n_l} \sum_{m_i \in C_k \cup C_l} m_i$

Vom Erkennungsproblem abhängig ist ein geeignetes Distanzmaß zu wählen. Da es sich bei den Prozeßmerkmalen im wesentlichen um quantitative (metrische) Daten handelt, können geometrische Abstandsmaße angewendet werden.

Als Spezialfall der Minkowski-Metrik Gl. (3.5.10):

$$d_{ij} = \left[\sum_{b-1}^{r} (m_{ib} - m_{jb})^a \right]^{\frac{1}{a}} \qquad (3.5.10)$$

läßt sich in vielen Fällen der gut interpretierbare euklidische Abstand (a = 2) einsetzen (Gl. (3.5.11)). Es gilt:

$$d_{ij} = \sqrt{(m_i - m_j)^T (m_i - m_j)} \qquad . \qquad (3.5.11)$$

Die Definition des Abstandsmaßes zwischen zwei Klassen führt zu den verschiedenen Clusterverfahren, deren wichtigsten in Tafel 3.5.1 zusammengefaßt sind.

Bei den experimentellen Untersuchungen wurden die Verfahren Single Linkage, Complete Linkage und WARD ausgewählt.

Single Linkage
Die bei diesem Verfahren verwendete Distanz zwischen zwei Klassen ist gleich dem Abstand der am nächsten aneinanderliegenden Objekte aus jeder Klasse. Die darauf beruhende Verschmelzung benachbarter Klassen kann zu großen, langgestreckten Klassengebieten führen. Diese Eigenschaft erschwert die Ermittlung von einzelnen Arbeitspunkten, insbesondere dann, wenn keine sprunghaften Arbeitspunktwechsel oder stärkere Prozeßstörungen, deren Amplitude die Größenordnung eines Arbeitspunktwechsels aufweist, vorliegen. Andererseits gestattet sie jedoch, entfernt liegende Einzelobjekte (Ausreißer) frühzeitig in die Hierarchie einzuordnen und damit das Entstehen von Ausreißer-Klassen zu verhindern.
Der Vorteil dieses Verfahrens besteht in seiner einfachen Realisierbarkeit. Da dieses Verfahren zur Abstandsberechnung immer auf Abstände zwischen Einzelobjekten zurückgreift, muß die Distanzmatrix lediglich im ersten Schritt als Abstandsvektor zwischen allen Objekten berechnet werden. Die Distanzmatrix ist symmetrisch und die Elemente der Hauptdiagonalen sind alle Null. Daraus folgt, daß lediglich die Berechnung und Abspeicherung der oberen Dreiecksmatrix ohne Hauptdiagonale in Form eines Vektors erforderlich ist. In jedem weiteren Iterationsschritt beschränkt sich die Distanzberechnung auf eine Suche im Abstandsvektor, was eine wesentliche Verringerung der Rechenzeit bewirkt.

Complete Linkage

Verwendet man zur Distanzbestimmung zwischen zwei Klassen den Abstand der am weitesten entfernt liegenden Objekte jeder Klasse, so führt das zum Complete Linkage-Verfahren. Im Ergebnis entstehen viele homogene, jedoch weniger gut separierbare Klassen.

Des weiteren treten Probleme bei der Einordnung entfernt liegender Einzelobjekte (Ausreißer) auf, die erst am Ende in die Hierarchie eingebunden werden und somit die Klassenanzahl unangemessen anheben. Wenn als Abbruchkriterium eine geforderte Klassenanzahl gewählt wurde, muß dieser Umstand bei der Wahl der Klassenanzahl und der weiteren Strukturierung der Datenmenge berücksichtigt werden. Bezüglich der rechentechnischen Realisierung gelten die für Single Linkage getroffenen Aussagen, wobei ein etwas höherer Rechenzeitbedarf für den Suchvorgang benötigt wird.

WARD-Verfahren

Im Gegensatz zu den bisher dargestellten Verfahren, bei denen die Distanzberechnung von Einzelobjekten abhängig war, und damit eine hohe Störempfindlichkeit vorliegt, bezieht das WARD-Verfahren alle Objekte der betrachteten Klassen in die Abstandsberechnung ein. Ausgehend von einer Darstellung im euklidischen Vektorraum werden die Klassen k und l zusammengefaßt, die das geringste Anwachsen der Gesamtvarianz der Datenmenge verursachen (Gl. (3.5.12)). Für die Änderung der Gesamtvarianz gilt:

$$\Delta s^2 = s_{kl}^2 - s_k^2 - s_l^2 \quad . \tag{3.5.12}$$

Zu den Eigenschaften dieses Verfahrens gehört, daß zuerst Klassen mit wenigen Objekten und anschließend Klassen mit einer stark unterschiedlichen Objektanzahl bevorzugt fusionieren. Damit werden Ausreißer frühzeitig in die Klassenstruktur einbezogen, ohne dabei wesentliche Auswirkungen auf die Klassifikationsgüte zu verursachen.

Die Verschmelzung der Klassen erfordert eine schrittweise Neuberechnung von Teilen der Distanzmatrix. Während die Abstände zu den fusionierenden Klassen aus der Distanzmatrix entfernt werden können, sind die Abstände der verbleibenden Klassen zu der neu entstandenen zu berechnen und hinzuzufügen.

Zusammenfassend kann festgestellt werden, daß die Auswahl eines geeigneten Clusterverfahrens nach den von den Autoren durchgeführten Untersuchungen wesentlich vom vorliegenden Prozeß- und Steuerverhalten abhängt. Liegen eindeutige Arbeitspunkte mit annähernd sprungförmigen Arbeitspunktwechseln und vernachlässigbaren Störungen der Signale vor, so kann die Grobstrukturierung mit Hilfe des Single Linkage-Verfahrens erfolgen. Als Abbruchkriterium läßt sich die gewünschte Klassenzahl K_{soll} (Anzahl der vorliegenden Arbeitspunkte) verwenden.

In allen anderen Fällen sollte auf den WARD-Algorithmus mit Vorgabe von
K_{soll} zurückgegriffen werden. Auf Grund des hohen Rechenzeitbedarfs dieser
Methode wurde bei den experimentellen Untersuchungen mit Complete
Linkage gearbeitet. Jedoch ist hierbei zu beachten, daß die Vorgabe der
Klassenanzahl größer als K_{soll} ($\approx 2\,K_{soll}$) erfolgen sollte.
Bei der Wahl des Clusterverfahrens ist weiterhin zu berücksichtigen, welches Objekterkennungsverfahren im Steueralgorithmus eingesetzt wird. Da
sowohl der Bayes als auch der Fuzzy Klassifikator auf Abstandsmaße zurückgreifen, die alle Lernobjekte (Bayes) bzw. alle Lernobjekte einer Klasse
(Fuzzy) in die Berechnung einbeziehen, bietet das WARD-Verfahren die
günstigsten Voraussetzungen. Bedenkt man jedoch, daß ohnehin im Anschluß an die Grobstrukturierung mit Hilfe der klassenweisen Modellbildung
eine Optimierung der Klassenstruktur vorgenommen wird, so erweist sich
das Ergebnis der einfacheren Verfahren als ausreichend.

Phase 2: Feinstrukturierung der Lernprobe und Parameterbestim-
mung der Klassensteuerung

Die vorliegende klassifizierte Lernprobe LP{**m**,**u**,q,k} soll in einem zweiten
Schritt bezüglich der Klassenzuordnung so modifiziert werden, daß sowohl
ein störunempfindliches Erkennungssystem als auch eine hinreichend genaue Nachbildung des Entscheidungsverhaltens in den einzelnen Klassen
realisiert wird. Desweiteren sind in dieser Entwurfsphase die benötigten
Parameter der Klassensteuerung zu bestimmen.
Die dargestellte Aufgabe läßt sich als Optimierungsproblem interpretieren,
bei dem das gewünschte Verhalten in einem Gütekriterium formuliert werden kann. Der auf dieser Grundlage entwickelte Algorithmus soll als *Situationsbezogener Optimaler Steuerungsentwurf (SOS)* bezeichnet werden. Das
Entwurfsziel besteht darin, die Objekte so in Klassen einzuordnen, daß die
Unterscheidungsfunktionen bzw. Zugehörigkeitsfunktionen einer Klasse
eine richtige Zuordnung der Objekte gewährleisten und die Steuerfunktionen
die vorgegebenen Steuerhandlungen in jeder Klasse optimal (bezüglich des
Kriteriums) nachbilden. Die Bezeichnung 'Situationsbezogener Optimaler
Steuerungsentwurf' bezieht sich also auf die nur im Rahmen einer Situationsklasse gültigen Steuermodelle.
Als Suchverfahren zur Optimierung wird mit dem Austauschverfahren ein
Algorithmus eingesetzt, der als partitionierendes Clusterverfahren bekannt
ist und im folgenden kurz dargestellt werden soll. Die Voraussetzung bildet
eine klassifizierte Lernprobe, deren Klassenzuordnung eine exhaustive
Anfangspartition darstellt. Mit einem iterativen Vorgehen wird jedes Objekt
der Klasse zugeordnet, deren Schwerpunkt am nächsten liegt. Das wird
solange wiederholt, bis ein vorgegebenes Abbruchkriterium erfüllt ist. Im
günstigsten Fall besteht dieses Kriterium in einer unveränderten Partition
(Klassenzuordnung) über einen Zyklus, d. h., die Klassenzuordnung der

Objekte ist stabil. Durch Vorgabe der Zykluszahl, d. h. der Anzahl Iteratio-
nen über jedes Objekt, ist die Formulierung einer weiteren Abbruchbedin-
gung möglich.

Der Algorithmus des iterativen Austauschverfahrens läuft nach dem in Tafel
3.5.2 dargestellten Schema ab.

Tafel 3.5.2: Struktogramm für das iterative Austauschverfahren

$C = \{C(1), C(2),...,C(K)\}$ $C(k) = \{i\}: O_i \in k;\; i = 1...n$	Anfangspartition
$\left.\begin{array}{l}\displaystyle\bigcup_{k=1}^{K} C(k) = C \\[2ex] C(k) \cap C(k') = \varnothing\end{array}\right\} \; \forall\, k,k':\, k \neq k'$	Bedingung für eine exhaustive Gruppierung
$z_j = 0$	Initialisierung des Zykluszählers
$C' = C$ $z_j = z_j + 1$	Ausgangpartition merken Zykluszähler erhöhen
$\forall\, O_i:\, i = 1...n\; ;\quad i \in C(K_i)$	Iteration über alle Objekte der Lernprobe
$C(K_i) = C(K_i)\backslash i$ $\overline{m}(K_i)$ $k = 1...K$	Entfernen des i-ten Objektes aus der Aus-gangspartition Korrektur des Schwerpunktes der Klasse K_i Iteration über alle Klassen
$d_k(m_i) = \|m_i - \overline{m}(k)\|$	Berechnung des Abstandes zum jeweiligen Klassenschwerpunkt
$K_i = \underset{k=1...K}{argmin}\; d_k(m_i)$ $C(K_i) = C(K_i)\cup i$	neue Klassenzuordnung K_i des Objektes O_i (minimaler Abstand zum Klassenschwer-punkt) Hinzufügen von Index i zur Objektmenge $C(K_i)$
$(C = C') \vee (z_j \geq z_{max})$ $\Downarrow$ *ja* $\Downarrow$	Abbruchbedingung: (Partition=konstant) oder (maximale Zykluszahl erreicht)
$C = \{C(1), C(2),..., C(K)\}$	Endpartition

In diesem Algorithmus kann der Abstand $d_K(\mathbf{m}_i)$ als Teil des Gütemaßes für
die Gesamtpartition C aufgefaßt werden.

Das Gütemaß lautet:

$$Q(C) = \sum_{i=1}^{n} d_{K_i}(\boldsymbol{m}_i)$$

$$= \sum_{i=1}^{n} \| \boldsymbol{m}_i - \overline{\boldsymbol{m}}(K_i) \| \quad \rightarrow Minimum \quad .$$

(3.5.13)

Eine durch das Austauschverfahren erzeugte Partition ist dann optimal, wenn ein Minimum des Gütekriteriums vorliegt. Das Minimum wiederum wird dann erreicht, wenn jeder Summand im Funktional sein Minimum aufweist. Diese Bedingung wird im Algorithmus für die neue Klassenzuordnung genutzt. Da dieses Verfahren nicht zwangsläufig stabile Partitionen liefert, die zu seinem Abbruch führen, muß das Abbruchkriterium sinnvoll ergänzt werden. Eine solche Ergänzung kann in Form der Minimierung der Gesamtgüte Q(C) erfolgen. D.h., wenn sich erzeugte Partitionen zyklisch mit einer festen Periode wiederholen, dann wird mit der Partition abgebrochen, die den kleinsten Gesamtgütewert entsprechend Gl. (3.5.14) besitzt. Damit gilt:

$$(C = C') \vee (Q(C) > Q(C'))$$

(3.5.14)

mit
C - Partition nach dem zuletzt beendeten Zyklus,
C' - Partition nach dem vorletzten Zyklus.

Wird der Abbruch durch den zweiten Ausdruck hervorgerufen, so ist die Partition des vorletzten Zyklus C' als Ergebnis des Verfahrens einzusetzen. Darüber hinaus erhält man eine Aussage über die Schwerpunkte der Klassen. Die Ergebnisse dieses Algorithmuses lassen sich somit unmittelbar für den Entwurf eines Abstandsklassifikators nutzen, der bei Verwendung des Distanzmaßes $d_k(\boldsymbol{m})$ optimal im Sinne des Entwurfskriteriums entscheidet. Das Konzept der Klassensteuerung sieht jedoch für den Erkennungsteil den Einsatz bayes-optimaler Polynom bzw. von Fuzzy Klassifikatoren vor. Darüber hinaus wird die Steuerentscheidung über eine klassenspezifische Polynomfunktion berechnet, die die Handlungsweise des Operators nachbilden soll. Die neue Idee besteht nun darin, das Austauschverfahren so zu modifizieren, daß die genannten Aspekte Berücksichtigung finden. Mit der Formulierung des Gütekriteriums liegt eine geeignete Eingriffsmöglichkeit vor. Im folgenden sollen sowohl zur Aufgabe der Situationserkennung als auch zur Nachbildung der Steuerhandlungen des Prozeßbedieners geeignete Gütefunktionen entworfen und diskutiert werden.
Zur *Gütebewertung eines Erkennungssystems* werden üblicherweise Fehlerraten, wie z.B. der absolute oder relative Klassifikationsfehler, verwendet.

Der absolute Klassifikationsfehler gibt die Anzahl falsch klassifizierter Objekte einer Datenmenge an, der relative Klassifikationsfehler bezieht die Fehleranzahl auf den Stichprobenumfang und macht somit die Klassifikationsergebnisse an verschiedenen Datensätzen vergleichbar (Gl. (3.3.11)). Die Gütebewertung kann sowohl am Lerndatensatz als auch an einer zusätzlichen Testprobe erfolgen. Im ersten Fall erhält man ein "optimistisches" Ergebnis, da der Klassifikator beim Entwurf auf den Datensatz zugeschnitten wurde. Die Gefahr besteht darin, wie das aus der experimentellen Modellbildung bekannt ist, daß neben dem gesuchten Zusammenhang zwischen Objekt und Klasse auch Störungen nachgebildet werden. Stehen ausreichend Daten zur Verfügung, so sollte ein zweiter Datensatz zur Bewertung genutzt werden. Falls diese Möglichkeit nicht besteht oder, wie im vorliegenden Fall, das Verfahren ein solches Vorgehen nicht zuläßt, kann ein Kompromiß mit Hilfe der Methode "leaving one out" gebildet werden. Die Methode benutzt den Lerndatensatz zur Gütebewertung, in dem jeweils ein Objekt aus der Lernmenge entfernt wird, um es anschließend als Testobjekt zu verwenden. Die Anwendung des Austauschverfahrens führt zwangsläufig zu dieser Methode, weil in jedem Iterationsschritt jeweils für ein Objekt die günstigste Klassenzuordnung durch Minimierung des Gütefunktionals gesucht wird. Nutzt man den Klassifikationsfehler bezogen auf die Klassifikatorentscheidung, so ergibt sich als Gütemaß für das Objekt O_i:

$$Q_{Kls}(O_i) = f_i \; ; \qquad f_i = \begin{cases} 0 & ; \; e_i = K_i \\ 1 & ; \; sonst \end{cases} \qquad absoluter \;\; Klassifikationsfehler$$

$$\text{(3.5.15)}$$

$$f_i = \begin{cases} 0 & ; \; e_i = K_i \\ \dfrac{1}{n} & ; \; sonst \end{cases} \qquad relativer \;\; Klassifikationsfehler$$

Der Klassifikationsfehler f_i ist null, wenn die Klassifikatorentscheidung e_i mit der durch die Partition vorgegebenen Klassenzuordnung K_i übereinstimmt. Im Fehlerfall erfolgt eine Bestrafung mit einer konstanten Kostenfunktion von eins (absoluter Klassifikationsfehler) oder 1/Anzahl Testobjekte (relativer Klassifikationsfehler).

a) Bayes Klassifikator

Neben dem allgemein definierten Fehlermaß können auch spezifische Klassifikator Ansätze verwendet werden. Der bayes-optimale Polynomklassifikator bietet die Möglichkeit, das Entwurfskriterium für eine Gütebewertung zu nutzen. Dieses besteht darin, den mittleren quadratischen Fehler zwischen den von der Lernprobe vorgegebenen bedingten Wahrscheinlichkeiten und den vom Klassifikator berechneten Werten der Unterscheidungsfunktionen zu minimieren. Es gilt:

$$Q = \sum_{i=1}^{n} \| z_i^* - d(m_i) \| \quad \rightarrow Minimum \tag{3.5.16}$$

mit

$d(m_i)$ - Unterscheidungsvektor für den Merkmalvektor m_i
z_i^* - Zuordnungs-(Ziel-)vektor der Klassenzugehörigkeit von O_i.

Für ein einzelnes Objekt ergibt sich demzufolge:

$$Q_{Klsf}(O_i) = f_i \; ; \quad f_i = \sqrt{\left(z_i^* - d(m_i) \right)^T \left(z_i^* - d(m_i) \right)} \quad . \tag{3.5.17}$$

Die Gleichung (3.5.17) liefert ein "weiches" Straffunktional, das im Sinne der Entscheidungstheorie sowohl richtig als auch falsch klassifizierte Objekte in Abhängigkeit vom Abstand zur "idealen" Zielgröße bestraft.
Der Einsatz der Klassensteuerung zeigt, daß bezüglich der Robustheit des Erkennungssystems das Kriterium Gl. (3.5.15) die wesentlich günstigeren Eigenschaften aufweist. Während Gl. (3.5.17) die Bestrafung unabhängig vom Klassifikationsergebnis vornimmt und insbesondere an den Klassengrenzen die Fehlerfunktion nahezu versagt, liefert das Kriterium Gl. (3.5.15) im Entwurfsprozeß eine eindeutige, scharfe Aussage über die getroffene Zuordnung. Für die Güte der gesamten Partition ergibt sich somit:

$$Q_{Klsf} = \frac{f_r}{s_f}$$

$$f_r = \frac{1}{n} \sum_{i=1}^{n} f_i \tag{3.5.18}$$

$$s_f^2 = \frac{1}{n-1} \sum_{i=1}^{n} (f_i - f_r)^2 \quad ,$$

wobei f_i entsprechend des gewählten Kriteriums (Gl. (3.5.15) - absoluter Klassifikationsfehler bzw. Gl. (3.5.17)) zu berechnen ist. In der Gütefunktion Gl. (3.5.18) wird der relative Fehler f_r auf die Fehlerstreuung s_f^2 normiert. Damit läßt sich die Vergleichbarkeit verschiedener Teilkriterien (Klassifikationsgüte, Steuergüte) im Gesamtfunktional gewährleisten.

b) Fuzzy Klassifikator
Die Gütebewertung des Bayes Klassifikators ist in analoger Weise auf den Fuzzy Klassifikator übertragbar. Es kann sowohl der Klassifikationsfehler f_i entsprechend Gl. (3.5.15) als auch ein abstandsbezogenes Gütemaß genutzt werden.

Letzteres besitzt die Form von Gl. (3.5.19):

$$Q_{Klsf} = f_i \; ; \quad f_i = \sqrt{\left(z_i^{F*} - \mu(m_i)\right)^T \left(z_i^{F*} - \mu(m_i)\right)} \quad , \tag{3.5.19}$$

wobei z^{F*} den Fuzzy Zuordnungsvektor darstellt, für den gilt:

$$z_i^{F*} = \begin{pmatrix} z_{1i}^{F*} \\ z_{2i}^{F*} \\ \vdots \\ z_{Ki}^{F*} \end{pmatrix} \; ; \quad z_{ki}^{F*} = \begin{cases} a_{max} & ; \; i \in C_k \\ 0 & ; \; sonst \end{cases} \tag{3.5.20}$$

Man geht von der Annahme aus, daß sich die Lernobjekte O_i mit voller Zugehörigkeit a_{max}, d. h. scharf, in die jeweilige Klasse k einordnen lassen. An dieser Stelle sind sicherlich weitere Ansätze zur Gütebewertung denkbar, die prozeßbezogene Informationen (situationsbezogene Kostenfunktionen) einbeziehen. Im Sinne der Automatisierung des Entwurfsvorganges wurde auf eine freie Gestaltung der Gütebewertung des Erkennungssystems verzichtet und ausschließlich zu Testzwecken zwischen den einzelnen Kriterien variiert. Die Entwurfsergebnisse zeigen jedoch, daß mittels Gl. (3.5.15) die für den nachfolgenden Einsatz günstigste Bewertung vorliegt und die somit auch für eine Implementierung im Entwurfstool genutzt werden soll.

Das Entwurfsziel der Klassensteuerung besteht letztendlich in einer möglichst genauen Nachbildung des menschlichen Entscheidungsverhaltens. Das Erkennungssystem besitzt dabei lediglich eine Teilaufgabe. Dementsprechend muß die Gütebewertung neben der Erkennungsqualität auch den Aspekt des Steuerverhaltens einbeziehen. Aus dem Gebiet der optimalen Steuerung sind hierzu unterschiedliche Entwurfskonzepte und -ziele bekannt. Sie reichen von einer Bewertung der Regelgüte und des Stellaufwandes bis hin zu Schrankenkriterien (siehe Abschnitt 2.1). Dahinter verbirgt sich in jedem Fall eine konkrete Zielfunktion, die a priori zum Steuerungsentwurf festgelegt werden muß. Die Klassensteuerung soll, ausgehend von einem Situationsvektor **s**, auf der Grundlage relevanter Merkmale **m** geeignete Steuerhandlungen **u*** ermitteln. Als Vorlage und damit Zielfunktion dient die vom Bediener in der jeweiligen Situation vorgenommene Handlung **u**. Die Abweichung zwischen vorgegebener und ermittelter Steuerhandlung kann als Gütemaß entsprechend Gl. (3.5.21) formuliert werden:

$$Q_{Steuerung}(O_i) = \sqrt{\left(u_i - u_i^*\right)^T \left(u_i - u_i^*\right)}$$
$$u_i^* = f_s^T(m_{si}) \cdot A_{K_i} \; ; \quad i \in C(K_i) \quad . \tag{3.5.21}$$

Gl. (3.5.21) ist mit prozeßspezifischen Forderungen, die sich aus den genutzten Informationen bzw. den ermittelten Parametern ergeben, erweiterbar.

Beispielsweise kann die Interpretierbarkeit der Parameter **A** der Steuergeset-ze im Sinne von Arbeitspunkten, Verstärkungen, Zeitkonstanten usw. als Randbedingung im Gütekriterium berücksichtigt werden.
In Anlehnung an Gl. (3.5.18) ergibt sich als Gütemaß der Lernprobe:

$$Q_{Steuerung}(C) = \frac{f_u}{s_u}$$

$$mit: \quad f_u = \frac{1}{n} \sum_{i=1}^{n} Q_{Steuerung}(O_i) \quad\quad\quad (3.5.22)$$

$$s_u^2 = \frac{1}{n-1} \sum_{i=1}^{n} \left(f_u - Q_{Steuerung}(O_i)\right)^2 \quad .$$

Die bisherige Beschreibung der Teilaufgaben führte zur Formulierung von zwei separaten Gütefunktionalen, die bei getrennter Bearbeitung ein Pro-blem der Polyoptimierung ergeben. Die Lösung läßt sich vereinfachen, wenn man die Teilfunktionale gewichtet zu einer Gesamtfunktion zusammenfaßt. Damit wird aus der Paretomenge über den Wichtungswert eine Lösung favorisiert. Das führt zu folgender Beziehung (Gl. (3.5.23)):

$$Q(C) = \alpha \, Q_{Klsf}(C) + (1-\alpha) Q_{Steuerung}(C) \quad . \quad\quad\quad (3.5.23)$$

Über die Wichtung α läßt sich der Kompromiß zwischen einer kompakten und damit robusten Klassenstruktur einerseits und der Reproduzierbarkeit der vorgegebenen Steuerhandlungen mittels Klassensteuerung andererseits herstellen. Für $\alpha = 1$ wird ausschließlich die Erkennungsgüte, für $\alpha = 0$ die berechnete Steuerhandlung bewertet. Durch die Normierung der Werte von $Q_{Klsf}(C)$ und $Q_{Steuerung}(C)$ kann ein der Wahl von α proportionaler Übergang zwischen den Teilkriterien vollzogen werden. Der Algorithmus startet mit $\alpha = 0,5$. Da aus den Informationen der Lernprobe bisher kein Kriterium zur Wahl von α existiert, läßt sich die Güte der ermittelten Lösung durch eine Variation von α überprüfen.
Im folgenden soll der *SOS-Algorithmus* als erweitertes Austauschverfahren dargestellt werden. Dabei sind mit der Optimierung der Klassenstruktur die Parametervektoren des Klassifikators und der Steuergesetze zu bestimmen. Das nachfolgende Struktogramm in Tafel 3.5.3 zeigt den prinzipiellen Pro-grammablauf bei Verwendung eines Bayes Klassifikators. Für den Einsatz eines Fuzzy Klassifikators sind die Berechnungsvorschriften von $\hat{W}$ durch die entsprechenden Gleichungen zur Bestimmung der Parameter der Zu-gehörigkeitsfunktionen zu ersetzen.
Im Gegensatz zum Austauschverfahren, wo das Entfernen bzw. Hinzufügen eines Objektes die Korrektur des Klassenschwerpunktes erforderte, muß bei dem SOS-Verfahren die gesamte Parametermatrix des Erkennungssystems und der zur Objektklasse K_i gehörenden Steuerung verändert werden.

Tafel 3.5.3: Struktogramm für den Situationsbezogenen Optimalen Steuerungsentwurf (SOS)

$C = \{C(1),...,C(K)\}$ $\hat{W} = P_e F_e^T Z'; \; \hat{A}_k = P_{sk} F_{sk}^T U_k \; ; \; k=1...K$ $\alpha = 0.5$ $Q(C) = \alpha Q_{Klsf}(C) + (1-\alpha) Q_{Steuerung}(C)$ $z_j = 0$	Initialisierung Anfangspartition Anfangsgüte Zykluszähler initialisieren
$C' = C, \quad Q'(C) = Q(C)$ $z_j = z_j + 1$ $\forall O_i : i=1...n \; ; \; i \in C(K_i)$	Ausgangspartitionn Ausgangsgüte Zykluszähler Iteration über alle Objekte
$C(K_i) = C(K_i)\backslash i$ $\hat{W}; \qquad \hat{A}_{k_i}$ $k = 1..K$	i-tes Objekt aus Ausgangspartition entfernen Korrektur der Parametermatrizen der Klasse K_i Iteration über alle Klassen
$\qquad Q_k(O_i) = \alpha Q_{Klsf} + (1-\alpha) Q_{Steuerung}$	Güteberechnung
$K_i \quad = \underset{k=1..K}{argmin} \; Q_k(O_i)$	Klassenzuordnung
$C(K_i) = C(K_i) \cup i$ $\hat{W}; \qquad \hat{A}_{K_i}$	Korrektur der Parametermatrizen
$Q(C) = \alpha Q_{Klsf}(C) + (1-\alpha) Q_{Steuerung}(C)$ $(C=C') \lor (Q(C) > Q(C')) \lor (z_j \geq z_{max})$ $\Downarrow \; ja$ $\Downarrow$	Güteberechnung für Lernprobe Abbruchbedingung
$Q(C) > Q(C') \rightarrow C = C'$ *Ergebnis:* $C = \{C(1), C(2),..., C(K)\}$ $\qquad \hat{W}$ $\qquad \hat{A}_1, \hat{A}_2,..., \hat{A}_K$	bei Güteverschlechterung $\rightarrow$ Übernahme der vorletzten Partition

In der Tafel 3.5.3 bedeuten:

$$Q_{Klsf}(O_i) \quad = \frac{1}{n\,s_f}f_i \qquad\qquad Q_{Klsf}(C) \quad = \frac{1}{n\,s_f}\sum_{i=1}^{n}f_i$$

$$Q_{Steuerung}(O_i) = \frac{1}{n\,s_u}\sqrt{\left(u_i - u_i^\star\right)^T\left(u_i - u_i^\star\right)} \qquad Q_{Steuerung}(C) = \frac{1}{n\,s_u}\sum_{i=1}^{n}\sqrt{\left(u_i - u_i^\star\right)^T\left(u_i - u_i^\star\right)}$$

$$u_i^\star = f_s^T(m_{s_i})\hat{A}_{K_i} \quad .$$

$$(3.5.24)$$

Hinzu kommt außerdem die Berechnung des Gütefunktionals Q(C) der Lernprobe nach jedem Iterationszyklus, das zur Auswertung im Abbruch-kriterium benötigt wird.

Zur Berechnung der Polynomparameter von Bayes Klassifikator und Steuer-gesetzen kann als Schätzverfahren die Regression eingesetzt werden. Der hierfür existierende rekursive Algorithmus läßt sich für den Austausch jeweils eines Objektes vorteilhaft einsetzen. Dabei sind die Klassifika-torparameter $\hat{W}$ aller Klassen und die Koeffizienten des jeweiligen Steuerge-setzes A_{Ki} zu korrigieren.

Die Untersuchungen im Abschnitt 3.3.4.2 haben auf Probleme bei der Anwendung der direkten und rekursiven Regression im Zusammenhang mit stark korrelierten Merkmalen hingewiesen. Zur Lösung dieser Problematik wurde das Verfahren der Kammlinienregression vorgeschlagen. Der Algo-rithmus berücksichtigt diesen Vorschlag, indem bei Vorliegen stark korrelierter Merkmale ($r(m_1,m_2) > 0{,}98$) automatisch die Kammlinienregres-sion eingesetzt wird. Außerdem erfolgt in allen anderen Fällen nach Beendi-gung des SOS-Verfahrens eine Überprüfung der Ergebnisse mittels Kamm-linienregression.

Es ist weiterhin zu beachten, daß die Lösung der Regressionsaufgabe eine ausreichende Anzahl an Beobachtungen erfordert. Die Beobachtungszahl muß mindestens gleich der Anzahl zu schätzender Parameter sein, um ein eindeutig lösbares Gleichungssystem zu erhalten. Die statistische Sicherheit dieser Lösung ist jedoch gering. Ist die Beobachtungszahl kleiner, ergibt sich eine singuläre und damit nicht invertierbare Matrix [F^TF], so daß die direkte Regression als Schätzverfahren nicht eingesetzt werden kann. Mit der re-kursiven Regression kommt man in diesem Fall zu einer Lösung, das Ergeb-nis trägt jedoch zufälligen Charakter (in Abhängigkeit aufgetretener Störun-gen) und ist somit unbrauchbar. Im realisierten Algorithmus wird dieser Umstand berücksichtigt, indem Klassen, deren Objektanzahl kleiner als 2·*Parameteranzahl* ist, verschwinden. Die Objekte dieser Klasse werden ent-sprechend der Gütefunktion auf die restlichen Klassen verteilt. Der Test bezüglich der geforderten Objektanzahl wird sowohl auf die Anfangs-partition als auch auf die Partition nach jedem Objektaustausch ausgeführt.

Die zugrunde gelegte Parameterzahl bestimmt sich als Maximum der Parameterzahlen von Klassifikator r_w und Steuergesetz r_a jeweils einer Klasse.

Soll das Erkennungssystem als Fuzzy Klassifikator realisiert werden, so sind die Parametersätze der Klasse, aus der das Objekt O_i entfernt wurde, und der Zielklasse nach Hinzufügen von O_i mit Hilfe der Berechnungsvorschriften Gl. (3.3.6) neu zu bestimmen. Im Fall des Fuzzy Klassifikators wurde nicht auf den rekursiven Algorithmus zurückgegriffen, da dieser auf einem heuristischen Ansatz beruht und somit die direkte Lösung nicht exakt reproduziert. Die Ursache besteht darin, daß die Grundlage des rekursiven Verfahrens eine heuristisch definierte Aggregationsvorschrift bildet, die die Verschmelzung von zwei unscharfen Klassen beschreibt. Sie läßt sich nicht, wie beispielsweise die rekursive Regression, in die Form:

$$Parametervektor_{neu} = Parametervektor_{alt} + Korrektur$$

zerlegen.

3.5.4   Strukturoptimierung der Klassensteuerung

Die jetzt vorliegende klassifizierte Lernprobe gestattet, eine Auswahl bezüglich der Erkennungsaufgabe wesentlicher Einflußgrößen vorzunehmen bzw. die Parameter der Steuergesetze auf Signifikanz zu überprüfen. Einerseits soll durch eine Reduktion der verwendeten Merkmalmenge eine Verringerung des Aufwandes zur Ermittlung der Steuerentscheidung (Kosten der Merkmalgewinnung, Rechenzeit-, Speicherplatzbedarf) erreicht werden. Andererseits darf damit jedoch keine erhebliche Verschlechterung der Steuergüte verbunden sein.

Der folgende Abschnitt enthält eine Darstellung der zur Lösung dieser Aufgabe entwickelten Verfahren. Zur Bestimmung wesentlicher Einflußgrößen des Klassifikators existieren bereits Verfahren mit unterschiedlichen Auswahlkriterien. Sie lassen sich in die Gruppen statistischer, informationstheoretischer und sequentieller Verfahren einordnen [STE 76], [SCH 77]. Die Diskriminanzanalyse und die Korrelationsverfahren basieren auf statistischen Kenngrößen (maximale lineare Unabhängigkeit zwischen den Ansatztermen), informationstheoretische Verfahren nutzen die Entropie als Gütemaß. Zu den sequentiellen Algorithmen zählen die Auf- und Abbauverfahren, für die sich beliebige Gütekriterien formulieren lassen.

a) Bayes Klassifikator

Die Strukturoptimierung des Bayes Klassifikators bezieht sich auf die Auswahl relevanter Komponenten des transformierten Merkmalvektors $\mathbf{f}_e(\mathbf{m}_e)$ und führt zu einem Vektor $\mathbf{f}_e^*(\mathbf{m}_e)$ mit nach Möglichkeit verringerter Komponentenanzahl.

Im weiteren werden unter Einflußgrößen immer die Ansatzterme der Poly-nomfunktion, d. h., die Komponenten des transformierten Merkmalverktors $\mathbf{f}_e(\mathbf{m}_e)$ verstanden. Zu jedem Parameter der Polynomfunktion gehört damit genau eine Einflußgröße. In [SCH 77] wird ein Algorithmus vorgestellt, der speziell für Polynomklassifikatoren einsetzbar ist. Das als Pivotisierung bezeichnete Verfahren liefert eine Rangierung der Einflußgrößen hinsicht-lich ihres Beitrages zur Reststreuungsminderung zwischen den mittels der Polynomfunktion geschätzten Werten und den vorgegebenen Zielfunk-tionswerten. Der Vorteil dieses Verfahrens besteht neben der hohen Rechen-geschwindigkeit in der automatischen Bereitstellung der aktualisierten Koeffizientenmatrix für jeden Verarbeitungsschritt. Die Übereinstimmung der Kriterien zur Bestimmung der wesentlichen Merkmale und zum Entwurf der Polynomfunktion erweist sich ebenfalls als vorteilhaft, weil damit für beide Aufgaben eine einheitliche Zielfunktion vorliegt. Das Verfahren, das im folgenden kurz beschrieben werden soll, nimmt eine schrittweise Um-formung der Matrix

$$M = E\{b^T b\} \tag{3.5.25}$$

mit

		Dimension
M	- Momentenmatrix	(r_w+K, r_w+K)
$b = \left(f_e^T(m_e) \quad z^{\star T} \right)$	- Beobachtungsvektor	$(1, r_w+K)$
$f_e(m_e)$	- transformierter Merkmalvektor	$(r_w, 1)$
$z^\star$	- Zuordnungs-(Ziel-)vektor	$(K, 1)$

vor, die alle zur Berechnung von $\hat{\mathbf{W}}$ erforderlichen statistischen Daten enthält. Für die Matrix $\mathbf{M}$ gilt die Vorschrift:

$$M = E\{b^T b\} = \begin{pmatrix} f_e(m_e) \\ z^\star \end{pmatrix} \left(f_e^T(m_e) \quad z^{\star T} \right)$$

$$= \begin{pmatrix} E\{f_e(m_e) \cdot f_e^T(m_e)\} & E\{f_e(m_e) \cdot z^{\star T}\} \\ E\{z^\star \cdot f_e^T(m_e)\} & E\{z^\star \cdot z^{\star T}\} \end{pmatrix} . \tag{3.5.26}$$

Für $\hat{\mathbf{W}}$ gilt:

$$E\{f_e(m_e) \cdot f_e^T(m_e)\} \cdot \hat{W} = E\{f_e(m_e) \cdot z^{\star T}\} . \tag{3.5.27}$$

Mit Hilfe der Transformationsmatrix $\mathbf{T}$

$$T = \begin{pmatrix} E\{f_e(m_e) \cdot f_e^T(m_e)\}^{-1} & 0 \\ -E\{z^* \cdot f_e^T(m_e)\} \cdot [E\{f_e(m_e) \cdot f_e^T(m_e)\}]^{-1} & I \end{pmatrix}$$

(3.5.28)

ergibt sich

$$T \cdot M = \begin{pmatrix} I & \hat{W} \\ 0 & COV\{\Delta d, \Delta d\} \end{pmatrix}$$

(3.5.29)

Die Größe $\Delta \mathbf{d}$ entspricht dem Fehler zwischen dem Zuordnungsvektor $\mathbf{z}^*$ und der Approximation mittels Unterscheidungsfunktion $\mathbf{d}(\mathbf{m}_e)$:

$$\Delta d = d(m_e) - z^* \quad .$$

(3.5.30)

Die Kovarianzmatrix $COV\{\Delta \mathbf{d}, \Delta \mathbf{d}\}$ enthält als Elemente der Hauptdiagonale die Varianz des Fehlervektors $\Delta \mathbf{d}$ und ist definiert als

$$COV\{\Delta d, \Delta d\} = E\{(d(m_e) - z^*)(d(m_e) - z^*)^T\} \quad .$$

(3.5.31)

Für den Erwartungswert gilt folgende Festlegung:

$$E\{x\} = \frac{1}{n} \sum_{i=1}^{n} x_i$$

(3.5.32)

mit
n - Anzahl Beobachtungen (Lernprobenelemente).

Die zur Transformation notwendige Matrix $\mathbf{T}$ wird nicht explizit bestimmt. Die Umformung erfolgt schrittweise von $\mathbf{M}$ zu $\mathbf{T} \cdot \mathbf{M}$, indem die Struktur von Gl. (3.5.29) erzeugt wird, d. h., die ersten r_w Zeilen und Spalten ergeben am Ende eine Einheitsmatrix, die Matrixelemente der Zeilen $r_w + 1$ bis $r_w + K$ in den Spalten 1 bis r_w sind 0. Die Umformung wird spaltenweise ausgeführt, wobei die Reihenfolge der Spalten der Anordnung der Einflußgrößen in $\mathbf{f}_e(\mathbf{m}_e)$ entspricht. Das Ergebnis des ersten Schrittes lautet:

$$M(1) = \begin{pmatrix} 1 & M_{12} & M_{13} & \cdots & M_{1r_w} & \cdots & M_{1(r_w \cdot K)} \\ 0 & M_{22} & M_{23} & \cdots & M_{2r_w} & \cdots & M_{1(r_w \cdot K)} \\ \vdots & & \vdots & & \vdots & & \\ 0 & M_{(r_w \cdot K)2} & M_{(r_w \cdot K)3} & \cdots & M_{(r_w \cdot K)r_w} & \cdots & M_{(r_w \cdot K)(r_w \cdot K)} \end{pmatrix} \quad .$$

(3.5.33)

Der erste Ansatzterm der Polynomfunktion (erste Komponente von $\mathbf{f}_e(\mathbf{m}_e)$) wird direkt in die Rangordnung als erster Wert übernommen und kann nicht getestet werden. Da sinnvoller Weise alle Ansätze einen Arbeitspunkt aufweisen sollten, wird dieser als erste Merkmalskomponente festgelegt. Aus den Elementen von $\mathbf{M}(1)$ läßt sich nun die Reststreuungsminderung für die Hinzunahme jedes einzelnen Ansatztermes in die Polynomfunktion berechnen:

$$\Delta s_R^2(i) = \frac{\sum\limits_{k=1}^{K} M_{i(r_w \cdot k)}^2}{M_{ii}} \; ; \qquad i = 2 \dots r_w \; . \qquad (3.5.34)$$

Aus den Einflußgrößen wird diejenige herausgesucht, die die größte Reststreuungsminderung liefert:

$$j = \mathop{arg\,max}\limits_{i = 2 \dots r_w} \Delta s_R^2(i) \qquad (3.5.35)$$

Die Einflußgröße j wird an die nächste Rangposition der Polynomfunktion (in diesem Fall an Position 2) verschoben, d. h., es wird ein Austausch der Spalten 2 und j vorgenommen. Gleichzeitig kann aus der entstehenden Kovarianzmatrix der Reststreuungswert für den jeweils aktuell geordneten Polynomansatz abgelesen werden. Er ist im Beispielfall als Matrixelement $M_{(r_w \cdot 2)(r_w \cdot 2)}$ zu finden.

Die schrittweise Umformung der Matrix $\mathbf{M}$ wird für alle Spalten, d. h., für alle im Ansatz enthaltenen Einflußgrößen, durchgeführt. Am Ende des Verfahrens sind die Matrixspalten $2 \dots r_w$ so geordnet, daß die zugehörigen Einflußgrößen den jeweils maximalen Beitrag zur Reststreuungsminderung liefern. Eine ausführliche Beschreibung des Algorithmus als Grundlage einer rechentechnischen Implementierung findet man in [SCH 77].

Das Ziel dieser Entwurfsphase besteht in der Auswahl wesentlicher Einflußgrößen und einer entsprechenden Strukturoptimierung der Polynomfunktion. Da mit der Pivotisierung bereits eine Wertigkeit der Einflußgrößen vorliegt, ist in einem weiteren Schritt zu entscheiden, wieviele der Merkmale für eine effektive Gestaltung des Erkennungssystems erforderlich sind und nach welcher Komponente somit der Merkmalvektor "abgeschnitten" wird.

Als Grundlage dieser Entscheidung können die in jedem Transformationsschritt vorliegende Reststreuung s_R^2 bzw. die Reststreuungsminderung genutzt werden. Die Reststreuung s_R^2 als Funktion der Anzahl Einflußgrößen besitzt einen monoton fallenden Verlauf (Bild 3.5.5) und liefert damit kein Optimalitätskriterium.

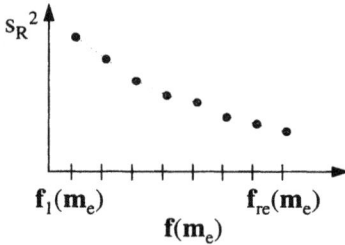

Bild 3.5.5:
Reststreuungsverlauf in Abhängigkeit von der Anzahl der Polynomterme

Unter Einbeziehung der Reststreuung (Bild 3.5.5) und weiterer Informationen lassen sich folgende Auswahlkriterien realisieren:

1. Vorgabe einer minimalen Restreuungsminderung (minimale Güte-
verbesserung)
Als Kriterium wird Gl. (3.5.36):

$$\Delta s_R^2(i) > \Delta s_{R\min}^2 ; \qquad i = 1 \dots r_w \qquad\qquad (3.5.36)$$

verwendet. Es geht davon aus, daß wesentliche Einflußgrößen auch zu einer
spürbaren Verringerung der Reststreuung beitragen. Entsprechend der
Rangordnung werden die Einflußgrößen übernommen, die mindestens die
minimale Güteverbesserung $\Delta s_R^2{}_{\min}$ bewirken. Um die Festlegung von
$\Delta s_R^2{}_{\min}$ unabhängig von dem speziellen Wertebereich der Anwendungsauf-
gabe treffen zu können, wird eine Normierung auf die maximal mögliche
Güteverbesserung vorgenommen. Die Angabe von $\Delta s_R^2{}_{\min}$ erfolgt in Pro-
zent. Es gilt:

$$\Delta s_{R\min}^2 = \Delta s_{R\min\%}^2 \cdot \frac{s_R^2(1) - s_R^2(r_w)}{100\ \%} \qquad\qquad (3.5.37)$$

mit
$\Delta s_R^2{}_{min\%}$ - minimale Reststreuungsminderung in %
$s_R^2(1)$ - Reststreuung unter Verwendung der ersten Einflußgröße
$s_R^2(r_w)$ - Reststreuung unter Verwendung aller Einflußgrößen.

2. AIC-Kriterium
Auf dem Gebiet der Signalmodellbildung wurden zahlreiche Untersuchungen zur Auswahl wesentlicher Einflußgrößen durchgeführt [ISE 91]. Interessant erscheint in diesem Zusammenhang ein Ansatz, der die Güteverbesserung durch Hinzunahme einer weiteren Einflußgröße und den dazu
erforderlichen Aufwand bewertet.

Das auf dem AIC-Kriterium beruhende Auswahlverfahren berechnet folgende Gütefunktion:

$$Q(i) = n \cdot \ln s_R^2(i) + 2i \qquad (3.5.38)$$

mit

$s_R^2(i)$ -   Reststreuung unter Verwendung von i Parametern (Einflußgrößen)

i -   Anzahl Parameter i=1...r_w

n -   Anzahl Beobachtungen (Lernprobenelemente).

Ist die optimale Merkmalmenge im Maximalansatz enthalten, so besitzt die Gütefunktion ein Minimum (siehe Bild 3.5.6).

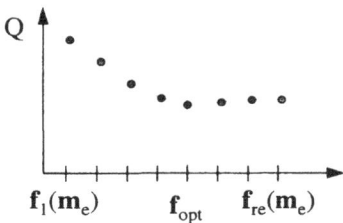

Bild 3.5.6:
Gütefunktion bei Verwendung des
AIC-Kriteriums

Das Kriterium Gl. (3.5.38) bewertet den Aufwand zur Bereitstellung jedes Merkmals mit der gleichen Größe. Läßt sich der Beschaffungsaufwand jedes Merkmals mit einem Kostenfaktor c_j beschreiben ($c_j \geq 1$), so kann das modifizierte Kriterium

$$Q(i) = n \cdot \ln s_R^2(i) + 2 \sum_{j=1}^{i} c_j \qquad (3.5.39)$$

mit

c_j -   Beschaffungskosten der j-ten Einflußgröße
verwendet werden.

3. Einzelbewertung und Auswahl
Die Angaben von Reststreuung, Reststreuungsminderung und Beschaffungskosten sind ebenfalls als Grundlage einer individuellen Bewertung und Auswahl der Einflußgrößen nutzbar. In diesem Fall kann der Anwender über die endgültige Struktur der Polynomfunktion nach eigenen Gesichtspunkten entscheiden. Im Ergebnis dieses Entwurfsschrittes liegt somit eine optimierte Polynomstruktur vor, die einen Kompromiß zwischen Entwurfsaufwand und Erkennungsgüte darstellt.

b) Fuzzy Klassifikator
Im Gegensatz zum Bayes Konzept liegt für den Fuzzy Klassifikator keine Zielfunktion vor, die durch eine Approximation nachgebildet werden soll.

Dementsprechend ist es wenig sinnvoll, ein Fehlerfunktional in Form einer Reststreuung zur Gütebewertung des Klassifikators einzusetzen. Es besteht jedoch die Möglichkeit, die Güte mit Hilfe des Klassifikationsfehlers entsprechend Gl.((3.3.11)) einzuschätzen. Ein Maß für den Aufwand, den eine Entscheidung verursacht, ist die Summe der merkmalbezogenen Kosten. Sind die Beschaffungskosten für alle Merkmale einheitlich, so reduziert sich die Betrachtung auf die Merkmalanzahl. Die Optimierungsziele lauten somit:

$$Q_1 = \sum_{i=1}^{n} f_i \rightarrow Minimum$$

$$Q_2 = \sum_{j=1}^{r_e} c_j \rightarrow Minimum$$

(3.5.40)

mit
f_i - Klassifikationsfehler
c_j - Beschaffungskosten des j-ten Merkmals.

Zur Bestimmung der relevanten Merkmale liegt somit ein mehrkriterielles Entscheidungsproblem mit zwei gegensätzlichen Zielkriterien vor. Durch eine lineare Verknüpfung beider Ziele läßt sich die Aufgabe wieder auf ein einkriterielles Optimierungsproblem reduzieren. In diesem Fall ist die Wichtung der Teilkriterien nach Gl. (3.5.41) festzulegen:

$$Q = \alpha Q_1 + (1 - \alpha) Q_2 \rightarrow Minimum \quad ; \quad 0 \le \alpha \le 1 \quad .$$

(3.5.41)

Mit $\alpha = 0$ wird lediglich der Aufwand, mit $\alpha = 1$ ausschließlich die Klassifikationsgüte bewertet, dazwischen liegen Kompromißentscheidungen.
Da für das Optimierungsproblem von Gl. (3.5.41) keine analytische Lösung existiert, muß ein geeignetes Suchverfahren eingesetzt werden. Hierfür kommt insbesondere das Auf- bzw. Abbauverfahren in Frage. Das Aufbauverfahren beginnt die Struktursuche mit der leeren Merkmalmenge und ergänzt jeweils das Merkmal, das für die bereits vorliegende Merkmalmenge eine maximale Güteverbesserung bewirkt. Beginnt man die Suche mit der maximalen Merkmalmenge und entfernt jeweils das Merkmal, das den minimalen Güteverlust verursacht, so wird die Suchstrategie als Abbauverfahren bezeichnet.
Beide Suchverfahren führen nicht zwangsläufig zum globalen Optimum, was eine Untersuchung aller $\binom{r_e}{r}$ Merkmalkombinationen (r_e Gesamtzahl der Merkmale, r Anzahl relevanter Merkmale) für $r = 1 \dots r_e$ erfordern würde. Sie liefern jedoch eine effiziente und nahezu identische Merkmalmenge [BOC 87].
Das gewählte Klassifikator Konzept erweist sich als vorteilhaft für die

Anwendung dieser Verfahren, da für die einzelnen Merkmale separate, von der Merkmalmenge unabhängige Zugehörigkeitsfunktionen bestimmt werden. Dementsprechend sind die Parameter einmalig zu berechnen und stehen bei Bedarf zur Verfügung.

Aufgrund seines durchschnittlich geringeren Rechenzeitbedarfes wurde das Aufbauverfahren als Standardverfahren in den Entwurfsprozeß der Klassensteuerung des Tools ILMKLASS implementiert.

Zur *Auswahl der wesentlichen Einflußgrößen für die Steuerung* wird eine Signifikanzprüfung der Parameter a_i vorgenommen. Verwendet wird dazu ein modifizierter t-Test entsprechend Gl. (3.5.42).
Wenn gilt:

$$|\hat{a}_i(k,l)| \geq t_{\alpha,f}\, s_R(k,l)\, \sqrt{P_{ii}(k,l)}$$

$$s_R^2(k,l) = \frac{1}{n(k)-1} \sum_{j=1}^{n(k)} (f_s^T(m_{s_j})\cdot\hat{a}_i(k,l) - u_j(l))^2 \qquad (3.5.42)$$

$$P(k,l) = [F^T(k,l)\cdot F(k,l)]^{-1}$$

mit

k	-	Klasse $k = 1 \dots K$
l	-	Steuergröße $l = 1 \dots r_u$
s_R^2	-	Reststreuung
n	-	Anzahl Beobachtungen (Lernobjekte)
P_{ii}	-	Hauptdiagonalenelement der Präzisionsmatrix
$t_{\alpha,f}$	-	Wert der t-Verteilung für
α	-	Irrtumswahrscheinlichkeit
f	-	Freiheitsgrad $f = n - r_s - 1$

ist der geprüfte Parameter signifikant ($\hat{a}_i \neq 0$) mit einer Irrtumswahrscheinlichkeit α und verbleibt im Ansatz der Polynomfunktion.
Die nun vorliegenden optimierten Strukturen des Erkennungssystens und der Steuerung erfordern eine Neubelehrung der Klassensteuerung, d. h., die Feinstrukturierung entsprechend Abschnitt 3.5.3 (Phase 2) ist auf der Basis der reduzierten Merkmalvektoren zu wiederholen.

3.5.5 Implementation und Test der Steuerung

Mit der festgelegten Struktur der Klassifikatorfunktionen und der Steuergesetze sowie den berechneten Parametern liegen alle notwendigen Informationen zur Realisierung der im Abschnitt 3.1 dargestellten Klassensteuerung vor.

In Abhängigkeit vom eingesetzten Klassifikatortyp ergibt sich die Struktur
für das Gesamtsystem entsprechend Bild 3.5.7.

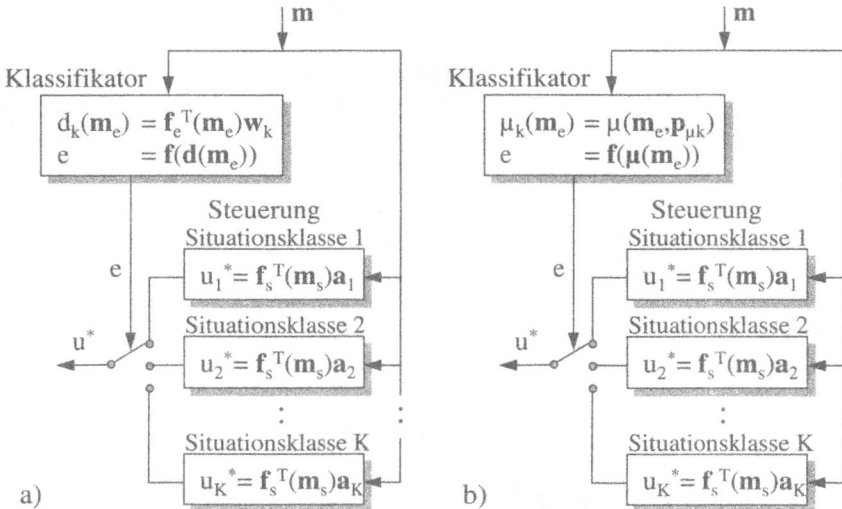

Bild 3.5.7: Struktur der Klassensteuerung mit Bayes (a) bzw. Fuzzy (b) Klassifikator

a) Bayes Klassifikator

Der Klassifikator liefert einen Vektor $d(m_e)$ mit den Schätzungen der be-
dingten Wahrscheinlichkeiten $(P(k|m_e))$ für die Zuordnung der beobachteten
Situation m_e zu den K Situationsklassen. Die beobachtete Situation wird der
Klasse zugeordnet, die unter den gegebenen Bedingungen mit der größten
Wahrscheinlichkeit auftritt. Auf der Grundlage der Distanzmaße $d(m_e)$ lautet
dementsprechend die (scharfe) Entscheidungsregel:

$$e = \arg\max_{k = 1 \dots K} d_k(m_e) \rightarrow u^* = u_e^* \quad . \tag{3.5.43}$$

Mit der Entscheidung e der Zuordnung der Situation in die Klasse k = e ist
auch das Steuergesetz festgelegt, daß zur Berechnung der Steuerhandlung u^*
verwendet wird. Die Anwendung dieser Regel bewirkt an den Klassengrenzen einen harten Umsteuervorgang. Da sich die Steuerungen hinsichtlich ihres statischen und dynamischen Verhaltens unterscheiden können, ist
beim Übergang in eine andere Situationsklasse mit unangemessen starken
Steuereingriffen zu rechnen.
Andererseits soll in den Übergangsbereichen sowie in den Randgebieten des
Arbeitsbereiches, wo wenig oder keine Lernprobenelemente vorlagen, d. h.,
in Gebieten geringer Entscheidungssicherheit, nicht ausschließlich mit
Rückweisungsentscheidungen gearbeitet werden. In automatisierten Systemen ist ohnehin eine Steuerhandlung erforderlich und im Rahmen von

Beratungssystemen sollte zumindest ein dem Wissensstand angemessener Vorschlag unterbreitet werden. Das Vorliegen einer Rückweisungssituation ist in geeigneter Form bekannt zu geben (Alarm, Nachricht, Sicherheitswert). Eine detaillierte Untersuchung von Rückweisungsstrategien findet man in [VOL 92].

Im vorliegenden Konzept wird zur "weicheren" Gestaltung des Umsteuervorganges ein Kompromiß zwischen den Steuervorschlägen der angrenzenden Klassen gewählt. Das macht eine Modifikation der Entscheidungsregel in folgender Weise erforderlich:

$$e_1 = \underset{k=1...K}{argmax} \; d_k(m_e) \qquad\qquad e_2 = \underset{\substack{k=1...K \\ k \neq e_1}}{argmax} \; d_k(m_e)$$

$$e = \begin{cases} e_1 & \rightarrow \quad u^\star = u^\star_{e_1} ; \\[1ex] & \qquad d_{e_1}(m_e) - d_{e_2}(m_e) > d_{min} \\[3ex] (e_1, e_2) & \rightarrow \quad u^\star = \dfrac{d_{e_1}}{d_{e_1} + d_{e_2}} \cdot u^\star_{e_1} + \dfrac{d^\star_{e_2}}{d_{e_1} + d_{e_2}} \cdot u^\star_{e_2} ; \\[2ex] & \qquad d_{e_1}(m_e) - d_{e_2}(m_e) \leq d_{min} \end{cases} \qquad (3.5.44)$$

Zur Festlegung der Grenze d_{min} ist das Steuerverhalten benachbarter Klassen, insbesondere der statische Übertragungsfaktor, maßgebend. Zur Dimensionierung eignet sich die grafische Darstellung der statischen Kennlinie zwischen jeweils einer Eingangs- und einer Steuergröße bzw. die Kennfläche zwischen zwei Eingangs- und einer Steuergröße.

Nutzt man das Kriterium zur Gütebewertung der Steuerhandlungen entsprechend Gl. (3.5.22), so kann die Festlegung von d_{min} mit Hilfe eines Optimierungsverfahrens erfolgen. Als Suchalgorithmen können sowohl Gradienten- als auch gradientenfreie Verfahren eingesetzt werden.

b) Fuzzy Klassifikator

Der Fuzzy Ansatz bietet ebenfalls die Möglichkeit, den berechneten Sympathievektor $\mu(m_e)$ sowohl für eine scharfe Entscheidung im Sinne einer Maximumsuche als auch für eine Kompromißlösung zu nutzen. Dem Fuzzy Konzept angemessen soll jedoch nur letztere Variante unter Berücksichtigung der beiden Klassen mit dem größten Sympathiewert angewendet werden.

Somit gilt (Gl. (3.5.45)):

$$e_1 = \underset{k=1...K}{argmax}\ \mu_k(m_e) \qquad\qquad e_2 = \underset{\substack{k=1...K \\ k \neq e_1}}{argmax}\ \mu_k(m_e)$$

$$e = \begin{cases} e_1 & \rightarrow \quad u^* = u^*_{e_1}\ ; \\ & \quad \mu_{e_1}(m_e) - \mu_{e_2}(m_e) > \mu_{min} \\[2ex] (e_1, e_2) & \rightarrow \quad u^* = \dfrac{\mu_{e_1}}{\mu_{e_1} + \mu_{e_2}} \cdot u^*_{e_1} + \dfrac{\mu_{e_2}^*}{\mu_{e_1} + \mu_{e_2}} \cdot u^*_{e_2}\ ; \\ & \quad \mu_{e_1}(m_e) - \mu_{e_2}(m_e) \leq \mu_{min} \end{cases} \qquad (3.5.45)$$

Die zur Festlegung von d_{min} getroffenen Aussagen treffen in gleicher Weise auf die Dimensionierung von μ_{min} zu.

Für den Test und die Gütebewertung der Klassensteuerung sollten von der Lernprobe unabhängige Daten verwendet werden. Nur auf dieser Grundlage kann eine objektive Einschätzung des Entwurfsergebnisses erfolgen. Als Bewertungskriterien sind die aus der Modellbildung bekannten Fehlermaße, wie die Fehlerquadrat-Summe, die Reststreuung oder der maximale Fehler verwendbar. Aus einer Auswertung des Fehlerverlaufes innerhalb der einzelnen Situationsklassen läßt sich feststellen, inwieweit die vorgegebene Steuerhandlung mit dem Strukturansatz nachvollziehbar ist. Treten systematische Fehler in den Klassen auf (z.B. zusammenhängende Bereiche mit zu groß bzw. zu klein ermitteltem Steuervorschlag), so kann das folgende Ursachen haben:

- Die festgelegte Klassenanzahl ist zu gering, um das vorliegende nichtlineare Verhalten hinreichend genau mit den linearen Teilabschnitten zu erfassen,
- Im Strukturansatz des Erkennungssystems fehlen wesentliche Einflußgrößen bzw. deren Wechselwirkungen, so daß die Klassengebiete ungünstig bestimmt wurden oder
- Das mit den Steuergesetzen bestimmte dynamische Verhalten weicht wesentlich vom Verhalten der Lernprobe ab.

Machen die festgestellten Fehler strukturelle Veränderungen erforderlich, so ist eine erneute Parametrierung der Klassensteuerung notwendig.

Ist das nicht der Fall, so kann der Entwurfsvorgang mit der Erstellung eines anwendbaren Programmoduls abgeschlossen werden. Die Eingangsgröße bildet der Merkmalvektor **m** (mit den Komponeneten von **m**$_e$ und **m**$_s$), die Ausgangsgröße liefert den Steuervorschlag **u***.

3.5.6 Zusammenfassende Wertung

Zur Nachbildung des menschlichen Entscheidungsverhaltens wurde eine Struktur vorgeschlagen, die sich aus den Teilen Situationserkennung und situationsbezogener Steuerhandlung zusammensetzt. Der auf dieser Grundlage realisierte Steuerungsentwurf erforderte Darlegungen zu
- einer geeigneten Form der Situationsbeschreibung,
- der Wahl und Anwendung der Erkennungsalgorithmen,
- der Festlegung der Steuerhandlungen und
- einer zielgerichteten Entwurfsstrategie.

Auf der Basis einer Situationsbeschreibung im Zeitbereich kamen zwei unterschiedliche Klassifikator Konzepte zum Einsatz. Im Vergleich konnte gezeigt werden, daß die praktische Realisierung des Bayes- und Fuzzy Ansatzes nahezu zu gleichwertigen Erkennungssystemen führt. Der Ansatz erlaubt sowohl eine Anwendung für die Steuerung im normalen Betriebsregime, als auch die Behandlung von Ausnahmesituationen. Das entwickelte Konzept einer Klassensteuerung setzt diese theoretischen Betrachtungen in ein einsatzfähiges Verfahren um, für das ein zielgerichteter Entwurfsweg vorgestellt wurde.

3.6 Realisierte Anwendungsprojekte

Die nachfolgend vorgestellten Einsatzbeispiele von Talsperrensteuerungen entstanden im Rahmen des BMFT-Forschungsprojektes WISCON [KOC 93] und im Ergebnis einer Studie zur Modellierung und Steuerung von Donaustaustufen für die Österreichische Donaukraftwerke AG [WER 93]. In beiden Fällen liegen die im Abschnitt 3.1 beschriebenen Systemvoraussetzungen für einen sinnvollen Einsatz der Klassensteuerung vor. Außerdem standen Daten historischer Hochwasserereignisse zum Entwurf und Test der Steuerung zur Verfügung.

Die Gliederung der Beschreibung entspricht den im Abschnitt 3.5 festgelegten Entwurfsschritten und wird jeweils durch eine kurze Erläuterung des Einsatzbeispiels ergänzt.

Am Beispiel der Talsperrensteuerung Ratscher wird sowohl der Entwurf unter Nutzung eines Bayes- als auch eines Fuzzy Klassifikators demonstriert. Beide Wege führen, entsprechend der Aussagen im Abschnitt 3.5.6, zu Steuerungen mit nahezu identischem Verhalten. Zum Vergleich wird eine Fuzzy Steuerung, die die Handlungsstrategie des Bedieners auf Regeln basierend nachbildet, dargestellt. Für die weitere Anwendung wurde ein Bayes Klassifikator eingesetzt, der Entwurf läßt sich jedoch ohne weiteres mit dem Fuzzy Ansatz und vergleichbarer Güte realisieren.

3.6.1 Klassensteuerung der Talsperre Ratscher zum Hochwasserschutz im Gebiet der Werra/ Thüringen

Zum Hochwasserschutz wurden im Bereich der oberen Werra die Talsperre Ratscher und das Rückhaltebecken Grimmelshausen errichtet.

Die Anlage bei Grimmelshausen besitzt ausschließlich diese Schutzfunktion, so daß der Stauraum von ca. 1.7 Mio m^3 ständig zur Verfügung steht. Die Talsperre Ratscher, auf die sich die nachfolgenden Betrachtungen beziehen, wird darüber hinaus für Erholungszwecke genutzt und muß einen Mindestabfluß von 10 l/s zur Aufrechterhaltung der ökologischen Bedingungen garantieren. Von dem Gesamtstauraum von 5.2 Mio m^3 sind lediglich 1.2 Mio m^3 als Freiraum verfügbar. Während für Winterhochwasser eine Optimalsteuerstrategie als Entscheidungshilfe für das Talsperren-Bedienpersonal vorliegt, muß im Falle eines Sommerhochwassers der Operateur die Steuerentscheidung ausschließlich auf der Grundlage seines Erfahrungswissens treffen. Die Ursache für diese Situation liegt im wesentlichen im unterschiedlichen Vorhersagehorizont für den Talsperrenzufluß in der Sommer- und Winterperiode.

Im Winter wird der Abfluß in den Einzugsgebieten durch die zurückgehaltene Schneemenge bestimmt, die eine Vorhersage über 3 Tage gestattet.

Sommerhochwasser entstehen durch kurzzeitige, meist lokal begrenzte, jedoch extrem starke Niederschläge (> 40mm/24h) bzw. durch langanhaltende, starke Niederschläge im gesamten Einzugsgebiet. Während im ersten Fall ein zielgerichteter Eingriff nur möglich ist, wenn die Niederschläge im Einzugsbereich der Talsperren auftreten und die Talsperren durch Bedienpersonal besetzt sind, läßt sich im zweiten Fall eine längerfristige Steuerung realisieren. Der Abfluß in den Einzugsgebieten ist von der vorliegenden Bodenfeuchte und den aktuellen Niederschlägen abhängig und wird mit Hilfe der Bodenfeuchte- (Lorent-Gevers-) und Niederschlag-Abfluß-Modelle qualitativ und quantitativ beschrieben [NEI 81] (Bild 3.6.1).

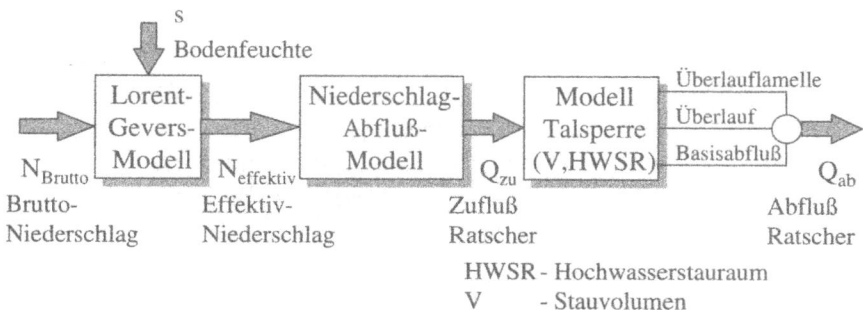

Bild 3.6.1: Modellstruktur und Signaldefinition für die Talsperrensteuerung Ratscher

Da im Hochwasserfall vom Wetteramt maximal 12h-Vorhersagen für die Niederschläge verfügbar sind, lassen sich die Wassermengen ebenfalls nur für den Zeitraum 12 h + Laufzeit in den Einzugsgebieten vorhersagen. Hinzu kommt eine relativ große Unsicherheit der vorhergesagten Niederschlagsmengen.

Die Klassensteuerung soll das Entscheidungsverhalten eines erfahrenen Hydrologen zur Talsperrensteuerung bei Sommerhochwassern optimal nachbilden.

Im Anwendungsprojekt ist ein wissensbasiertes Steuerungskonzept sinnvoll, weil das System "Einzugsgebiet Werra" folgende Merkmale aufweist:
- komplexer Prozeß hinsichtlich der Vielzahl existierender Eingangs-, Zustands- und Ausgangsgrößen,
- nichtlineares Prozeßverhalten,
- Prozeß mit verteilten Parametern,
- nur teilweise mit vertretbarem Aufwand modellierbar,
- starke, nicht vorhersehbare Störungen,
- eng begrenzte Steuerreserven und
- der Mensch ist als Entscheidungsträger in die Steuerung integriert.

Die Aufgabe der Steuerung besteht darin, die Spitze der Hochwasserwelle mit dem Steuervermögen der Talsperre abzufangen, wobei der zur Verfügung stehende Hochwasserstauraum vollständig ausgeschöpft und ein für das Folgegebiet erträglicher Abfluß nicht überschritten werden soll. Der Abfluß setzt sich aus den Teilen Basisabfluß, Abfluß über die Überlauflamelle und Überlauf zusammen (Bild 3.6.2).

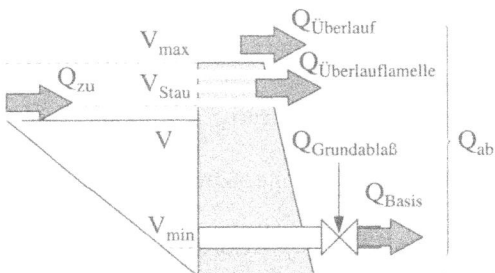

Bild 3.6.2:
Prinzipskizze einer Talsperre

Der Basisabfluß bildet im System die Steuergröße und wird über den Grundablaß eingestellt. Die Überlauflamelle stellt ein Sicherheitssystem dar, das den Überlauf der Talsperre und damit eine Zerstörung verhindern soll. Neben einem kompetenten Experten standen zum Steuerungsentwurf aufgezeichnete Niederschlags- und Abflußdaten historischer Hochwasserereignisse zur Verfügung (z. B. Bild 3.6.3 und Bild 3.6.4).

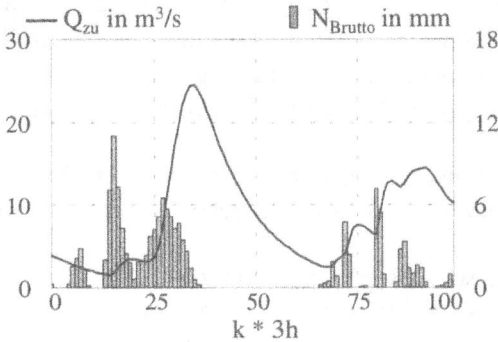

Bild 3.6.3:
Niederschlag Pegel Rappelsdorf
und Zufluß der Talsperre Ratscher
für das Hochwasser
26.6.-8.7.1966

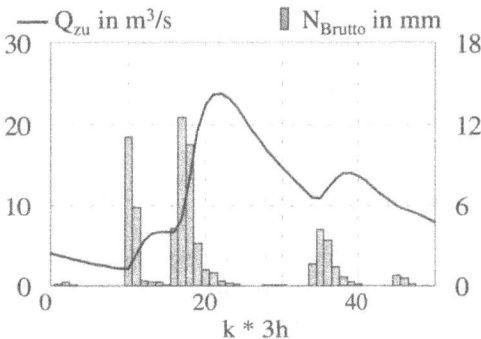

Bild 3.6.4:
Niederschlag Pegel Rappelsdorf
und Zufluß der Talsperre Ratscher
für das Hochwasser
29.6.-5.7.1972

Mit Hilfe eines Simulationsmodells und den vorhandenen Daten als Systemeingangsgrößen wurden die Steuerhandlungen des Experten gemeinsam mit allen anderen Systemgrößen als Handlungsmuster protokolliert.

1. Festlegung der Struktur des Klassifikators und der Steuergesetze
a) Bayes Klassifikator
Auf der Grundlage der durchgeführten Expertenbefragung wurden die nachfolgenden Festlegungen getroffen.
Als Einflußgrößen zur Bestimmung der aktuellen Situation werden verwendet:
- der aktuelle Bruttoniederschlag,
- der aktuelle Effektivniederschlag,
- der aktuelle Talsperrenzufluß,
- der vorhergesagte Talsperrenzufluß und
- der aktuelle Hochwasserstauraum.

Zusätzlich wird ein Term in den transformierten Merkmalvektor $f_e(m_e)$ aufgenommen, der die Arbeitspunkte der verschiedenen Einflußgrößen erfaßt. Das ist erforderlich, da zwar eine Normierung der Größen auf den Arbeitsbereich erfolgt, der genaue Arbeitspunkt jedoch meist unbekannt ist.

Damit ergibt sich die folgende Struktur:

$$
m_e = \begin{pmatrix} N_{Brutto}(k) \\ N_{effektiv}(k) \\ Q_{zu}(k) \\ Q_{zu}(k+1) \\ HWSR(k) \end{pmatrix} \begin{matrix} aktueller & Bruttoniederschlag \\ aktueller & Effektivniederschlag \\ aktueller & Zufluß \\ vorhergesagter & Zufluß \\ aktueller & Hochwasserstauraum \end{matrix}
$$

$$
f_e(m_e) = \begin{pmatrix} 1 \\ N_{Brutto}(k) \\ N_{effektiv}(k) \\ Q_{zu}(k) \\ Q_{zu}(k+1) \\ HWSR(k) \end{pmatrix} \quad Arbeitspunkt \tag{3.6.1}
$$

$$
Q_{Grundablaß}(k) = a_0 + a_1 Q_{zu}(k) \quad Grundablaß \quad (\ Stellgröße\ )
$$

$$
m_s = \left(Q_{zu}(k) \right) \qquad f_s(m_s) = \begin{pmatrix} 1 \\ Q_{zu}(k) \end{pmatrix}
$$

$$
Klassen = (\ Normalsituation\ ,\ Hochwassersituation\ ) \quad .
$$

Die dargestellten Größen werden am realen Prozeß in folgender Weise ermittelt:
- Der Bruttoniederschlag ist eine gemessene Größe.
- Der Hochwasserstauraum ergibt sich als Differenz aus Maximalstauraum und aktuell gemessenen Stauraum.
- Der aktuelle Talsperrenzufluß ergibt sich aus einer Rückrechnung über den Abfluß und die Inhaltsänderung der Talsperre.
- Der Effektivniederschlag wird mittels Lorent-Gevers-Modell berechnet.
- Den vorhergesagten Zufluß liefert das Niederschlags-Abfluß-Modell auf der Grundlage der aktuellen Niederschlagswerte.

Bei der Einstellung des Grundablasses orientiert sich der Experte ausschließlich am aktuellen Zufluß, was seine Aussagen zur Steuerstrategie belegen. In der festegelegten Struktur wurden die zwei Situationsklassen Normal- und Hochwassersituation unterschieden. Die ersten Untersuchungen erfolgten unter Verwendung einer weiteren Situationsklasse, die das Übergangsverhalten zwischen Normal- und Hochwassersituation beschreiben sollte. Im Ergebnis des Steuerungsentwurfs entstanden jedoch zwei benachbarte Klassen mit völlig identischem Steuerverhalten, so daß eine Reduktion auf zwei Situationsklassen für sinnvoll erachtet wurde.

b) Fuzzy Klassifikator

Der Fuzzy Klassifikator verwendet zur Situationserkennung im Merkmal-vektor m_e die gleichen Einflußgrößen wie der Bayes Klassifikator. Im Ansatz ist keine Ergänzung des Arbeitspunktes erforderlich, da dieser für jede Merkmalkomponente separat als Parameter in der Zugehörigkeits-funktion berücksichtigt wird. Alle weiteren Festlegungen können ent-sprechend a) übernommen werden.

2. Erstellen einer Lernprobe

Die Grundlage für die Anwendung von Algorithmen zur automatischen Klassifikation bildet die Lernprobe LP{m,u,q}, die das Prozeßverhalten im gesamten Arbeitsbereich dokumentiert. Es wird vorausgesetzt, daß die Daten mit einer konstanten Abtastzeit (angepaßt an die Prozeßdynamik) erfaßt wurden.

Im vorliegenden Fall beruhen die Daten auf historisch aufgezeichneten Hochwasserereignissen und beinhalten Niederschlags- und Durchflußwerte für die Pegel Rappelsdorf, Ellingshausen und Meiningen. Repräsentativ für das Einzugsgebiet der Talsperre Ratscher ist der Pegel Rappelsdorf, der den Talsperrenzufluß Q_{zu} beschreibt. Da die Talsperre erst nach den Hochwasser-ereignissen errichtet wurde, fehlen in den Aufzeichnungen die Steuerhand-lungen, die zum Entwurf der Steuerung erforderlich sind. Um diese nach-träglich zu ergänzen, wurde ein Simulationsmodell der Talsperre erstellt, das auf die historischen Daten als Eingangsgrößen zurückgreift, dem Prozeßbe-diener alle zu seiner Entscheidung erforderlichen Informationen zur Verfü-gung stellt und die Steuerhandlungen (Grundablaßeinstellung) als Eingabe in jedem Tastschritt anfordert. Die Simulation erfolgt mit einer "gerafften" Abtastzeit von 3 h. Eine für den Entwurf gewählte Lernprobe (Bild 3.6.5) stützt sich auf Daten des Hochwassers vom 26.6. bis 8.7.1966.

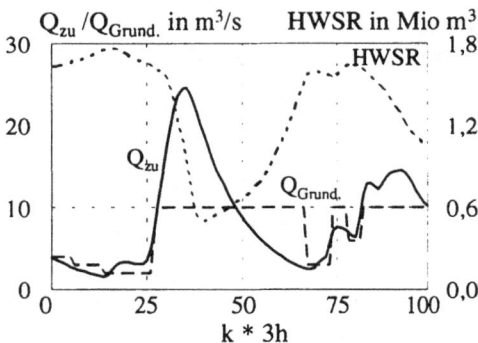

Bild 3.6.5:
Signalverläufe der Lernprobe
(Hochwasser 26.6. - 8.7.1966)

Die auf der Grundlage der Protokolle erstellten Lern- bzw. Testproben besitzen folgende Struktur:

$N_{Brutto}(k)$ 10 mm/3 h	$N_{effektiv}(k)$ 10 mm/3 h	$Q_{zu}(k)$ 10 m³/s	$Q_{zu}(k+1)$ 10 m³/s	HWSR(k) 10⁶ m³	$Q_{Grundablaß}(k)$ 10 m³/s

Die verwendete Normierung berücksichtigt die numerischen Erfordernisse (Wertebereich ca. [0,0 ... 3,0]), gewährleistet jedoch auch die Verständlichkeit der im Textformat erstellten Dateien.

3. Strukturierung der Lernprobe und Parametrierung der Klassensteuerung

Zur Grobstrukturierung der Lernprobe in zwei Situationsklassen wurde das Verfahren Complete Linkage verwendet. Als Ergebnis des sich anschließenden Situationsbezogenen Optimalen Steuerungsentwurfs mit der Gütefunktion (Gl. (3.5.23)) und $\alpha = 0,5$ ergeben sich folgende Parameter:

a) Bayes Klassifikator

Die Klassensteuerung mit Bayes Klassifikator besitzt folgende Parameter:

$$
\begin{array}{ccc}
\textit{Klasse} & 1 \quad 2 & \qquad 1 \quad 2 \\
\end{array}
$$

$$
W = \begin{pmatrix} -0.74 & 1.74 \\ -0.07 & 0.07 \\ 2.75 & -2.75 \\ 4.99 & -4.99 \\ -5.37 & 5.37 \\ 1.05 & -1.05 \end{pmatrix} \qquad A = \begin{pmatrix} 0.19 & 1.00 \\ 0.68 & 0.00 \end{pmatrix} . \qquad (3.6.2)
$$

b) Fuzzy Klassifikator

Für die Steuerung gilt:

$$
\begin{array}{cc}
\textit{Klasse} & 1 \quad 2
\end{array}
$$

$$
A = \begin{pmatrix} 0.15 & 1.00 \\ 0.82 & 0.00 \end{pmatrix} \qquad (3.6.3)
$$

Die Parameter der entsprechenden Zugehörigkeitsfunktionen sind in Tafel
3.6.1 dargestellt.

Tafel 3.6.1: Parameter der Zugehörigkeitsfunktionen

Klasse 1 (Normalsituation)								
Merkmal	m_s	a	b_l	b_r	c_l	c_r	d_l	d_r
$N_{Brutto}(k)$	0.20	9.95	0.26	0.37	0.70	1.40	9.49	2.00
$N_{effektiv}(k)$	0.10	9.95	0.23	0.38	0.60	1.12	20.00	2.07
$Q_{zu}(k)$	0.41	9.95	0.37	0.29	0.76	2.06	4.02	2.00
$Q_{zu}(k+1)$	0.44	9.95	0.37	0.30	0.79	2.25	3.82	2.00
HWSR(k)	1.61	9.95	0.39	0.46	0.98	0.65	2.32	2.01
Klasse 2 (Hochwassersituation)								
$N_{Brutto}(k)$	0.08	9.95	0.27	0.40	0.58	1.00	20.00	2.04
$N_{effektiv}(k)$	0.08	9.95	0.27	0.40	0.58	1.00	20.00	2.04
$Q_{zu}(k)$	1.32	9.95	0.35	0.22	1.41	1.64	2.35	4.36
$Q_{zu}(k+1)$	1.30	9.95	0.20	0.22	1.42	1.66	5.11	4.25
HWSR(k)	1.01	9.95	0.28	0.17	1.01	1.09	4.76	7.37

4. Strukturoptimierung der Klassensteuerung
a) Bayes Klassifikator
Die Pivotisierung ermittelte für die Polynomterme des Klassifikators die
Rangierung und Gütewerte entsprechend Tafel 3.6.2.

Tafel 3.6.2: Ermittlung der optimalen Merkmalmenge mittels Pivotisierung

Einflußgröße	Reststreu-ung	AIC-Kriterium
Arbeitspunkt AP	48.72	390.61
aktueller Zufluß $Q_{zu}(k)$	13.23	262.26
aktueller Hochwasserstauraum HWSR(k)	12.88	261.58
aktueller Effektivniederschlag $N_{effektiv}(k)$	12.86	263.43
vorhergesagter Zufluß $Q_{zu}(k+1)$	12.84	265.25
aktueller Bruttoniederschlag $N_{Brutto}(k)$	12.83	267.16

Die grafische Darstellung des AIC-Kriteriums ergibt den im Bild 3.6.6 dargestellten Verlauf.

Güte (AIC-Kriterium)

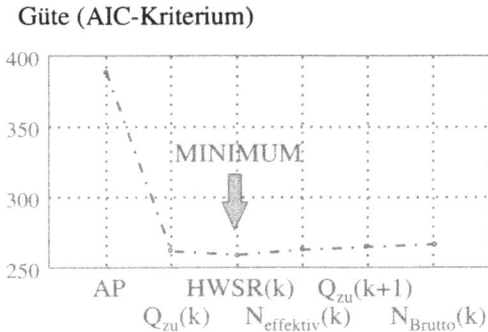

AP   HWSR(k) $Q_{zu}(k+1)$
$Q_{zu}(k)$ $N_{effektiv}(k)$ $N_{Brutto}(k)$

Bild 3.6.6:
Güteverlauf für AIC-Kriterium

Das Ergebnis zeigt, daß die Größen Brutto- und Effektivniederschlag sowie der vorhergesagte Zufluß nur unwesentlich zu einer Güteverbesserung des Klassifikators beitragen und aus dem Ansatz entfernt werden können.
Zur Signifikanzprüfung der Parameter **a** der Steuergesetze wurde das Konfidenzintervall für eine Irrtumswahrscheinlichkeit von $\alpha = 5\%$ entsprechend Tafel 3.6.3 bestimmt.

Tafel 3.6.3: Konfidenzintervalle für die Parameter der Steuergesetze

Klasse	Parameter	Konfidenzintervall	Signifikante Parameter
Normalsituation	a_0	$6.24 \cdot 10^{-2} \leq 0.19 \leq 0.30$	Arbeitspunkt
	a_1	$0.44 \leq 0.68 \leq 0.91$	$Q_{zu}(k)$
Hochwasser-situation	a_0	$1.00 \leq 1.00 \leq 1.00$	Arbeitspunkt
	a_1	$0.00 \leq 0.00 \leq 0.00$	

Die Klasse 2 (Hochwassersituation) enthält ausschließlich Situationen, in denen die Steuerhandlung $Q_{Grundablaß} = 10\ m^3/s$ gewählt wurde. Daraus erklärt sich das ermittelte Konfidenzintervall von Null. Mit Ausnahme von Parameter a_{22}, der ohnehin den Wert Null besitzt, sind alle anderen statistisch gesichert und verbleiben im Ansatz. Bei der Merkmalreduzierung aufgrund fehlender Signifikanz ist darauf zu achten, daß ein Parameter nur dann aus dem Ansatz entfernt werden kann, wenn diese Feststellung für alle Klassen zutrifft. Im vorliegenden Beispiel bleibt die Struktur (Komponenten in $\mathbf{f_s}$) somit unverändert.

b) Fuzzy Klassifikator

Das Aufbauverfahren unter Verwendung des Klassifikationsfehlers als Gütemaß (Gl. (3.5.15)) führt ebenfalls zu einer optimalen Merkmalmenge bestehend aus $Q_{zu}(k)$ und HWSR(k) (Tafel 3.6.4).

Tafel 3.6.4: Ermittlung der optimalen Merkmalmenge mittels Aufbauverfahren

Merkmale im Ansatz	Klassifikationsfehler bei Hinzunahme von Merkmal				
	N_{brutto} (k)	$N_{effektiv}$ (k)	Q_{zu} (k)	Q_{zu} (k+1)	HWSR(k)
	83	93	3	6	42
$Q_{zu}(k)$	2	2		5	2
$Q_{zu}(k)$,HWSR(k)	3	3		4	
$Q_{zu}(k)$,HWSR(k),$N_{effektiv}(k)$	3			4	
$Q_{zu}(k)$,HWSR(k),$N_{effektiv}(k)$ $N_{brutto}(k)$				3	

Für die Parameter der Steuerung ergeben sich unter Verwendung von $\alpha=5$ % die Konfidenzintervalle, wie sie in Tafel 3.6.5 dargestellt sind.

Tafel 3.6.5: Konfidenzintervalle für die Parameter der Steuergesetze

Klasse	Parameter	Konfidenzintervall	Signifikante Parameter
Normal-situation	a_0	$2.08 \cdot 10^{-2} \leq 0.15 \leq 0.33$	Arbeitspunkt
	a_1	$0.40 \leq 0.82 \leq 1.23$	$Q_{zu}(k)$
Hochwasser-situation	a_0	$1.00 \leq 1.00 \leq 1.00$	Arbeitspunkt
	a_1	$0.00 \leq 0.00 \leq 0.00$	

Mit der optimierten Struktur für das Erkennungssystem in Form des reduzierten Merkmalvektors $\mathbf{m}_e$ bzw. transformierten Merkmalvektors $\mathbf{f}_e(\mathbf{m}_e)$

$$\mathbf{m}_e = \begin{pmatrix} Q_{zu}(k) \\ HWSR(k) \end{pmatrix} \qquad \mathbf{f}_e(\mathbf{m}_e) = \begin{pmatrix} 1 \\ Q_{zu}(k) \\ HWSR(k) \end{pmatrix} \qquad (3.6.4)$$

verändern sich die Parametersätze wie folgt:

a) Bayes Klassifikator

$$Klasse \quad 1 \quad 2 \quad\quad\quad 1 \quad 2$$

$$W \;=\; \begin{pmatrix} 0.17 & 0.83 \\ -0.42 & 0.42 \\ 0.53 & -0.53 \end{pmatrix} \quad A \;=\; \begin{pmatrix} 0.16 & 1.00 \\ 0.82 & 0.00 \end{pmatrix} \tag{3.6.5}$$

Die Unterscheidungsfunktionen der Klassen 1 und 2 bei variablem Zufluß und konstantem Hochwasserstauraum von 1,2 Mio m^3 sind im Bild 3.6.7a bzw. bei variablem Hochwasserstauraum und konstantem Zufluß von 10 m^3/s im Bild 3.6.7b dargestellt.

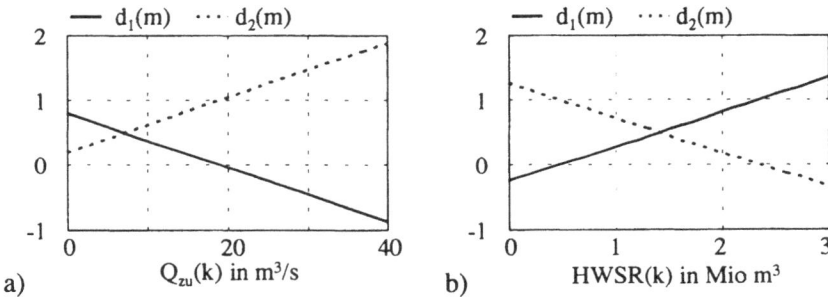

Bild 3.6.7: a) Unterscheidungsfunktionen für HWSR(k) = 1.2 Mio m^3
b) Unterscheidungsfunktionen für Qzu(k) = 10 m^3/s

b) Fuzzy Klassifikator
Als Parameter wurden ermittelt:

Tafel 3.6.6: Parameter der Zugehörigkeitsfunktionen

Klasse 1 (Normalsituation)								
Merkmal	m_s	a	b_l	b_r	c_l	c_r	d_l	d_r
$Q_{zu}(k)$	0.38	9.94	0.40	0.40	0.72	1.00	3.55	2.00
HWSR(k)	1.63	9.94	0.39	0.46	0.93	0.64	2.36	2.01
Klasse 2 (Hochwassersituation)								
$Q_{zu}(k)$	1.31	9.96	0.34	0.23	1.43	1.64	2.41	4.21
HWSR(k)	1.02	9.96	0.27	0.39	1.02	1.08	4.76	2.14

Die entsprechenden Zugehörigkeitsfunktionen sind im Bild 3.6.8 dargestellt.

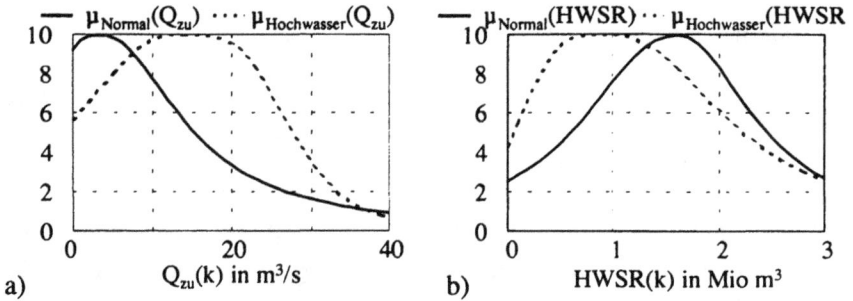

Bild 3.6.8: a) ZGF des Merkmals $Q_{zu}(k)$ b) ZGF des Merkmals HWSR(k)

Die Parameter der Steuerung lauten:

$$\begin{array}{cc} \textit{Klasse} & \quad 1 \quad\quad 2 \end{array}$$

$$A \;=\; \begin{pmatrix} 0.12 & 1.00 \\ 0.86 & 0.00 \end{pmatrix} \hspace{3cm} (3.6.6)$$

Das Ergebnis zeigt, daß sich die ermittelten Situationsklassen als Normal- bzw. Hochwassersituation interpretieren lassen und somit den Strukturansatz bestätigen. Die ermittelten Steuergesetze lassen sich ebenfalls durch die in der Expertenbefragung getroffenen Aussagen belegen. Die als Produktionsregeln formulierte Steuerhandlungen lauten:

- WENN   Normalsituation   DANN Grundablaß = Zufluß
- WENN   Hochwassersituation UND Normativstauraum
                                        DANN Grundablaß = 10 m³/s

Bild 3.6.9 zeigt, wie das Erkennungssystem die vorgegebenen Prozeßsituationen der Lernprobe in die Situationsklassen Normal- und Hochwassersituation einordnet. Es treten dabei nur geringfügige Unterschiede im Entscheidungsverhalten beider Klassifikatoren auf.

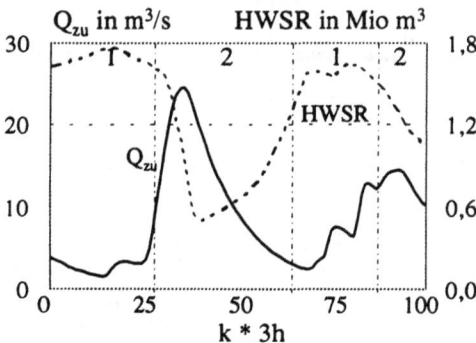

Bild 3.6.9:
Situationsklassen der Lernprobe

Unter Berücksichtigung der normierten Lerndaten lauten die ermittelten Steuergesetze für:

a) Bayes Klassifikator

Klasse 1 (*Normalsituation*)   *Klasse* 2 (*Hochwassersituation*)

$Q_{Grundablaß}(k) = 1.60 + 0.82 Q_{zu}(k)$ $Q_{Grundablaß}(k) = 10$ (3.6.7)

b) Fuzzy Klassifikator

Klasse 1 (*Normalsituation*)   *Klasse* 2 (*Hochwassersituation*)

$Q_{Grundablaß}(k) = 1,22 + 0,86 Q_{zu}(k)$ $Q_{Grundablaß}(k) = 10$ (3.6.8)

5. Implementieren der Steuerung und Test

Die entworfene Steuerung wurde mit einer 'weichen' Entscheidungsregel (Gl. (3.5.44) und (3.5.45) ($d_{min} = 0,2$ bzw. $\mu_{min} = 0,2$) versehen und im Rahmen des Simulationssystems getestet. Der Test wurde sowohl am Lerndatensatz (Bild 3.6.10, Bild 3.6.12) als auch an weiteren Hochwasserereignissen (Bild 3.6.11, Bild 3.6.13) durchgeführt, wobei als Vergleichsgröße der für das Folgegebiet interessante Gesamtabfluß (Summe aus Basisabfluß und Abfluß über die Überlauflamellen) gewählt wurde.

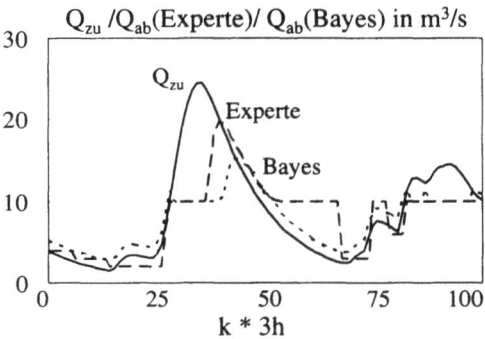

Bild 3.6.10:
Vergleich von Klassifikator- und Expertensteuerung an der Entwurfslernprobe (Hochwasser 26.6. - 8.7.1966)

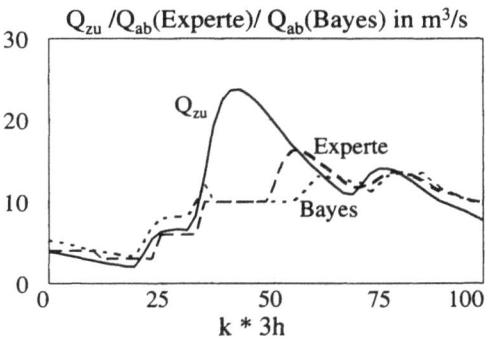

Bild 3.6.11:
Vergleich von Klassifikator- und Expertensteuerung am Hochwasser vom 29.6. -5.7.72

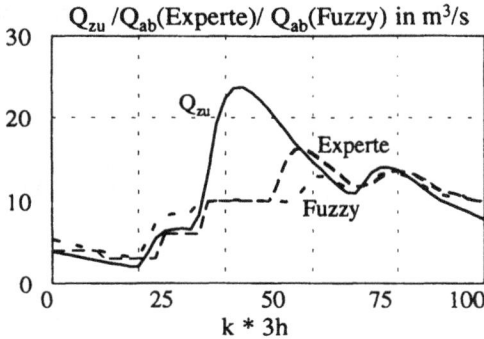

Bild 3.6.12:
Vergleich von Klassifikator- und
Expertensteuerung am Hochwasser
vom 29.6. -5.7.72

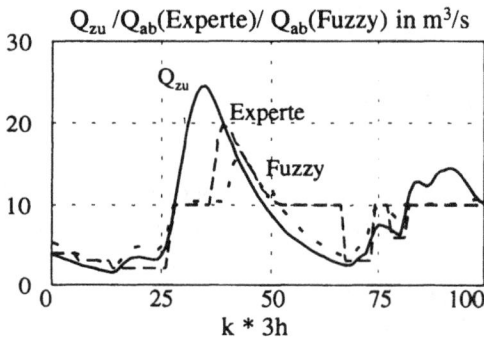

Bild 3.6.13:
Vergleich von Klassifikator- und
Expertensteuerung an der
Entwurfslernprobe (Hochwasser
26.6. - 8.7.1966)

Ein Vergleich mit der Expertensteuerung zeigt, daß, gemessen am realisierten Maximalabfluß, die Klassifikatorsteuerung gleichwertig und teilweise
sogar besser arbeitet.

Trotz der verwendeten 'weichen' Entscheidungsregel ist an den Klassenübergängen der Umschaltvorgang deutlich erkennbar (Bild 3.6.14, Bild 3.6.15).

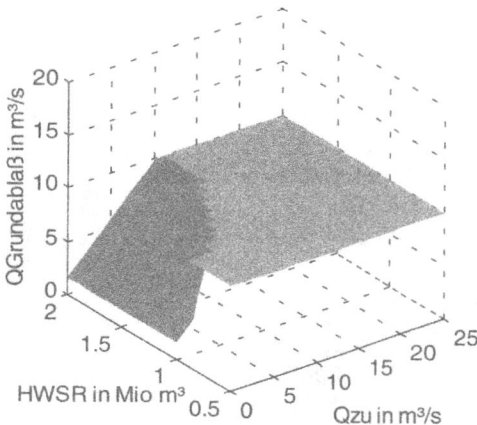

Bild 3.6.14:
Übertragungskennfläche der
Bayes-Klassensteuerung

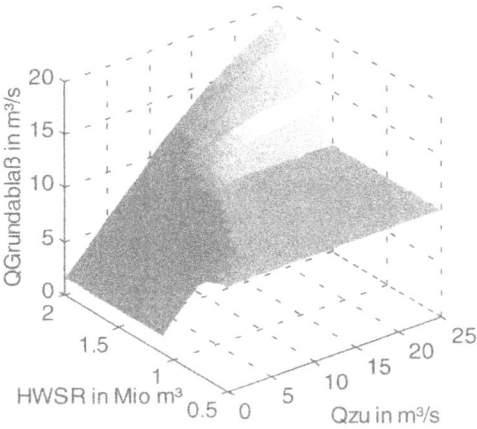

Bild 3.6.15:
Übertragungskennfläche der
Fuzzy-Klassensteuerung

Die Ursache dafür ist in einem überhöhten statischen Übertragungsfaktor in Teilbereichen des Kennfeldes zu sehen. Durch eine Erhöhung von d_{min} kann dieser Effekt vermindert werden.

6. Ein Vergleich der Klassen und Fuzzy Steuerung

Der Entwurf einer auf der Fuzzy Methode basierenden Talsperrensteuerung stützt sich auf das Entscheidungsmodell des Prozeßbedieners, das im Ergebnis einer Expertenbefragung erstellt wurde. Es besitzt eine 3-Ebenen-Struktur (Bild 3.6.16) mit den Modulen

- Festlegung des Hochwasserstauraumes,
- Bestimmung des Gesamtabflusses der Talsperre und
- Ermittlung des erforderlichen Grundablasses.

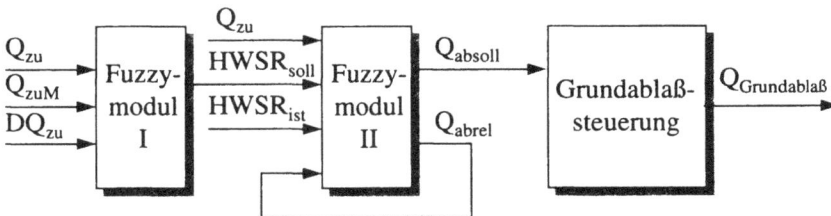

Bild 3.6.16: Struktur der Fuzzy Steuerung

Die ersten beiden Ebenen, in denen das Wissen in Form von Regeln hinterlegt wurde, werden als Fuzzy Module realisiert, in der dritten Ebene kommt eine Grundablaß-Steuerung zum Einsatz. Letztere hat die Aufgabe, den Basisabfluß (der als Grundablaß eingestellt wird) aus dem Gesamtabfluß und dem Abfluß über die Überlauflamellen zu berechnen.

Wenn man die Aussagen der Expertenbefragung analysiert, so stellt man fest, daß vielfach bereits eine fuzzyähnliche Darstellung vorliegt. Es finden sich z. B. folgende Formulierungen:

- Wenn in einem längeren Zeitraum erhöhter Zufluß vorliegt, dann erhöhe den Hochwasser-Stauraum auf 1 Mio m^3.

- Wenn ein Rückgang des erhöhten Zuflusses registriert wird und erhöhter Stauraum existiert, dann beginne den Wiederanstau zum Normativ-Stauraum.

Solche Begriffe wie längerer Zeitraum, erhöhter Zufluß oder erhöhter Stauraum bieten sich nahezu für eine unscharfe Beschreibung an, da hier ein fließender Übergang zwischen den linguistischen Größen vorliegt.

Zum Entwurf der Steuerung wurde das Ilmenauer Fuzzy Tool IFT V2.0 (siehe Abschnitt 4.8) verwendet. Es beinhaltet neben den Editoren für die Regelbasis und die Zugehörigkeitsfunktionen eine Reihe von Hilfsmitteln zur Validierung des erstellten Fuzzy Systems. Dazu zählen ein Debugger für beliebige Prozeßsituationen sowie die Anzeige von statischen Übertragungs-kennlinien und -kennflächen. Überprüft wurde die Fuzzysteuerung u.a. an dem Test-Hochwasserereignis des Jahres 1972. Da das Entwurfsziel in der Nachbildung des Entscheidungsverhaltens des Prozeßbedieners bestand, zeigt Bild 3.6.17 eine Gegenüberstellung des Gesamtabflusses von Fuzzy Steuerung und Steuerhandlungen des Experten.

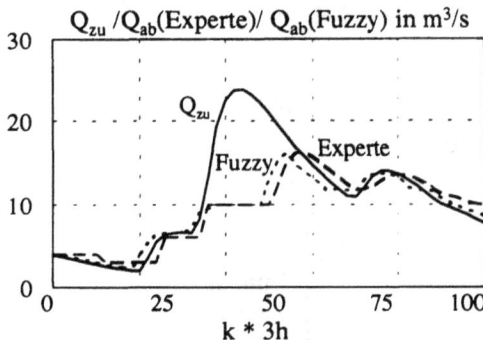

Bild 3.6.17:
Vergleich Fuzzy- und Expertensteuerung am Hochwasser 29.6. - 5.7.1972

Hieraus wird deutlich, daß die Fuzzy Steuerung die Expertenhandlung prinzipiell richtig nachbildet. Liegt keine Hochwassersituation vor, wird der Abfluß gleich dem Zufluß eingestellt.

Im Hochwasserfall selbst arbeitet die Fuzzy Steuerung aktiver als der Operateur, der im wesentlichen die steuernde Wirkung der Überlauflamellen ausnutzt und nur wenig am Grundablaß ändert. Die Fuzzy Steuerung versucht, die Wirkung der Überlauflamellen teilweise über eine Verstellung des Grundablasses zu kompensieren. Die Übertragungskennfläche der Fuzzy Steuerung im Bild 3.6.18 verdeutlicht diese Eigenschaft im Bereich hoher Zuflüsse und geringen Hochwasserstauraumes.

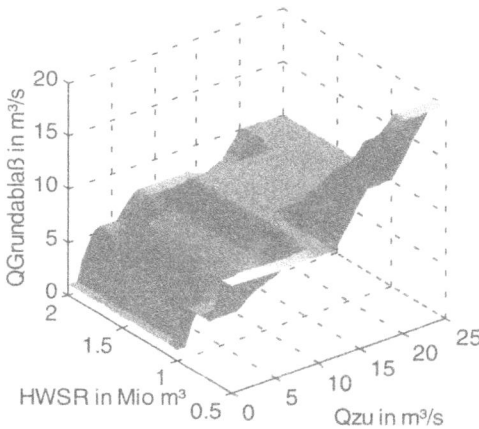

Bild 3.6.18:
Übertragungskennfläche der Fuzzy
Steuerung

In dieser Eigenschaft unterscheiden sich ebenfalls Klassen- und Fuzzy Steuerung. Während die Klassensteuerung die Expertenentscheidung aufgrund der beobachteten Handlungen nachbildet, liefert die Fuzzy Steuerung die vom Experten verbal beschriebene (und damit angestrebte) Steuerhandlung. Da beide Entwurfskonzepte unterschiedliche Strategien zum Wissenserwerb einsetzen, können sie zur effektiven Nutzung des vorliegenden Wissens als sich ergänzende Konzepte eingesetzt werden.

3.6.2 Klassensteuerung der Staustufe Melk/Donau zur Energiegewinnung und zum Hochwasserschutz

Die Staustufe Melk mit einem Stauvolumen von ca. 50 Mio m^{3}befindet sich innerhalb der 8-stufigen Staustufenkaskade der Donau. Den Hauptzufluß mit durchschnittlich 1000 m^3/s bildet der Abfluß der vorgelagerten Staustufe Ybbs. Die beiden Nebenflüsse Ybbs und Erlauf, die in den Stauraum münden, stellen einen vergleichsweise geringen Zufluß (insgesamt ca. 50 m^3/s) dar. Die Messung dieser Größen in Form von Wasserständen ($h_{UW\ KW\ Ybbs}$, h_{Ybbs}, h_{Erlauf}) erfolgt mit Hilfe von Durchflußpegeln (Pegel Unterwasser Kraftwerk Ybbs *UW KW Ybbs*, Pegel *Ybbs*, Pegel *Erlauf*). Aus den Höhen kann unter Verwendung von Schlüsselkurven eine Umrechnung in die entsprechenden Durchflüsse ($Q_{UW\ KW\ Ybbs}$, Q_{Ybbs}, Q_{Erlauf}) vorgenommen werden. Bezogen auf die Staustufe Melk bilden die genannten Durchflüsse nichtsteuerbare Eingangsgrößen.

Weitere Informationen über den Zustand der Staustufe liefern die Pegel *Krummnußbaum* und Oberwasser Kraftwerk Melk (*OW KW MELK*). Bei einer Gesamtlänge von 30 km befindet sich in der Mitte des Stauraumes der als Wendepegel bezeichnete Pegel Krummnußbaum. Seine Bezeichnung beruht auf einer hydrologischen Modellvorstellung des Staustufenverhaltens, da er die Eigenschaft eines durchflußabhängigen Kipp- (Dreh-)punktes der Wasseroberfläche besitzt. Der Pegel *OW KW Melk* liefert die Stauhöhe am Wehr (Bild 3.6.19).

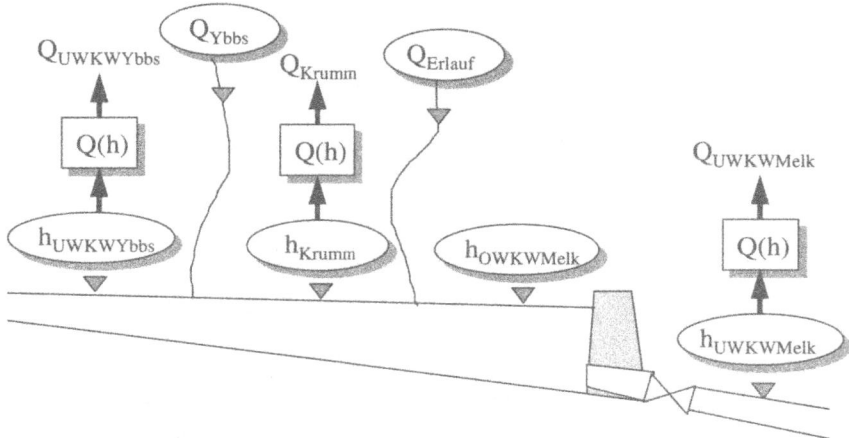

Bild 3.6.19: Prinzipskizze der Staustufe Melk

Neben der Energieerzeugung zählt die Gewährleistung des Schiffahrtsbetriebes und des Hochwasserschutzes zu den Aufgaben der Donau-Staustufen. Zur Energieerzeugung stehen in der Staustufe Melk 9 Turbinen mit einer Gesamtleistung von 216 MW zur Verfügung. Sie können einen maximalen Durchfluß von 2700 m³/s realisieren. Zur Wehranlage gehören 6 Wehrfelder und 2 Schleusen, wobei im Hochwasserfall die Schleusen als zusätzliche Wehre einsetzbar sind. Der Gesamtabfluß einer Staustufe setzt sich somit aus den Teilen Turbinen-, Wehr- und Schleusenabfluß zusammen und ist am Pegel Unterwasser Kraftwerk Melk (*UW KW MELK*) meßbar.

Die Steuerung der Staustufe erfolgt gegenwärtig manuell auf der Grundlage einer Wehrbetriebsordnung. Diese enthält Aussagen über zu realisierende Steuerziele unter Beachtung der jeweiligen Durchflußsituation und des Staustufenzustandes.

Zur Festlegung der Steuerziele werden die Pegelhöhen $h_{OW\,KW\,Melk}$ und $h_{Krummnußbaum}$ verwendet. Im Arbeitspunkt soll $h_{OW\,KW\,Melk} = 214.00$ m ü. A. betragen. Steigt unter dieser Bedingung bei wachsendem Durchfluß der Pegel Krummnußbaum auf 214.35 m ü. A., so ist diese Pegelhöhe als neues Steuerziel zu verwenden. Das damit verbundene Absenken des Oberwassers Kraftwerk Melk kann bis zu einer Mindesthöhe von 212.50 m ü. A. vorgenommen werden und ist dann konstant zu halten.

Im Bild 3.6.20 ist die prinzipielle Handlungsvorschrift als Entscheidungs-
baum dargestellt.

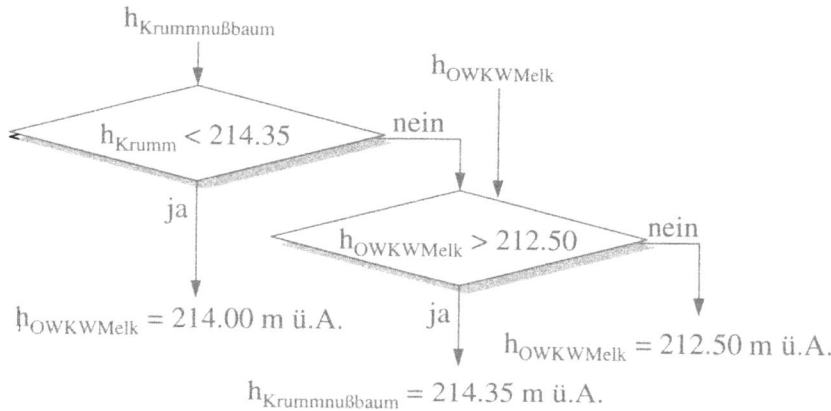

$h_{Krummnußbaum}$

$h_{OWKWMelk}$

$h_{Krumm} < 214.35$ nein

ja

$h_{OWKWMelk} > 212.50$ nein

$h_{OWKWMelk} = 214.00$ m ü.A. ja

$h_{OWKWMelk} = 212.50$ m ü.A.

$h_{Krummnußbaum} = 214.35$ m ü.A.

Bild 3.6.20: Steuerziele der Staustufe Melk laut Wehrbetriebsordnung

Als Produktionsregel formuliert lautet die Steuervorschrift:

WENN $h_{Krummnußbaum} < 214.35$ m ü. A. DANN $h_{OW\,KW\,Melk} = 214.00$ m ü. A.
SONST
  WENN $h_{OW\,KW\,Melk} > 212.50$ m ü. A. DANN $h_{Krummnußbaum} = 214.35$m ü.A.
  SONST $h_{OW\,KW\,Melk} = 212.50$ m ü. A.

Die Analyse zeigt, daß die Wehrbetriebsordnung situationsabhängige Führungsgrößen definiert. Im Sinne einer Steuerstrategie liefert sie jedoch keine
Aussagen über das dynamische Steuerverhalten zur Realisierung dieser
Zielvorgaben. Die dynamische Eigenschaften werden ausschließlich durch
das Entscheidungsverhalten des Bedienpersonals bestimmt.
Die Aufgabe besteht darin, unter Nutzung der vorliegenden Informationen
über den Zustand der Staustufe eine automatisierte Steuerung zu entwerfen,
die reproduzierbare, vom jeweiligen Erfahrungsstand des Operateurs unabhängige Steuervorschläge ermittelt. Da mit einer Staustufe ein komplexer,
nichtlinearer Prozeß vorliegt, bei dem der Mensch als Entscheidungsträger
in die Steuerung integriert ist, erscheint der Einsatz einer Klassensteuerung
als sinnvoll. Außerdem steht neben dem Fachpersonal mit langjähriger
Berufserfahrung umfangreiches historisches Datenmaterial zur Verfügung.
Das Ziel der Anwendung der Klassensteuerung besteht in der Ermittlung
eines geeigneten Gesamtabflusses, der in einem zweiten Schritt auf Turbinen
und Wehre verteilt werden muß. Im folgenden werden die einzelnen Entwurfsschritte dargestellt.

1. Festlegung der Struktur von Klassifikator und Steuergesetzen
Legt man die von der Donaukraftwerke AG zur Verfügung gestellten Informationen dem Steuerungsentwurf zugrunde, so stehen dem Bedienpersonal der Staustufe Melk folgende Meßwerte bzw. abgeleitete Größen zur Festlegung der erforderlichen Steuerhandlungen zur Verfügung (grau hinterlegte Größen im Bild 3.6.19):

$h_{UW\,KW\,Ybbs}$ gemessen
$h_{Krummnußbaum}$ gemessen
$h_{OW\,KW\,Melk}$ gemessen
$h_{UW\,KW\,Melk}$ gemessen
Q_{Ybbs} aus h_{Ybbs} berechnet
Q_{Erlauf} aus h_{Erlauf} berechnet.

Während $h_{UW\,KW\,Melk}$ eine Aussage über den realisierten Gesamtabfluß liefert, beschreiben alle anderen Größen den Zustand der Staustufe. Entsprechend der vorliegenden Wehrbetriebsordnung ist zu erwarten, daß sich das Betriebspersonal zur Einschätzung der Stausituation an den gemessenen Pegelhöhen im Stauraum orientiert und nicht an den daraus berechenbaren Durchflußwerten. Da andererseits die Zuflußpegel nicht vom Stauraum beeinflußt werden, liefern hier die Durchflußwerte ein anschaulicheres Bild der konkreten Wassersituation.
Die Wehrbetriebsordnung definiert in Abhängigkeit von der Durchflußmenge drei unterschiedliche Betriebspunkte:

1. $h_{OW\,KW\,Melk}$ = 214.00 m ü. A.
2. $h_{Krummnußbaum}$ = 214.35 m ü. A.
3. $h_{OW\,KW\,Melk}$ = 212.50 m ü. A.

Sie bilden die Grundlage für den Strukturansatz der Klassensteuerung mit drei Situationsklassen, in denen jeweils ein Betriebspunkt einzuhalten ist:

Situationsklassen: (Melk 214.00, Krummnußbaum 214.35, Melk 212.50).

Um die aktuelle Situationsklasse festzustellen, stehen die oben genannten Daten zur Verfügung. Wird die Zuordnung ausschließlich vom aktuellen Zustand abhängig gemacht, so reichen die aktuellen Werte (Zeitpunkt k) aus. Wird jedoch die Signaltendenz berücksichtigt, so sind zusätzlich zurückliegende Werte einzubeziehen. Dieser verallgemeinerte Fall soll für den Strukturansatz der Unterscheidungsfunktionen genutzt werden. Bei einer gewählten Abtastzeit von 15 min wird der letzte Abtastwert (Zeitpunkt k-1) als zurückliegender Wert für eine Trendbetrachtung einbezogen.

Die Unterscheidungsfunktion des Bayes Klassifikators besitzt dementsprechend folgendes Aussehen:

$$
\begin{aligned}
d(\boldsymbol{m}_e) = w_0 \;\; & + w1 \, h_{UWKWYbbs}(k) + w_2 h_{UWKWYbbs}(k-1) + w_3 Q_{Ybbs}(k) \\
& + w_4 h_{Krummnußbaum}(k) + w_5 h_{Krummnußbaum}(k-1) + w_6 Q_{Erlauf}(k) \qquad (3.6.9) \\
& + w_7 h_{OWKWMelk}(k) + w_8 h_{OWKWMELK}(k-1)
\end{aligned}
$$

Daraus ergibt sich der erforderliche Merkmalvektor $\boldsymbol{m}_e$

$$
\boldsymbol{m}_e = \begin{pmatrix} h_{UWKWYbbs}(k) \\ h_{UWKWYbbs}(k-1) \\ Q_{Ybbs}(k) \\ h_{Krummnußbaum}(k) \\ h_{Krummnußbaum}(k-1) \\ Q_{Erlauf}(k) \\ h_{OWKWMelk}(k) \\ h_{OWKWMelk}(k-1) \end{pmatrix} \qquad (3.6.10)
$$

Zur Festlegung der Struktur der Steuergesetze kann ebenfalls auf die Aussagen der Wehrbetriebsordnung zurückgegriffen werden. Die Realisierung der dort getroffenen Festlegungen erfordert Regler, deren Führungsgrößen die definierten Steuerziele darstellen. Geht man von der Annahme aus, daß zur Lösung lineare, PID-ähnliche Strukturen ausreichen, so sind die aktuellen und zurückliegenden Werte der Größen $h_{Krummnußbaum}$ und $h_{OW\,KW\,Melk}$ als Eingangsgrößen der Steuerung erforderlich. Nutzt man außerdem die Kenntnis, daß Staustufen ein integrierendes Übertragungsverhalten aufweisen, so ist bereits ein PD-Ansatz zur Beseitigung der bleibenden Regelabweichung ausreichend. Gl. (3.6.11) zeigt die Struktur der beiden arbeitspunktabhängigen Regler:

$$
Q_{UWKWMelk}(k) = K_R e_{Krummnußbaum}(k) + \frac{K_D}{T}(e_{Krummnußbaum}(k) - e_{Krummnußbaum}(k-1))
$$

$$
e_{Krummnußbaum}(k) = h_{Krummnußbaum}(k) - h_{Krummnußbaum_{soll}}
$$

$$
Q_{UWKWMelk}(k) = \left(K_R + \frac{K_D}{T}\right) h_{Krummnußbaum}(k) - \frac{K_D}{T} h_{Krummnußbaum}(k-1) + const_{Krummnußbaum}
$$

bzw.

$$
Q_{UWKWMelk}(k) = \left(K_R + \frac{K_D}{T}\right) h_{OWKWMelk}(k) - \frac{K_D}{T} h_{OWKWMelk}(k-1) + const_{Melk} \tag{3.6.11}
$$

Da die Steuergesetze für alle Klassen die gleiche Struktur aufweisen müssen, sind beide Teile zu einer Gleichung (Polynomfunktion) zusammenzufassen (Gl. (3.6.12)):

$$Q_{UW\,KW\,Melk}(k) = a_0 + a_1 h_{Krummnußbaum}(k) + a_2 h_{Krummnußbaum}(k-1)$$
$$+ a_3 h_{OW\,KW\,Melk}(k) + a_4 h_{OW\,KW\,Melk}(k-1) \qquad (3.6.12)$$

Daraus ergibt sich folgender Merkmalvektor $\mathbf{m_s}$ Gl. (3.6.13):

$$\mathbf{m_s} = \begin{pmatrix} h_{Krummnußbaum}(k) \\ h_{Krummnußbaum}(k-1) \\ h_{OW\,KW\,Melk}(k) \\ h_{OW\,KW\,Melk}(k-1) \end{pmatrix} \qquad (3.6.13)$$

Für die 3 Situationsklassen sind jeweils die Parameter $a_0...a_4$ zu bestimmen.

2. Erstellen einer Lernprobe

Die Lernprobe setzt sich aus den Merkmalen, wie sie in den Vektoren $\mathbf{m_e}$ und $\mathbf{m_s}$ verwendet werden, zusammen. Damit ergibt sich folgende Struktur:

$h_{UW\,KW\,Ybbs}(k)-215.00$ m ü.A.	$h_{UW\,KW\,Ybbs}(k-1)-215.00$ m ü A	$Q_{Ybbs}(k)/1000$ m^3/s
$h_{Krummnußbaum}(k)-214.35$ m ü. A.	$h_{Krummnußbaum}(k-1)-214.35$ m ü. A.	$Q_{Erlauf}(k)/1000$ m^3/s
$h_{OW\,KW\,Melk}(k)-214.00$ m ü. A.	$h_{OW\,KW\,Melk}(k-1)-214.00$ m ü. A.	$Q_{UW\,KW\,Melk}(k)/1000$ m^3/s

Zum Steuerungsentwurf wurden die Daten des November-Hochwassers 1992 genutzt, das mit einer Hochwasserspitze von etwa 7000 m³/s eine gute Aussteuerung des gesamten Arbeitsbereiches gewährleistet. Die Daten sind im Bild 3.6.21 und im Bild 3.6.22 dargestellt.

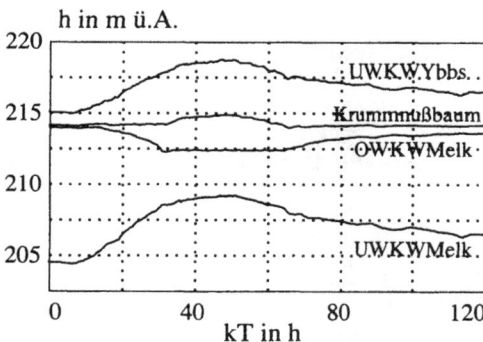

Bild 3.6.21:
Pegelhöhen des Hochwassers
11/92

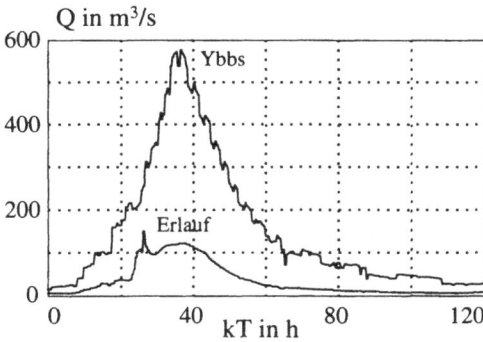

Bild 3.6.22:
Durchflüsse des Hochwassers
11/92

Die Tastperiode beträgt 3 min. Als eine der Prozeßdynamik angemessene Abtastzeit wurden 15 min (Verwendung jedes fünften Abtastwertes) zur Erstellung der Lernprobe gewählt.

Die in der Lernprobe enthaltenen Pegelhöhen wurden auf geeignete Bezugsgrößen normiert, wobei für *Krummnußbaum* und *OW KW Melk* die Arbeitspunkte laut Wehrbetriebsordnung ($h_{OW\ KW\ Melk}$ = 214.00 m ü. A., $h_{Krummnußbaum}$ = 214.35 m ü. A.) und für *UW KW Ybbs* eine Höhe von 215.00 m ü. A. gewählt wurde. Der Durchfluß wird in 1000 m³/s angegeben. Die Signale der Lernprobe sind im Bild 3.6.23 und Bild 3.6.24 dargestellt.

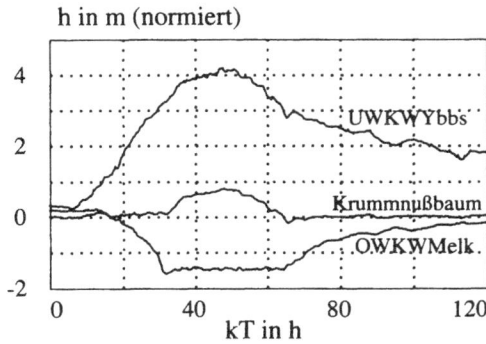

Bild 3.6.23:
Pegelhöhen der Lernprobe auf der
Grundlage des Hochwassers 11/92

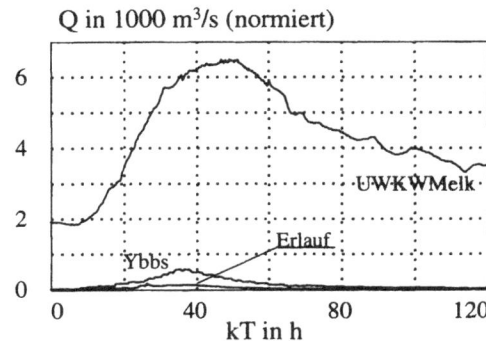

Bild 3.6.24:
Durchflüsse der Lernprobe auf der
Grundlage des Hochwassers 11/92

3. Strukturierung der Lernprobe und Parameterbestimmung

Zur Grobstrukturierung der Lernprobe in die drei Situationsklassen wurde das Verfahren Complete Linkage verwendet. Als Ergebnis des sich anschließenden Situationsbezogenen Optimalen Steuerungsentwurfs mit der Gütefunktion Gl. 3.6.3 und $\alpha = 0{,}5$ ergeben sich folgende Parameter (Gl. (3.6.14)):

$$
\begin{array}{c}
\text{Klasse} \\
\\
\\
\\
\\
W
\end{array}
\quad
\begin{array}{ccc}
\textit{Melk} & \textit{Krumm} & \textit{Melk} \\
214.00 & 214.35 & 212.50 \\
\end{array}
$$

$$
W =
\begin{pmatrix}
1.07 & 0.28 & -0.35 \\
-0.23 & -2.18 & 2.41 \\
0.16 & 1.89 & -2.06 \\
1.51 & 1.08 & -2.59 \\
-0.95 & -1.75 & 2.70 \\
1.23 & 2.77 & -4.01 \\
-5.62 & -3.00 & 8.60 \\
2.42 & -2.57 & 0.15 \\
-1.71 & 1.82 & -0.11
\end{pmatrix}
\qquad
A =
\begin{array}{ccc}
\textit{Melk} & \textit{Krumm} & \textit{Melk} \\
214.00 & 214.35 & 212.50 \\
\end{array}
\begin{pmatrix}
2.64 & 3.60 & 3.53 \\
1.44 & -0.01 & 0.18 \\
1.93 & 2.48 & 1.12 \\
-3.03 & -1.11 & -1.82 \\
-0.63 & -0.25 & 0.52
\end{pmatrix}
$$

$$(3.6.14)$$

4. Strukturoptimierung von Klassifikatorfunktionen und Steuergesetzen

Für die Polynomterme der Unterscheidungsfunktionen wurde mittels Pivotisierung die in Tafel 3.6.7 dargestellte Rangfolge mit den dazugehörigen Gütewerten ermittelt.

Tafel 3.6.7: Ermittlung der optimalen Merkmalmenge mittels Pivotisierung

Einflußgröße	Reststreuung	AIC-Kriterium
Arbeitspunkt	309.78	2755.22
$h_{OW\,KW\,Melk}(k)$	159.48	2438.52
$h_{Krummnußbaum}(k-1)$	116.59	2290.17
$h_{UW\,KW\,Ybbs}(k)$	104.98	2241.81
$Q_{Erlauf}(k)$	103.93	2238.97
$Q_{Ybbs}(k)$	98.75	2216.46
$h_{UW\,KW\,Ybbs}(k-1)$	98.20	2215.74
$h_{Krummnußbaum}(k-1)$	97.97	2216.65
$h_{OW\,KW\,Melk}(k-1)$	97.82	2217.89

Den grafischen Verlauf der Gütefunktion zeigt Bild 3.6.25.

Güte (AIC-Kriterium)

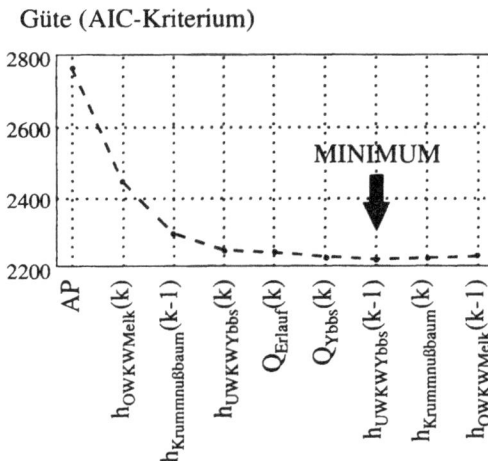

Bild 3.6.25:
Güteverlauf für AIC-Kriterium

Nutzt man das AIC-Kriterium als Grundlage der Merkmalauswahl, so
können die Größen $h_{Krummnußbaum}(k)$ und $h_{OW\ KW\ Melk}(k-1)$ aus dem Ansatz
entfernt werden. Daß für den Pegel *Krummnußbaum* der zurückliegende
Abtastwert als wesentliche Größe im Ansatz verbleibt, kann als Einfluß der
Laufzeit der Wasserwelle bis zur Wehranlage intepretiert werden. Dementsprechend verbleibt für den Pegel *OW KW Melk* nur der aktuelle Abtastwert
im Polynomansatz. Eine Trendbetrachtung unter Berücksichtigung des
aktuellen und zurückliegenden Wertes, von der bei der Strukturfestlegung
ausgegangen wurde, spielt demnach nur am Pegel *UW KW Ybbs* eine Rolle.
Zur Signifikanzprüfung der Parameter der Steuergesetze wurden die
Konfidenzintervalle bei einer Irrtumswahrscheinlichkeit $\alpha = 5\ \%$ bestimmt.
Das Ergebnis weist bereits auf eine Interpretierbarkeit der Steuerung im
Sinne der Wehrbetriebsordnung hin. Während in den Klassen 1 und 3 das
Steuerziel am Pegel *OW KW Melk* definiert und damit $h_{OW\ KW\ Melk}$ im Steuer-
gesetz wiederzufinden ist, stützt sich die Steuerung der Klasse 2 auf die
Größe $h_{Krummnußbaum}$, um das entsprechende Steuerziel zu realisieren.
Im reduzierten Ansatz verbleiben ausschließlich die Parameter, die in minde-
stens einer Klasse als signifikant ermittelt wurden, d. h., der Arbeitspunkt a_0
sowie die Koeffizienten a_2 und a_3.

Die Zusammenfassung dieser Aussagen beinhaltet Tafel 3.6.8.

Tafel 3.6.8: Konfidenzintervalle für die Parameter der Steuergesetze

Klasse	Para-meter	Konfidenzintervall	Signifikante Parameter
Melk214.00	a_0	$2.62 \leq 2.64 \leq 2.66$	Arbeitspunkt
	a_1	$-1.51 \leq 1.44 \leq 4.40$	
	a_2	$-1.04 \leq 1.93 \leq 4.90$	
	a_3	$-5.56 \leq -3.03 \leq -0.50$	$h_{OW\,KW\,Melk}(k)$
	a_4	$-3.15 \leq -0.63 \leq 1.89$	
Krummnußbaum214.35	a_0	$3.56 \leq 3.60 \leq 3.64$	Arbeitspunkt
	a_1	$-1.67 \leq -0.01 \leq 1.64$	
	a_2	$0.79 \leq 2.48 \leq 4.17$	$h_{Krummnußbaum}(k-1)$
	a_3	$-2.77 \leq -1.11 \leq -0.54$	$h_{OW\,KW\,Melk}(k)$
	a_4	$-1.92 \leq -0.25 \leq 1.43$	
Melk212.50	a_0	$3.45 \leq 3.53 \leq 3.60$	Arbeitspunkt
	a_1	$-0.99 \leq 0.18 \leq 1.36$	
	a_2	$-0.06 \leq 1.12 \leq 2.29$	
	a_3	$-2.79 \leq -1.82 \leq -0.84$	$h_{OW\,KW\,Melk}(k)$
	a_4	$-0.45 \leq -0.52 \leq 1.49$	

Mit der optimierten Struktur ergeben sich folgende transformierte Merkmalvektoren und Parameter für die Steuerung

$$
f_s(m_s) = \begin{pmatrix} 1 \\ h_{Krummnußbaum}(k-1) \\ h_{OWKW Melk}(k) \end{pmatrix}
\quad
A = \begin{matrix} \begin{matrix} Klasse & Melk & Krumm & Melk \\ & 214.00 & 214.35 & 212.50 \end{matrix} \\ \begin{pmatrix} 2.63 & 3.64 & 3.60 \\ 3.06 & 2.18 & 1.31 \\ -3.60 & -1.29 & -1.24 \end{pmatrix} \end{matrix}
\quad (3.6.15)
$$

und für das Erkennungssystem:

$$
f_e(m_e) = \begin{pmatrix} 1 \\ h_{UWKWYbbs}(k) \\ h_{UWKWYbbs}(k-1) \\ Q_{Ybbs}(k) \\ h_{Krummnußbaum}(k-1) \\ Q_{Erlauf}(k) \\ h_{OWKWMelk}(k) \end{pmatrix}
\qquad
W = \begin{matrix} Klasse & Melk & Krumm & Melk \\ & 214.00 & 214.35 & 212.50 \end{matrix}
\begin{pmatrix} 1.02 & -0.32 & 0.30 \\ -1.19 & 3.21 & -2.01 \\ 1.18 & -2.88 & 1.70 \\ 1.64 & -2.64 & 1.00 \\ 0.21 & -1.31 & 1.10 \\ -5.80 & 8.75 & -2.94 \\ 0.80 & -0.03 & -0.76 \end{pmatrix}
\qquad (3.6.16)
$$

Die Zuordnung der Prozeßsituationen der Lernprobe in die drei definierten Situationsklassen wird aus Bild 3.6.26 deutlich. Im Sinne der Interpretierbarkeit der Ergebnisse auf der Grundlage der Wehrbetriebsordnung sind nur die Pegelhöhen $h_{Krummnußbaum}$ und $h_{OW\,KW\,Melk}$ dargestellt.

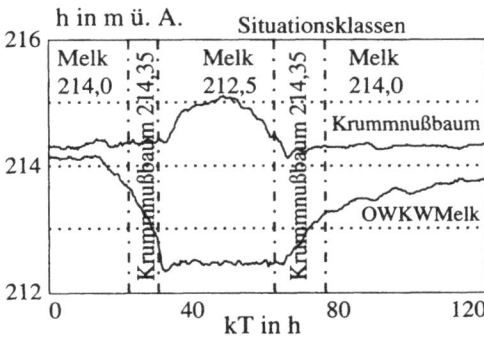

Bild 3.6.26:
Zuordnung der Lerndaten (Hochwasser 11/92) in 3 Situationsklassen

Das Ergebnis zeigt, daß das Erkennungssystem innerhalb der Klassensteuerung die Aussagen der Wehrbetriebsordnung gut umsetzt.

5. Implementieren der Klassensteuerung und Test

Beim Implementieren der Steuerung wurde ebenfalls eine 'weiche' Entscheidungsregel (Gl. (3.5.44)) mit $d_{min} = 0,2$ eingesetzt. Der Test erfolgte sowohl am Lerndatensatz als auch an weiteren historischen Hochwasserereignissen (u.a. Hochwasser 7/93). Der Vergleich des aufgezeichneten Abflusses $Q_{UW\,KW\,Melk}$ als Expertenhandlung mit dem Steuervorschlag der Klassensteuerung ist in den nachfolgenden Abbildungen grafisch dargestellt.

Bild 3.6.27 zeigt die Rückrechnung der Lernprobe und Bild 3.6.28 die
Überprüfung der Steuerung an einem unabhängigen Datensatz.

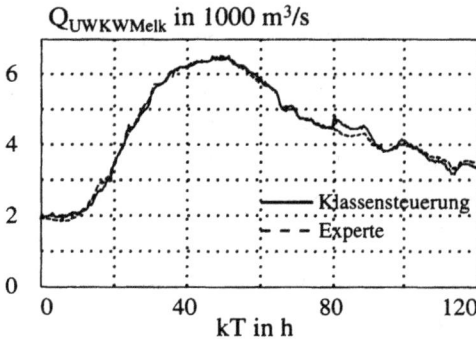

$Q_{UWKWMelk}$ in 1000 m³/s

Bild 3.6.27:
Vergleich von Klassensteuerung
und Expertenhandlung am
Lerndatensatz Hochwasser 11/92

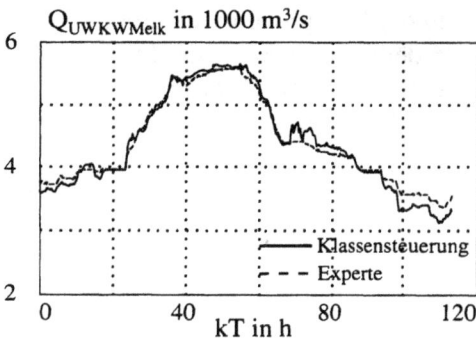

$Q_{UWKWMelk}$ in 1000 m³/s

Bild 3.6.28:
Vergleich von Klassensteuerung
und Expertenhandlung am
Hochwasserereignis 7/93

Insbesondere aus Bild 3.6.28 wird deutlich, daß die Nachbildung des Steuerverhaltens in der Klasse *Krummnußbaum214.35* größere Fehler aufweist.
Die Ursache kann sowohl in einer falsch gewählten Struktur der Steuergesetze als auch in einer unzureichend linearen Beschreibung des Steuerverhaltens innerhalb einer Situationsklasse liegen. Im letztgenannten Fall sollte
eine feinere Strukturierung der Klasseneinteilung vorgenommen werden.
Betrachtet man das vorliegende Beispiel, so tritt in der Klasse *Krummnußbaum 214.35* bei fallendem Durchfluß ein Bereich mit zu groß bzw. zu klein
berechnetem Abfluß auf. Dies legt eine Unterteilung dieser Situationsklasse
in zwei Teilklassen nahe. Zu einer weiteren Verbesserung des Verhaltens der
Klassensteuerung können beispielsweise Verfahren zur Signalfilterung
eingesetzt werden. Diese sind sowohl für die verwendeten Merkmale m_e und
m_s als auch für die ermittelte Steuerhandlung u^* anwendbar.
Die Ergebnisse des Steuerungsentwurfs mit den vier Situationsklassen:

(Melk214.0,Krummnußbaum214.35/1,Krummnußbaum214.35/2,Melk212.5)

und dem optimierten Strukturansatz entsprechend Gl. (3.6.15) sind im Bild 3.6.29 bis Bild 3.6.32 dargestellt und bestätigen die vorgenommene strukturelle Veränderung.

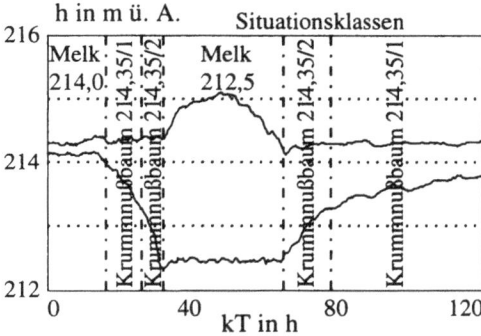

Bild 3.6.29:
Zuordnung der Lerndaten (Hochwasser 11/92) in 4 Situationsklassen

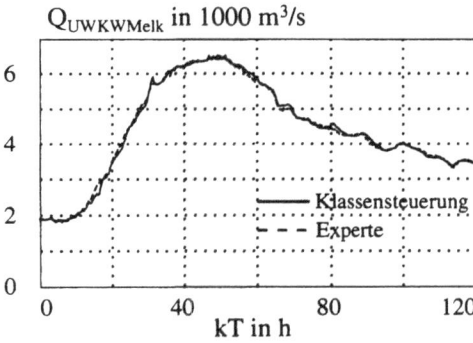

Bild 3.6.30:
Vergleich von Klassensteuerung und Expertenhandlung am Lerndatensatz Hochwasser 11/92 (4 Situationsklassen)

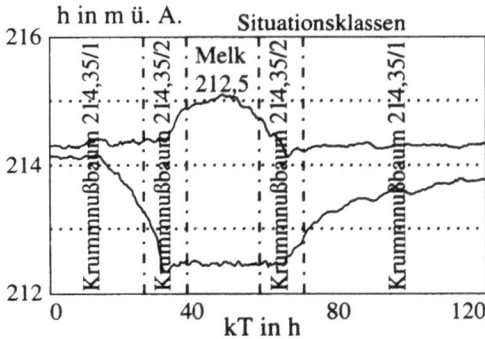

Bild 3.6.31:
Zuordnung der Hochwasserdaten 7/93 in 4 Situationsklassen

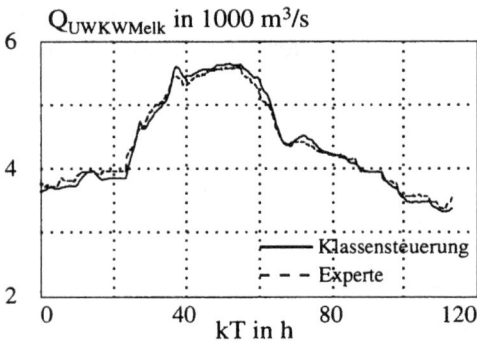

$Q_{UWKWMelk}$ in 1000 m³/s

Klassensteuerung
Experte

kT in h

Bild 3.6.32:
Vergleich von Klassensteuerung
und Expertenhandlung am
Hochwasser 7/93

Niedrigwassersituation

Normalsituation

Hochwassersituation

4 Entwurf von Fuzzy Steuerungen und Regelungen

4.1 Regelungstechnische Entwurfsgesichtspunkte und Entwurfsschritte

Der Entwurfsweg, der im Rahmen dieses Buches vorgeschlagen wird, geht davon aus, daß entsprechend den Betrachtungen im Abschnitt 1.3 ein optimaler Entwurf nur über die Verwendung von Modellen des Prozesses und eine Feinanpassung an den konkreten Bedingungen des Prozesses erfolgt. Natürlich ist die entworfene Strategie auch für eine Optimierung der Fuzzy Konzepte direkt am Prozeß geeignet. Dieser Weg wird dem Anwender nur als Ausweg empfohlen.

Als signifikante Anwendungsgebiete in der Regelungs- und Systemtechnik zeichnen sich ab:

1. Prozeß- und Datenanalyse,
2. Reglerentwurf für Prozesse, die mit klassischen Verfahren nicht beherrschbar sind und deswegen mit menschlichem Erfahrungswissen entworfen werden sollen,
3. Simplifizierung des Reglerentwurfs für nicht regelungstechnisch geschultes Personal,
4. Verbesserung klassischer regelungstechnischer Probleme, wie nichtlineare Regelung, Mehrgrößenregelung, optimale und robuste Regelung durch die Anwendung der Fuzzy Logik.

Wurden während der Anfangszeit der Fuzzy Anwendungen eher die mit (1) gekennzeichneten Problemstellungen bearbeitet, so setzte mit der Verbreitung preiswerter Hard- und Software zur Reglerprojektierung eine breitangelegte Kampagne mit der unter (3) erwähnten Zielstellung ein. Die Gefahren einer solchen Entwicklung liegen auf der Hand. Die in Tafel 4.1.1 dargestellten Zitate entstammen dieser Anwendungsrichtung.

Während die mit (2) bezeichnete Anwendungsrichtung nach wie vor von großem Interesse ist und Anwendung findet, hat sich bei der rein regelungstechnischen Anwendung eine Trendwende vollzogen. Die aktuelle Forschung auf dem Gebiet Fuzzy Control ist gekennzeichnet durch die

Tafel 4.1.1: Fuzzy Technologien sollen regelungstechnisches Fachwissen ersetzen

> # Skeptiker ade!
> ## Fuzzy Logik setzt sich in der Praxis durch
>
> "Ein neues Zeitalter ist angebrochen, das Ingenieure zum Umdenken zwingt:
> weg von der präzisen binären Formulierung,
> hin zur natürlichen, symbolischen Denkweise,
> die Unsicherheiten und Unschärfen zuläßt."
>
> Das Dilemma liege also darin, daß jeder, der regeln will,
> hochqualifiziertes Personal einstellen muß.
> Mit Fuzzy könne nun auch der Meisterbetrieb regeln,
> ohne sich einen Ingenieur leisten zu müssen.
>
> Aus Elektronik plus 2/1993

Integration der Fuzzy Methoden in die bereits verfügbaren regelungstechnischen Methoden. Bei nahezu allen aktuellen Veröffentlichungen zur Thematik Fuzzy Control ist die hier mit (4) bezeichnete Richtung erkennbar.Auf vielfältige Weise wird hier versucht, die Fuzzy Methoden als Werkzeug der Regelungstechnik nutzbar zu machen. Der Grundgedanke kann dabei, wie in der Tafel 4.1.2 geschildert, zusammengefaßt werden.

Tafel 4.1.2: Regelungstechnischer Entwurf für Fuzzy Control

> *Wenn die klassischen Methoden jedoch an ihre Grenzen stoßen sollten, dann kann die Fuzzy Logik als alternative Entwurfsmethodik in Betracht gezogen werden. Dieses jedoch nur dann, wenn für diese, noch in einem sehr frühen Entwicklungsstadium befindliche Methode, klar definierte und exakte Entwurfsvorschriften verfügbar sind. Erst wenn diese Vorraussetzungen erfüllt sind, können die Potentiale der Fuzzy Logik wertvolle Ergänzungen zu den klassischen regelungstechnischen Methoden darstellen.*
>
> aus der Dissertation von Rainer Knof [KNO 93]

Das vorliegende Buch möchte sich in die Reihe dieser Bestrebungen einordnen.
Der derzeitige Stand der Forschung beinhaltet insbesondere:
- Fuzzy Einstellebenen für klassische Regler [KIE 92],
- Fuzzy Modellbildung [KIE 93], [KIE 94],
- Untersuchungen zur Stabilität von Fuzzy Regelungen [KIE 92], [KIE 94],
- Optimierung von Fuzzy Regelungen [KNO 93], [KUH 93], [KUH 94], [KIE 93].

Während in [KNO 93] ein Konzept zum nahezu vollständigen Entwurf durch ineinander greifende Optimierungsiterationen zum Erlernen der Regeln und optimalen Einstellen der Zugehörigkeitsfunktionen vorgeführt wird, ist die vorgeschlagene Strategie als ein auf der Fuzzy Logik basierendes Verfahren zur Kombination heuristischer Reglerstruktursuche und exakter Parameteroptimierung zu verstehen. Es kann immer dann zur Anwendung kommen, wenn die Ergebnisse der reinen Parameteroptimierung klassischer Regler nicht zufriedenstellen, die notwendigen Vorraussetzungen für eine Anwendung strukturoptimaler Regler aber nicht erfüllbar sind. In Tafel 4.1.3 sind die wichtigsten Entwurfsschritte für optimale Fuzzy Steuerungen und Fuzzy Regelungen für die Entwurfsstrategie SOFCON (Strategy of Optimal Fuzzy Control Design) [KUH 94], [KUH 95] dargestellt.

Tafel 4.1.3: Entwurfsschritte für optimale Fuzzy Steuerungen und Fuzzy Regelungen

Schritte	Strategie	
	"gängiger" Fuzzy Control Entwurf	Strategy of Optimal Fuzzy CONtrol design SOFCON
1. Analyse	keine Modellbildung, statt dessen linguistisches Expertenmodell oder Expertenmodellierung, Entwurf am Prozeß	grobe Modellbildung (Sprungantwort, Differenzengleichung, statische Kennlinie, angelerntes neuronales Netz), Klassifizieren des Prozeßtyps
2. Synthese	Aufstellen von Fuzzy Regeln und Zugehörigkeitsfunktionen nach heuristischen Gesichtspunkten, Expertenbefragung	Auswahl einer geeigneten Merkmal-Stellwertkombination und eines geeigneten Regelwerkes aus einer Bibliothek
3. Anpassung Optimierung	Suche nach Verbesserung durch Probierverfahren (Trial and Error) oder Anlernen neuronaler Netze als ZGF anhand vorliegender Handlungsvorbilder	gezieltes Tuning parametrischer Zugehörigkeitsfunktionen bzw. Parameteroptimierung

Gegenübergestellt sind entsprechend und in Erweiterung zu Bild 2.1.1 der "gängige" Fuzzy Regler Entwurf und die neue Strategie SOFCON.

Die Realisierung der Entwurfsstrategie SOFCON ist nur möglich, wenn
- eine geeignete Reduzierung der großen Anzahl von Freiheitsgraden ohne
  einen wesentlichen Leistungsverlust erfolgt,
- eine Verwendung von Gütekriterien für u.a. die Regelgüte, den Stellaufwand und die Zeit erfolgt,
- leistungsstarke Suchverfahren für die Parameteroptimierung mittels
  Modell angewandt werden,
- eine einfache Hard- und Softwarelösung möglich ist.

In folgenden Schwerpunkten wird die Entwurfsstrategie SOFCON unter
Nutzung der im Abschnitt 2 getroffenen Aussagen entwickelt:

1. Erstellung des Übertragungsverhaltens von linearen und nichtlinearen
   statischen Fuzzy Grundgliedern,
2. Erstellung des Übertragungsverhaltens von P-, D-, I-Fuzzy-Gliedern
   sowie deren Kombination,
3. Entwurfskonzepte unter Verwendung von Optimalitätskriterien für den
   Reglerentwurf an einem Prozeßmodell,
4. Implementierung der entworfenen Fuzzy Regelung in die Zielhardware,
5. Anpassung/Tuning der Parameter der Fuzzy Regelung an die Bedingungen des realen Prozesses.

Im Rahmen dieses Buches wird auf die Punkte 1. bis 4. näher eingegangen.

4.2 Statischer Entwurf des Fuzzy Systems

Die bekannten Elemente der Fuzzy Logik, wie Zugehörigkeitsfunktionen,
Regelwerk und Operatoren werden bei regelungstechnischen Anwendungen
sinnvollerweise zu Fuzzy Systemen zusammengefaßt. Diese Zusammenfassung erlaubt die Betrachtung des Fuzzy Systems als Übertragungsglied,
wobei solche internen Vorgänge wie Fuzzyfizieren, Inferenz und Defuzzyfi-
zieren sich innerhalb einer "Black Box" abspielen und die Schnittstellen zur
"Außenwelt" über die scharfen Eingangswerte (Merkmale) und die scharfen
Ausgänge (Entscheidungen) gegeben sind. Damit hängt die äußere Struktur
eines Fuzzy Systems nur von der Anzahl seiner Ein- und Ausgänge ab,
während die Übertragungscharakteristik von den Zugehörigkeitsfunktionen,
Regeln und Operatoren bestimmt wird.

Von der Definition der allgemeinen Fuzzy Logik ausgehend ergibt sich, daß
durch Fuzzy Systeme beliebiger Komplexität stets nur eine Abbildung eines
Merkmalsraumes in einen Entscheidungsraum vorgenommen werden kann.
Wenn durch den Vektor $m_e(k)$ die gemessenen oder beobachteten Merkmale
eines zu steuernden Prozesses im Tastschritt k gegeben sind, so ist ein Fuzzy
System nur in der Lage, den zugehörigen Entscheidungsvektor $m_s(k)$ zu
erzeugen. Der Vektor $m_e(k)$ wird eindeutig auf $m_s(k)$ abgebildet, wobei die
Abbildung rein statischen Charakter trägt.

Entsprechend Gl.(4.2.1) gilt:

$$m_s = F(m_e) \quad .$$

(4.2.1)

Im Bild 4.2.1 verkörpert **F** die durch das Fuzzy System realisierte statische, eindeutige Funktion. Deshalb darf ein Fuzzy System in der Reglungstechnik als statisches, nichtlineares Übertragungsglied aufgefaßt werden. In der Realität vergeht natürlich eine gewisse Rechenzeit, ehe der Entscheidungsvektor ermittelt ist. In der Mehrzahl der Anwendungsfälle wird diese jedoch vernachlässigbar klein gegen die Tastperiode sein. Andernfalls muß diese Rechentotzeit im Entwurf Berücksichtigung finden. Für die weiteren Betrachtungen soll ein rein statisches Verhalten zugrundegelegt werden.

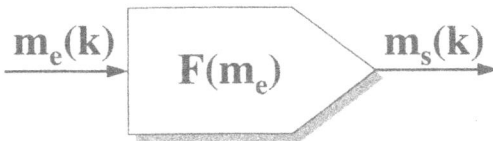

$$\mathbf{m_e(k)} \longrightarrow \boxed{\mathbf{F(m_e)}} \longrightarrow \mathbf{m_s(k)}$$

F ≙ abgetastete, mehrdimensionale Nichtlinearität

Bild 4.2.1:
Fuzzy System

Dies hat zur Konsequenz, daß dynamische Übertragungseigenschaften nur durch dynamische Merkmals- bzw. Stellgrößenbildungsfunktionen erzielt werden können (siehe Bild 4.2.2). Die richtige Wahl der Tastperiode und die sinnvolle Auswahl dynamischer Merkmals- bzw. Stellgrößenbildungsfunktionen erfordert regelungstechnisches Wissen und Erfahrungen bei der Implementierung von Reglern (siehe Abschnitt 2.1).

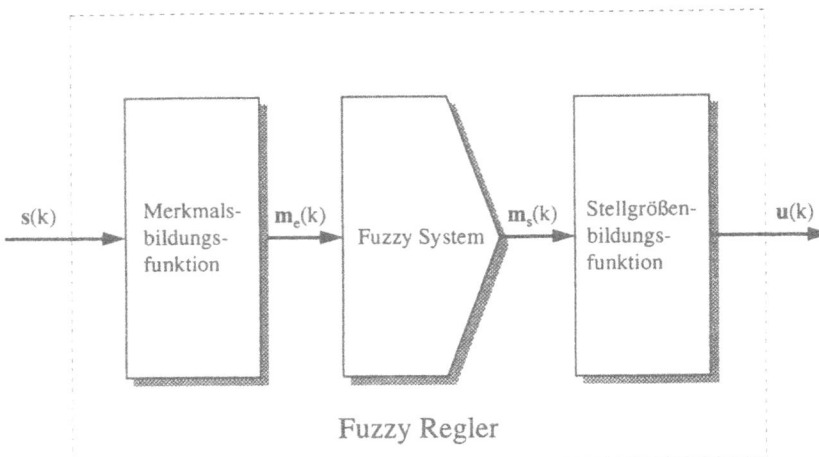

$$s(k) \longrightarrow \boxed{\substack{\text{Merkmals-}\\\text{bildungs-}\\\text{funktion}}} \xrightarrow{\mathbf{m_e(k)}} \boxed{\text{Fuzzy System}} \xrightarrow{\mathbf{m_s(k)}} \boxed{\substack{\text{Stellgrößen-}\\\text{bildungs-}\\\text{funktion}}} \longrightarrow u(k)$$

Fuzzy Regler

Bild 4.2.2: Allgemeine Struktur eines Fuzzy Reglers

Es ist zu erkennen, daß der Fuzzy Regler nicht nur aus dem Fuzzy System, sondern außerdem aus den Merkmals- und Stellgrößenbildungsfunktionen besteht. Wenn s(k) der gemessene bzw. beobachtete Situationsvektor und **u**(k) die auszugebenden Stellgrößen zum Tastzeitpunkt k sind, so besteht ein Fuzzy Regler aus den im Bild 4.2.2 dargestellten drei Teilmodulen.

Auf diese Weise wird durch Auswahl der Merkmale und Stellgrößen bereits der Reglertyp festgelegt. Der Charakter des Reglers wird dagegen durch die verwendeten Elemente der Fuzzy Logik bestimmt. Wird beispielsweise ein Regler in PD-Struktur benötigt, so wählt man als Merkmale die Regelabweichung und deren zeitliche Änderung und verwendet den Ausgang des Fuzzy Systems gleich als Stellgröße. Durch die Anzahl der im Regelwerk verwendeten linguistischen Attribute für die Merkmale und Stellgrößen wird die Reglercharakteristik entweder als annähernd linear oder gezielt nichtlinear bestimmt. Die Anpassung an den Prozeß erfolgt dann durch "Tuning" oder Optimieren der Parameter der Zugehörigkeitsfunktionen der Merkmale bzw. Entscheidungen. Diese Möglichkeit bietet aber nur ein parametrisches Fuzzy Konzept.

4.2.1   Das parametrische Fuzzy Konzept

Wie bis jetzt herausgearbeitet wurde, besitzt ein Fuzzy System nur ein statisches Übertragungsverhalten und erreicht erst im Zusammenwirken mit Merkmals- und Stellgrößenbildungsfunktionen dynamische Eigenschaften. Da diese dynamischen Bildungsfunktionen, auf die zu einem späteren Zeitpunkt eingegangen wird, im allgemeinen nichtparametrisch sind, sondern nur von der Tastperiode abhängen, sind die eigentlichen Parameter eines Fuzzy Reglers im Fuzzy System enthalten. Aus diesem Grunde ist die statische Übertragungsfunktion **F** (im weiteren Fuzzy Kennfeld genannt) neben der Tastperiode T der wichtigste Einflußfaktor auf das Reglerverhalten.

Der neue Entwurfsweg geht davon aus, daß es gelingt, mittels eines einfachen parametrischen Fuzzy Konzeptes jedes beliebige nichtlineare Übertragungsverhalten als Fuzzy Kennfeld nachzubilden. Es gilt, die allgemeine Fuzzy Logik soweit wie möglich an Freiheitsgraden zu reduzieren, ohne dabei auf darstellbare Kennfelder zu verzichten. Ein dazu geeignetes parametrisches Konzept soll nachfolgend vorgestellt werden. Neben der Eigenschaft der Parametrierbarkeit zeichnet sich dieses Konzept durch eine sehr hohe Recheneffizienz aus, was die Implementierung auf Automatisierungsgeräten niedriger Rechenleistung vereinfacht bzw. erst ermöglicht.

4.2.1.1 Die Zugehörigkeitsfunktionen der Merkmale

Festlegung 1:
Die Zugehörigkeitsfunktionen der Merkmalsattribute sind stückweise linear,
bestehen aus bis zu 4 Abschnitten und können Funktionswerte zwischen Null
und Eins annehmen, wobei Null keine und Eins die volle Zugehörigkeit zum
Attribut darstellt.

Für die Berechnung des Zugehörigkeitswertes einer Zahl x zum definierten
Fuzzy Set gilt daher:

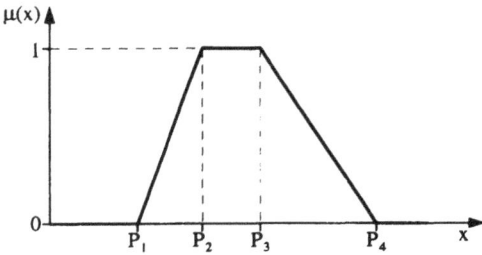

Bild 4.2.3:
Zugehörigkeitsfunktion

$$
\mu(x) = \begin{cases}
0; & x \le P_1 \\[2mm]
\dfrac{x-P_1}{P_2-P_1}; & P_1 < x \le P_2 \\[2mm]
1; & P_2 < x \le P_3 \\[2mm]
1-\dfrac{x-P_3}{P_4-P_3}; & P_3 < x \le P_4 \\[2mm]
0; & P_4 < x
\end{cases}
\qquad (4.2.2)
$$

Diese getroffene Festlegung ermöglicht es, beliebige rechteck-, dreieck-
bzw. trapezförmige Zugehörigkeitsfunktionen zu definieren, wobei nur vier
Stützstellen zu deren Darstellung gespeichert werden müssen (vgl. Bild
4.2.3). Die Berechnung der Zugehörigkeit eines Wertes x zum Fuzzy Set
$\mu(x)$ wird mittels Geradengleichungen entsprechend Gl. (4.2.2) vorgenommen.
Die Verwendung abschnittsweise linearer Zugehörigkeitsfunktionen hat sich
inzwischen zu einem akzeptierten Standard in der Automatisierung entwik-
kelt.

Mit diesem Konzept sind Zugehörigkeitsfunktionen in Form von Trapezen, Dreiecken, Rechtecken und Rampen möglich (siehe Bild 4.2.4).

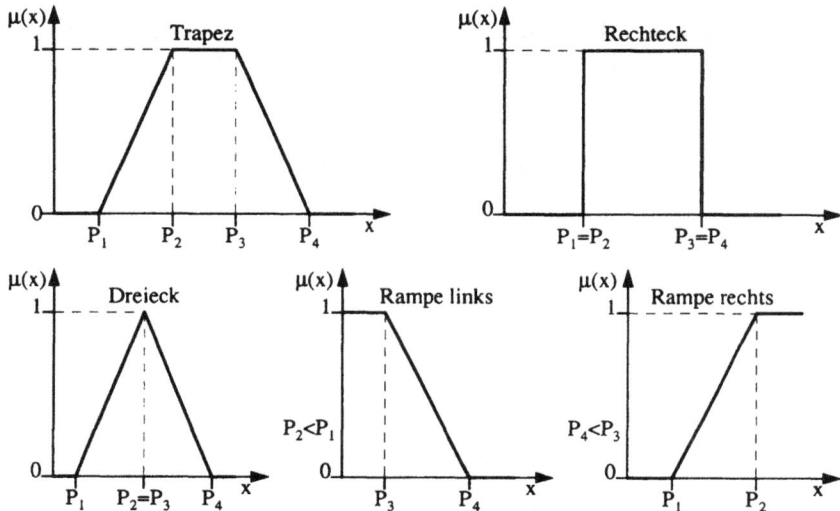

$\mu(x)$ — Trapez — P_1 P_2 P_3 P_4 — x

$\mu(x)$ — Rechteck — $P_1=P_2$ $P_3=P_4$ — x

$\mu(x)$ — Dreieck — P_1 $P_2=P_3$ P_4 — x

$\mu(x)$ — Rampe links — $P_2<P_1$ — P_3 P_4 — x

$\mu(x)$ — Rampe rechts — $P_4<P_3$ — P_1 P_2 — x

Bild 4.2.4: Verschiedene Möglichkeiten zur Darstellung von Zugehörigkeitsfunktionen mit dem parametrischen Fuzzy Konzept

Um die Parameterzahl weiter zu reduzieren, wird noch eine weitere Festlegung bezüglich der Gesamtheit von Zugehörigkeitsfunktionen eines Merkmals getroffen.

Festlegung II:

Teilt man das Merkmal A in n linguistische Attribute A_1, A_2 ... A_n ein, so gilt: Die Summe der Zugehörigkeitsfunktionen $\mu(a)$ des Merkmals A beträgt über jedem beliebigen Punkt a dieses Merkmals Eins, wobei höchstens zwei benachbarte Zugehörigkeitsfunktionen über beliebigem Punkt a einen Wert verschieden von Null haben können.

Die Parameter dieser Zugehörigkeitsfunktionen sind durch die Beginn- und Endpunkte der Intervalle voller Zugehörigkeit (Dachpunkte) gegeben. Die Fußpunkte der Zugehörigkeitsfunktionen ergeben sich aus den Dachpunkten der Zugehörigkeitsfunktionen der benachbarten Attribute. Die Randterme haben Rampenform und sind im Unendlichen mit dem Funktionswert Eins definiert.

Den Verlauf zeigt Bild 4.2.5.

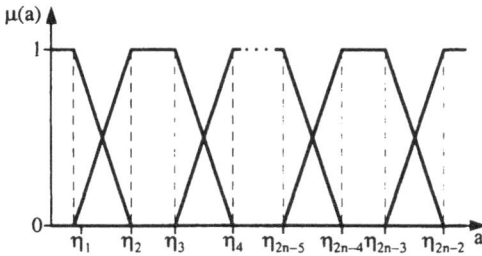

Bild 4.2.5:
Zugehörigkeitsfunktionen des
Merkmals A

Für das Merkmal A mit n definierten Zugehörigkeitsfunktionen müssen also nur 2(n-1) Stützstellen festgelegt werden. Der Stützstellenvektor lautet also entsprechend Gl. (4.2.3):

$$\eta^T = (\ \eta_1\ \eta_2\ \cdots\ \eta_{2\cdot(n-1)}\ )\ . \tag{4.2.3}$$

Zur geschlossenen Angabe der Berechnungsvorschrift ist es notwendig, die fiktiven Randstützstellen zusätzlich zu definieren. Dementsprechend soll gelten:

$$\eta_0 = -\infty \qquad\qquad \eta_{2\cdot n-1} = \infty\ . \tag{4.2.4}$$

Diese Definition kann bei der programmtechnischen Umsetzung zugunsten einer Fallunterscheidung entsprechend für die Randterme entfallen. Die Berechnung der n Zugehörigkeitswerte für einen bestimmten Punkt a_0 des Merkmals A kann aufgrund dieser Festlegungen in nur drei einfachen Rechenschritten entsprechend Gl. (4.2.5) erfolgen, wobei nur eine Geradengleichung berechnet werden muß. Die drei Schritte zur Berechnung sind:

$$
\begin{array}{lll}
\textit{I:} & \textit{Null setzen} & \mu_v(a_0) = 0 \qquad\qquad v \in [1..n] \\[2mm]
\textit{II:} & \textit{Intervallbestimmung} & \\[1mm]
\textit{III:} & \textit{Fallunterscheidung} & \\[2mm]
\textit{Dach:} & \mu_v(a_0) = 1; & \eta_{2\cdot(v-1)} \leq a_0 < \eta_{2\cdot(v-1)\cdot1} \quad v \in [1..n] \\[4mm]
\textit{Übergang:} & \mu_v(a_0) = \dfrac{a_0 - \eta_{2\cdot v-3}}{\eta_{2\cdot v-2} - \eta_{2\cdot v-3}}; & \eta_{2\cdot v-3} \leq a_0 < \eta_{2\cdot v-2} \quad v \in [2..n] \\[4mm]
& \mu_{v-1}(a_0) = 1 - \mu_v(a_0); &
\end{array}
\tag{4.2.5}
$$

Das Ziel der Parametrierung wird erfüllt, wenn der Stützstellenvektor η in dem Parametervektor **x** des zu parametrierenden Fuzzy Systems enthalten ist. Zur Parametrierung der Zugehörigkeitsfunktionen eines Merkmales gibt es verschiedene Möglichkeiten.

Diese sind:

1. *Die vollständige Parametrierung*
Der Stützstellenvektor η wird vollständig in den Parametervektor x übernommen (Gl. (4.2.6)). Es gilt:

$$x = \begin{pmatrix} \eta_1 \\ \eta_2 \\ \vdots \\ \eta_{2 \cdot n-2} \end{pmatrix} . \qquad (4.2.6)$$

Die so erhaltenen Parameter unterliegen folgenden Ungleichungsbeschränkungen:

$$c(x) = \begin{pmatrix} \eta_2 - \eta_1 \\ \eta_3 - \eta_2 \\ \vdots \\ \eta_{2 \cdot n-2} - \eta_{2 \cdot n-3} \end{pmatrix} = \begin{pmatrix} x_2 - x_1 \\ x_3 - x_2 \\ \vdots \\ x_{2 \cdot n-2} - x_{2 \cdot n-3} \end{pmatrix} ; \; \forall \; c_v \geq 0 \qquad (4.2.7)$$

Diese Beschränkungen sorgen dafür, daß sich die Stützstellen nicht in ihrer prinzipiellen Lage zueinander verschieben können. Damit darf die Zugehörigkeitsfunktion des Attributes 1 nicht rechts von der Zugehörigkeitsfunktion des Attributes 2 liegen. Die im Rahmen des parametrischen Fuzzy Konzeptes verwendeten Beschränkungen werden stets Ungleichungsbeschränkungen sein, so daß sich der Beschränkungsbegriff im weiteren nur auf solche beziehen wird.

2. *Die nullsymmetrische Parametrierung*

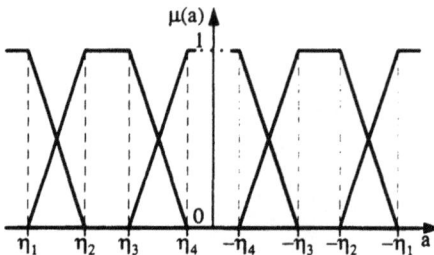

Bild 4.2.6:
Die nullsymmetrischen
Zugehörigkeitsfunktionen

Die positiven Elemente des Stützstellenvektors η werden in den Parametervektor x übernommen. Diese Möglichkeit besteht nur unter der Bedingung, daß die Zugehörigkeitsfunktionen und damit die Stützstellen symmetrisch zum Nullpunkt sind (Bild 4.2.6).

Es ergibt sich der Parametervektor zu:

$$
x = \begin{pmatrix} \eta_n \\ \eta_{n-1} \\ \vdots \\ \eta_{2 \cdot n-2} \end{pmatrix} \quad wobei \quad \begin{matrix} \eta_1 = -\eta_{2 \cdot n-2} \\ \eta_2 = -\eta_{2 \cdot n-3} \\ \vdots \\ \eta_{n-1} = -\eta_n \end{matrix} \quad . \tag{4.2.8}
$$

Dementsprechend lauten die Beschränkungen:

$$
c(x) = \begin{pmatrix} \eta_n \\ \eta_{n-1} - \eta_n \\ \eta_{n-2} - \eta_{n-1} \\ \vdots \\ \eta_{2 \cdot n-2} - \eta_{2 \cdot n-3} \end{pmatrix} = \begin{pmatrix} x_1 \\ x_2 - x_1 \\ x_3 - x_2 \\ \vdots \\ x_{n-1} - x_{n-2} \end{pmatrix} \quad . \tag{4.2.9}
$$

Durch die symmetrische Parametrierung kann die Parameteranzahl halbiert werden. Die symmetrische Parametrierung ist in regelungtechnischen Anwendungsfällen häufig benutzbar, da die Merkmale in der Regel in einem Arbeitspunkt zentriert sind.

3. *Die a priori unvollständige Parametrierung*
Diese Möglichkeit ergibt sich, wenn a priori bekannt ist, daß ein oder mehrere Stützstellen des zu parametrierenden Merkmals nicht verändert werden sollten. Dieser Fall tritt beispielsweise ein, wenn es sich bei dem Merkmal um eine zu integrierende Regelabweichung handelt. Dann ist es stets sinnvoll, das linguistische Attribut "Null" nur dann zur vollen Gültigkeit kommen zu lassen, wenn wirklich der scharfe Wert Null vorliegt, da sonst eine bleibende Regelabweichung auftritt. Damit bleiben die Stützstellen für den Beginn und das Ende der vollen Zugehörigkeit zu diesem Attribut auf Null, d. h. die ZGF wird als Dreieck mit der Spitze bei Null festgelegt.

4.2.1.2 Das Regelwerk

Das Regelwerk wird bei dem hier vorgestellten Entwurfsweg die eigentliche Reglerstrategie enthalten. Es wird davon ausgegangen, daß ein Regelungstechniker in der Lage ist, sinnvolle Regelwerke für ein konkretes Anwendungsprojekt aufzustellen. In einer Reihe von Untersuchungen konnten auch schon für typische Anwendungsfälle Regelwerke erstellt werden, die zusammengefaßt in einer Bibliothek ein nützliches Entwurfswerkzeug, oder zumindest eine Anregung für die in diesem Entwurfsschritt notwendige Heuristik ist. Unter Aufstellung eines Fuzzy Regelwerkes darf keineswegs nur das Ausfüllen einer Regelmatrix verstanden werden.

Die dabei entstehenden vollständigen Regelwerke sind nicht nur unübersichtlich und unnötig groß, sie repräsentieren auch meist nicht das menschliche Regelverhalten, welches eher durch wenige, sich überlagernde, z. T. widersprüchliche Entscheidungsregeln geprägt ist. Im Applikationsteil werden einige Regelwerke, die im Rahmen der vorgenommenen Untersuchungen erstellt wurden, vorgestellt.

Bei der Aufstellung des Regelwerkes sollte bedacht werden, daß dieser Entwurfsschritt der heuristischen Struktursuche entspricht. An dieser Stelle werden menschliches Wissen, Erfahrung und Intuition in die Steuer-/Regelstrategie eingebracht. Dieser häufig hervorgehobene Vorteil der auf Fuzzy Logik basierten Steuerungen/Regelung bleibt auch bei der Entwurfsstrategie *SOFCON* erhalten, wird jedoch objektiviert, indem für das aufgestellte Regelwerk die optimalen Zugehörigkeitsfunktionen bestimmt werden und somit dem heuristischen Entwurf eine objektive Erfolgsbewertung zugeordnet wird. Wenn mit einem aufgestellten Regelwerk nach erfolgter Optimierung der Zugehörigkeitsfunktionen keine zufriedenstellende Regelgüte erzielt wird, dann muß entweder die Struktur der Steuerung/Regelung geändert oder das Regelwerk neu überarbeitet werden. Diese Entscheidung ist dann objektiv, weil bereits das mit den vorliegenden Regeln optimale Reglerverhalten ermittelt wurde. Diese Vorgehensweise ist insbesondere deshalb sinnvoll, weil die Formulierung von Entscheidungsregeln (Wissensbasis) dem Ingenieur leichter fällt, als die Definition von Zugehörigkeitsfunktionen (Datenbasis). Während die Formulierung einer Steuerstrategie in menschlicher Sprache wenig Mühe bereitet, herrscht beim zahlenmäßigen Festlegen der Gültigkeitsbereiche der verwendeten Begriffe (kalt, lauwarm, warm, heiß etc.) stets eine gewisse Unsicherheit und Ratlosigkeit.

Für die Formulierung sinnvoller und ausreichender Regelwerke seien an dieser Stelle drei Beispiele genannt.

Beispiel 1:   Steuerung/Statik
R 1: Wenn < die Verstärkung der Strecke groß ist >,
     Dann < muß die Verstärkung des Reglers klein sein >.
R 2: Wenn < die Verstärkung der Strecke klein ist >,
     Dann < muß die Verstärkung des Reglers groß sein >.

Beispiel 2:   Regelung/P-Regler
R 1: Wenn < der Istwert zu groß ist >,
     Dann < muß die Stellgröße negativ sein >.
R 2: Wenn < der Istwert gleich dem Sollwert ist>,
     Dann < muß die Stellgröße null sein >.
R 3: Wenn < der Istwert zu klein ist >,
     Dann < muß die Stellgröße positiv sein >.

Beispiel 3:   Progressive Regelung
R 1: Wenn < die Regelabweichung groß ist >,
     Dann < muß der Regler schnell sein >.
R 2: Wenn < die Regelabweichung klein ist >,
     Dann < muß der Regler genau sein >.
R 3: Wenn < der Regler schnell ist >,
     Dann < ist Kp groß >
     und   <Tn groß >
     und   <Tv groß >
     (PD-Konzept).
R 4: Wenn < der Regler genau ist >,
     Dann < ist Kp groß >
     und   < Tn klein >
     und   < Tv klein >
     (PI-Konzept).

Wie zu sehen ist, kann der Regelungstechniker die wesentlichen Zusammenhänge auf dem Gebiet der Steuerung und Regelung in wenigen leistungs-
fähigen Regeln formulieren.
Deshalb wird das Regelwerk bei der Strategie *SOFCON* nicht in die Parameteroptimierung einbezogen, sondern von dieser als konstant angenommen. Dies betrifft auch die verwendeten Operatoren und Gewichte. Im
Prinzip sind auch bei *SOFCON* beliebige Regelwerke und Fuzzy Operatoren zulässig. Da alle bisher zu lösenden Aufgaben mit ungewichteten Regelwerken gelöst werden konnten, in denen nur die einfachsten Operatoren wie
MIN bzw. PROD, NOT und MAX verwendet wurden, wird vorgeschlagen,
sich auf diese zu beschränken. Eine Reihe von Untersuchungen konnte
bestätigen, daß der Einfluß komplizierter Fuzzy Operatoren auf das letztlich
entscheidende Fuzzy Kennfeld genausogut durch die Modifikation der Lage
der Zugehörigkeitsfunktionen erzielt werden kann [KIE 92], [KIE 93],
[KUH 94].
Das Erlernen von Regeln ist mit *SOFCON* auch möglich, allerdings wird in
diesen Lernprozeß der Mensch als Verantwortungsträger einbezogen. Diese
Problematik wird zu einem späteren Zeitpunkt im Abschnitt 4.5 aufgegriffen.

Vorschlag I :
Man verwende nur die Operatoren MIN oder PROD als fuzzy AND, bzw.
MAX als fuzzy OR. Die Verwendung des NOT-Operators ist ebenfalls er-
laubt. Als Aggregationsoperator wird MAX verwendet. Damit entfällt die
Formulierung von OR-Regeln zugunsten der Aufstellung mehrerer Regeln,
da der OR- und der Aggregationsoperator identisch sind.

Somit gilt:

$$AND \quad Variante \quad 1 : \qquad \mu_A(x) \wedge \mu_B(x) = MIN(\mu_A(x), \mu_B(x))$$

$$AND \quad Variante \quad 2 : \qquad\qquad\qquad = \mu_A(x) \cdot \mu_B(x)$$

$$OR : \qquad\qquad \mu_A(x) \vee \mu_B(x) = MAX(\mu_A(x), \mu_B(x))$$

$$NOT : \qquad\qquad\qquad \neg\mu(x) = 1 - \mu(x) \qquad .$$

(4.2.10)

Beispiel (aus einem Fuzzy PID-Regelwerk) :
Wenn die Regelabweichung (E) positiv und die erste Ableitung der Regelabweichung (DE) nicht Null ist, oder DE positiv ist oder die zweite
Ableitung der Regelabweichung (D2E) positiv ist, dann ändere die Stellgröße (DU) in positiver Richtung! Diese Strategie wird umgesetzt zu dem in
der Tafel 4.2.1 gezeigten Regelwerk.

Tafel 4.2.1: Ausschnitt aus einem Regelwerk

1:	**IF (E=POS)**	**AND NOT(DE=NULL)**	**THEN (DU:=POS);**
2:	**IF (DE=POS)**	**THEN (DU:=POS);**	
3:	**IF (D2E=POS)**	**THEN (DU:=POS);**	

Bei der Analyse des menschlichen Entscheidungsverhaltens ist zu erkennen,
daß keineswegs direkt aus einer durch sämtliche Merkmale gegebenen
Situation eine Entscheidung abgeleitet wird. Vielmehr faßt der Mensch
einzelne Merkmale zusammen, leitet aus diesen, nur im linguistischen
Entscheidungsprozeß vorhandene abstrakte Zwischengrößen ab und ermittelt
aus diesen Zwischengrößen seine Entscheidung. Deswegen ist es günstig,
auch die Fuzzy Umsetzung eines solchen Regelwerkes ähnlich zu gestalten.
Außerdem ergibt sich eine effizientere Abarbeitung des Regelwerkes, wenn
dieses durch Zwischengrößen strukturiert wird und so die mehrfache Inferenz gleicher Bedingungsteile vermieden wird.

Vorschlag II :
Um abstrakte Zwischengrößen in den Entscheidungsprozeß einzubeziehen,
ist die Verwendung von Zwischenvariablen im Regelwerk sinnvoll. Zwi-
schenvariablen haben einen linguistischen Namen und ein oder mehrere
linguistische Attribute, die jeweils einen Zugehörigkeitswert haben. Die
Attribute der Zwischenvariablen besitzen, da sie innerhalb des Regelwerkes
eingebettet sind, keine Zugehörigkeitsfunktionen.

Beispiel (aus einem Parameteradapter für einen PI-Regler an einem nicht-linearen Prozeß):

Bewegen sich Soll- und Istwert des Prozesses im negativen oder im positiven Abschnitt des Arbeitsbereiches, dann befindet sich der Prozeß in der Sättigung. (Andernfalls nicht.) Wenn der Prozeß sich in der Sättigung befindet, dann verwende einen verstärkenden, schnellen Regler, andernfalls einen dämpfenden, langsamen Regler!

Ein verstärkender Regler hat einen großen Verstärkungsfaktor (K_R), ein dämpfender einen kleinen. Ein langsamer Regler integriert langsam und hat daher eine große Nachstellzeit (T_N). Ein schneller Regler hat eine kleine Nachstellzeit.

Diese mehrstufigen Expertenregeln werden unter Zuhilfenahme der Zwischenvariablen BEREICH mit dem Attribut SÄTTIGUNG und der Zwischenvariablen REGLER mit den Attributen LANGSAM, SCHNELL, DÄMPFEND, VERSTÄRKEND in ein Fuzzy Regelwerk (Tafel 4.2.2) umgesetzt.

Tafel 4.2.2: Ausschnitt aus einem Regelwerk

```
IF (SOLL=NEG) AND (IST=NEG) THEN (BEREICH:=SÄTTIGUNG);
IF (SOLL=POS) AND (IST=POS) THEN (BEREICH:=SÄTTIGUNG);
IF (BEREICH=SÄTTIGUNG) THEN (REGLER:=SCHNELL);
IF (BEREICH=SÄTTIGUNG) THEN (REGLER:=VERSTÄRKEND);
IF NOT(BEREICH=SÄTTIGUNG) THEN (REGLER:=LANGSAM);
IF NOT(BEREICH=SÄTTIGUNG) THEN (REGLER:=DÄMPFEND);
IF (REGLER=VERSTÄRKEND) THEN (KR:=GROSS);
IF (REGLER=DÄMPFEND) THEN (KR:=KLEIN);
IF (REGLER=SCHNELL) THEN (TN:=KLEIN);
IF (REGLER=LANGSAM) THEN (TN:=GROSS);
```

Durch die sinnvolle Verwendung von Zwischenvariablen entstehen transparente, selbstdokumentierende Regelwerke, die wesentlich geeignetere Problembeschreibungen darstellen als diverse Regelmatrizen. Insbesondere zur Lösung komplexer Aufgabenstellungen mit hochdimensionalen Merkmalsvektoren wird diese Vorgehensweise dringend empfohlen.

4.2.1.3 Die Zugehörigkeitsfunktionen der Entscheidungen

Für die Zugehörigkeitsfunktionen der Entscheidungen wird folgende Festlegung getroffen:

Die Zugehörigkeitsfunktionen der Entscheidungen sind Singletons, wobei diese als repräsentativer Schwerpunkt eines linguistischen Attributes angesehen werden können. Die Defuzzyfizierung erfolgt nach der Schwerpunktmethode für Singletons.

Damit gilt:

$$y = \frac{\sum\limits_{v=1}^{n} \mu_v(y) \cdot \zeta_v}{\sum\limits_{v=1}^{n} \mu_v(y)} \quad . \tag{4.2.11}$$

Die Verwendung von Singletons hat eine Reihe von Vorteilen, die vor allem auf dem Gebiet der Automatisierung zum Tragen kommen. Diese sind:
● Eine Integralberechnung bei der Schwerpunktmethode entfällt (Rechenzeit).
● Es wird pro Attribut nur eine Stützstelle benötigt (Speicherproblem).
● Die Nachbildung jedes beliebigen nichtlinearen Kennfeldes gelingt wesentlich gezielter.
Es werden folgende drei Möglichkeiten der Parametrierung unterschieden:

1. Die vollständige Parametrierung

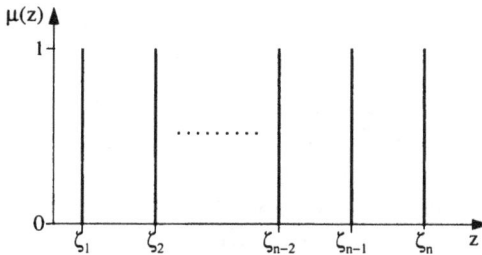

Bild 4.2.7:
Vollständige Parametrierung der Singletons

Die Schwerpunkte der Attribute werden direkt in den Parametervektor übernommen (Bild 4.2.7) für den Parametervektor gilt :

$$x = \begin{pmatrix} \zeta_1 \\ \zeta_2 \\ \vdots \\ \zeta_n \end{pmatrix} \quad . \tag{4.2.12}$$

Falls die Reihenfolge der Singletons bereits feststeht, dann gelten zusätzlich folgende Beschränkungen:

$$c(x) = \begin{pmatrix} \zeta_2 - \zeta_1 \\ \zeta_3 - \zeta_2 \\ \vdots \\ \zeta_n - \zeta_{n-1} \end{pmatrix} \quad ; \quad \forall\, c_v \geq 0 \quad . \tag{4.2.13}$$

2. *Die nullsymmetrische Parametrierung*

Falls eine ungerade Anzahl von Singletons vorliegt, so wird der mittlere Schwerpunkt auf Null festgelegt. Die restlichen Schwerpunkte liegen bezüglich des Nullpunktes symmetrisch zueinander (Bild 4.2.8).

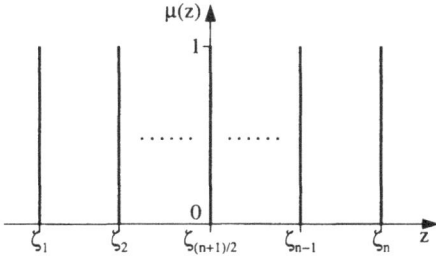

Bild 4.2.8:
Symmetrie bei ungerader
Stützstellenanzahl

Dann ergibt sich der Parametervektor

$$x = \begin{pmatrix} \zeta_{\frac{n\cdot1}{2}\cdot1} \\ \zeta_{\frac{n\cdot1}{2}\cdot2} \\ \vdots \\ \zeta_n \end{pmatrix} ; \quad dabei \ gilt \qquad \begin{matrix} \zeta_1 & = & -\zeta_n \\ \zeta_2 & = & -\zeta_{n-1} \\ & \vdots & \\ \zeta_{\frac{n-1}{2}-1} & = & -\zeta_{\frac{n-1}{2}\cdot1} \\ \zeta_{\frac{n-1}{2}} & = & 0 \end{matrix} \qquad (4.2.14)$$

Falls die Reihenfolge der Singletons erhalten bleiben soll, gilt für den Beschränkungsvektor:

$$c(x) = \begin{pmatrix} \zeta_{\frac{n\cdot1}{2}\cdot1} \\ \zeta_{\frac{n\cdot1}{2}\cdot2} - \zeta_{\frac{n\cdot1}{2}\cdot1} \\ \vdots \\ \zeta_n - \zeta_{n-1} \end{pmatrix} = \begin{pmatrix} x_1 \\ x_2 - x_1 \\ \vdots \\ x_{\frac{n\cdot1}{2}\cdot1} \end{pmatrix} ; \quad \forall c_v \geq 0 \qquad (4.2.15)$$

Bei einer geraden Anzahl von Entscheidungsattributen ergibt sich die Anordnung der Singletons entsprechend Bild 4.2.9.

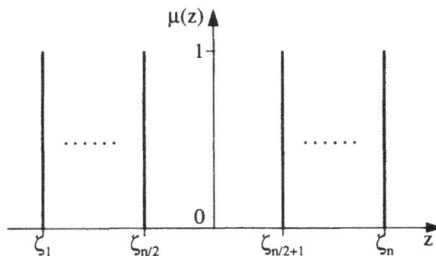

Bild 4.2.9:
Symmetrische ZGF in gerader
Anzahl

Für den Parametervektor gilt:

$$x = \begin{pmatrix} \zeta_{\frac{n}{2}+1} \\ \zeta_{\frac{n}{2}+2} \\ \vdots \\ \zeta_n \end{pmatrix} ; \quad dabei \; gilt \quad \begin{matrix} \zeta_{\frac{n}{2}} = -\zeta_{\frac{n}{2}+1} \\ \zeta_{\frac{n}{2}-1} = -\zeta_{\frac{n}{2}+1} \\ \vdots \\ \zeta_1 = -\zeta_n \end{matrix} \quad . \tag{4.2.16}$$

Die Beschränkungen errechnen sich dann aus:

$$c(x) = \begin{pmatrix} \zeta_{\frac{n}{2}+1} \\ \zeta_{\frac{n}{2}+2} - \zeta_{\frac{n}{2}+1} \\ \vdots \\ \zeta_n - \zeta_{n-1} \end{pmatrix} = \begin{pmatrix} x_1 \\ x_2 - x_1 \\ \vdots \\ x_{\frac{n}{2}} - x_{\frac{n}{2}-1} \end{pmatrix} ; \quad \forall \; c_v \geq 0 \tag{4.2.17}$$

3. Die a priori unvollständige Parametrierung

Wenn a priori bekannte Sachverhalte von vornherein bestimmte Schwerpunkte festlegen, dann sollten diese Schwerpunkte nicht in den Parametervektor aufgenommen werden. Dieses Vorgehen reduziert ebenfalls die Dimension des Optimierungsproblems.

Ein solcher Fall ist beispielsweise gegeben, wenn die Randschwerpunkte einer Entscheidung über eine Stellgröße auf die Grenzen des Stellbereichs gelegt werden. Da nur so der gesamte Stellbereich zur Verfügung steht, ist eine Modifikation der Lage dieser Singletons nicht sinnvoll.

4.2.1.4 Ein Beispiel Fuzzy System

Die Vorgehensweise bei der Parametrierung eines Fuzzy Systems soll an einem Beispiel erläutert werden. Es besteht die Aufgabe, das im Bild 4.2.10 dargestellte Fuzzy System zu parametrieren. Die Dimension des Parametervektors soll dabei so klein wie möglich gehalten werden. Symmetrische Merkmale/Entscheidungen sollen als solche erhalten bleiben, und die Randschwerpunkte der Entscheidung sollen im Laufe der Optimierung konstant bleiben.

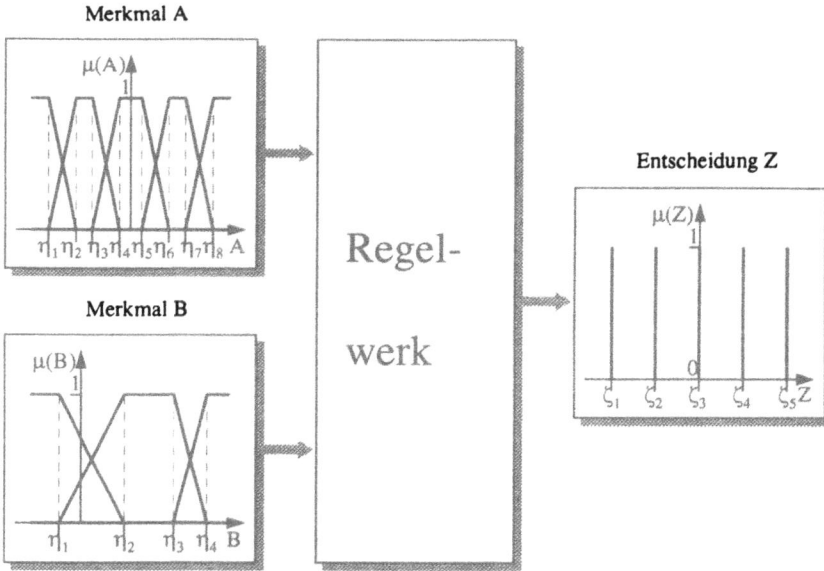

Bild 4.2.10: Beispielsystem

Im Prinzip erfolgt der Aufbau des Parameter- und des Beschränkungsvektors durch Zusammenfügen der Teilvektoren für die einzelnen Merkmale und Entscheidungen. Das Mermal A ist symmetrisch zum Nullpunkt. Deshalb wird der Teilparametervektor

$$x_A = \begin{pmatrix} \eta_{A_5} \\ \eta_{A_6} \\ \eta_{A_7} \\ \eta_{A_8} \end{pmatrix} \quad c_A = \begin{pmatrix} \eta_{A_5} \\ \eta_{A_6} - \eta_{A_5} \\ \eta_{A_7} - \eta_{A_6} \\ \eta_{A_8} - \eta_{A_7} \end{pmatrix} \tag{4.2.18}$$

formuliert. Das Merkmal B dagegen ist unsymmetrisch. Es gilt deshalb der Teilparametervektor:

$$x_B = \begin{pmatrix} \eta_{B_1} \\ \eta_{B_2} \\ \eta_{B_3} \\ \eta_{B_4} \end{pmatrix} \quad c_B = \begin{pmatrix} \eta_{B_2} - \eta_{B_1} \\ \eta_{B_3} - \eta_{B_2} \\ \eta_{B_4} - \eta_{B_3} \end{pmatrix} . \tag{4.2.19}$$

Die Entscheidung Z ist symmetrisch mit einer geraden Termanzahl, wobei die Randterme nicht parametriert werden sollen.

Man erhält somit:

$$x_Z = \left(\zeta_{Z_4} \right) \quad c_Z = \left(\zeta_{Z_4} \right) \quad . \tag{4.2.20}$$

Schließlich werden die Teilvektoren zum Gesamtparameter- und Beschränkungsvektor zusammengesetzt:

$$x \begin{pmatrix} \eta_{A_5} \\ \eta_{A_6} \\ \eta_{A_7} \\ \eta_{A_8} \\ \eta_{B_1} \\ \eta_{B_2} \\ \eta_{B_3} \\ \eta_{B_4} \\ \zeta_{Z_4} \end{pmatrix} \quad c(x) = \begin{pmatrix} \eta_{A_5} \\ \eta_{A_6}-\eta_{A_5} \\ \eta_{A_7}-\eta_{A_6} \\ \eta_{A_8}-\eta_{A_7} \\ \eta_{B_2}-\eta_{B_1} \\ \eta_{B_3}-\eta_{B_2} \\ \eta_{B_4}-\eta_{B_3} \\ \zeta_{Z_4} \end{pmatrix} \quad . \tag{4.2.21}$$

Damit ist, wenn ein Gütekriterium Q aufgestellt wurde, das Optimierungsproblem mit der Beziehung

$$\min\{Q(x)\} \quad \forall\ c_v(x) \geq 0 \tag{4.2.22}$$

vollständig beschrieben. Bei der Anwendung komplizierter Gradientenabstiegsverfahren zur Suche des Optimums wird eventuell noch eine Zusatzinformation, die Jacobimatrix, benötigt. Diese enthält die Ableitungen der Beschränkungen nach den Parametern und kann, da die Beschränkungen nur linear von den Parametern abhängen, wie in Gl. (4.2.23) einfach aufgestellt werden. Hierbei sei die Gesamtparameteranzahl n = 9 und die Anzahl der Beschränkungen m = 8. Somit ergibt sich die Jacobimatrix zu:

$$J = \frac{\delta c(x)}{\delta x} = \begin{pmatrix} \dfrac{\delta c_1}{\delta x_1} & \dfrac{\delta c_2}{\delta x_1} & \cdots & \dfrac{\delta c_m}{\delta x_1} \\[2ex] \dfrac{\delta c_1}{\delta x_2} & \dfrac{\delta c_2}{\delta x_2} & \cdots & \dfrac{\delta c_m}{\delta x_2} \\[2ex] \vdots & \vdots & \ddots & \vdots \\[2ex] \dfrac{\delta c_1}{\delta x_n} & \dfrac{\delta c_2}{\delta x_n} & \cdots & \dfrac{\delta c_m}{\delta x_n} \end{pmatrix} \tag{4.2.23}$$

Für das Beispiel gilt:

$$
J = \begin{pmatrix}
1 & -1 & 0 & 0 & 0 & 0 & 0 & 0 \\
0 & 1 & -1 & 0 & 0 & 0 & 0 & 0 \\
0 & 0 & 1 & -1 & 0 & 0 & 0 & 0 \\
0 & 0 & 0 & 1 & 0 & 0 & 0 & 0 \\
0 & 0 & 0 & 0 & -1 & 0 & 0 & 0 \\
0 & 0 & 0 & 0 & 1 & -1 & 0 & 0 \\
0 & 0 & 0 & 0 & 0 & 1 & -1 & 0 \\
0 & 0 & 0 & 0 & 0 & 0 & 1 & 0 \\
0 & 0 & 0 & 0 & 0 & 0 & 0 & 1
\end{pmatrix} .
$$

Damit sind alle Parameter des Fuzzy Systems für die Lösung des optimalen Entwurfsproblems festgelegt.

4.2.2 Nachbildung linearer und nichtlinearer Funktionen

Um zu zeigen, daß die Möglichkeit des Entwurfs beliebiger Fuzzy Kennfelder durch die Anwendung des parametrischen Fuzzy Konzeptes nicht verloren gegangen ist, sollen hier einige Beispiele angeführt werden. Es wird dargelegt, daß ein gezieltes Einstellen bestimmter Funktionsparameter über die Parameter des Fuzzy Systems möglich ist.

4.2.2.1 Die beschränkte lineare Kennlinie

Ziel des ersten Beispieles ist die Nachbildung einer linearen beschränkten Kennlinie. Diese soll folgende Übertragungsgleichung haben:

$$
y = \begin{cases}
y_{min}; & x < x_{min} \\
m \cdot x + n; & x_{min} \le x < x_{max} \\
y_{max}; & x_{max} \le x
\end{cases}
$$

$$
m = \frac{y_{max} - y_{min}}{x_{max} - x_{min}} \quad Anstieg
$$

$$
n = y_{max} + y_{min} \quad Offset .
$$

(4.2.24)

Um diese Übertragungskennlinie zu gestalten, wird nur das Merkmal X und die Entscheidung Y mit jeweils den linguistischen Attributen MIN und MAX benötigt. Das Aufstellen des Regelwerkes ist trivial.

Es ist in Tafel 4.2.3 dargestellt.

Tafel 4.2.3: Regelwerk des Beispielsystems "Lineare Kennlinie"

IF (X=MIN) THEN (Y:=MIN);
IF (X=MAX) THEN (Y:=MAX);

Die Parameter der Zugehörigkeitsfunktionen ergeben sich direkt aus den Definitionsgrenzen der Kennlinie. Dies trifft natürlich so nur auf dieses einfache Beispiel zu. Deshalb wird hier ein grafisches Entwurfsverfahren vorgeschlagen, das auf dem "Fällen von Loten" aus der gewünschten Kennlinie auf die Zugehörigkeitsfunktionen basiert (Bild 4.2.11).

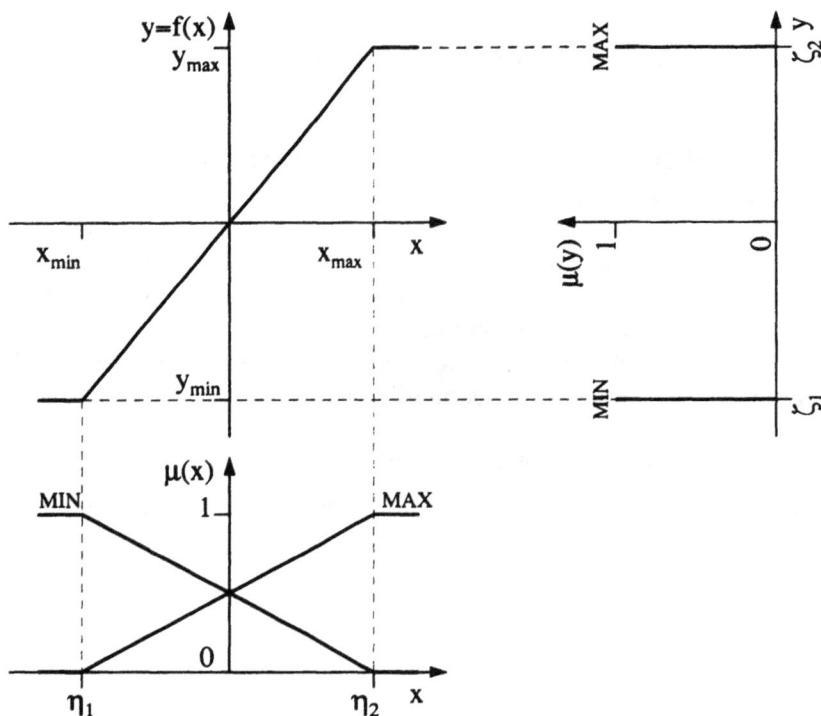

Bild 4.2.11: Grafischer Entwurf der Zugehörigkeitsfunktionen

Mit diesen Zugehörigkeitsfunktionen und den oben genannten beiden Regeln gelingt die exakte Nachbildung der gewünschten Kennlinie. Der Nachweis der exakten Abbildung dieser Funktion durch das Fuzzy System soll für dieses einfache Beispiel analytisch geführt werden.

Für die Zugehörigkeitswerte eines beliebigen Punktes x_0 ergibt sich:

$$\mu_{MIN}(x_0) = \begin{cases} 1; & x_0 < \eta_{X_1} \\ 1 - \dfrac{x_0 - \eta_{X_1}}{\eta_{X_2} - \eta_{X_1}}; & \eta_{X_1} \leq x_0 < \eta_{X_2} \\ 0; & \eta_{X_2} \leq x_0 \end{cases}$$

$$(4.2.25)$$

$$\mu_{MAX}(x_0) = \begin{cases} 0; & x_0 < \eta_{X_1} \\ \dfrac{x_0 - \eta_{X_1}}{\eta_{X_2} - \eta_{X_1}}; & \eta_{X_1} \leq x_0 < \eta_{X_2} \\ 1; & \eta_{X_2} \leq x_0 \end{cases}$$

Das Regelwerk realisiert lediglich ein Kopieren der Merkmalszugehörigkeiten auf die Entscheidungszugehörigkeiten nach den Vorschriften:

Regel 1: $\mu_{Y_{MIN}}(y) := \mu_{X_{MIN}}(x)$

Regel 2: $\mu_{Y_{MAX}}(y) := \mu_{X_{MAX}}(x)$

$$(4.2.26)$$

Wenn mit diesen Zugehörigkeitswerten defuzzyfiziert wird, ergibt sich:

$$y_0 = \frac{\mu_{Y_{MIN}}(y_0) \cdot \zeta_{Y_{MIN}} + \mu_{Y_{MAX}}(y_0) \cdot \zeta_{Y_{MAX}}}{\mu_{Y_{MIN}}(y_0) + \mu_{Y_{MAX}}(y_0)}$$

$$(4.2.27)$$

$$y_0 = \frac{\mu_{X_{MIN}}(x_0) \cdot \zeta_{Y_{MIN}} + \mu_{X_{MAX}}(x_0) \cdot \zeta_{Y_{MAX}}}{\mu_{X_{MIN}}(x_0) + \mu_{X_{MAX}}(x_0)}$$

Setzt man die in Gl. (4.2.25) ermittelten Zugehörigkeitswerte ein, so entsteht der folgende Ausdruck:

$$
y_0 = \begin{cases}
\dfrac{1 \cdot \zeta_{Z_{MIN}} + 0 \cdot \zeta_{Z_{MAX}}}{1 + 0}; & x_0 \leq \eta_{X_1} \\[3ex]
\dfrac{\left(1 - \dfrac{x_0 - \eta_{X_1}}{\eta_{X_2} - \eta_{X_1}}\right) \cdot \zeta_{Z_{MIN}} + \left(\dfrac{x_0 - \eta_{X_1}}{\eta_{X_2} - \eta_{X_1}}\right) \cdot \zeta_{Z_{MAX}}}{1 - \dfrac{x_0 - \eta_{X_1}}{\eta_{X_2} - \eta_{X_1}} + \dfrac{x_0 - \eta_{X_1}}{\eta_{X_2} - \eta_{X_1}}}; & \eta_{X_1} < x_0 \leq \eta_{X_2} \\[3ex]
\dfrac{0 \cdot \zeta_{Z_{MIN}} + 1 \cdot \zeta_{Z_{MAX}}}{0 + 1}; & \eta_{X_2} < x_0
\end{cases}
$$

(4.2.28)

$$
y_0 = \begin{cases}
\zeta_{MIN}; & x_0 \leq \eta_{X_1} \\[2ex]
\zeta_{MIN} + \left(\dfrac{x_0 - \eta_{X_1}}{\eta_{X_2} - \eta_{X_1}}\right) \cdot (\zeta_{MAX} - \zeta_{MIN}); & \eta_{X_1} < x_0 \leq \eta_{X_2} \\[2ex]
\zeta_{MAX}; & \eta_{X_2} < x_0
\end{cases}
$$

Durch Einsetzen der Parameter der Zugehörigkeitsfunktionen in die Gleichungen entsteht genau die nachzubildende Funktion. Die Parameter der Zugehörigkeitsfunktionen lauten dann:

$$
\eta_{X_1} = x_{MIN}
$$
$$
\eta_{X_2} = x_{MAX}
$$
$$
\zeta_{Y_{MIN}} = y_{MIN}
$$
$$
\zeta_{Y_{MAX}} = y_{MAX}
$$

(4.2.29)

An diesem simplen Beispiel ist die Art der Funktionsnachbildung deutlich zu erkennen. Es wird eine lineare Interpolation zwischen den Stützstellen der Zugehörigkeitsfunktionen durchgeführt. Damit entsteht im eindimensionalen Fall ein Polygonzug als Funktionsnachbildung. Die Genauigkeit der Nachbildung ist im stetig nichtlinearen Falle mit der Stützstellenanzahl gegeben. Stückweise lineare Funktionen können exakt abgebildet werden.

4.2.2.2 Die stückweise lineare Kennlinie

Es sei eine beschränkte (y_{min}, y_{max}) nichtlineare Reglerkennlinie $y = f(x)$ (Stellgröße als Funktion der Regelabweichung) gegeben, die eine tote Zone zwischen $-x_{TOT}$ und x_{TOT} hat und negative Regelabweichungen mit dem Faktor K_{NEG}, positive mit dem Faktor K_{POS} verstärkt.

Zur Nachbildung dieser Funktion werden für das Merkmal X und die Entscheidung Y je fünf linguistische Attribute benötigt, nämlich NG (negativ groß), NK (negativ klein), TZ (tote Zone), PK (positiv klein) und PG (positiv groß). Die Regeln sind wiederum sehr einfach und lauten:

Tafel 4.2.4: Regelwerk für das Beispielsystem "stückweise lineare Funktion"

```
IF (X=NG) THEN (Y:=NG);
IF (X=NK) THEN (Y:=NK);
IF (X=TZ) THEN (Y:=TZ);
IF (X=PK) THEN (Y:=PK);
IF (X=PG) THEN (Y:=PG);
```

Der grafische Entwurf der Zugehörigkeitsfunktionen (Bild 4.2.12) bereitet wiederum keine Probleme.

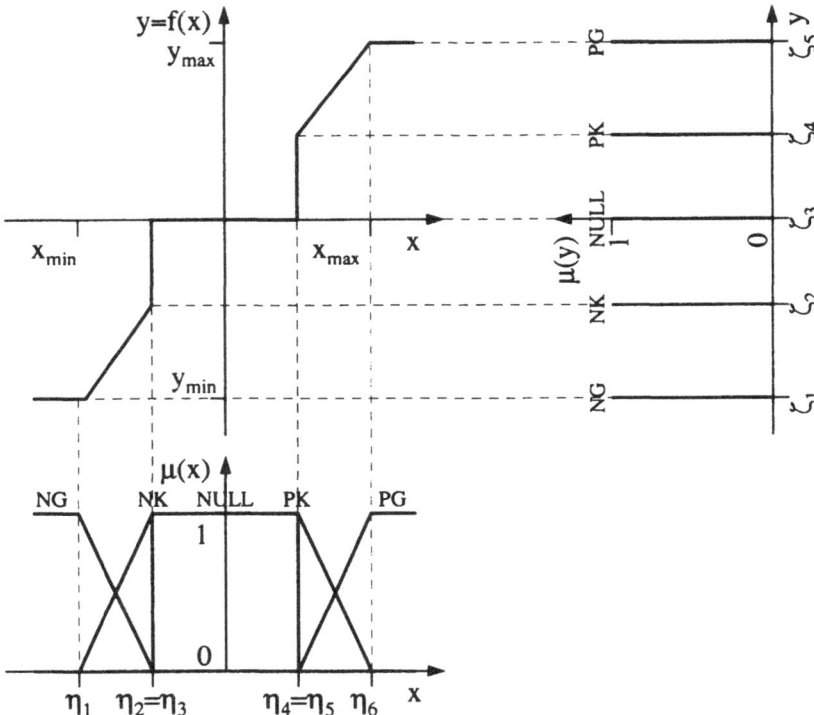

Bild 4.2.12: Entwurf der Zugehörigkeitsfunktionen

Auch hier gelingt der exakte Entwurf. Es zeigt sich, daß das gewählte parametrische Fuzzy Konzept die gezielte Gestaltung bestimmter Übertragungscharakteristika ermöglicht.

4.2.2.3 Die stetige nichtlineare Kennlinie

Die stetige Funktion $y = \sin(x)$ sei im Intervall $[-\pi, \pi]$ durch ein geeignetes
Fuzzy System abzubilden. Die erste Schwierigkeit besteht in der Auswahl
geeigneter Stützstellen, da die Nachbildung nur auf dem Wege der linearen
Interpolation gelingt. Hier könnten entsprechende mathematische Regeln zur
fehlerminimalen Stützstellenwahl zur Anwendung kommen. Die ausgewählten Stützstellen werden wie folgt (Bild 4.2.13) in Zugehörigkeitsfunktionen
gewandelt:

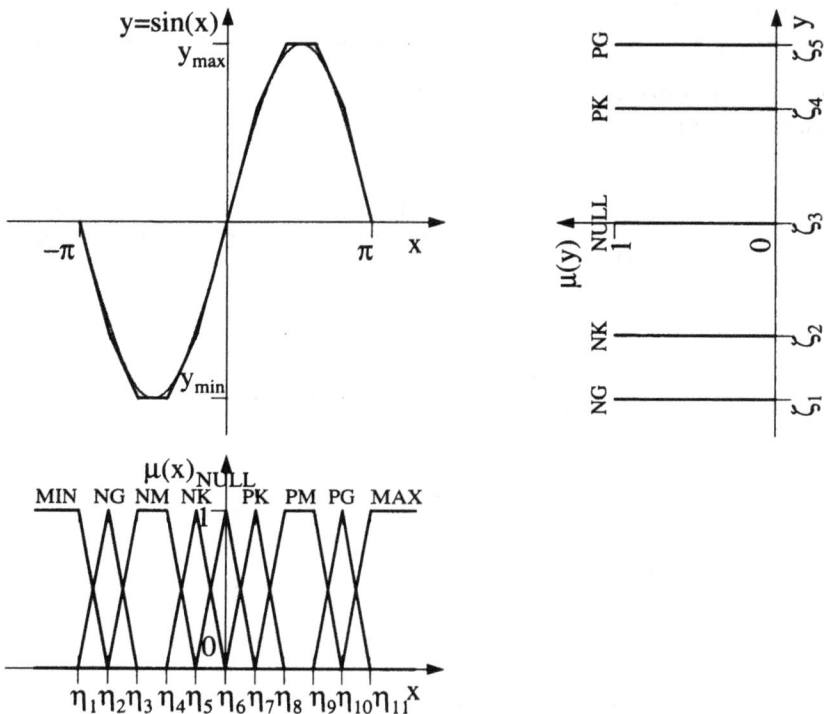

Bild 4.2.13: Entwurf für "Fuzzy Sinus"

Das Merkmal X wird eingeteilt in die Attribute MIN (negative Grenze der
Darstellung), NG (negativ groß), NM (negativ mittel), NK (negativ klein),
NULL (ungefähr Null), PK (positiv klein), PM (positiv mittel), PG (positiv
groß) und MAX (positive Grenze der Darstellung). Die Entscheidung Y
wird eingeteilt in die Attribute NG (negativ groß), NK (negativ klein),
NULL (ungefähr Null), PK (positiv klein) und PG (positiv groß).

Die Regeln sind in der Tafel 4.3.1 dargestellt.

Tafel 4.3.1: Regelwerk des Beispielsystems "Fuzzy Sinus"

IF (X=MIN)	OR (X=NULL)	OR (X=MAX)	THEN (Y:=NULL)
IF (X=NG)	OR (X=NK)		THEN Y:=NK)
IF (X=NM)	THEN (Y:=NG)		
IF (X=PK)	OR (X=PG)		THEN (Y:=PK)
IF (X=PM)	THEN (Y:=PG)		

Die Nachbildung der Funktion gelingt in ausreichend guter Näherung.

4.2.2.4 Das mehrdimensionale nichtlineare Kennfeld

Das eigentliche Ziel des Statikentwurfes besteht nicht in der Umsetzung bereits vorhandener, analytisch beschreibbarer Kennfelder. Dazu wäre eine Anwendung der Fuzzy Logik überflüssig, da diese Kennfelder dann auch analytisch programmierbar wären. Vielmehr besteht das Ziel des statischen Entwurfes in der Festlegung der Wirkungscharakteristik der einzelnen Merkmale auf die im Regelwerk definierte Gesamtstrategie. So kann beispielsweise eine Unempfindlichkeit für ein einzelnes Merkmal vorgesehen werden, während das andere Merkmal mit "linearen" Zugehörigkeitsfunktionen auf das Regelwerk wirkt. Auf die Gestaltung von Kennfeldern wurde bereits im Abschnitt 2.5.5 eingegangen. Die prinzipielle Vorgehensweise besteht also darin, den mehrdimensionalen Entwurf auf mehrere eindimensionale Entwürfe zu reduzieren und die so entstandenen Zugehörigkeitsfunktionen sinnvoll über ein Regelwerk zu verknüpfen.

4.3 Dynamischer Entwurf des Fuzzy Reglers

Wie bereits erläutert wurde, verfügen Fuzzy Systeme als solche nicht über dynamische Übertragungseigenschaften. Sie sind lediglich als nichtlineare, statische Übertragungsglieder aufzufassen, wobei die Übertragungseigenschaften u.a. durch eine sprachliche Strategie (Regelwerk) und durch die Form der Zugehörigkeitsfunktionen der verwendeten linguistischen Attribute bestimmt werden. Im vorangegangenen Kapitel wurde ein statisches Entwurfskonzept für Fuzzy Systeme vorgestellt, welches auf sinnvollen Einschränkungen der allgemeinen Fuzzy Logik basiert. Damit kann einerseits gezielt ein bestimmtes Übertragungsverhalten entworfen werden, andererseits ist das Konzept parametrierbar und damit optimierbar.
Damit die Fuzzy Logik sinnvoll regelungstechnische Aufgabenstellungen erfüllen kann, muß die Möglichkeit dynamischer Übertragungseigenschaften geschaffen werden.

Weil die Fuzzy Systeme in der Mehrzahl der Fälle auf digitalen Maschinen gelöst werden, kann auch der gesamte Regleralgorithmus nur in zeitdiskreter bzw. quasikontinuierlicher Form implementiert werden. Deshalb werden im folgenden die betreffenden Algorithmen in ihrer zeitdiskreten Form vorgestellt. Die Algorithmen zur Erzeugung dynamischer Übertragungseigenschaften werden als Merkmalsbildungs- und/oder als Stellgrößenbildungsfunktionen implementiert. Im Rahmen dieses Abschnittes sollen einige Beispiele für solche Funktionen dargestellt werden. Die Auswahl beschränkt sich auf quasikontinuierliche Algorithmen. Selbstverständlich können auch kompliziertere und spezielle Methoden zur Merkmals- bzw. Stellgrößenbestimmung verwendet werden.

4.3.1 Der Entwurf integralen Übertragungsverhaltens

Um ein integrales Übertragungsverhalten zu erzielen, muß ein Integrator in den Signalfluß eingeordnet werden. Dabei besteht die Möglichkeit, ein einzelnes Merkmal als Integral einer Meßgröße (z.B. der Regelabweichung) im Regelwerk vorzusehen oder eine Entscheidung als Veränderung einer Stellgröße aufzufassen und zu integrieren (Bild 4.3.1).

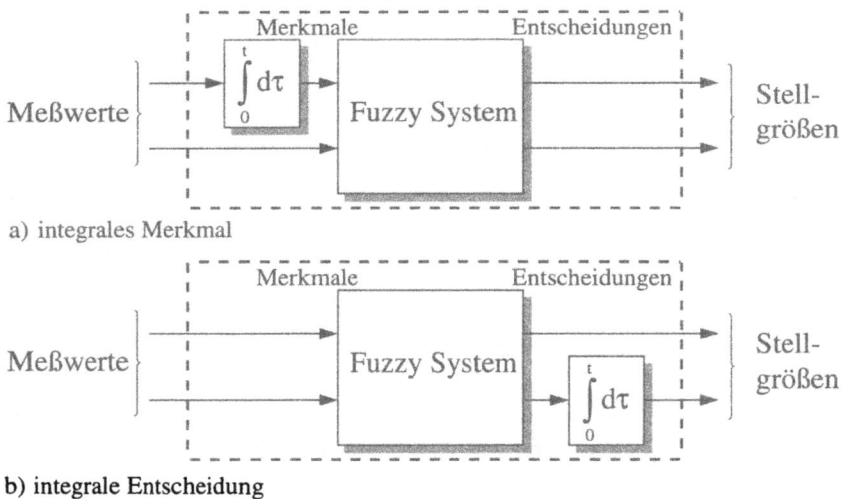

a) integrales Merkmal

b) integrale Entscheidung

Bild 4.3.1: Möglichkeiten zur Erzeugung integraler Übertragung

Die zeitdiskrete Umsetzung erfolgt üblicherweise durch Anwendung der Rechteckregel in der Form:

$$y(t) = \int_0^t x(\tau)d\tau \; \rightarrow \; y(k) = T \cdot \sum_{i=0}^{k} x(i) \quad .$$

(4.3.1)

Da die Abtastzeit T im allgemeinen konstant bleiben wird, kann deren Einfluß bereits im Entwurf der Zugehörigkeitsfunktionen berücksichtigt werden, weswegen die Multiplikation der Abtastzeit bei der Merkmals- bzw. Stellgrößenbildung entfallen kann. Statt dessen werden die Stützstellen der Zugehörigkeitsfunktionen mit dem Faktor T skaliert.

Durch die Möglichkeit der Kennliniennachbildung mit dem vorgestellten statischen Entwurfskonzept lassen sich auch dynamische Eigenschaften konkret bemessen. Das soll anhand zweier Beispiele für Fuzzy I-Regler gezeigt werden. Die Fuzzy I-Regler realisieren das beschriebene Übertragungsverhalten durch

$$u(t) = \frac{1}{T_I} \cdot \int_0^t e(\tau)d\tau \rightarrow u(k) = \frac{T}{T_I} \sum_{i=0}^k e(i)$$

$$U_{min} \leq u(k) \leq U_{max}$$

$$U_{min} = -U_{max}$$

(4.3.2)

Dementsprechend ergibt sich auf eine sprungförmige Änderung der Regelabweichung zum Zeitpunkt t = 0 (k = 0) die im Bild 4.3.2 dargestellte Systemantwort.

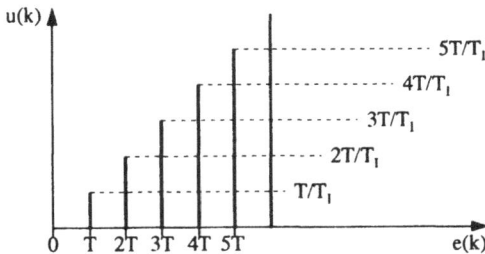

Bild 4.3.2:
Zeitdiskrete Sprungantwort des Integrators

Im folgenden werden zwei Möglichkeiten zur Fuzzy Umsetzung eines solchen I-Reglers gezeigt. Ausgehend vom vorgestellten Fuzzy Übertragungsglied mit beschränkter linearer Kennlinie, gelingt die Nachbildung des beschränkten linearen Integrators.

4.3.1.1 Der Fuzzy I-Regler mit integraler Merkmalsbildung

In dieser Struktur wird aus der Regelabweichung über einen beschränkten Summierer die Summe der zurückliegenden Regelabweichungen als Merkmal SEK berechnet und diese durch das Fuzzy Glied (statisch) verstärkt.

Die entsprechende Reglerstruktur ist in Bild 4.3.3 dargestellt.

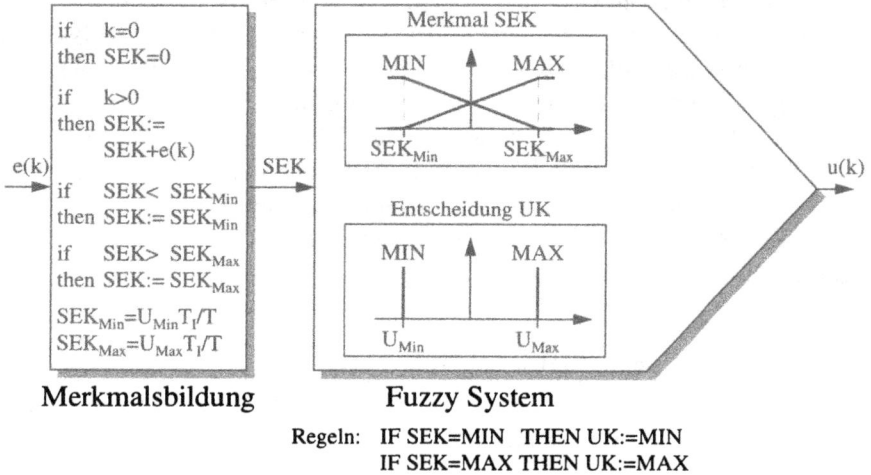

Regeln: IF SEK=MIN THEN UK:=MIN
          IF SEK=MAX THEN UK:=MAX

Bild 4.3.3: Fuzzy I-Regler mit integraler Merkmalsbildung

Die Beschränkung der Stellgröße wird hierbei durch die Lage der Singletons festgelegt. Der Summierer bildet die tatsächliche Summe der Regelabweichungen in ein Fenster von der Dimension der Zugehörigkeitsfunktionen ab. Dadurch wird ein numerischer Überlauf verhindert.

4.3.1.2 Der Fuzzy I-Regler mit integraler Stellgrößenbildung

Bei dieser Realisierungsform wird die Summierung am Ausgang des Fuzzy Systems durchgeführt (siehe Bild 4.3.4).

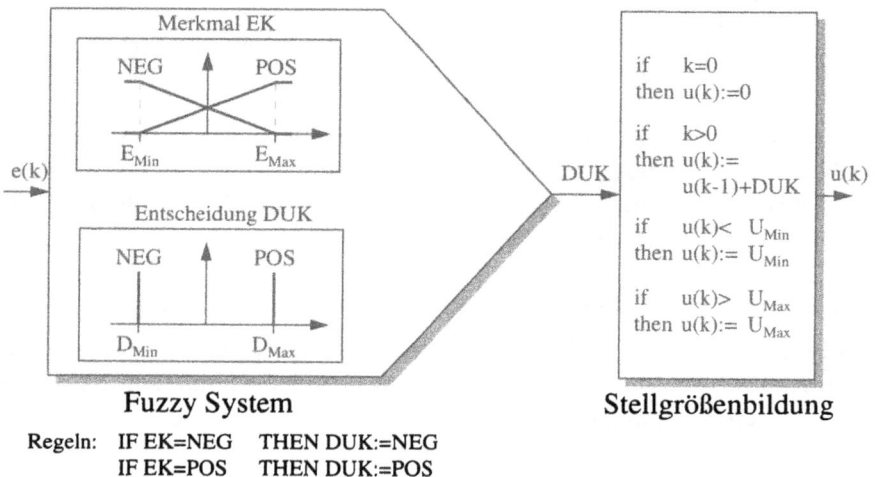

Regeln: IF EK=NEG   THEN DUK:=NEG
          IF EK=POS   THEN DUK:=POS

Bild 4.3.4: Fuzzy I-Regler mit integraler Stellgrößenbildung im Arbeitspunkt

Die Summe aller zurückliegenden Entscheidungen über die Änderung der Stellgröße DUK wird dabei als Stellgröße u(k) berechnet. Der Vorteil dieser Struktur liegt darin, daß sich alle Stützstellen der Zugehörigkeitsfunktionen in einer Größenordnung befinden, weil keine Zugehörigkeitsfunktionen für aufsummierte Signale definiert werden müssen. Mit der Festlegung von D_{Min} bzw. D_{Max} kann eine maximale Änderung der Stellgröße pro Tastschritt definiert werden. Danach errechnen sich die Stützstellen E_{Min} und E_{Max} zu:

$$E_{Max} = \frac{D_{Max} \cdot T_1}{T}$$

$$E_{Min} = -E_{Max} \quad . \tag{4.3.3}$$

Die Berücksichtigung der Stellbegrenzungen erfolgt mit einer Fensterfunktion innerhalb der Stellgrößenbildung.

4.3.1.3 Probleme der praktischen Umsetzung

Selbstverständlich können bei der Integral- bzw. Summenberechnung zusätzlich die bei Industriereglern üblichen Algorithmen zum Anti-Windup-Reset Anwendung finden. Auf jeden Fall sollte mindestens eine Fensterung des Integrals erfolgen. Bei der zur Stellgröße aufintegrierten Entscheidung entsprechen die Fenstergrenzen selbstverständlich den Stellbegrenzungen. Bei integralen Merkmalen hat es sich als sinnvoll erwiesen, die Fenstergrenzen auf die Randpunkte der für das betreffende Merkmal definierten Zugehörigkeitsfunktionen zu legen.
Theoretisch ist bei der Integralbildung die Gefahr einer zu klein gewählten Abtastzeit weniger groß. Dennoch muß insbesondere bei der Umsetzung auf einer Zielhardware mit Festkommaarithmetik darauf geachtet werden, daß die Abtastzeit groß genug gewählt wird, um die Zahlenwerte der Stützstellen der Zugehörigkeitsfunktionen im darstellbaren Rahmen zu halten.

4.3.2 Der Entwurf differenzierenden Übertragungsverhaltens

In den bis jetzt bekannten Anwendungsfällen wurde differenzierendes Verhalten nur bei den Merkmalen benötigt. Die zeitdiskrete Umsetzung kann ebenfalls nach der Rechteckregel erfolgen. Damit gilt:

$$y(t) = \frac{dx}{dt} \rightarrow y(k) = \frac{x(k) - x(k-1)}{T} \quad . \tag{4.3.4}$$

In der Gl. (4.3.4) stellt allerdings die vernünftige Wahl der Abtastperiode ein weit größeres Problem dar. Eine zu klein gewählte Tastperiode hat zur Folge, daß das Merkmal lediglich die Änderung der Meßstörung statt des erwünschten Signaltrends beschreibt. Zu groß gewählte Tastperioden dagegen bringen den Fuzzy Regler, wie jeden anderen zeitdiskreten Regler auch, der Instabilität näher. Aus diesen Gründen bedeutet die richtige Wahl der Abtastperiode einen vernünftigen Kompromiß zwischen Systemdynamik und Störspektrum. Die aus der klassischen digitalen und quasikontinuierlichen Regelungstechnik bekannten Faustformeln zur Wahl der Tastperiode können an dieser Stelle zur Anwendung kommen (siehe Abschnitt 2.1.3.3). Auf ähnliche Weise kann die zeitdiskrete zweite Ableitung als Merkmal für das Fuzzy System extrahiert werden. Für dieses Merkmal gilt:

$$y(t) = \frac{d^2x}{dt^2} \rightarrow y(k) = \frac{x(k) - 2x(k-1) + x(k-2)}{T^2} \quad . \tag{4.3.5}$$

Für beide Formeln zur Merkmalsbildung gilt, daß die Division durch die Tastperiode bei der Echtzeitumsetzung entfallen kann, da diese lediglich als konstanter Faktor wirkt und deshalb beim Entwurf der Zugehörigkeitsfunktionen berücksichtigt werden kann.

4.3.3 Die Filterung

Störungsbehaftete Meßwerte können durch Filteralgorithmen zu Merkmalen umgewandelt werden. So kann der Störeinfluß auf das Entscheidungsverhalten verringert werden.
Insbesondere beim praktischen Einsatz der noch vorzustellenden adaptiven Fuzzy Systeme kann die Filterung der Meßwerte sinnvoll sein, um störbedingte Adaptionsentscheidungen zu unterdrücken. Eine Möglichkeit der Filterung mit einem Tiefpaß, der analog oder digital ausgelegt werden kann, ist im Bild 4.3.5 gezeigt.

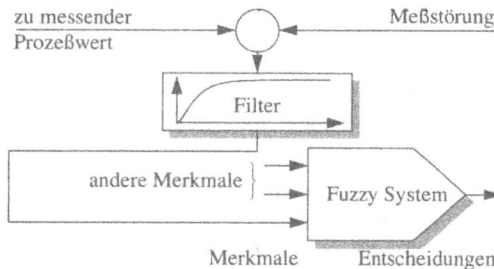

Bild 4.3.5:
Filterung als Merkmalsbildung

4.3.4 Die Beobachtung

In vielen Fällen enthält der Merkmalsvektor eines Fuzzy Systems aktuelle Prozeßzustände. Da diese in der Regel nicht meßbar sind, können hier Zustandsbeobachter bzw. Zustandsfilter aus der klassischen Regelungstechnik zur Anwendung kommen.

Auf diese Weise werden aus den zur Verfügung stehenden Meßwerten die Prozeßzustände berechnet und stehen als Merkmale zur Entscheidungsfindung zur Verfügung. Eine Einsatzvariante eines Zustandsbeobachters zur Verbesserung einer Fuzzy Regelung ist im Bild 4.3.6 dargestellt.

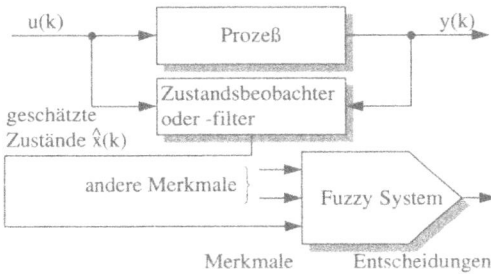

u(k) → Prozeß → y(k)

Zustandsbeobachter oder -filter

geschätzte Zustände $\hat{x}(k)$

andere Merkmale → Fuzzy System

Merkmale   Entscheidungen

Bild 4.3.6:
Zustandsbeobachtung zur Merkmalsbildung

4.3.5 Die on-line Schätzung

Bei der Erstellung adaptiver Fuzzy Regler können auch die Ergebnisse einer rekursiven, gewichteten Parameterschätzung des zu regelnden Prozesses zu Merkmalen verarbeitet werden (Bild 4.3.7).

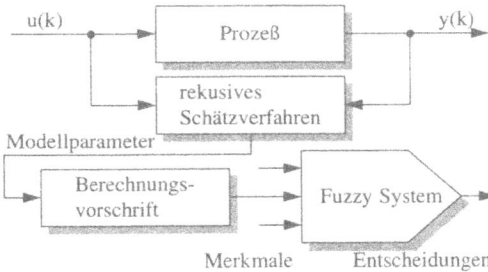

u(k) → Prozeß → y(k)

rekusives Schätzverfahren

Modellparameter

Berechnungsvorschrift → Fuzzy System

Merkmale   Entscheidungen

Bild 4.3.7:
Modellschätzung zur Merkmalsbildung

So könnten beispielsweise aus der Schätzung der Parameter einer Differenzengleichung die linguistischen Merkmale Streckenverstärkung (K_S) und Streckendynamik (D) abgeleitet werden (Gl.(4.3.6)):

$$G(z^{-1}) = \frac{b_1 z^{-1} + b_2 z^{-2} + \cdots + b_n z^{-n}}{1 + a_1 z^{-1} + a_2 z^{-2} + \cdots + a_n z^{-n}}$$

$$\text{mit}: \qquad K_s = \frac{\sum\limits_{v=1}^{n} b_v}{1 + \sum\limits_{v=1}^{n} a_v} \qquad \textit{Streckenverstärkung} \qquad (4.3.6)$$

$$D = 1 + \sum\limits_{v=1}^{n} a_v \qquad \textit{Maß für Prozeßdynamik} \quad .$$

Das Merkmal D liefert außerdem eine Aussage über den Zustand der Schätzung. So kann davon ausgegangen werden, daß die Schätzung nur im Intervall (0, 1) stabil arbeitet.

Für die Bereiche gilt:

$$0 \leq D \leq 1; \quad \begin{matrix} D \approx 1 & \rightarrow & \text{überwiegend} & P\text{-Verhalten} \\ D \approx 0 & \rightarrow & \text{überwiegend} & I\text{-Verhalten} \end{matrix} \quad . \tag{4.3.7}$$

Ergebnisse außerhalb dieses Intervalles werden deshalb nicht in die Adaptionsentscheidung des Fuzzy Systems einbezogen. Auf diese Weise wird das Problem der starren Reglerbemessung bei konventionellen Adaptivreglern umgangen. Durch die Anwendung der Fuzzy Logik kann, falls aufgrund einschlafender oder instabiler Schätzung ein aktuelles Prozeßmodell nicht vorliegt, eine robuste Reglereinstellung vorgenommen werden. Auf diese Weise wäre ein adaptives Reglerkonzept mit intelligenter Auswertung der geschätzten Modellparameter realisierbar. Die so entwickelten Regler würden beispielsweise die Gefahren der aus den Schätzparametern numerisch ermittelten "Minimal-Varianz"-Regler bei unsicherer Schätzung nicht aufweisen.

4.3.6 Hilfsregelgrößen- und Störgrößenaufschaltungen

Selbstverständlich können die aus der klassischen Regelungstechnik bekannten Strukturen der vermaschten Regelung zur Verbesserung der Reglerdynamik auch beim Entwurf von Fuzzy Reglern zur Anwendung kommen. Die bekannten nachgebenden Glieder (D-T_1) sind genauso für die Fuzzy Regelung sinnvoll. Allerdings muß hier die Aufschaltung nicht zwingend direkt im Regelkreis auf die entsprechenden Signale erfolgen, sondern kann über das Regelwerk vorgenommen werden.

4.4 Elementare lineare Fuzzy Regler

4.4.1 Ausgangssituation

Nachdem in den letzten Abschnitten die Entwurfsstrategien für das statische und dynamische Verhalten von Systemen auf der Grundlage der Fuzzy Verarbeitungsstrategie vorgestellt wurde, sollen in diesem Abschnitt einfache lineare Fuzzy-Regler-Konzepte vorgestellt werden. Sie sollen vor allem deutlich machen, daß es sich bei den Fuzzy Reglern um zeitdiskrete Regler handelt, die das gleiche Verhalten im linearen Fall, wie die auf der analytischen Beschreibung beruhenden klassischen Konzepte besitzen.

Deshalb dienen die weiteren Ausführungen in erster Linie nicht zum Ersatz klassischer Konzepte, sondern zur weiteren Vorbereitung des optimalen Entwurfs des zeitdiskreten nichtlinearen Mehrgrößenreglers.

4.4.2 Der Fuzzy P-Regler

Der Fuzzy P-Regler hat als Eingangsgröße die Regelabweichung $e(k)$ und wird aus einem Fuzzy System mit beschränkter linearer Kennlinie gebildet. Für die Eingangsgröße $e(k)$ und die Ausgangsgröße $u(k)$ wurden die Attribute:

Positiv (P), Null (NULL), Negativ (N)

verwendet. Das Regelwerk ist in der Tafel 4.4.1 dargestellt.

Tafel 4.4.1: Regelwerk des Fuzzy P-Reglers

IF (E:=N)	THEN (u:=P)
IF (E:=NULL)	THEN (u:=NULL)
IF (E:=P)	THEN (u:=N)

Die Zugehörigkeitsfunktionen sind im Bild 4.4.1 dargestellt.

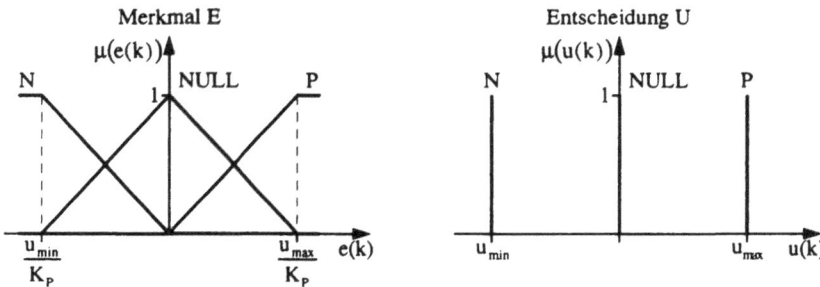

Bild 4.4.1: Zugehörigkeitsfunktion des Fuzzy P-Reglers

Die Übertragungskennlinie (Bild 4.4.2a) und die zeitdiskrete Sprungantwort (Bild 4.4.2b) sind im Bild 4.4.2 dargestellt.

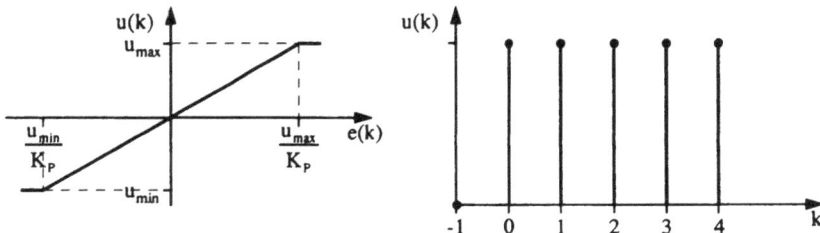

Bild 4.4.2: Kennlinie und Sprungantwort des Fuzzy P-Reglers

Das Verhalten des Fuzzy P-Reglers entspricht damit genau dem zeitdiskreten P-Regler in analytischer Form. Die Steigungen der Zugehörigkeitsfunktionen $\mu(e(k))$ bestimmen die Verstärkung des Fuzzy P-Reglers.

4.4.3 Der Fuzzy I-Regler

Der Fuzzy I-Regler kann aus einem Fuzzy System durch eine integrale Merkmalsbildung oder durch eine integrale Stellgrößenbildung realisiert werden. Zur Darstellung der prinzipiellen Arbeitsweise wird das Konzept mit der integralen Merkmalsbildung vorgestellt. Die Bildung des I-Anteils erfolgt entsprechend den Vorschriften:

$$u(t) = \frac{1}{T_I} \int_0^t e(\tau)\, d\tau \;\rightarrow\; u(k+1) = \frac{T}{T_I} \cdot \sum_{i=0}^{k} e(i) \quad . \tag{4.4.1}$$

Als Merkmal wird damit die Größe

$$SEK = \sum_{i=0}^{K} e(i) \tag{4.4.2}$$

verwendet. Werden die im Bild 4.4.3 dargestellten Zugehörigkeitsfunktionen μ (SEK) und $\mu(u(k))$ sowie das Regelwerk von Tafel 4.4.2 verwendet, erhält man die im Bild 4.4.4 dargestellte zeitdiskrete Sprungantwort.

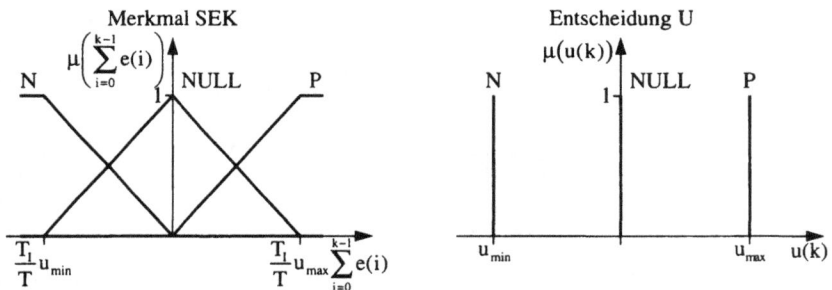

Bild 4.4.3: Zugehörigkeitsfunktionen des Fuzzy I-Reglers

Tafel 4.4.2: Regelwerke des Fuzzy I-Reglers

IF (SEK:=N)	THEN (u:=P)
IF (SEK:=NULL)	THEN (u:=NULL)
IF (SEK:=P)	THEN (u:=N)

Im Bild 4.4.4 ist sehr gut zu erkennen, daß die Wirkung des Fuzzy I-Reglers wesentlich vom Verhältnis der Tastperiode T zur Integrationszeitkonstante T_j abhängt. Dieser Parameter wird durch die Lage der Zugehörigkeitsfunktione $\mu(SEK)$ bestimmt.

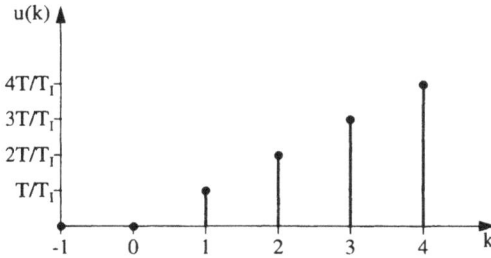

Bild 4.4.4:
Zeitdiskrete Sprungantwort des Fuzzy I-Reglers

4.4.4 Der Fuzzy D-Regler

Obwohl ein rein differenzierendes Entscheidungskonzept in der Realität keine Anwendung finden wird, soll an dieser Stelle das Prinzip erläutert werden. In der Kombination mit proportional- und integral wirkenden Reglern, ist ein differenzierender Anteil sehr vorteilhaft. In Analogie zur Merkmalsbildung beim Fuzzy I-Regler lautet das Bildungsgesetz für den Eingang des Fuzzy D-Reglers:

$$u(t) = T_D \frac{de(t)}{dt} \quad \rightarrow \quad u(k+1) = \frac{T_D}{T} \cdot [e(k) - e(k-1)] \quad . \tag{4.4.3}$$

Als Merkmal für die Eingangsgröße wird

$$DEK = e(k) - e(k-1) \tag{4.4.4}$$

verwendet. Wie bei den bereits vorgestellten Fuzzy Reglern werden die im Bild 4.4.5 dargestellten Zugehörigkeitsfunktionen $\mu(DEK)$ und $\mu(u(k))$ für die Attribute angenommen.

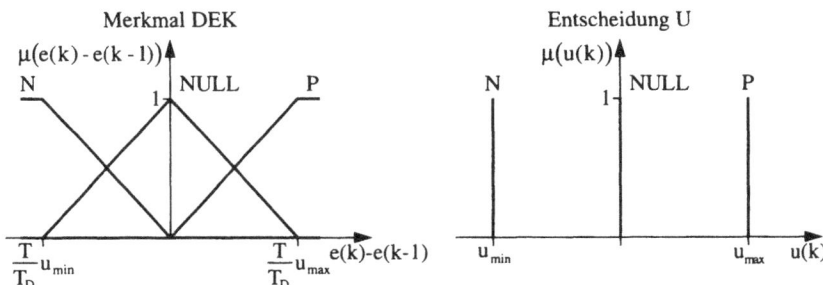

Bild 4.4.5: Zugehörigkeitsfunktionen des Fuzzy D-Reglers

Das Regelwerk lautet:

Tafel 4.4.3: Regelwerke des Fuzzy D-Reglers

IF (DEK:=N)	THEN (u:=P)
IF (DEK:=NULL)	THEN (u:=NULL)
IF (DEK:=P)	THEN (u:=N)

Die zeitdiskrete Sprungantwort als Ergebnis der Fuzzy Verarbeitung ist im Bild 4.4.6 dargestellt.

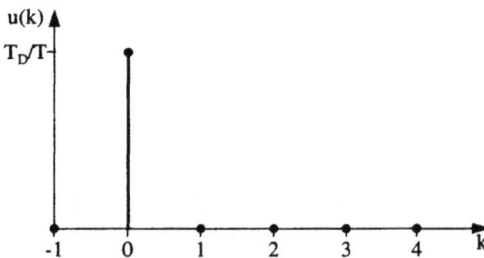

Bild 4.4.6:
Zeitdiskrete Sprungsantwort des Fuzzy I-Reglers

Es ist sehr gut das differenzierende Verhalten zu erkennen, wobei die Amplitude der Stellgröße u(k) wiederum vom Verhältnis der Vorhaltzeitkonstante T_D und der Tastperiode T abhängt. Dieses Verhältnis geht auch in die Parameter der Zugehörigkeitsfunktionen µ(DEK) ein.

Damit sind drei wichtige elementare Fuzzy Regler als lineare Konzepte vorgestellt. Als Aufgabe ist der Entwurf von Kombinationen dieser Konzepte zu lösen.

4.4.5 Der Fuzzy PI-Regler

Aufbauend auf die Konzepte der elementaren Fuzzy Regler und den im Abschnitt 2.5 dargestellten Verarbeitungsvorschriften von Fuzzy Mengen und Fuzzy Relationen sollen in den folgenden Abschnitten typische Kombinationen von Merkmalsbildungsstrategien behandelt werden.

Beim zeitdiskreten PI-Konzept (siehe Abschnitt 2.1.3.3) wird von der Beziehung:

$$u(k) = K_P \, e(k) + \frac{K_P \cdot T}{T_n} \cdot \sum_{i=0}^{k-1} e(i) \qquad (4.4.5)$$

ausgegangen. Als Merkmale wurden die Regelabweichung E und die Summe der Regelabweichungen SEK verwendet. Ausgangsgröße ist die Stellgröße und angenommen werden, wie in den Abschnitten 4.4.2 bis 4.4.4, für die Merkmale drei Ausprägungen und für die Stellgröße drei Singletons.

Das Regelwerk kann in zwei gleichwertigen Varianten aufgebaut werden (Tafel 4.4.4).

Tafel 4.4.4: Regelwerke eines Fuzzy PI-Reglers

Variante 1:
IF (E:= N)   OR   (SEK:= N)   THEN (u:= P)
IF (E:= NULL)   AND (SEK:= NULL) THEN (u:= NULL)
IF (E:= P)   OR   (SEK:= P)   THEN (u:= N)
Variante 2:
IF (E:= N)   THEN (u:= P)
IF (SEK:= N)   THEN (u:= P)
IF (E:= NULL)   THEN (u:= NULL)
IF (SEK:= NULL) THEN (u:= NULL)
IF (E:= P)   THEN (u:= N)
IF (SEK:= P)   THEN (SEK:= P)

Die Zugehörigkeiten werden entsprechend Bild 4.4.7 gewählt.

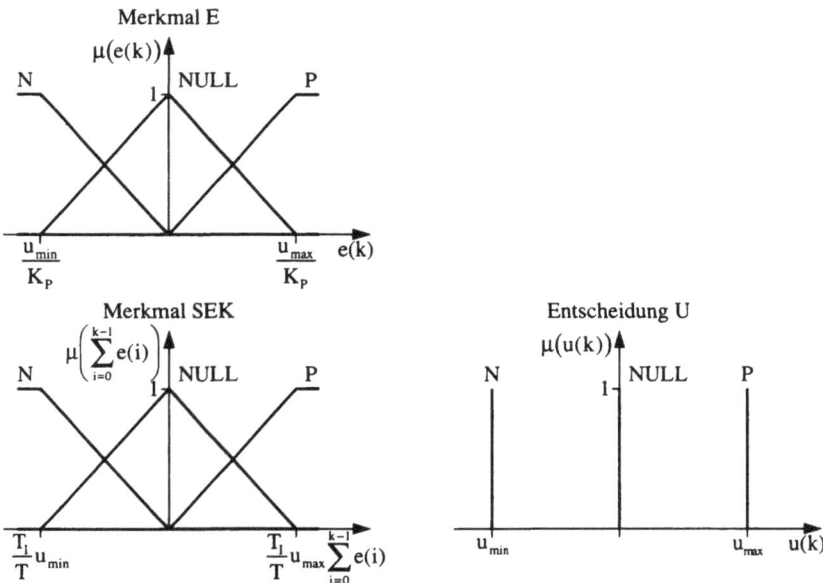

Bild 4.4.7: Zugehörigkeitsfunktionen des Fuzzy PI-Reglers

Im Rahmen der Fuzzy Verarbeitungsstruktur werden bei Anwendung eines der in der Tafel 4.11 dargestellten Regelwerke durch die Lage der $\mu_f(E)$ und $\mu_i(SEK)$ die Regelparameter K_p und T_n bestimmt. Außerdem geht in dieser Berechnung die Tastperiode ein.

Folgende allgemeine Aussage kann getroffen werden:

Je näher die Knickpunkte der $\mu_f(E)$ (d. h. des P-Anteiles) an den Nullpunkt rücken, umso höher wird die Verstärkung K_p.
Je geringer der Abstand der Knickpunkte der μ_i (SEK) (d. h. des I-Anteiles) zum Nullpunkt ist, umso geringer wird die Nachstellzeit T_n.

Betrachtet man die zeitdiskreten Sprungantworten des Fuzzy PI-Reglers für eine positive Änderung der Merkmale E und SEK, so erhält man aus den Teilreaktionen des P-Anteiles u(k)' und des I-Anteiles u(k)'' das Gesamtverhalten u(k) aus der Max-Operation der beiden Regeln, entsprechend Bild 4.4.8.

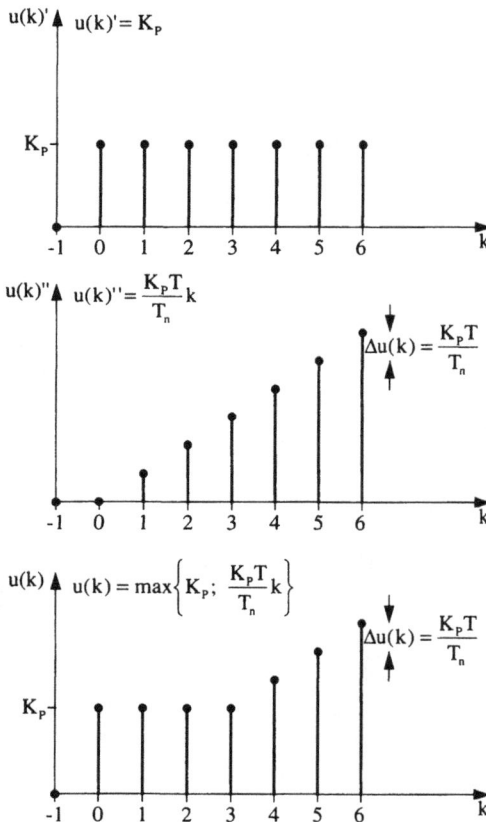

Bild 4.4.8:
Zeitdiskrete Sprungantworten für Fuzzy PI-Regler

4.4.6 Der Fuzzy PD-Regler

Der Fuzzy PD-Regler wird aus den Merkmalen der Regelabweichung E und deren Änderungen DEK als Eingangsgrößen gebildet. Das zeitdiskrete PD-Konzept (siehe Abschnitt 2.1.3.3) lautet:

$$u(k) = K_p \cdot e(k) + \frac{K_p \cdot T_V}{T} \cdot [e(k) - e(k\text{-}1)] \quad . \tag{4.4.6}$$

Für die Zugehörigkeitsfunktion $\mu_i(E)$, $\mu_i(DEK)$ und für die Singletons $\mu_i(u)$ werden die im Bild 4.4.9 dargestellten Verläufe gewählt.

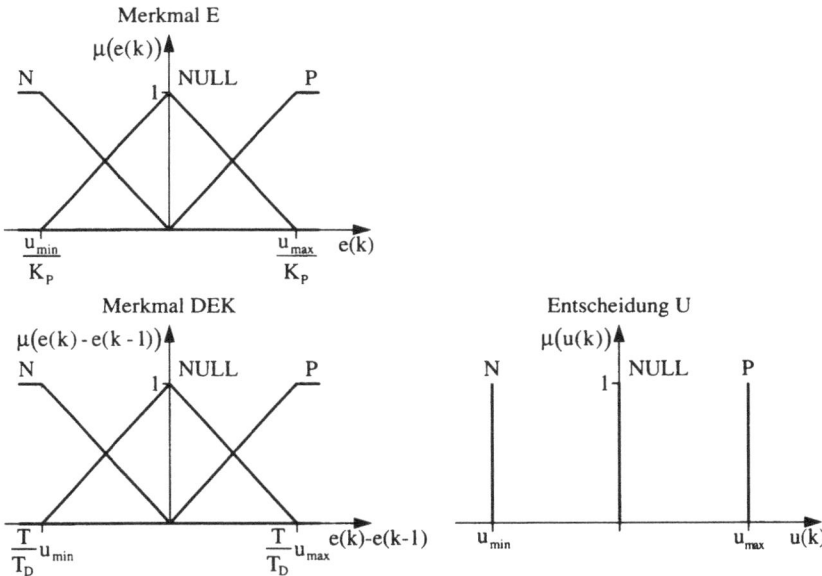

Bild 4.4.9: Zugehörigkeitsfunktionen des Fuzzy PD-Reglers

Als Regelwerk wird festgelegt:

Tafel 4.4.5: Regelwerke des Fuzzy PD-Reglers

IF (E:=N)	OR (DEK:=N)	THEN (u:=P)
IF (E:=NULL)	AND (DEK:=NULL)	THEN (u:=NULL)
IF (E:=P)	OR (DEK:=P)	THEN (u:=N)

Als zeitdiskrete Sprungantwort des Fuzzy PD-Reglers erhält man den im Bild 4.4.10 dargestellten Verlauf.

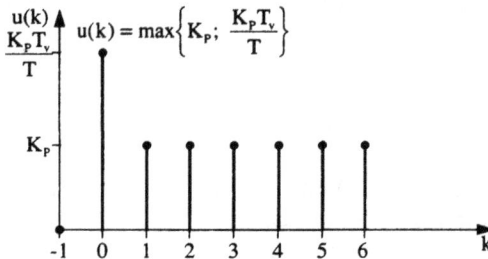

Bild 4.4.10:
Zeitdiskrete Sprungantwort für den Fuzzy PD-Regler

4.4.7 Der Fuzzy PID-Regler

In Anlehnung an das in der klassischen Regelungstechnik sehr leistungs-fähige PID-Konzept soll als letzter elementarer Fuzzy Regler der Fuzzy PID-Regler vorgestellt werden.
Linguistische Einflußgrößen sind:
    die Regelabweichung (E),
    die Summe der Regelabweichungen (SEK) und
    die Änderung der Regelabweichung (DEK).
Für das klassische quasikontinuierliche Gesetz zur Bildung der Stellgröße gilt:

$$u(k) = K_P e(k) + \frac{K_P \cdot T}{T_n} \cdot \sum_{i=0}^{k-1} e(i) + \frac{K_P \cdot T_V}{T} \cdot [e(k) - e(k-1)] \quad . \quad (4.4.7)$$

Die Regelmenge des Fuzzy PID-Reglers ist in der Tafel 4.4.6 in verknüpfter Schreibweise angegeben.

Tafel 4.4.6: Regelwerke des Fuzzy PID-Reglers

IF (E:=N)	OR (SEK:=N)	OR (DEK:=N)	THEN (u:=P)
IF (E:=NULL)	AND (SEK:=NULL)	AND (DEK:=NULL)	THEN (u:=NULL)
IF (E:=P)	OR (SEK:=P)	OR (DEK:=P)	THEN (u:=N)

Die Ausprägungen der Zugehörigkeitsfunktionen $\mu_i(E)$, $\mu_i(SEK)$, $\mu_i(DEK)$ und die Singletons $\mu_i(u)$ sind im Bild 4.4.11 dargestellt.

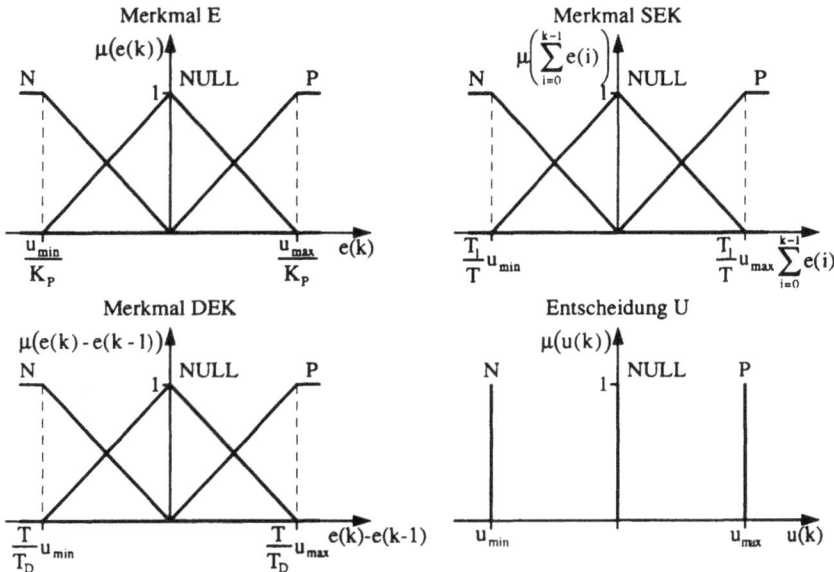

Bild 4.4.11: Zugehörigkeitsfunktionen des Fuzzy PID-Reglers

Die aus der Fuzzy Verarbeitung resultierende zeitdiskrete Sprungantwort ist im Bild 4.4.12 dargestellt.

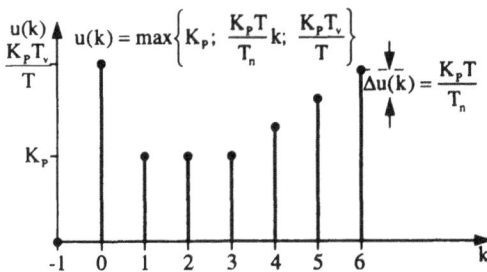

Bild 4.4.12:
Zeitdiskrete Sprungantwort für den Fuzzy PID-Regler

Sehr gut ist zu erkennen, daß auch beim Fuzzy PID-Regler das Verhältnis K_P zu T/T_n den Zeitpunkt des wirksam werdens des I-Anteiles bestimmt. Das Verhältnis T/T_n ist ein Maß für den Anstiegswinkel des I-Anteil es.

4.4.8   Zusammenfassende Wertung

In den letzten Abschnitten konnte gezeigt werden, daß es prinzipiell möglich ist, auf der Basis der Fuzzy Verarbeitungsstrategie das typische Verhalten klassischer analytischer Reglerkonzepte zu erreichen. Wesentlich sind die Verwendung sinnvoller Regelwerke, entsprechende linguistische Größen und für zeitdiskrete Systeme die Wahl der Tastperiode. Von dieser Erkenntnis ausgehend, liegen die Vorteile des Fuzzy Konzeptes vor allem in:
1. Der nichtlineare Gestaltung der Kennlinien und Kennflächen,
2. Den Möglichkeiten des Entwurfs von Mehrgrößenregelungskonzepten,
3. Der Nutzung effektiver situationsabhängiger Regelwerke,
4. Der Nutzung nichtlinearer Methoden der dynamischen Optimierung.

4.5 Suchverfahren für den optimalen Fuzzy Reglerentwurf

Zur Lösung der im Abschnitt 2.1.4 genannten Optimierungsprobleme sollten geeignete Suchverfahren zur Anwendung kommen. Die zu lösende Aufgabe ist als beschränktes nichtlineares Problem zu betrachten. Für Problemstellungen dieser Art sind sehr effiziente Algorithmen in den meisten Programmsammlungen verfügbar [PAP 91]. Von diesen Verfahren werden ausgewählte Algorithmen im Rahmen dieses Buches bei der Lösung des Optimierungsproblems angewendet. Die Ergebnisse der klassischen, gradientenbasierten Suchverfahren sind nicht immer zufriedenstellend, so daß in diesem Abschnitt einerseits die Ursachen hierfür aufgezeigt, andererseits aber auch geeignetere Verfahren vorgestellt werden sollen. Zunächst soll die Lösung des unbeschränkten konvexen Problems betrachtet werden.

4.5.1   Die Lösung des unbeschränkten konvexen Problems

Die Forderung nach Konvexität impliziert, daß jede gefundene Lösung des Optimierungsproblems als global vorausgesetzt werden kann. Für die Optimalität des Parametervektors x^* lauten dabei die notwendigen und hinreichenden Bedingungen

$$\frac{\partial Q(x^*)}{\partial x} = 0$$

$$\frac{\partial^2 Q(x^*)}{\partial^2 x} \neq 0 \quad . \tag{4.5.1}$$

Die Bedingung zweiter Ordnung sorgt dafür, daß gefundene Sattelpunkte nicht als Lösung des Optimierungsproblems akzeptiert werden.

Als Suchverfahren für die Lösung von Problemen dieser Art eignen sich eine Vielzahl von Methoden aus der nichtlinearen Programmierung. Ein wesentliches Problem beim Einsatz gradientenbasierter Suchverfahren liegt in der Tatsache, daß eine analytische Darstellung des verwendeten Gütekriteriums nicht möglich ist, da der Gütewert entweder aus dem realen Experiment oder einer Simulation entnommen werden muß. Aus diesem Grunde ist auch der Gradient nicht analytisch zu ermitteln, so daß eine Approximation durch den Differenzenquotienten notwendig ist. Diese Approximation erfolgt nach der empirische Formel:

$$\frac{\partial Q}{\partial x} \approx \begin{pmatrix} \dfrac{Q(x_1 + \epsilon_1) - Q(x_1)}{\epsilon_1} \\[2mm] \dfrac{Q(x_2 + \epsilon_2) - Q(x_2)}{\epsilon_2} \\[2mm] \vdots \\[2mm] \dfrac{Q(x_n + \epsilon_n) - Q(x_n)}{\epsilon_n} \end{pmatrix} \quad ; \quad \epsilon_v = 10^{-6} \cdot |x_v| \cdot 10^{-3} \quad . \tag{4.5.2}$$

Die Anwendung von linienoptimierenden Verfahren erwies sich als völlig ungeeignet, da diese im hochdimensionalen Variablenraum nur sehr ineffektiv arbeiten. Die Verwendung gradientenbasierter Suchverfahren wies dagegen größtenteils zufriedenstellende Ergebnisse auf. Allerdings ist ein Problem dieser Verfahren die Ausrichtung auf das nächsterreichbare lokale Minimum. Das durch **SOFCON** gestellte Optimierungsproblem ist aber vielfach unimodaler Natur, so daß eine Voraussetzung zur Anwendung gradientenbasierter Verfahren ein geeigneter Startpunkt in der Nähe des gesuchten Optimums ist. Selbstverständlich ist mit der Minimierung des unbeschränkten Gütefunktionals das Optimierungsproblem noch nicht gelöst, da zur Einhaltung sinnvoller Zugehörigkeitsfunktionen die aufgestellten Ungleichungsbeschränkungen berücksichtigt werden müssen.

4.5.2 Die Lösung des beschränkten Problems

Die Parametrierung der Zugehörigkeitsfunktionen erzeugt stets auch einen (Ungleichungs-) Beschränkungsvektor $c(x)$, dessen Elemente positiv sein sollen. Sind Beschränkungen verletzt, so liegen ungültige Zugehörigkeitsfunktionen vor. So darf davon ausgegangen werden, daß die heuristisch eingestellten Zugehörigkeitsfunktionen am Beginn der Optimierung zulässig sind und damit ein zulässiger Startpunkt, der keine Beschränkungen verletzt, gewählt wurde. Die Beschränkungen können bei der Lösung des Optimierungsproblems auf verschiedene Weise Berücksichtigung finden.

Aufgrund des zulässigen Startpunktes darf daher von nicht verletzten Ungleichungsbeschränkungen ausgegangen werden. Deshalb soll zur Aufstellung der Optimalitätsbedingungen zwischen aktiven und inaktiven Ungleichungsbeschränkungen unterschieden werden. Für diese Unterscheidung gilt

$$aktiv \quad c_v^a(x) = 0$$

$$inaktiv \quad c_v^i(x) > 0 \quad .$$

$\hspace{10cm}$ (4.5.3)

Die verallgemeinerte Lagrange-Funktion ergibt sich zu

$$L(x,\mu) = Q(x) + \mu^T c(x) \quad .$$

$\hspace{10cm}$ (4.5.4)

Hierbei stellt der Vektor $\mu \in R^m$ den Vektor der Kuhn-Tucker-Multiplikatoren dar. Die entsprechenden Kuhn-Tucker-Bedingungen lauten

$$L_x(x^*,\mu^*) = \frac{\partial Q(x^*)}{\partial x} + \mu^T \cdot \frac{\partial c(x^*)}{\partial x} = 0$$

$$c(x^*) \quad \geq 0 \; ; \quad \quad \mu^* \leq 0 \quad \quad notwendige\ Bedingungen$$

$$L_{xx}(x^*,\mu^*) > 0 \quad \quad \quad \quad hinreichende\ Bedingung \quad .$$

$\hspace{10cm}$ (4.5.5)

Die Behandlung der Beschränkungen durch die numerischen Suchverfahren kann auf verschiedene Arten erfolgen. Eine sehr naheliegende Idee, das Straftermverfahren (Gl. (4.5.6)), erlaubt die Verwendung gewöhnlicher Suchverfahren aus der unbeschränkten Optimierung. Mit diesem Verfahren gilt für das erweiterte Gütekriterium

$$Q_{beschr}(x) = Q(x) + \frac{1}{2} \cdot \delta \cdot \sum_{v=1}^{m} \min\{c_v(x),0\}^2 \quad .$$

$\hspace{10cm}$ (4.5.6)

Bei ungeigneter Wahl des Strafkoeffizienten δ besteht die potentielle Gefahr der Akzeptanz geringfügig verletzter Ungleichungsbeschränkungen. Verletzungen der Ungleichungsbeschränkungen können aber von **SOFCON** keinesfalls akzeptiert werden (siehe dazu Bild 4.5.1).

Deshalb bieten sich die Verfahren mit exakter Straffunktion an. Gute Erfahrungen konnten mit den in [WAT 78] und [POW 64] vorgestellten Sequential Quadratic Programming Algorithmen gesammelt werden. Sie zeichnen sich durch eine schnelle Konvergenz und hohe Genauigkeit aus. Allerdings bieten die Verfahren theoretisch keine globale Sicherheit, und die Gradientenapproximation stellt ein weiteres numerisches Problem dar.

Um diese beiden Einschränkungen der klassischen Suchverfahren sinnvoll zu umgehen, wurden umfangreiche Untersuchungen zur Anwendbarkeit und Auslegung der Evolutionsstrategie zur Lösung der vorliegenden Optimierungsprobleme durchgeführt.

4.5.3 Die Evolutionsstrategie

Am Anfang der Suche nach einem geeigneten Optimierungsverfahren stand folgender Forderungskatalog:
- keine Gradientenberechnung der Gütefunktion zur Bestimmung der Suchrichtung,
- schnelle Konvergenz bei gleichzeitiger hoher globaler Sicherheit,
- Anpassungsfähigkeit an die aktuelle Topologie des Gütegebirges,
- Robustheit und Stabilität bezüglich der Exaktheit der Güteermittlung.

Zudem sollten Rechner mittlerer Leistung (PC-Technik) in der Lage sein, das Problem zu lösen, so daß ein Minimum an Rechenzeit und Speicherplatzbedarf anzustreben ist.

4.5.3.1 Zur historischen Entwicklung

Ausgehend von der Tatsache, daß die belebte Natur für verschiedenartigste Lebensbereiche und Aufgaben geeignete, z. T. wahrscheinlich optimale Lösungen gefunden hat, entwickelte sich die Bionik als neuer Zweig der technischen Wissenschaften, um diese Erkenntnisse praktisch nutzbar zu machen. Die von der Natur gefundenen Lösungen sind das Produkt eines seit Jahrmillionen währenden Evolutionsprozesses. Die diesem Evolutionsprozeß zugrundeliegenden Wirkungsmechanismen bilden das theoretische Fundament der Evolutionsstrategien.

Die Darwinsche Evolutionstheorie beruht auf zwei wesentlichen Prinzipien. Zum einen geht sie davon aus, daß jede (bleibende) Veränderung eines Lebewesens (Phänotyp) auf eine Veränderung (Mutation) in seinem Erbmaterial (Genotyp) zurückzuführen ist. Die Auswahl der fortpflanzungsfähigen Lebewesen erfolgt über einen Selektionsprozeß, bei der nur die am besten an die aktuellen Lebensbedingungen angepaßten Individuen überleben. Damit wird das zur besseren Anpassung an die Umwelt geeignete, veränderte Erbmaterial weitergegeben.

Später entdeckte die Mikrobiologie die DNS als Speicher der Erbinformation bei allen Lebewesen und die entsprechenden Mutationsmechanismen,

die allesamt verschiedenartige Kopierfehler der DNS darstellen. So wurden
Punktmutation, Inversion, Translation, Duplikation und Delektion (Tafel
4.5.1) als verschiedene Mutationsarten und das "Crossing over" als Mecha-
nismus bei der in der eingeschlechtlichen Vererbung stattfindenden Redupli-
kation entdeckt.

Tafel 4.5.1: Mechanismen bei der Mutation

Punktmutation	Modifikation einer einzelnen Aminosäure innerhalb der DNS-Kette
Deletion	Verlust eines Chromosomenteilstückes
Duplikation	Verdopplung eines Teilstückes
Inversion	Umkehr eines Teilstückes
Translation	Verschiebung eines Teilstückes

Die Entwicklung der Evolutionsstrategie als Verfahren zur numerischen
Optimierung beginnt 1957 mit den Arbeiten von Box. Insbesondere sind
Bremermann (1962) und Rechenberg (1964) zu erwähnen. Die Verfahren
wurden immer spezialisierter. Inzwischen wurden erste Untersuchungen an
typischen Benchmark Problemen der Optimierung mit Erfolg durchgeführt.
Die Erkenntnisse dieser Untersuchungen flossen in die Arbeiten von Schwefel (1977) ein, so daß die in [SCHW 77] vorgestellten Algorithmen bereits
eine bedingte Allgemeingültigkeit haben.
Inzwischen existiert eine Vielzahl von Publikationen zur Problematik der
Evolutionsstrategie, die sich mehr oder weniger stark in den modellierten
natürlichen Mutations, Reduplikations und Selektionsprozessen unterscheiden. Oft wurden Verfahren für einzelne Problemklassen speziell entwickelt.

4.5.3.2   Eine Klassifikation der Evolutionsstrategien

Die verschiedenen Evolutionsstrategien können nach ihren verwendeten
Elementen der natürlichen Evolution klassifiziert werden. Dies sind:
1. Evolution einer Population:
   Es existiert nur eine Population von Individuen. Die Anfangspopulation
   besteht aus μ Eltern. In jeder Generation erzeugen diese μ Eltern λ Nachkommen. Im einfachsten Falle wird nur der Elternobjektvektor mutiert.
   Es kann aber auch der Schrittweitenvektor für die Mutation der Arten
   vererbt und modifiziert werden. Die Gütefunktion Q liefert das Selek-
   tionsmaß. Werden bei der Selektion die Eltern mit einbezogen, so handelt
   es sich um eine $(\mu+\lambda)$-Strategie. Werden dagegen nur die Nachkommen
   selektiert, so spricht man von einer (μ,λ)-Strategie. Die μ besten Nachkommen bilden die Eltern der nächsten Generation.
   Wird von mehr als einem Eltern ausgegangen, so kann das Prinzip der
   geschlechtlichen Fortpflanzung angewandt werden, die Rekombination.

Dazu werden ρ Eltern in den Rekombinationsprozeß einbezogen, so daß sich eine $(\mu, \rho + \lambda)$-Strategie ergibt.

2. Evolution der Arten:
In der biologischen Evolution treten getrennte Populationen von Individuen in Konkurrenzkampf. Dabei ist die gesamte Population und nicht das Individuum die Ausleseeinheit.

Für die Symbolik bei der Einordnung der Evolutionsverfahren sollen folgende Vereinbarungen gelten:

$$(\mu'/\rho'+,\lambda')^{\gamma l} \tag{4.5.7}$$

$\mu' \;\hat{=}\; Anzahl\ der\ Elternpopulationen$

$\rho' \;\hat{=}\; Anzahl\ der\ an\ der\ Nachkommenerzeugung\ beteiligten\ Populationen$

$\lambda' \;\hat{=}\; Anzahl\ der\ Nachkommenpopulationen$

$\gamma l \;\hat{=}\; Anzahl\ isolierter\ Generationen$.

4.5.3.3 Die Behandlung der Ungleichungsbeschränkungen

Da die Ungleichungsbeschränkungen der Zugehörigkeitsfunktionen dafür sorgen, daß nur mit sinnvoll gestalteten Zugehörigkeitsfunktionen gearbeitet wird (vgl. Bild 4.5.1), sind Individuen, die diese verletzen, von vornherein als nicht überlebensfähig im Sinne der Evolution anzusehen. Deshalb bietet sich mit der Anwendung der Evolutionsstrategie zur Fuzzy Optimierung die Chance, diese Individuen als Letalmutation sofort auszusortieren und somit die Rechenzeit zur Berechnung des Gütekriteriums einzusparen. Damit ergibt sich eine sehr effektive und einfache Berücksichtigung der Beschränkungen.

4.5.3.4 Die Auswahl geeigneter Evolutionsstrategien für *SOFCON*

Aus umfangreichen Untersuchungen zur Optimierung von Problemen der Fuzzy Regelung ergab sich eine besondere Eignung der $(\mu/\mu, \lambda)$-Evolutionsstrategie nach Schwefel, da sie dem oben genannten Anforderungskatalog am besten gerecht wurde. Wenn in den folgenden Abschnitten von der Evolutionsstrategie die Rede sein wird, so ist dieses Verfahren gemeint.

Dennoch ist abzusehen, daß aufgrund der besonderen Struktur der Parametervektoren bei *SOFCON*, eine eigens zur Optimierung von Fuzzy Systemen entwickelte Evolutionsstrategie die besten Ergebnisse liefern wird. So bilden beispielsweise die Zugehörigkeitsfunktionen der Attribute eines Merkmals bzw. einer Entscheidung eine seperate Einheit. Deshalb können deren Parameter auch zu einzelnen Chromosomen (Parametergruppen) zusammengefaßt werden.

4.6 Entwurf optimaler Fuzzy Regler für Testprozesse

Die Verwendung der Fuzzy Logik in der Regelungstechnik scheint sich momentan auf die Nachbildung klassischer Regler zu beschränken. Vielfach werden lineare Strecken mit Fuzzy Regelungen untersucht ([KIE 92], [KIE 93], [KIE 94]). Als einziges Bemessungsverfahren bleibt oft die höchst ineffektive und subjektive "Trial and Error"-Methode in Anwendung. Erste Untersuchungen zur Objektivierung des Entwurfprozesses liegen vor [KIE 92], [KIE 93], [KIE 94], [KNO 93]. Die Vorgehensweisen unterscheiden sich z. T. stark von dem vorliegenden Buch. Insbesondere die Neuro und Fuzzy Methoden oder die Optimierungsversuche mittels rein genetischer Algorithmen brauchen ein Vielfaches an Rechenaufwand im Vergleich zu der hier angebotenen Lösung. Besonders bedauerlich ist, daß in der Mehrzahl der Veröffentlichungen zum optimalen Entwurf von Fuzzy Reglern von völlig ungeeigneten Gütekriterien, wie z. B. einem einzigen Führungsübergang, ausgegangen wird.

Um die Leistungsfähigkeit des Verfahrens *SOFCON* nachzuweisen, wurden deshalb die folgenden Beispiele für den Reglerentwurf mittels *SOFCON* ausgewählt. Dabei werden ausgehend von einem gezielt nichtlinear entworfenen Fuzzy PI-Regler bis hin zum Erlernen der Adaptionsregeln für die fuzzygesteuerte Parameteradaption klassischer Regler die sinnvollen Einsatzmöglichkeiten des neuen Verfahrens in der Regelungstechnik aufgezeigt.

4.6.1 Ein Fuzzy PI-Regler

Zunächst soll die bekannte Form der Fuzzy PI-Regelung untersucht werden. Gegeben sei ein nichtlinearer Prozeß, wobei die statische Kennlinie des Systems in Hammerstein-Struktur zur Dynamik angeordnet ist. Die Dynamik soll mit der Übertragungsfunktion

$$G(s) = \frac{1 + 2s}{(1 + 7s)\cdot(1 + 3s)} \tag{4.6.1}$$

beschrieben werden. Die Tastperiode des zu entwerfenden Reglers wurde T = 1s gewählt. Die Statik des Prozesses wird im Intervall [-1, 1] mit folgendem Polynom

$$y = 2\cdot u - 1{,}8\cdot u^3 + 0{,}76\cdot u^5 \tag{4.6.2}$$

beschrieben.

Die statische Kennlinie hat die im Bild 4.6.1 dargestellte Gestalt.

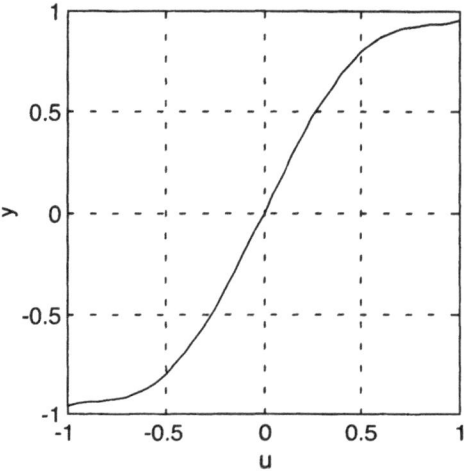

Bild 4.6.1:
Statische Kennlinie des Prozesses

Als Regler soll die häufig verwendete Fuzzy PI-Struktur mit vollständigem Regelwerk zur Anwendung kommen. Da der Regler über eine integrierte Entscheidung als Stellgröße verfügt, wird die Stellgrößenbeschränkung auf das Intervall [-1, 1] mittels einer Fensterfunktion realisiert. Benutzt wurde das im Bild 4.6.2 dargestellte Simulationsschema.

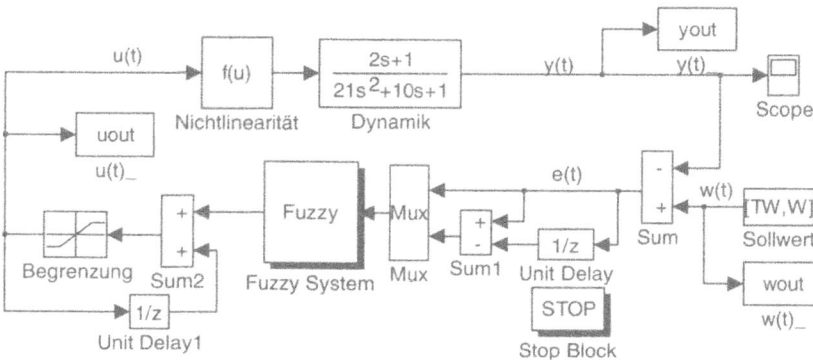

Bild 4.6.2: Verwendetes Simulationsschema

Dabei hat der Fuzzy PI-Regler die im Bild 4.6.3 dargestellte weitverbreitete Struktur.

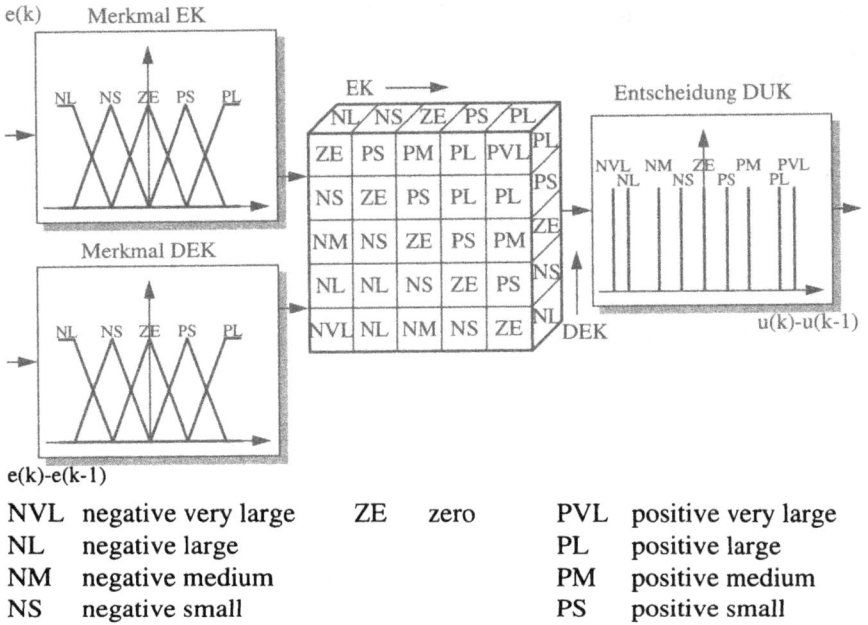

NVL	negative very large	ZE	zero	PVL	positive very large
NL	negative large			PL	positive large
NM	negative medium			PM	positive medium
NS	negative small			PS	positive small

Bild 4.6.3: Beispiel Fuzzy System zur PI-Regelung

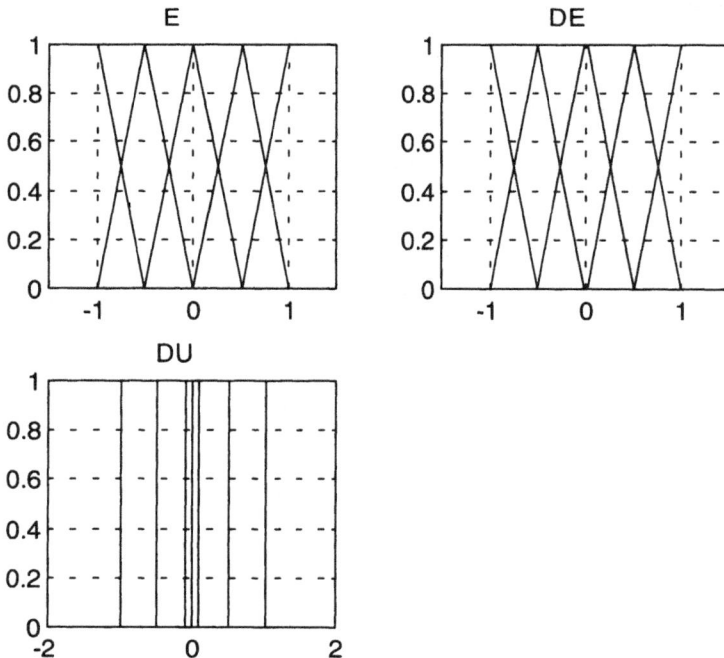

Bild 4.6.4: Zugehörigkeitsfunktionen des Beispielsystems

Als Starteinstellung für die Optimierung wurden die Zugehörigkeitsfunktionen der Merkmale als symmetrische Dreiecke im Intervall [-1, 1] entsprechend Bild 4.6.4 festgelegt.
Auf diese Weise entsteht das im Bild 4.6.5 dargestellte glatte Kennfeld.

DU = f(E,DE)

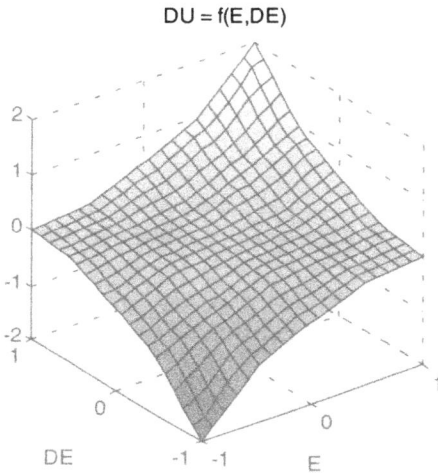

Bild 4.6.5:
Kennfeld des Beispielsystems vor der Optimierung

Die Optimierung erfolgte mit Hilfe der symmetrischen Parametrierung. Die Singletons der Entscheidung DUK wurden ebenfalls als Parameter für die Optimierung freigegeben. Die Spitze der dreieckigen Zugehörigkeitsfunktion für das Attribut ZE des Merkmals EK wurde auf Null festgelegt und deshalb nicht mit parametriert. So ergibt sich ein 11-dimensionaler Parameter- bzw. Beschränkungsvektor zu:

$$x^T = (0.5 \quad 0.5 \quad 1 \quad 0 \quad 0.5 \quad 0.5 \quad 1 \quad 0.25 \quad 0.5 \quad 0.75 \quad 1) \quad und$$
$$c(x)^T = (0.5 \quad 0 \quad 0.5 \quad 0 \quad 0.5 \quad 0 \quad 0.5 \quad 0.25 \quad 0.25 \quad 0.25 \quad 0.25) \quad .$$

(4.6.3)

Als Gütekriterium kam die Simulation einer Kombination von sechs Sollwertübergängen zwischen drei verschiedenen Sollwertniveaus (vollständige Sprungsequenz) zur Anwendung.

Dabei ergab sich als Startzustand der im Bild 4.6.6 dargestellte Verlauf.

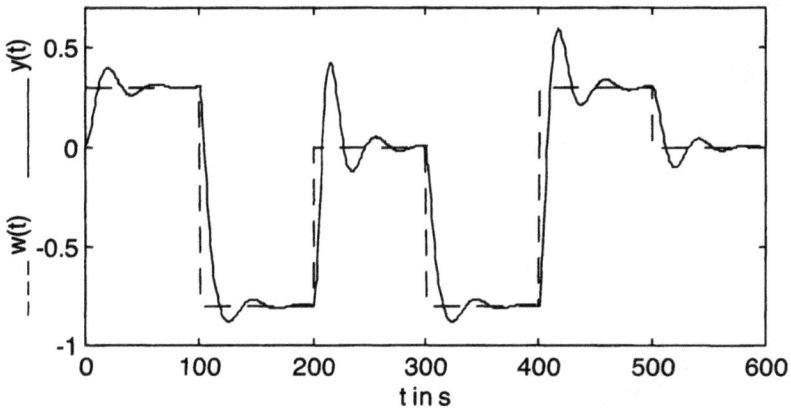

Bild 4.6.6: Simulation mit dem noch nicht optimierten Regler

Dieser Regler zeigt sich als schlecht angepaßt. Die Lösung des Optimierungsproblems wurde mit Hilfe der Evolutionsstrategie nach Schwefel [SCHW 77] bestimmt. Dazu wurde das in Gl. (2.1.19) vorgestellte zeitdiskrete nichtlineare mehrkriterielle Integralkriterium angewandt.

Im folgenden soll anhand der bei der Optimierung erreichbaren Ergebnisse die Wirkung der einzelnen Gewichte dieses Kriteriums gezeigt werden.

4.6.1.1 Der vollständige Kompromiß

Der vollständige Kompromiß ist eine Reglereinstellung, die bei einem möglichst geringen Stellaufwand eine möglichst hohe Regelgüte im gesamten Arbeitsbereich des Systems erreicht. Wenn keine speziellen Güteforderungen hinsichtlich des Stellaufwandes oder einzelner Sollwerte vorliegen, so sollte stets der vollständige Kompromiß angestrebt werden.

Dazu werden alle Sollwertniveaus mit dem gleichen Gewicht λ_i versehen. Die Regelgüte und der Stellaufwand werden gleich gewichtet, wenn $\alpha = 0,5$ gewählt wird.

Für diese Gewichte findet die Evolutionsstrategie die folgende Lösung:

$$x_{opt}^{T} = (1.09 \quad 1.08 \quad 1.148 \quad 0 \quad 0.16 \quad 0.36 \quad 2.32 \quad 0.31 \quad 0.86 \quad 2.3 \quad 2.94) \quad (4.6.4)$$

Der optimierte Regler zeigt das Reglerverhalten im Bild 4.6.7. Der so eingestellte Regler weist ein wesentlich verbessertes Regelverhalten auf, ohne daß die Lösung mit der herkömmlichen "Trial and Error"-Methode langwierig gesucht werden mußte.

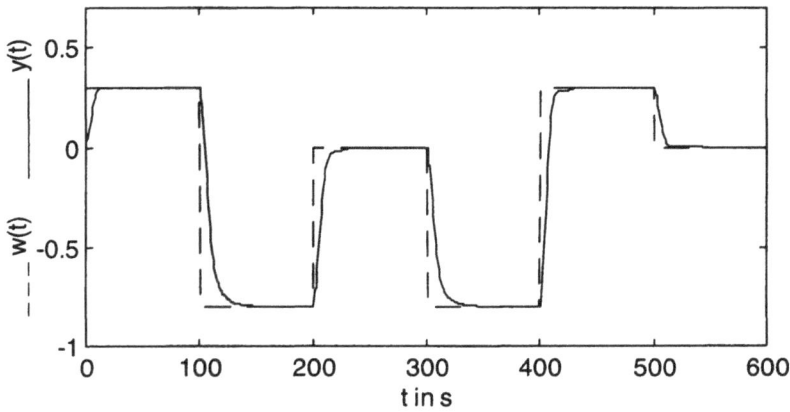

Bild 4.6.7: Regelgrößenverlauf bei vollständigem Kompromiß

Das für die Regelgüte erreichte Ergebnis zeichnet sich durch sehr schnelles Einregeln und geringfügiges Überschwingen in allen Arbeitspunkten aus. Der Preis dafür ist ein relativ hoher Stellaufwand, wobei die Stellgrenzen mehrfach erreicht werden (Bild 4.6.8).

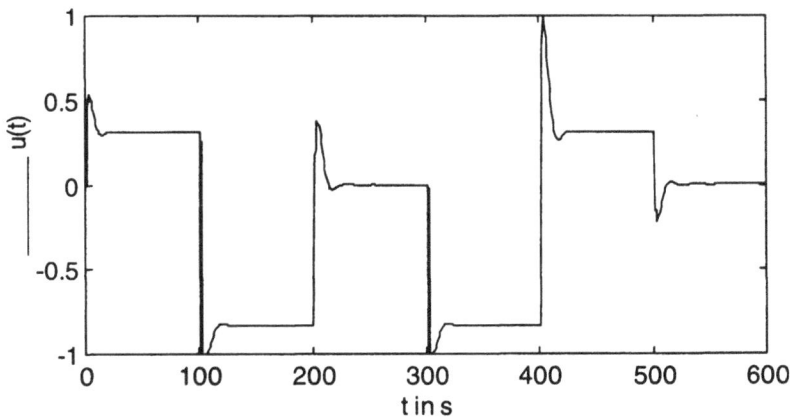

Bild 4.6.8: Stellgrößenverlauf bei vollständigem Kompromiß

Das aufgrund der optimalen Zugehörigkeitsfunktionen stark nichtlineare Kennfeld ist demzufolge wesentlich besser zur Regelung der vorgegebenen nichtlinearen Strecke geeignet als die nahezu lineare Ausgangsvariante.

Das Ergebnis der Optimierung zeigen die Bilder 4.6.9 und 4.6.10.

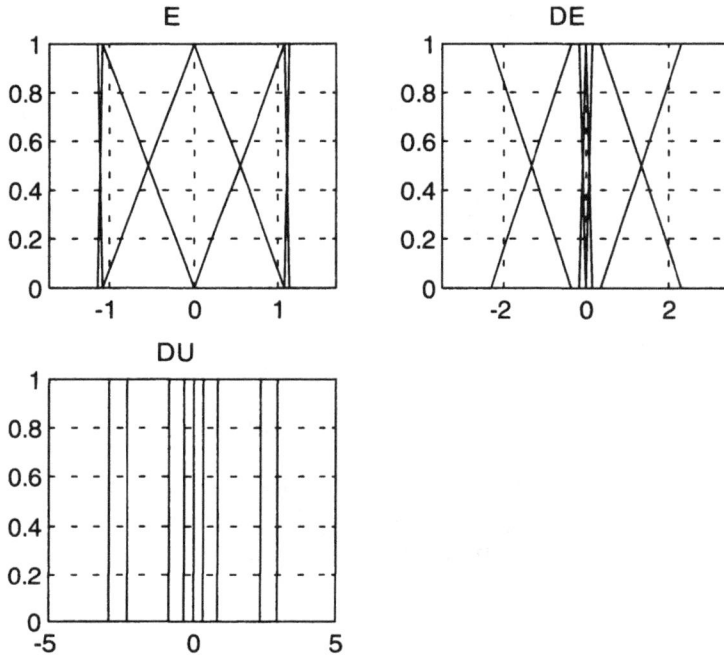

Bild 4.6.9: Zugehörigkeitsfunktionen für den vollständigen Kompromiß

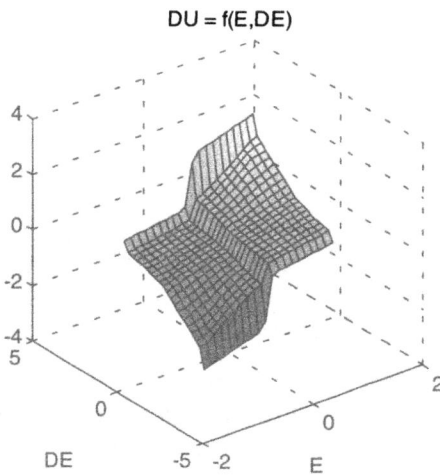

Bild 4.6.10:
Kennfeld bei vollständigem
Kompromiß

Wenn spezielle Forderungen an den Regelkreis gestellt werden, so können diese in der Wahl der Parameter für das Gütekriterium Berücksichtigung finden.

4.6.1.2 Die stellaufwandsminimale Reglereinstellung

Im Falle von Prozessen, deren Regelung sehr energieaufwendig ist, bzw. deren Stellglieder starken Abnutzungen unterliegen, sollte darauf geachtet werden, daß die Regelung mit minimalem Stellaufwand erfolgt. Eine solche Reglereinstellung ist mit dem in Gl. (2.1.19) gezeigten zeitdiskreten Gütekriterium ebenfalls möglich.

Während die Wahl von $\alpha = 1.0$ in der Gl. (2.1.19) ein vollständiges Vernachlässigen der Stellgröße bedeutet, und damit ausschließlich ein Minimieren der Regelflächen zum Ziel hat, würde $\alpha = 0.0$ eine unsinnige Parameterwahl bedeuten. Dann wäre nämlich die Minimierung des Stellaufwandes das einzige Ziel der Reglereinstellung. Der völlig untätige Regler würde das Optimum dieses Kriteriums darstellen. Deshalb sollte die Wahl des Parameters α klein, aber ungleich Null ausfallen. Der empirisch gefundene Wert 0,001 hat sich als geeignet erwiesen. Mit gleich gewichteten Sollwerten, wird folgender Parametervektor ermittelt:

$$(4.6.5)$$
$$x_{opt}^{T} = (0.960 \quad 1.011 \quad 1.432 \quad 0.003 \quad 0.153 \quad 0.201 \quad 0.044 \quad 0.140 \quad 0.140 \quad 0.502 \quad 0.787) \, .$$

Damit ergibt sich der im Bild 4.6.11 dargestellte Verlauf für die Regelgröße.

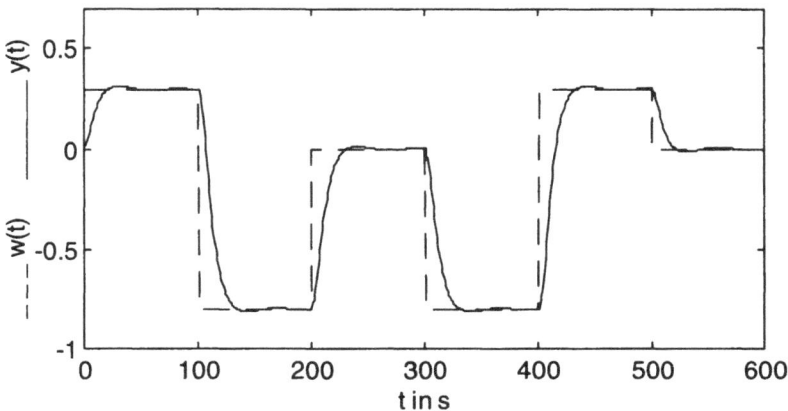

Bild 4.6.11: Regelgrößenverlauf bei stellaufwandsminimaler Reglereinstellung

Die Stellgröße verhält sich entsprechend Bild 4.6.12.

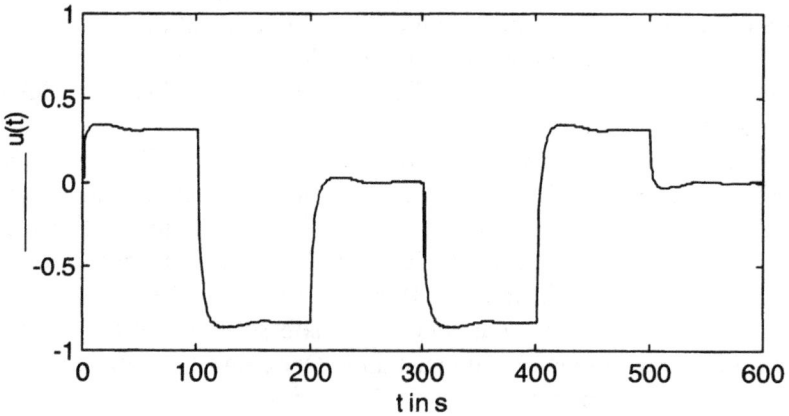

Bild 4.6.12: Stellgrößenverlauf bei stellaufwandsminimaler Reglereinstellung

Die gezeigten Verläufe dokumentieren ein deutlich langsameres Regler-verhalten, wobei die Änderungen der Stellgröße minimal sind. Die Zu-gehörigkeitsfunktionen haben bei dieser Reglereinstellung die im Bild 4.6.13 dargestellte Gestalt.

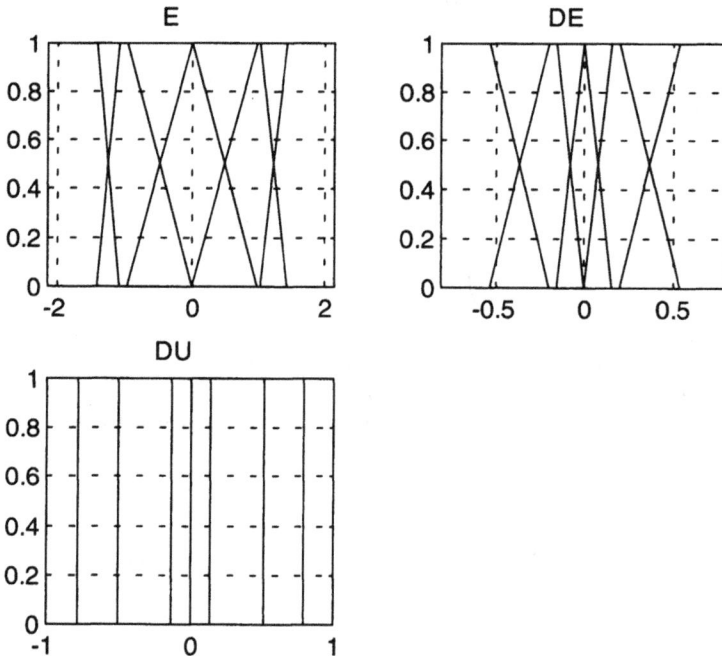

Bild 4.6.13: Zugehörigkeitsfunktionen bei stellaufandsminimaler Reglereinstellung

Das im Bild 4.6.14 dargestellte Kennfeld zeigt die bedeutend niedrigere Reglerverstärkung.

DU = f(E,DE)

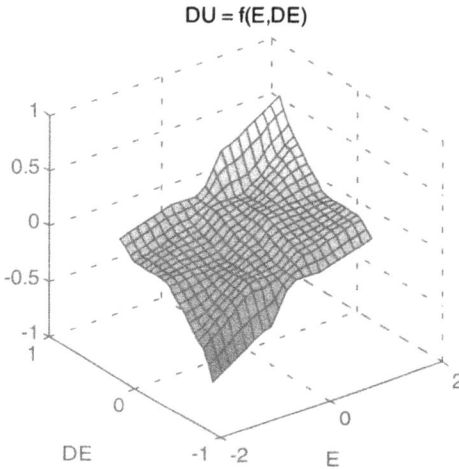

Bild 4.6.14:
Kennfeld bei
stellaufwandsminimaler
Reglereinstellung

4.6.1.3 Die arbeitspunktspezifische Reglereinstellung

Während in den beiden vorangegangenen Beispielen alle Sollwerte mit gleichem Gewicht in die Optimierung einbezogen wurden, soll hier die Auswirkung verschieden gewählter Gewichte λ_i für die Sollwerte dokumentiert werden. Eine Anwendungsmöglichkeit für diese Art der Reglereinstellung ist beispielsweise beim Entwurf eines Positionsreglers gegeben. Hier gibt es sowohl Positionen, die so schnell wie möglich und ohne Überschwingen angefahren werden sollen (Positionierpunkte), als auch Parkpositionen, in denen auf exzellente Regelgüte verzichtet werden kann. Aus der Kenntnis dieser Sollwerte können die Gewichte gewählt werden. Im gezeigten Beispiel seien die Sollwerte 0,3 und 0,0 von großer Bedeutung, während der Sollwert -0,8 nur von untergeordneter Bedeutung sein soll. Deshalb wird:

$$Q_1 = -0.8 \qquad \lambda_1 = 0.10$$
$$Q_2 = 0.00 \qquad \lambda_2 = 0,45 \qquad\qquad (4.6.6)$$
$$Q_3 = 0,30 \qquad \lambda_3 = 0,45$$

gewählt. Für Regelgüte und Stellaufwand sollte wieder ein ausgeglichener Kompromiß angestrebt werden, so daß α zu 0,5 festgelegt wird. Der jetzt als Optimum errechnete Parametervektor lautet:

$$(4.6.7)$$
$$Q_{opt}^T = (1.10 \quad 1.24 \quad 1.40 \quad 0.00 \quad 0.13 \quad 0.62 \quad 0.12 \quad 0.24 \quad 0.25 \quad 1.06 \quad 2.33 \quad 2.91) \ .$$

Der so eingestellte Regler hatte das in den Bildern 4.6.15 bzw. 4.6.16 dargestellte Regel- bzw. Stellverhalten.

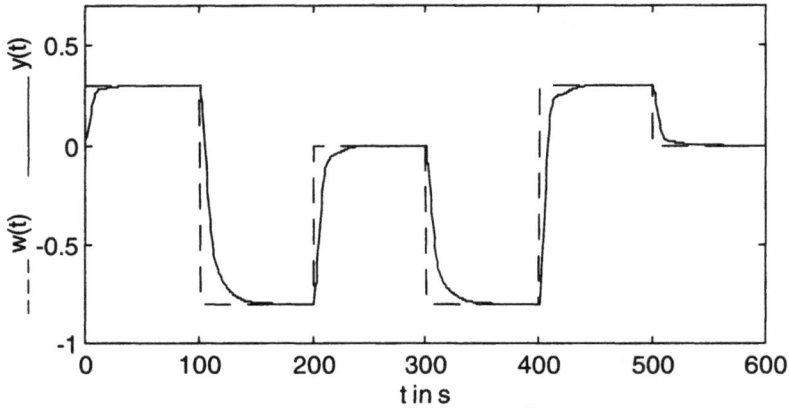

Bild 4.6.15: Regelgrößenverlauf bei arbeitspunktspezifischer Einstellung

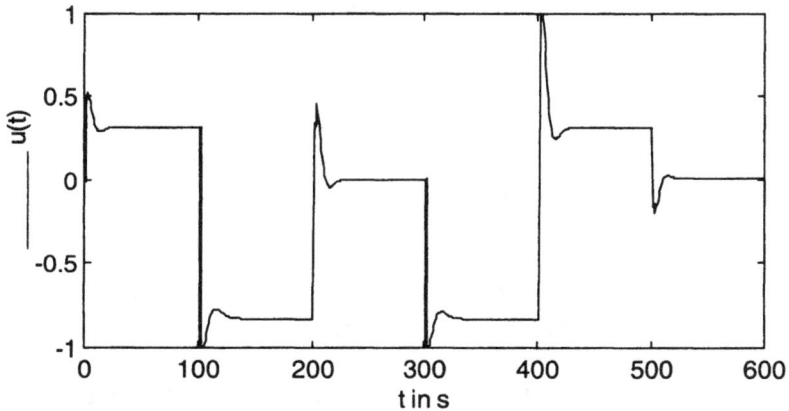

Bild 4.6.16: Stellgrößenverlauf bei arbeitspunktspezifischer Einstellung

Während in den Arbeitspunkten 0,0 und 0,3 sehr schnell eingeregelt wird und die Stellgrößenveränderungen vergleichweise hoch sind, wird die Parkposition -0,8 langsam angefahren, wobei die Stellgröße sich langsam und schwingungsfrei ändert.

Die mit diesen Parametern entstandenen Zugehörigkeitsfunktionen werden im Bild 4.6.17, das resultierende Kennfeld im Bild 4.6.18, gezeigt.

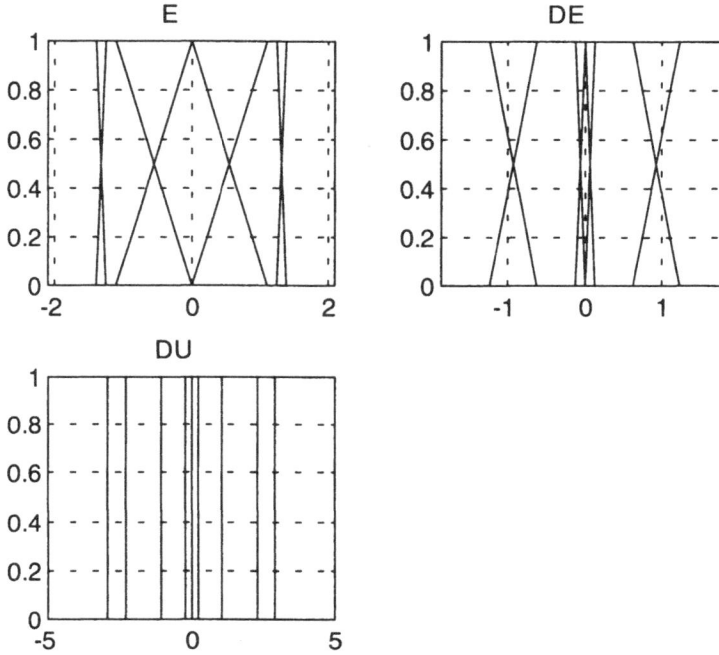

Bild 4.6.17: Zugehörigkeitsfunktionen bei arbeitspunktspezifischer Einstellung

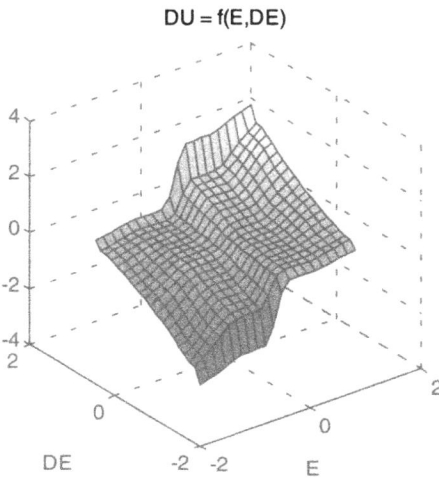

Bild 4.6.18:
Kennfeld des arbeitspunktspezifisch bemessenen Reglers

Die Leistungsfähigkeit von *SOFCON* ist durch die Möglichkeit der optimalen Bemessung herkömmlicher Fuzzy Regler in PI- bzw. PD-Struktur längst nicht erschöpft. Die Formen der optimierten Zugehörigkeistfunktionen (Bild 4.6.17) und das resultierende Kennfeld (Bild 4.6.18) zeigen, daß der optimal eingestellte Regler in Abhängigkeit von der Sollwertentfernung unterschiedliche Reglerverstärkungen aufweist. Diese Strategie soll im folgenden Beispiel bei einem Fuzzy PID-Regler gezielt genutzt werden, indem von vornherein das Regelwerk entsprechend formuliert wird.

4.6.2 Der progressive Fuzzy PID-Regler

Der optimale Entwurf eines Fuzzy PID-Reglers soll am Beispiel der Regelung eines nichtlinearen Schwingungsgliedes aufgezeigt werden.
Die Aufgabe besteht hierbei in einem möglichst schnellen und schwingungsfreien Umsteuern des nichtlinearen Schwingungsgliedes innerhalb des Arbeitsbereiches, der auf das Intervall [-1, 1] normiert wurde. Der Prozeß soll dabei die dynamische Übertragungsgleichung:

$$G(s) = \frac{1}{8s^3 + 35s^2 + 5s + 1} \tag{4.6.8}$$

haben. Dazu ist eine statische Nichtlinearität in Hammersteinstruktur angeordnet, die mit dem Polynom:

$$y = 1.36 \cdot u - 2.06 \cdot u^3 + 1.7 \cdot u^5 \tag{4.6.9}$$

beschrieben wird. Die Sprungantwort und die statische Kennline des Systems sind in den Bildern 4.6.19 bzw.4.6.20 dargestellt. Als Abtastperiode für die Regelung wurde eine Sekunde gewählt.

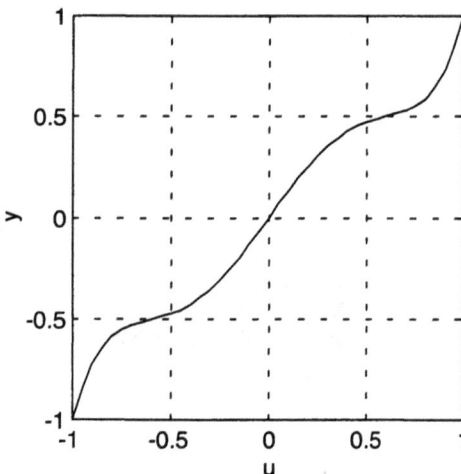

Bild 4.6.19:
Statische Kennlinie des
Beispielprozesses II

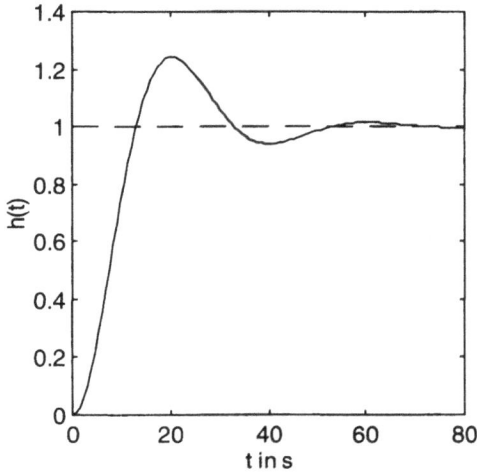

Bild 4.6.20:
Sprungantwort des
Beispielprozesses II (linear
dynamischer Teil)

Die Idee des klassischen progressiven Reglers besteht in einem "Umschalten" der Reglerparameter in Abhängigkeit der Regelabweichung. Dieses
"Umschalten" kann mit Hilfe der Fuzzy Logik auch weich gestaltet werden.
Als besonders geeignet hat sich das "Umschalten" der Reglercharakteristik
aufgrund der ersten bzw. zweiten Ableitung der Regelabweichung erwiesen.
Um diese Strategie in einem Fuzzy PID-Regler zu verwenden, wurde folgendes Regelwerk entworfen (Tafel 4.6.1).

Tafel 4.6.1: Regelwerk des progressiven Fuzzy PID-Reglers

IF (EK =NEG)		THEN DUK :=NS ;
IF (EK =POS)		THEN DUK :=PS ;
IF (DEK =NL)	AND (D2EK =NL)	THEN DUK :=ZE ;
IF (DEK =PL)	AND (D2EK =PL)	THEN DUK :=ZE ;
IF (DEK =NL)	AND NOT(D2EK =NL)	THEN DUK :=NL ;
IF (DEK =PL)	AND NOT(D2EK =PL)	THEN DUK :=PL ;
IF (D2EK =NL)	AND NOT(DEK =NL)	THEN DUK :=NL ;
IF (D2EK =PL)	AND NOT(DEK =PL)	THEN DUK :=PL ;
IF (DEK =NS)	AND (D2EK =NS)	THEN DUK :=NS ;
IF (DEK =NS)	AND (D2EK =ZE)	THEN DUK :=NS ;
IF (DEK =NS)	AND (D2EK =PS)	THEN DUK :=ZE ;
IF (DEK =ZE)	AND (D2EK =NS)	THEN DUK :=NS ;
IF (DEK =ZE)	AND (D2EK =ZE)	THEN DUK :=ZE ;
IF (DEK =ZE)	AND (D2EK =PS)	THEN DUK :=PS ;
IF (DEK =PS)	AND (D2EK =NS)	THEN DUK :=ZE ;
IF (DEK =PS)	AND (D2EK =ZE)	THEN DUK :=PS ;
IF (DEK =PS)	AND (D2EK =PS)	THEN DUK :=PS ;

Dieses Regelwerk bewirkt kleine Veränderungen der Stellgröße, wenn eine Regelabweichung auftritt. Diese Komponente des Regelwerkes realisiert den I-Anteil (Regeln 1 und 2).

Im Unterschied zum klassischen linearen PID-Regler werden für die dynamischen Merkmale folgende Regeln festgelegt:

- Sollten die Ableitungen der Regelabweichungen in gleicher Richtung groß sein, so wird die Stellgröße nicht verändert (Regeln 3 und 4). Das Ziel dieser Regeln besteht in der Verhinderung zu starken D-Verhaltens bei sprungförmiger Sollwertänderung.
- Die Regeln 5 bis 8 beschreiben das Reglerverhalten bei großen Werten für die Ableitungen der Regelabweichung. Dabei werden große Veränderungen in der Stellgröße angestrebt.

Die restlichen Regeln realisieren ein behutsames, nahezu lineares Regeln im Falle kleiner Ableitungen der Regelabweichung.

Die Regelabweichung geht unabhängig von den Ableitungen in die Entscheidung ein. Auf diese Weise wurde der I-Anteil des Reglers quasi abgekoppelt von dem progressiven PD-Verhalten. Wenn die Regelabweichung zum Fuzzy Set "Null" gehört, dann hat der I-Anteil keinerlei Wirkung, da für diesen Fall bewußt keine Regel aufgestellt wurde. Die Zugehörigkeitsfunktionen zu diesem Regelwerk wurden entsprechend Bild 4.6.21 linear initialisiert.

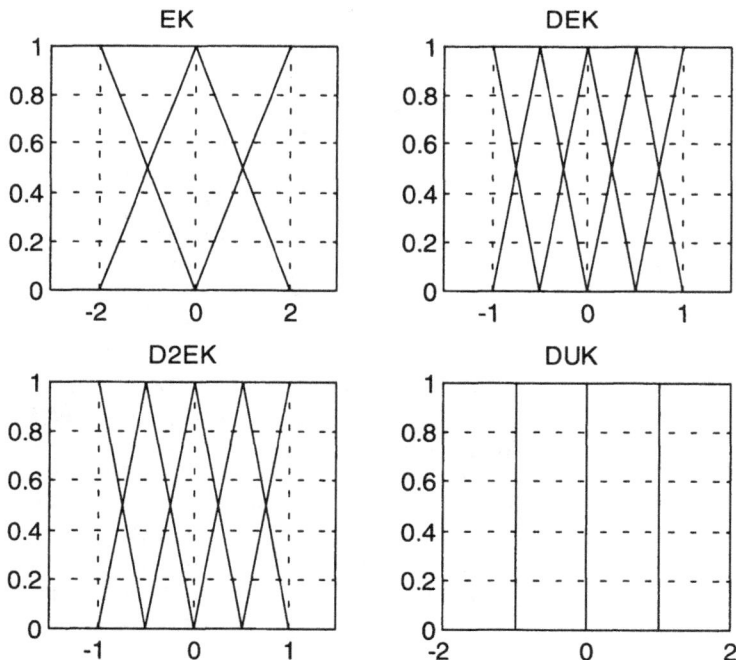

Bild 4.6.21: Zugehörigkeitsfunktionen des progressiven Fuzzy PID-Reglers

Das mit diesen Zugehörigkeitsfunktionen beschriebene Fuzzy System besitzt im Falle EK = 0 (im Arbeitspunkt) das im Bild 4.6.22 dargestellte Übertragungskennfeld zwischen den Merkmalen DEK und D2EK und der Entscheidung DUK. Dieses nichtlineare Übertragungskennfeld beschreibt die linguistisch formulierte progressive PD-Charakteristik des entworfenen Reglers grafisch. Selbstverständlich wird es nicht so sein, daß diese zugegebenermaßen gewagte Strategie sofort die gewünschten Ergebnisse bringt. Dazu reicht ein einfaches heuristisches Einstellen der Zugehörigkeitsfunktionen nicht aus. Das Problem kann aber mittels *SOFCON* gelöst werden. Dazu werden die gegebenen Zugehörigkeitsfunktionen symmetrisch und a priori unvollständig parametriert.

DUK = f(DEK,D2EK)

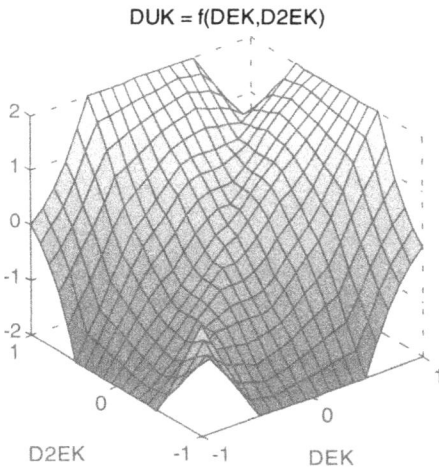

Bild 4.6.22:
Ausgewähltes Kennfeld des progressiven Fuzzy PID-Reglers

Die Zugehörigkeit der Regelabweichung (Merkmal EK) sollte nur den Wert Eins haben, wenn das Merkmal tatsächlich scharf Null ist. Damit steht die Dreiecksform für das betreffende Fuzzy Set bereits fest und die Parametrierung kann entfallen. Die Singletons wurden hier bereits so gelegt, daß beim alleinigen Ansprechen eines Randsingletons (NL bzw. PL auf -2 bzw. 2) das gesamte Arbeitsintervall der Stellgröße [-1, 1] in einem Tastschritt durchfahren werden kann. Damit liegen die Randsingletons a priori schon auf sinnvollen Werten fest. Die Singletons der Fuzzy Sets NS, bzw. PS werden zentral zwischen die bereits festgelegten Singletons auf die Werte -1 bzw. 1 gelegt. Demzufolge wird auf die Parametrierung der Singletons verzichtet. Der resultierende Parameter- und Beschränkungsvektor sind dann durch:

$$x^T = (2 \; 0 \; 0.5 \; 0.5 \; 1.0 \; 0 \; 0.5 \; 0.5 \; 1.0) \quad und$$
$$c(x)^T = (2 \; 0 \; 0.5 \; 0 \; 0.5 \; 0 \; 0.5 \; 0 \; 0.5)$$

(4.6.10)

gegeben.

Die Optimierung erfolgt für die vollständige Sollwertsequenz zwischen 4 verschiedenen, gleichmäßig bewerteten Sollwertniveaus aus dem Arbeitsintervall der Regelung. Regelgüte und Stellaufwand wurden, wie auch im vorangegangenen Beispiel, gleichmäßig bewertet. Das Gesamtkriterium entsprach damit dem in der Gl. (2.1.19) vorgestellten Konzept, wobei ein vollständiger Kompromiß gefordert wurde. Die grafische Darstellung der als erstes Gütekriterium fungierenden Simulation ist mit dem Bild 4.6.23 gegeben.

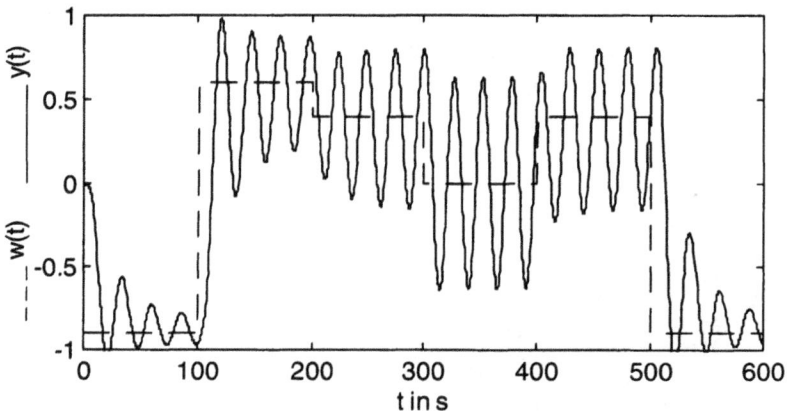

Bild 4.6.23: Simulationergebnis mit dem noch nicht optimierten Regler

Der Regler erweist sich im Startzustand als völlig fehldimensioniert. In einigen Arbeitspunkten kommt es sogar zu Instabilitäten. An dieser Stelle zeigt sich der Sinn einer Simulation zur Reglerbemessung. Ein heuristisches Wahrscheinlich existieren außerdem im Bereich der instabilen Parametervektoren eine Vielzahl lokaler Optima. Einstellen direkt am Prozeß hätte große Schäden anrichten können. Aufgrund der Instabilität muß von einem völlig inhomogenen Gütegebirge ausgegangen werden. Parameteränderungen in die "richtige" Richtung haben nicht unbedingt eine Verbesserung des Gütekriteriums zur Folge. Die durchgeführten Untersuchungen konnten in fast jedem Fall einer instabilen Starteinstellung ein Versagen gradientenbasierter Suchverfahren nachweisen. So sollte auch in diesem Beispiel die Evolutionsstrategie vorgezogen werden. Dabei ist die Startschrittweite des Verfahrens groß genug zu wählen, um auch das möglicherweise weit entfernte globale Optimum zu finden. Die Evolutionsstrategie nach Schwefel [SCHW 77] fand das (wahrscheinlich globale) Optimum mit den Parametern

$$x_{opt}^T = (3.21 \quad 0 \quad 0.48 \quad 0.49 \quad 1.54 \quad 0 \quad 0.11 \quad 1.1 \quad 2.96) \quad . \qquad (4.6.11)$$

Der Simulationsverlauf mit dem optimal eingestellten Regler zeigt das im Bild 4.6.24 dargestellte sehr gute Verhalten.

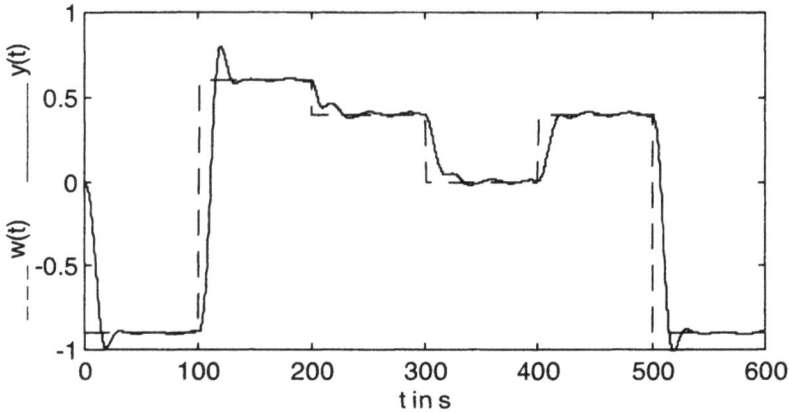

Bild 4.6.24: Simulation mit dem optimierten Regler

Der Prozeß wird, entsprechend der Zielvorstellungen, schnell und schwingungsarm aus jedem in jedes relevante Sollwertniveau umgesteuert. Die im optimalen Parametervektor (Gl. (4.6.11)) beschriebenen Zugehörigkeitsfunktionen sind im Bild 4.6.25 dargestellt.

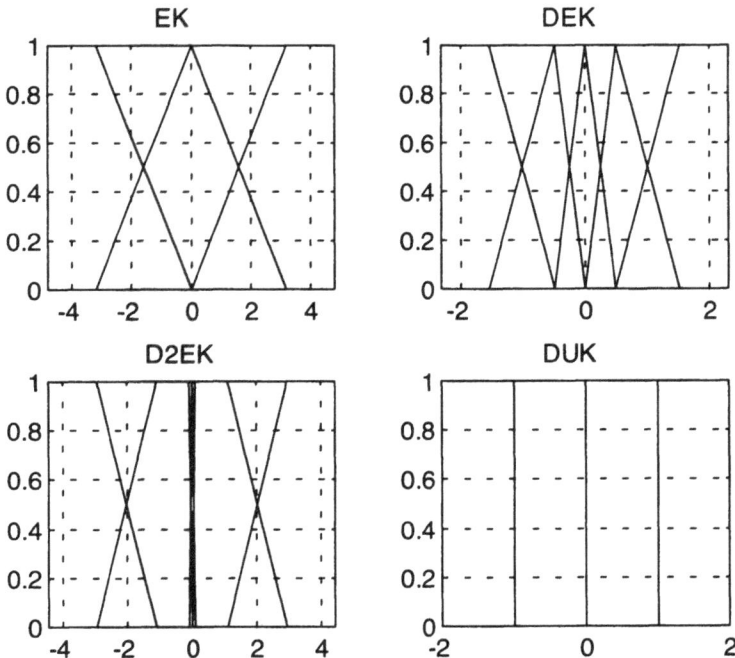

Bild 4.6.25: Optimale Zugehörigkeitsfunktionen

Das PD-Entscheidungsverhalten des entworfenen Fuzzy PID-Reglers erweist sich als extrem nichtlinear (siehe Bild 4.6.26).

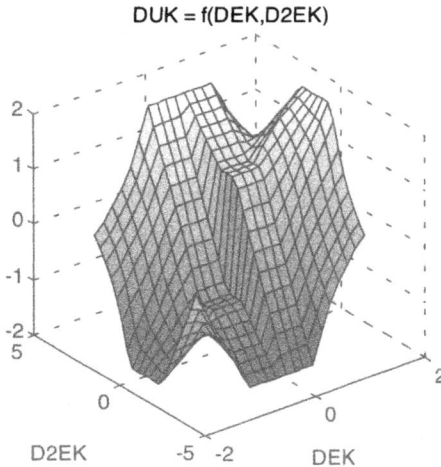

Bild 4.6.26:
Kennfeld des optimierten Reglers

Die erreichte Regelgüte zeigt aber, daß die gewählte Strategie sinnvoll ist. Damit wird ein weiterer Vorteil von *SOFCON* offensichtlich. Es ist objektiv möglich, erstellte Regelwerke hinsichtlich ihrer regelungstechnischen Aufgabenstellung zu validieren. Dies bedeutet, wenn mit einem erstellten Regelwerk trotz optimal eingestellter Zugehörigkeitsfunktionen kein zufriedenstellendes Ergebnis erzielt werden kann, dann muß entweder das Regelwerk überarbeitet oder die Reglerstrategie völlig neu überdacht werden.
Auf diese Weise wird die heuristische Struktursuche zumindest objektiviert und ein langwieriges "Trial and Error"-Suchen am Prozeß vermieden.

4.6.3   Der fuzzyadaptierte PID-Regler

4.6.3.1   Ein fuzzyadaptierter PID-Regler für Prozesse mit bekannter Nichtlinearität

Die Reglerbemessung für einen PID-Regler erfolgt stets für einen im Arbeitspunkt linearisierten Prozeß. Vielfach reicht diese Vorgehensweise aus, um geeignete Reglerparameter zu finden. Insbesondere wenn die Nichtlinearität des zu regelnden Prozesses nur geringfügig und somit eine Linearisierung zulässig ist, kann auf diese Weise ein brauchbarer Regler gefunden werden.
Wenn aber die Nichtlinearität des Prozesses eine Linearisierung nicht zuläßt, wird kein zufriedenstellendes Reglerverhalten im gesamten Arbeitsbereich erzielt. In diesem Fall wäre eine Möglichkeit zur situationsabhängigen Parametervariation wünschenswert. Da die Nichtlinearitäten im allgemeinen einen stetigen Verlauf haben, sollte die Lösung der automatischen

Parametervariation auch stetig, also weich erfolgen. Somit bietet sich die Verwendung der Fuzzy Logik geradezu an.

Die Grundidee der Parameteradaption bei nichtlinearen Prozessen besteht in der Erkennung der momentanen Prozeßcharakteristik in einer ersten Stufe und der Auswahl des geeigneten Reglerparametersatzes in einer zweiten Stufe. Dementsprechend ist es auch sinnvoll, ein zweistufiges Regelwerk einzusetzen. Die Ergebnisse der Inferenz der ersten Stufe werden auf eine Fuzzy Zwischenvariable abgebildet. Diese könnte beispielsweise PROZESS heißen und die Attribute DMPFND (dämpfend), VRSTKND (verstärkend) haben. Die zweite Stufe des Regelwerkes enthält die als Fuzzy Regeln formulierten linguistischen Bemessungsvorschriften für den PID-Regler. Das Regelwerk der zweiten Stufe lautet:

Tafel 4.6.2: Zweite Stufe des Regelwerkes

IF (PROZESS =VRSTKND)	THEN KP :=KLEIN ;
IF (PROZESS =VRSTKND)	THEN TN :=GROSS ;
IF (PROZESS =VRSTKND)	THEN TV :=GROSS;
IF (PROZESS =DMPFND)	THEN KP :=GROSS ;
IF (PROZESS =DMPFND)	THEN TN :=KLEIN ;
IF (PROZESS =DMPFND)	THEN TV :=KLEIN; .

Diese zweite Stufe des Fuzzy Adapters für nichtlineare Prozesse wird stets in dieser Form erhalten bleiben. Damit ist es nur noch notwendig, die Merkmale, Zugehörigkeitsfunktionen und Regeln zur Ermittlung der Zwischenvariablen STRECKE zu bestimmen und die Singletons für die Ausgangsgrößen des Fuzzy Systems sinnvoll festzulegen.

Gegeben sei ein nichtlinearer Prozeß, wobei die statische Kennlinie des Systems in Hammerstein-Struktur zur Dynamik angeordnet ist. Die Dynamik läßt sich mit der Übertragungsfunktion aus Gl. (4.6.12) beschreiben. Es gilt:

$$G(s) = \frac{1 + 6s}{(1 + 12s) \cdot (1 + 4s) \cdot (1 + 2s)} \quad . \tag{4.6.12}$$

Die Tastperiode für den zu entwerfenden quasikontinuierlichen Regler wurde mit 1s gewählt. Die Statik des Prozesses wird im Intervall [-1, 1] mit dem Polynom:

$$y = 5 \cdot u^3; \quad -1 \leq u \leq 1 \tag{4.6.13}$$

beschrieben.

Die Sprungantwort des Systems ist im Bild 4.6.27 und die statische Kennlinie im Bild 4.6.28 dargestellt.

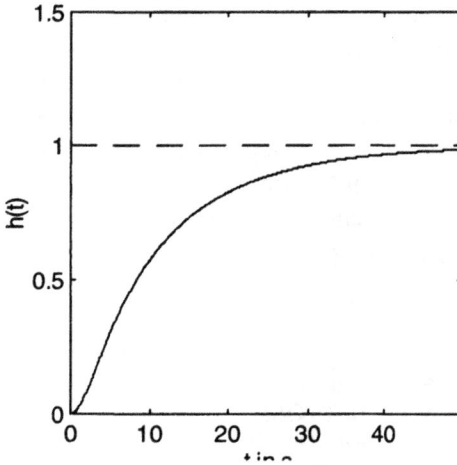

Bild 4.6.27:
Sprungantwort des
Beispielsystems

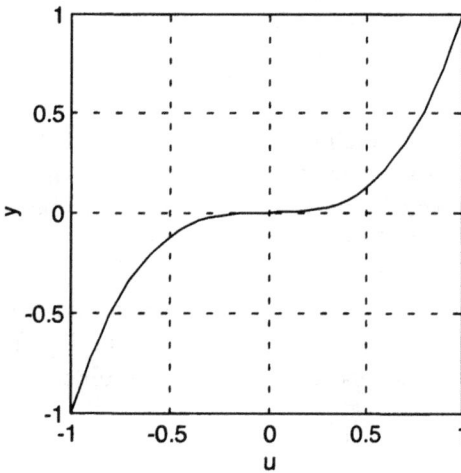

Bild 4.6.28:
Statische Kennlinie des
Beispielsystems

Bild 4.6.29 zeigt das Simulationsschema.

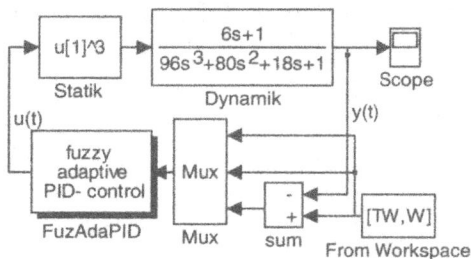

Bild 4.6.29:
Verwendetes Simulationsschema

Anhand der statischen Kennlinie sind bereits die verstärkenden und dämpfenden Abschnitte der Kennlinie zu erkennen. Wesentlich ist es, die Gebiete möglicher Instabilitäten zu finden. Im Beispiel kann der Prozeß außerhalb des Nullpunktes als verstärkend betrachtet werden, d. h. bei Regelvorgängen im signifikant negativen bzw. positiven Bereich muß ein dämpfender Regler verwendet werden. Alle anderen Regelungsvorgänge können mit mit einem verstärkenden Regler ausgeführt werden. Das Regelwerk lautet:

Tafel 4.6.3: Regeln der ersten Stufe des Regelwerkes

IF (SOLLWERT=NEG)   AND (ISTWERT =NEG)
THEN PROZESS :=VRSTKND;
IF (SOLLWERT=POS)   AND (ISTWERT =POS)
THEN PROZESS :=VRSTKND;
IF NOT(PROZESS =VRSTKND)   THEN PROZESS :=DMPFND ;

Die Zugehörigkeitsfunktionen sind im Bild 4.6.30 dargestellt.

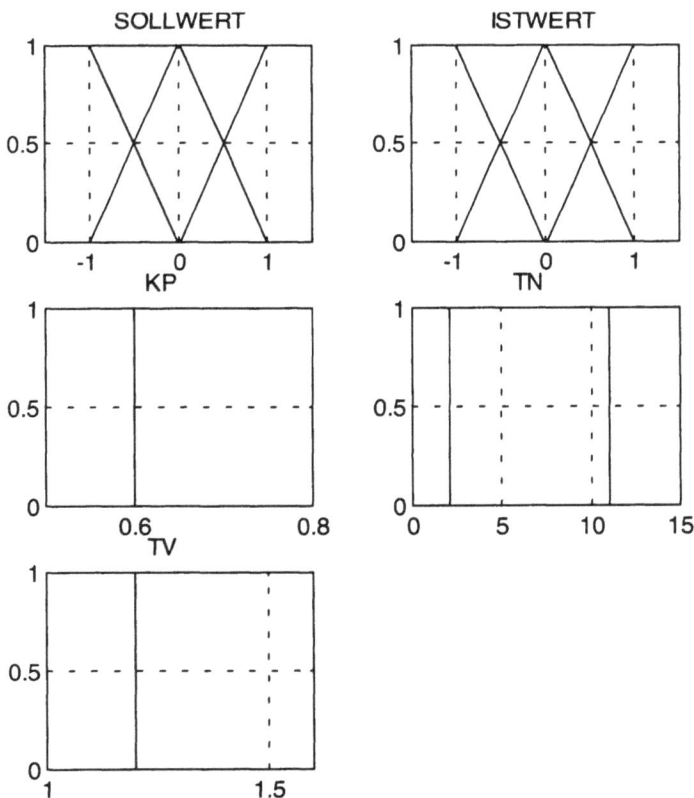

Bild 4.6.30: Definierte Zugehörigkeitsfunktionen

Das Verfahren **SOFCON** stellt mittels der Evolutionsstrategie die Zugehörigkeitsfunktionen optimal ein. Dennoch ist es günstig, einen sinnvollen Ausgangspunkt zu wählen. Deshalb wurden die Zugehörigkeitsfunktionen für die Merkmale *SOLLWERT* und *ISTWERT* über den gesamten Arbeitsbereich (-1 ... 1) gespannt und die Singletons für *KP*, *TN* und *TV* auf Werte gelegt, die sich bei einer Reglerbemessung für die Arbeitspunkte 0.2 bzw. 0,8 ergeben haben. Im verwendeten mehrkriteriellen Gütefunktional für die Optimierung (Gl. (2.1.19)), fanden sowohl die Regelgüte als auch der Stell- und Zeitaufwand Berücksichtigung (vollständiger Kompromiß). Insbesondere wurde Wert darauf gelegt, bei der Optimierung möglichst alle kritischen Übergangsvorgänge zu erfassen. Es wurden sämtliche in der Kombinatorik möglichen Übergänge zwischen den Sollwerten -0,8; 0 und 0,5 in die Berechnung einbezogen. Die in den Arbeitspunkten 0.2 und 0.8 per Optimierung bemessenen PID-Regler weisen hinsichtlich dieses Kriteriums ein nicht zufriedenstellendes Ergebnis auf (siehe Bild 4.6.31 und Bild 4.6.32).

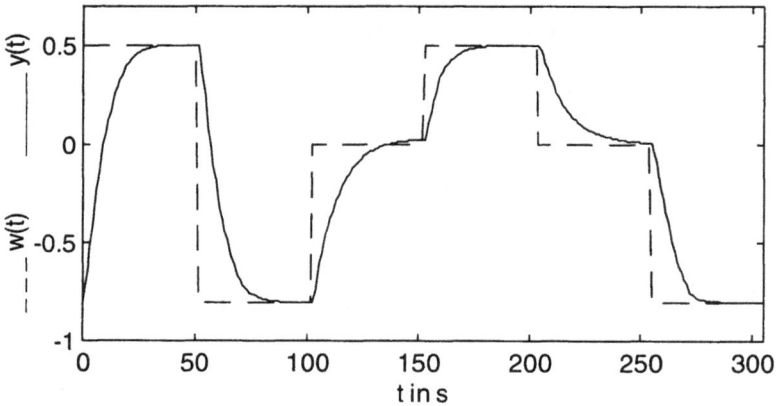

Bild 4.6.31: Regelgrößenverlauf des für den Arbeitspunkt 0.8 entworfenen PID-Reglers

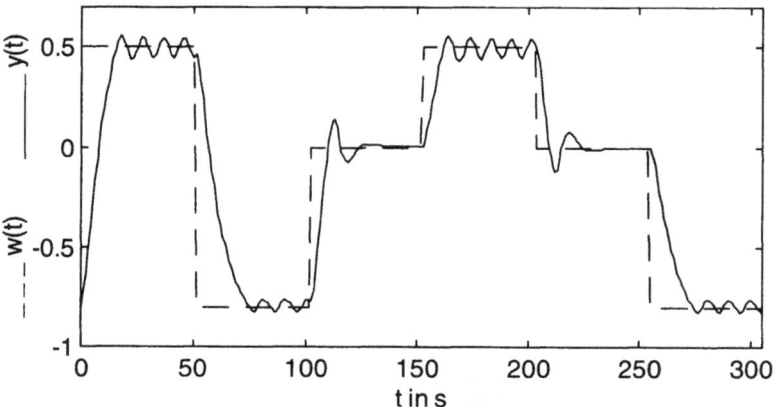

Bild 4.6.32: Regelgrößenverlauf des für den Arbeitspunkt 0.2 entworfenen PID-Reglers

Während der im Arbeitspunkt 0.8 entworfene Regler zu stark "kriecht" (Bild 4.6.31) schwingt der im Arbeitspunkt 0.2 bemessene Regler insgesamt zu stark über (Bild 4.6.32).

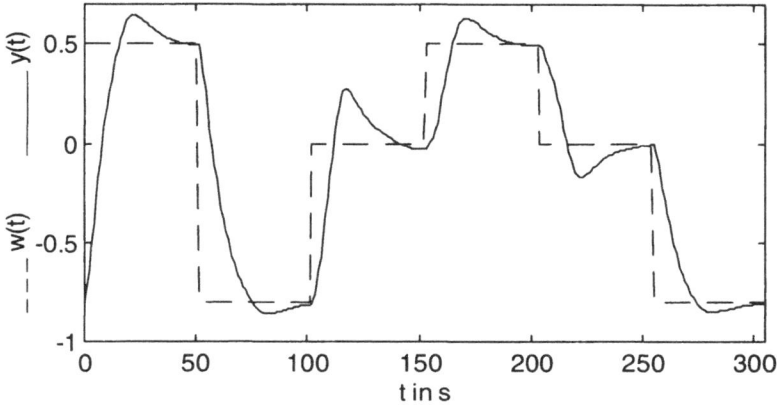

Bild 4.6.33: Regelgrößenverlauf des (noch nicht optimierten) fuzzyadaptierten PID-Reglers

Der mit den Parametern dieser Regler versehene fuzzyadaptierte PID-Regler erreichte das im Bild 4.6.33 dargestellte Ergebnis. Dieses ist insbesondere im Arbeitspunkt 0.5, für den kein PID-Regler entworfen wurde, unzureichend. Nach der Beendigung der Optimierung wurde das im Bild 4.6.34 dargestellte, deutlich verbessertes Ergebnis bei der Reglereinstellung erzielt.

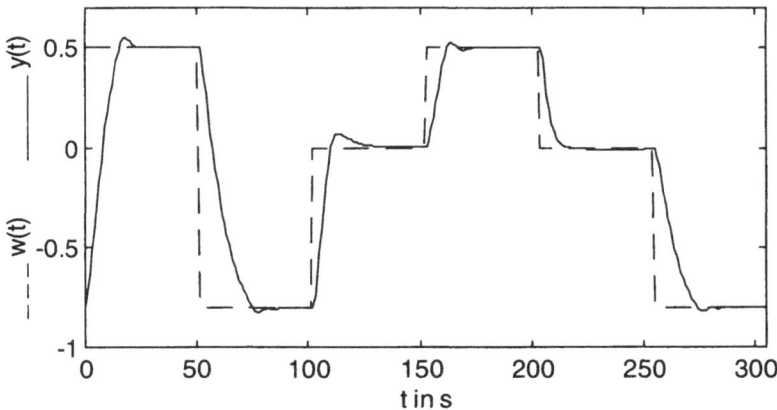

Bild 4.6.34: Regelgrößenverlauf des optimierten fuzzyadaptierten PID-Reglers

Festzustellen ist eine bedeutende qualitative Verbesserung des PID-Reglers, ohne daß dieser ersetzt werden mußte. Der PID-Regler ist somit für einen gesamten nichtlinearen Arbeitsbereich angepaßt und hat eine bessere Regelgüte als beispielsweise eine robuste Parametereinstellung. Selbst ein Stabilitätsnachweis für den worst case (verstärkender PID-Regler im kritischsten Arbeitspunkt des Prozesses) kann geführt werden.

Das neu entwickelte Entwurfsverfahren **SOFCON** hat die Zugehörigkeitsfunktionen des verwendeten Fuzzy Systems modifiziert und so die hinsichtlich der zu lösenden regelungstechnischen Aufgabe optimalen Gültigkeitsbereiche für die verwendeten linguistischen Begriffe gefunden. Die optimalen Zugehörigkeitsfunktionen sind im Bild 4.6.35 dargestellt.

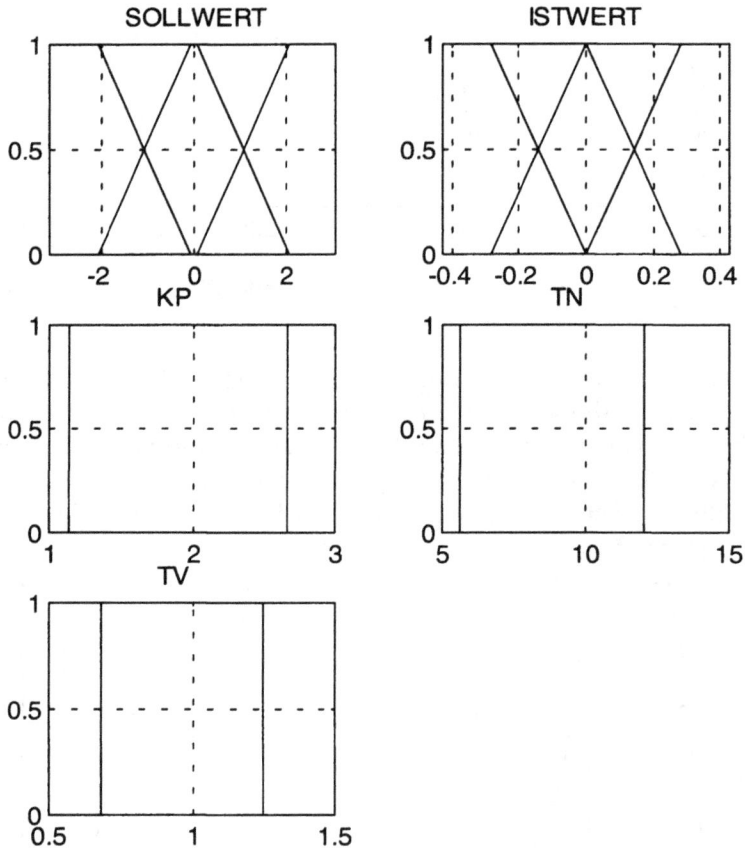

Bild 4.6.35: Optimale Zugehörigkeitsfunktionen

Mit dem optimalen Fuzzy System ist es gelungen, drei geeignete nichtlineare
Funktionen (Kennfelder F_1, F_2, F_3) zu finden, die die Anpassung des
linearen PID-Reglers an den nichtlinearen Prozeß realisieren (Gl. (4.6.14)).
Für die nichtlinearen Funktionen gilt:

$$K_P = F_1[w(t),y(t)] \qquad T_N = F_2[w(t),y(t)] \qquad T_V = F_3[(w(t),y(t)]. \qquad (4.6.14)$$

Die Kennfelder sind in den Bildern 4.6.36 bis 4.6.38 dargestellt.

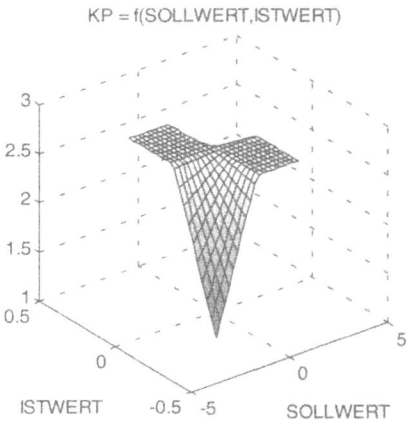

KP = f(SOLLWERT,ISTWERT)

Bild 4.6.36:
Kennfeld 1: $K_P = F_1[w(t), y(t)]$

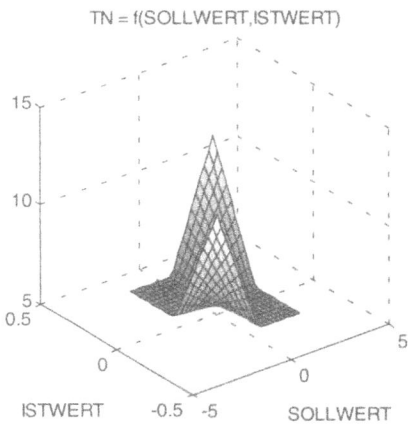

TN = f(SOLLWERT,ISTWERT)

Bild 4.6.37:
Kennfeld 2: $T_N = F_2[w(t), y(t)]$

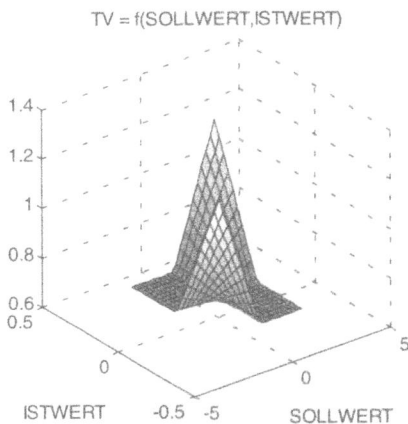

TV = f(SOLLWERT,ISTWERT)

Bild 4.6.38:
Kennfeld 3: $T_V = F_3[w(t), y(t)]$

Die zugrundeliegende Idee läßt sich bei nahezu jeder Art von Nichtlinearität einsetzen. Stets muß nur die erste Stufe des Regelwerkes geändert werden, d. h. die Erkennung der Prozeßsituation. Bei komplizierten Nichtlinearitäten ist eine größere Anzahl von Fuzzy Attributen für den Soll- bzw. Istwert zu empfehlen.

4.6.3.2   Ein fuzzyadaptierter PID-Regler für Prozesse mit zeitvarianter Totzeit

Eine ähnliche Strategie zur Adaption wie bei nichtlinearen Prozessen kann auch die Regelung von Prozessen mit komplizierter dynamischer Struktur verbessern. Die entscheidenden Merkmale für die Parametervariation sind dabei dynamischer Natur. Als Merkmale sollen hier die Regelabweichung (E) und deren Ableitung bzw. erste Differenz (DE) verwendet werden.

Als Beispiel für ein nichttriviales dynamisches Verhalten soll hier eine zeitvariante Totzeit dienen. Der lineare PID-Regler kann für diesen Fall nicht zufriedenstellend parametriert werden.

Der verwendete lineare Totzeitprozeß hat die Übertragungsgleichung entsprechend Gl. (4.6.15). Es gilt:

$$G(s) = \frac{e^{T_{TOT}}}{(1 + 3s)^2 \cdot (1 + 1s)} \; ; \; 0 \le T_{TOT} \le 10s \qquad (4.6.15)$$

Die Sprungantwort des Systems für eine Totzeit von 5 Sekunden ist im Bild 4.6.39 gezeigt. Die Tastperiode für die gesamte Regeleinrichtung (Fuzzy Adapter und PID-Regler) wird zu einer Sekunde gewählt.

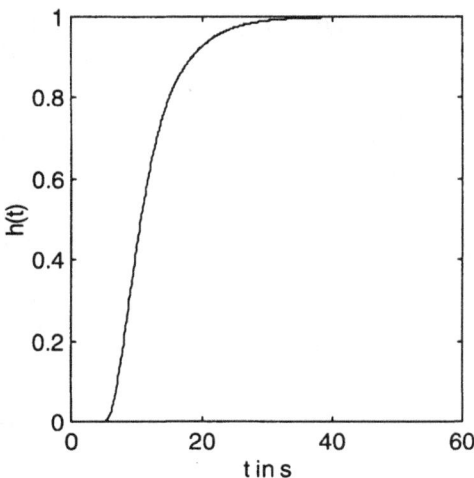

Bild 4.6.39:
Sprungantwort des Systems

Da a priori keine Adaptionsregeln bekannt sind, müssen diese mittels *SOF-CON* erlernt werden. Dazu wird für jede relevante Situation eine Regel aufgestellt und jedem Ausgang für jede der möglichen Situationen je ein Attribut zugeordnet. Über die Optimierung werden die Singletons der Ausgangsattribute an die optimale Position bewegt, was einem Erlernen von Regeln entspricht. Liefert die Optimierung als Ergebnis Singletons gleicher Lage, so können sie zu einem Singleton (Attribut) zusammengefaßt werden. Das verwendete Regelwerk ist wiederum zweistufig. In der ersten Stufe wird die linguistische Zwischenvariable *SITU* (Situation) in die mit Bild 4.6.40 veranschaulichten Situationsklassen eingeteilt. Dazu dienen die im folgenden genannten Regeln.

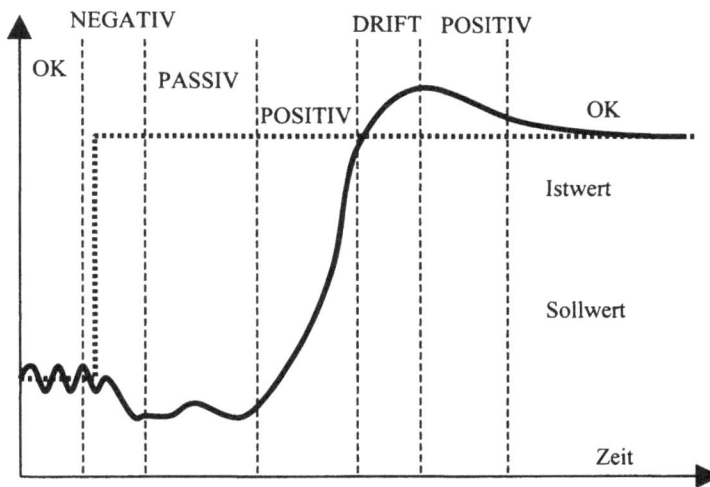

Bild 4.6.40: Situationsklassen während eines Führungsübergangs

Das Regelwerk der ersten Stufe ergibt sich entsprechend Tafel 4.6.4.
In der zweiten Stufe des Regelwerkes werden die linguistischen Attribute der Reglerparameter bestimmt. Jedes Situationsattribut besitzt ein entsprechendes gleichnamiges Attribut in den Parametern. Die zweite Stufe des Regelwerkes realisiert ein einfaches Kopieren der Zugehörigkeiten (Tafel 4.6.5).

Tafel 4.6.4: Regelwerk zur Situationserkennung (erste Stufe)

Istwert ist vom Sollwert entfernt und entfernt sich noch weiter.
IF (E =N) AND (DE =N) THEN SITU :=NEGATIV ;
IF (E =P) AND (DE =P) THEN SITU :=NEGATIV ;
Istwert ist ungefähr gleich dem Sollwert, alles OK.
IF (E =Z) AND (DE =Z) THEN SITU :=OK ;
Die Regelabweichung ist zwar nahe Null, aber der Prozeß "driftet" ab.
IF (E =Z) AND (DE =P) THEN SITU :=DRIFT ;
IF (E =Z) AND (DE =N) THEN SITU :=DRIFT ;
Die vorhandene Regelab-weichung wird gerade beseitigt.
IF (E =N) AND (DE =P) THEN SITU :=POSITIV ;
IF (E =P) AND (DE =N) THEN SITU :=POSITIV ;
IF (E =N) AND (DE =Z) THEN SITU :=PASSIV ;
Die vorhandene Regelab-weichung bleibt bestehen. Es passiert nichts.
IF (E =P) AND (DE =Z) THEN SITU :=PASSIV ;

Dabei bedeuten die Attribute:

N	negativer Wert
Z	Wert etwa Null
P	positiver Wert
NEGATIV	Regalabweichung wird (noch) größer.
OK	Regalabweichung ist etwa beseitigt.
DRIFT	Regelabweichung entsteht.
POSITIV	Regelabweichung wird beseitigt.
PASSIV	Regelabweichung bleibt erhalten.

Tafel 4.6.5: Reglerbemessung (zweite Stufe des Regelwerks)

IF (SITU =NEGATIV)	**THEN KP :=NEGATIV ;**
IF (SITU =NEGATIV)	**THEN TN :=NEGATIV ;**
IF (SITU =NEGATIV)	**THEN TV :=NEGATIV ;**
IF (SITU =POSITIV)	**THEN KP :=POSITIV ;**
IF (SITU =POSITIV)	**THEN TN :=POSITIV ;**
IF (SITU =POSITIV)	**THEN TV :=POSITIV ;**
IF (SITU =OK)	**THEN KP :=OK ;**
IF (SITU =OK)	**THEN TN :=OK ;**
IF (SITU =OK)	**THEN TV :=OK ;**
IF (SITU =DRIFT)	**THEN KP :=DRIFT ;**
IF (SITU =DRIFT)	**THEN TN :=DRIFT ;**
IF (SITU =DRIFT)	**THEN TV :=DRIFT ;**
IF (SITU =PASSIV)	**THEN KP :=PASSIV ;**
IF (SITU =PASSIV)	**THEN TN :=PASSIV ;**
IF (SITU =PASSIV)	**THEN TV :=PASSIV ;**

Mit der Annahme, daß das Evolutionsverfahren das globale Optimum für die Zugehörigkeitsfunktionen findet, reicht als Starteinstellung für die Optimierung eine leicht zu findende stabile Reglereinstellung aus. Dabei werden die Zugehörigkeitsfunktionen für die Merkmale über das Skalierungsintervall [-1, 1] gelegt und die Singletons für die Parameterattribute gleichgesetzt und auf konventionell bemessene PID-Parameter gelegt. Damit hat der Regelalgorithmus exakt das gleiche Verhalten wie ein konventioneller PID-Regler, der für diesen Totzeitprozeß entworfen wurde.

Als Gütekriterium wurde nahezu das gleiche Funktional wie im vorhergehenden Beispiel verwendet. Die Totzeitregelstrecke ist zwar ein linearer Prozeß, durch den Fuzzy Adapter und die Stellbegrenzungen des PID-Reglers ist der Kreis aber nichtlinear. Eine Erweiterung des Gütekriteriums durch die gewichtete Addition der Teilkriterien wurde hinsichtlich der Robustheit des zu entwerfenden Reglers vorgenommen. Auf diese Weise ist es möglich, das nichtlineare Gütekriterium, parallel auf mehrere Prozesse anzuwenden. Diese Vorgehensweise ist insbesondere bei der Anwendung des Verfahrens an Modellen realer Prozesse zu empfehlen. Da diese oftmals nicht mit ausreichender Genauigkeit modelliert werden können, gelingt durch den Parallelentwurf an mehreren Modellen dennoch ein robuster Reglerentwurf. Über die ξ_v kann die Glaubwürdigkeit der einzelnen Modelle im Entwurf berücksichtigt werden. Im genannten Beispiel wurden diese Parameter des Gütekriteriums entsprechend festgelegt. Es gilt:

$$P = 2$$

$$Q_1 \quad \textit{Güte ohne Totzeit} \quad T_{TOT} = 0s$$

$$Q_2 \quad \textit{Güte mit maximaler Totzeit} \quad T_{TOT} = 10s \qquad\qquad (4.6.16)$$

$$\xi_1 = \xi_2 = \frac{1}{2} \quad .$$

Verwendet wurde das im Bild 4.6.41 dargestellte Simulationsschema.

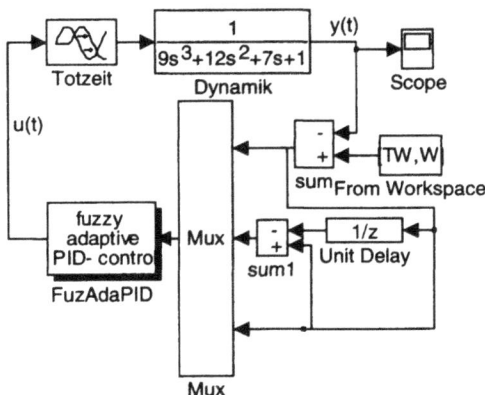

Bild 4.6.41:
Verwendetes Simulationsschema

Zu Beginn der Optimierung ergaben sich die im Bild 4.6.42 und im Bild
4.6.43 gezeigten Verläufe. Der verwendete quasi PID-Regler hat im wesentlichen ein aperiodisches Verhalten und liegt damit hinsichtlich der Stabilität
im sicheren Bereich. Diese Einstellung geht allerdings auf Kosten der Ein-
stellzeit.

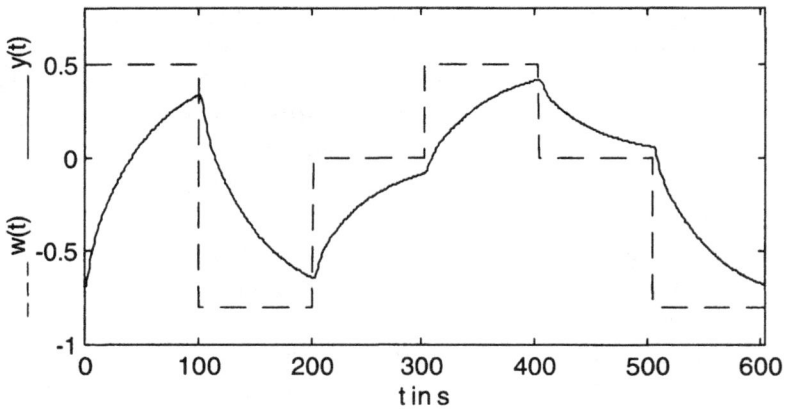

Bild 4.6.42: Regelverlauf für $T_{TOT} = 0s$ vor der Optimierung

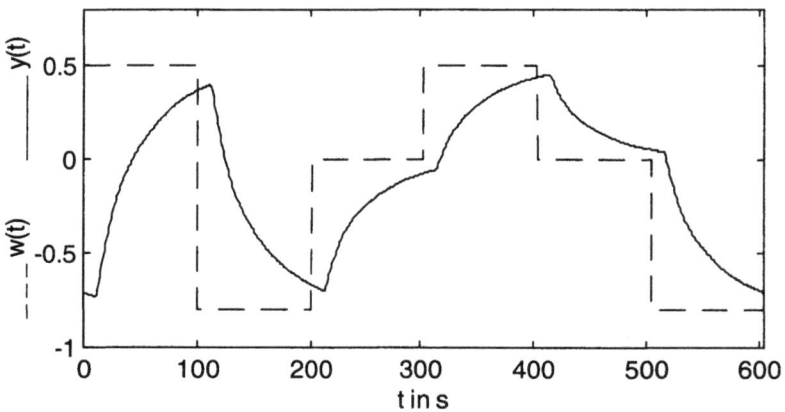

Bild 4.6.43: Regelverlauf vor der Optimierung für $T_{TOT} = 10s$

Die Optimierung erreicht neben der optimalen Festlegung der Gültigkeitsbereiche der Zugehörigkeitsfunktionen ein Erlernen sinnvoller Adaptionsregeln.

Die Bilder 4.6.44 und 4.6.45 zeigen den Regelverlauf nach der Optimierung.

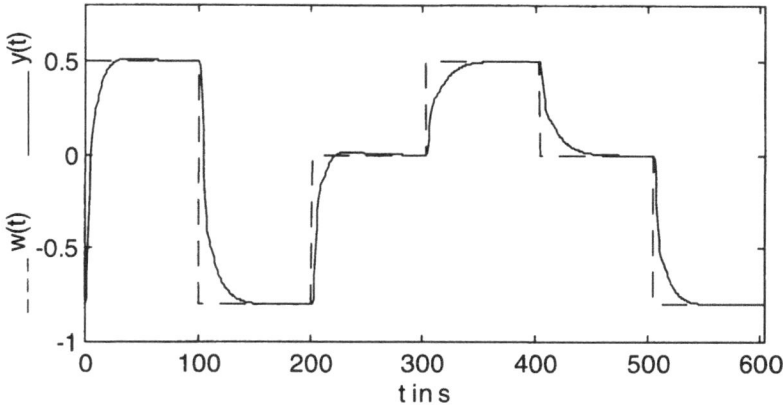

Bild 4.6.44: Regelverlauf nach der Optimierung für $T_{TOT} = 0s$

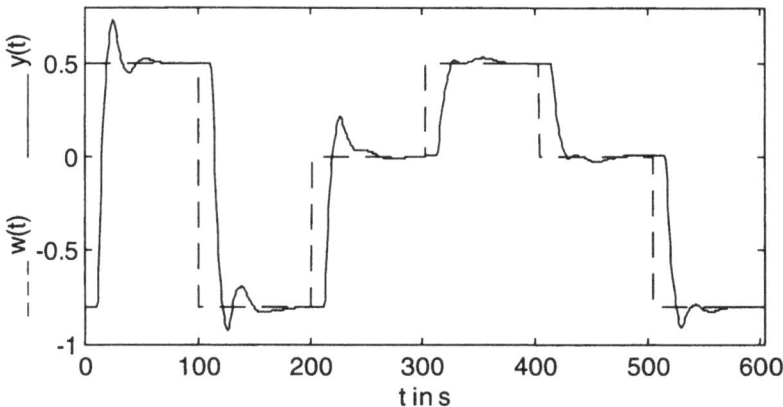

Bild 4.6.45: Regelverlauf nach der Optimierung für $T_{TOT} = 10s$

Das erreichte Reglerverhalten ist wesentlich besser als der Startzustand. Das Gütefunktional wurde auf ein Zwanzigstel des Ausgangswertes minimiert. Besonders interessant ist die erlernte Strategie zur Parameteradaption bei der Totzeitregelung. Diese soll anhand der Zugehörigkeitsfunktionen (Bild 4.6.46), der Position der Singletons und der Gestalt der Kennfelder (Bilder 4.6.47, 4.6.48, 4.6.49) des entworfenen Fuzzy Systems erläutert werden.

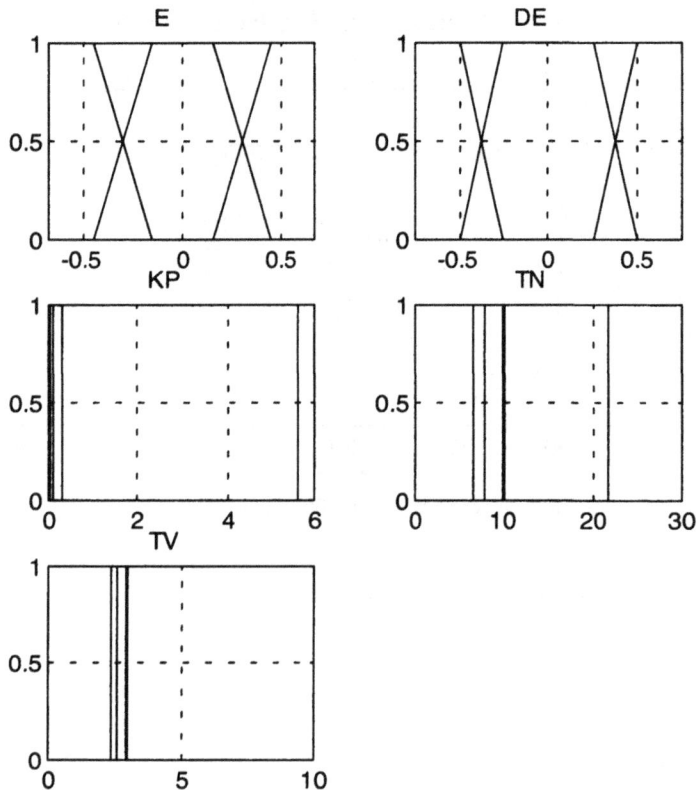

Bild 4.6.46: Ermittelte optimale Zugehörigkeitsfunktionen

Die ermittelten Zugehörigkeitsfunktionen für die Merkmale E und DE weisen deutliche scharfe Zugehörigkeitsbereiche zu den jeweiligen NULL-Termen auf. Die ermittelten Singletons sind nachfolgend in der Tafel 4.6.6 angegeben.

Tafel 4.6.6: "Erlernte" Werte für die Singletons

KP		TN		TV	
NEGATIV	= 0.29	NEGATIV	= 10.1	NEGATIV	= 2.38
POSITIV	= 0.05	POSITIV	= 7.94	POSITIV	= 2.94
DRIFT	= 5.63	DRIFT	= 10.0	DRIFT	= 3.00
OK	= 0.11	OK	= 6.63	OK	= 2.57
PASSIV	= 0.04	PASSIV	= 21.8	PASSIV	= 10.0

Die Bilder 4.6.47 bis 4.6.49 zeigen die sich ergebenden Kennfelder.

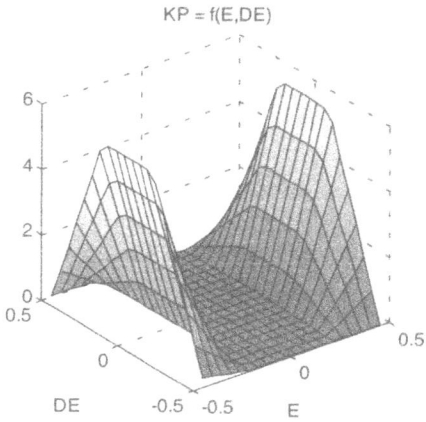

Bild 4.6.47:
Kennfeld 1:
$K_P = F_1(e(k), e(k)-e(k-1))$

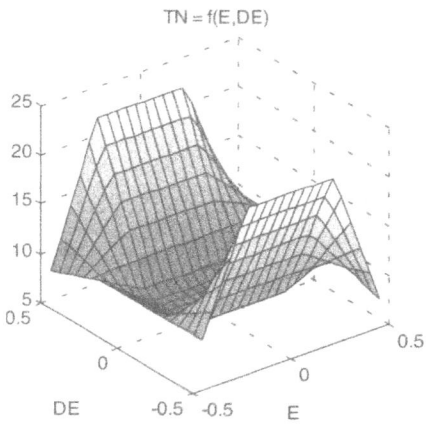

Bild 4.6.48:
Kennfeld 2:
$T_N = F_2(e(k), e(k)-e(k-1))$

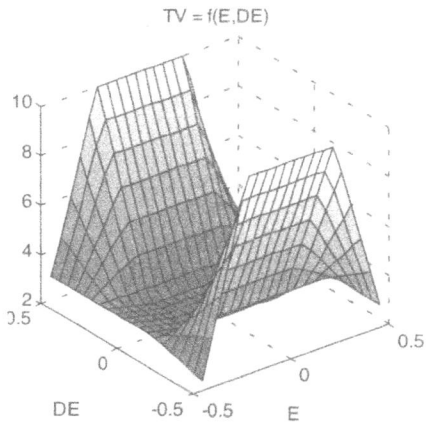

Bild 4.6.49:
Kennfeld 3:
$T_V = F_3(e(k), e(k)-e(k-1))$

Die erlernte Strategie läßt sich linguistisch so formulieren:
● Sich weiter vergrößernde, vorhandene Regelabweichungen (negative Situation) erfordern kleine K_P mittelgroße T_N und kleine T_V. Diese Einstellung entspricht etwa der robusten, wenn auch sehr langsamen Starteinstellung.
● Ist eine vorhandene Regelabweichung dabei beseitigt zu werden (positive Situation), dann verwende winzige K_P kleine T_N und kleine T_V. Der Regler wird quasi abgeschaltet, der Prozeß bewegt sich von allein in die richtige Richtung.
● Entsteht eine Regelabweichung, (der Prozeß driftet aus dem Sollwert) so stelle sehr große K_P, mittelgroße T_N und mittelgroße T_V ein, d. h. einen großen P-Anteil.
● Befindet sich der Prozeß im Sollwert (Situation OK) so verwende man kleine K_P, kleine T_N und große T_V. Der Regler wird im Sollwert fast als I-Regler geschaltet.
● Befindet sich der Prozeß außerhalb des Sollwertes und reagiert nicht auf die vorangegangenen Regleraktionen (Situation ist passiv), so wirkt die Totzeit und der Regler wird in dieser Phase mit winzigem K_P, sehr großen T_N und T_V gefahren. Auf diese Weise wird der I-Anteil nahezu unwirksam und führt deshalb nicht zu einer Phasenverschlechterung, zusätzlich zur Totzeit.

Abschließend soll gezeigt werden, daß obwohl man klassische PID-Regler genauso mittels *SOFCON* robust und optimal entwerfen kann, der vorgestellte Fuzzy Adapter ein wesentlich besseres Robustheitsverhalten bezüglich der Totzeitschwankungen aufweist. Zu diesem Zweck wurde ein PID-Regler nach dem gleichen Optimierungskriterium bestimmt (Bild 4.6.50 und Bild 4.6.51). Das Regelverhalten an den Grenzen der Totzeitschwankungen zeigt deutlich die mangelnde Eignung des nicht adaptierten PID-Reglers für die Regelung zeitvarianter Totzeitprozesse.

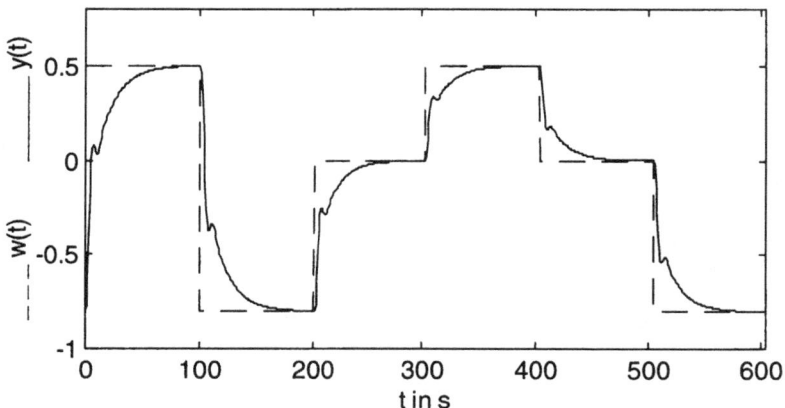

Bild 4.6.50: PID-Regler am Prozeß ohne Totzeit

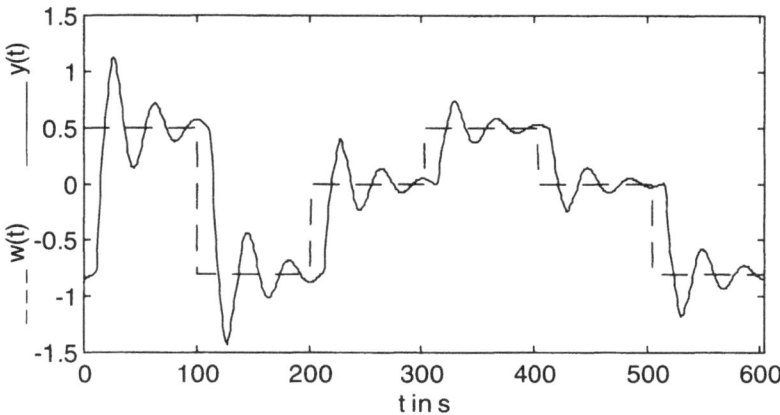

Bild 4.6.51: PID-Regler am Prozeß mit maximaler Totzeit

Die erlernte Strategie erweist sich als relativ robust gegen Totzeitschwankungen, während der klassische PID-Regler mit starker Kriechneigung bei kleiner bzw. Schwingneigung bei großer Totzeit reagiert.

4.6.4 Zusammenfassende Wertung

Das vorgestellte Entwurfsverfahren für Fuzzy Regelungen und Steuerungen stellt einen Versuch dar, die Lücke zwischen klassischer, analytischer Regelkreissynthese und heuristischem Fuzzy basiertem Entwurf zu schließen. Während die konventionellen Methoden einen gezielten Entwurf analytisch exakt ermöglichen, ist bisher kein vergleichbares Verfahren für den Entwurf von Fuzzy Regelungen gefunden worden. Ausgehend von der Theorie der nichtlinearen, zeitdiskreten Regelung wurde hier eine Strategie zur numerischen Dimensionierung von Regelkreisen, die Fuzzy Logik enthalten, vorgestellt. Ohne die Chance der Implementierung von Expertenwissen, nichtlinearen Adaptionsstrategien oder Entscheidungssystemen in mehreren Stufen zu vergeben, wurde der Fuzzy Regler zum nichtlinearen, zeitdiskreten, parametrischen Übertragungsglied reduziert. Die Formulierung geeigneter Gütekriterien und die Auswahl und Entwicklung leistungsstarker Suchverfahren komplettieren die neue Entwurfsmethodik.

Als wesentliches Ergebnis dieser Arbeit wurden sinnvolle Anwendungsfälle für die Fuzzy Regelungen/Steuerungen abgesteckt. Neben den bisher bekannten und publizierten unkompliziert zu entwerfenden und robusten Fuzzy PI- und PD-Reglern, eignet sich die Fuzzy Logik insbesondere für:

• die Umsetzung progressiver, nichtlinearer Reglerstrategien,
• die gesteuerte Adaption klassischer Regler an kritischen Prozessen, beispielsweise extrem nichtlineare oder zeitvariante Prozesse,
• die Gestaltung von hochdimensionalen Entscheidungssystemen.

Entsprechende Beispiele wurden hier dargestellt. Es hat sich gezeigt, daß die Gestaltung dieser gezielt nichtlinearen Reglerkonzepte ein numerisches Einstellverfahren erfordern. Dabei können zum einen diverse Kenngrößen der Regelgüte und des Stellaufwandes im Gütekriterium berücksichtigt werden, zum anderen werden die bisher im Fuzzy Entwurf unumgänlichen langwierigen, kostspieligen und gefährlichen Probierphasen vermieden. Ein weiterer wesentlicher Vorteil des optimalen Entwurfs besteht in der objektiven Bewertung der im Regelwerk umgesetzten Strategie. Eine optimale Einstellung der Zugehörigkeitsfunktionen, die nicht in der Lage ist, die geforderten Kenngrößen der Regelung/Steuerung einzuhalten, weist eindeutig auf ein ungeeignetes Regelwerk hin. Bei der "Trial and Error"-Methode sind solche definierten Aussagen unmöglich, so daß Probieren kaum zu vermeiden ist.

Das vorgestellte Konzept ist durchgängig von der Strukturfestlegung bis hin zur Implementierung des Systems auf einfacher Zielhardware. Die softwaretechnische Umsetzung in das **I**lmenauer **F**uzzy **T**ool (**IFT**) und die **I**lmenauer **F**uzzy **T**oolbox für Matlab®/Simulink™ (**IFTB**) hat das Verfahren kommerziell verfügbar gemacht. In einer Anzahl von Anwendungsfällen konnte der Nutzen von *SOFCON* für die Dimensionierung von Fuzzy Reglern nachgewiesen werden. Die vorgestellten progressiven und adaptiven Strukturen werden nicht die einzigen nichtlinearen Reglertypen bleiben, die mit *SOFCON* entworfen werden können. Nichtlineare Mehrgrößen- und Zustandsregler werden Gegenstand zukünftiger Untersuchungen sein. Damit verbunden ist die weitere Verbesserung der Evolutionsstrategien zur Fuzzy Optimierung, zur Behandlung hochdimensionalen Optimierungsprobleme. Auch die Weiterentwicklung der Software Tools stellt eine wichtige Vorraussetzung für die künftigen Untersuchungen dar. Inzwischen sind die ersten Projekte, in denen *SOFCON* zur Anwendung kam, abgeschlossen. Es hat sich gezeigt, daß der gezielte Entwurf von Fuzzy Regelungen und Steuerungen, trotz ungenauer Modelle auf diesem Weg wesentlich effizienter realisierbar ist als die übliche "Trial and Error"-Methode.

NU MACH MAL !

4.7 Anwendungen

Während der Entwicklungszeit des Entwurfsverfahrens für optimale Fuzzy Regelungen und Steuerungen wurden bereits einige Anwendungsfälle realisiert. Auf diese Weise konnten wichtige Impulse für die Weiterentwicklung des Bemessungsverfahrens direkt aus dessen praktischer Anwendung gewonnen werden.

Ausgehend von einer einfachen Sollwertvorgabe für eine Transportrobotersteuerung bis hin zur Regelung eines instabilen Propellerarmes hat sich das Verfahren *SOFCON* in der Praxis bewährt. Im Rahmen dieses Buches sollen drei Anwendungsfälle kurz vorgestellt werden. Neben dem wichtigen Aspekt der Modellbildung wird auch die Problematik der Implementierung auf der Zielhardware angesprochen.

4.7.1   Entwurf einer Motorsteuerung für optimale Fahrkennlinien eines Transportroboters

Diese Anwendung enstand in Zusammenarbeit mit einem großen deutschen Haushaltsgerätehersteller [LÜC 93]. Das Ziel bestand darin, die Zeit für einen häufig benötigten Bewegungsablauf eines Transportroboters in einem Hochregallager zu minimieren. Auf diese Weise sollte die Anzahl der möglichen Ein- und Auslagerungsvorgänge pro Tag vergrößert werden.

4.7.1.1   Prozeßbeschreibung

Die Aufgabe des Transportroboters in einem Hochregallager besteht in der Bewegung des Lagergutes zwischen dem Warenein- und -ausgang und dem Einlagerungskanal. Bei Erreichen des Einlagerungskanals wird einzulagerndes Gut an einen in diesem Kanal stehenden Palettenzug angehängt und in den Kanal geschoben, bzw. auszulagerndes Gut aus dem Kanal gezogen und vom Palettenzug abgehängt. Diese Zug- bzw. Schiebebewegung wird von einem Spindelantrieb des Roboters ausgeführt.

An die Bewegung werden folgende Forderungen gestellt:
- Dauer des Transportvorgangs so kurz wie möglich, um Zeit zu sparen,
- Vermeidung zu hoher und ruckartiger Beschleunigungen, da sonst die aus Kunststoff gefertigten Kupplungen der Rollpaletten zerreißen, bzw. das Lagergut von diesen fallen könnte,
- Sicheres Bewegen von Palettenzügen aller Längen (1 - 43 Paletten).

Bis zur Projektbearbeitung diente dazu eine Robotersteuerung (Fa. Siemens), die eine robuste Fahrkurve für einen kontinuierlich PI-geregelten Antrieb vorgab. Diese Fahrkurve eignete sich sehr gut für lange Züge, vergab aber viel Zeit beim Transport kurzer Züge.

Diese allgemeine Struktur eines Sollwertgenerators für eine unterlagerte
Regelung (vgl. Bild 2.1.3) sollte beibehalten werden. Um eine effizientere
Steuerung zu finden wurde eine qualitative Analyse des Prozesses durch-
geführt.
Die Anordnung des Hochregallagers mit Transportroboter ist im Bild 4.7.1
schematisch dargestellt.

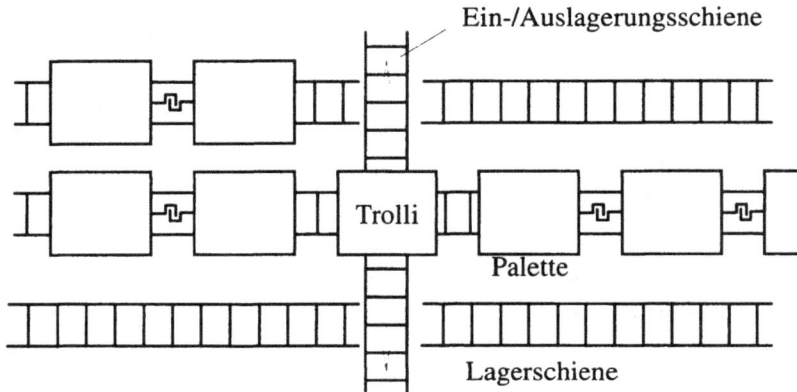

Bild 4.7.1: Schema des Aufgabengebietes vom Transportroboter Trolli

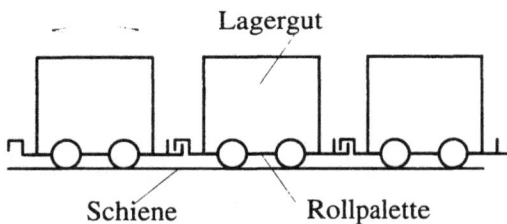

Bild 4.7.2:
Prinzipskizze eines
Rollpalettenzuges zur
Modellbildung

Im Bild 4.7.2 ist zu erkennen, daß drei wesentliche Effekte bei der Modellierung berücksichtigt werden mußten:
- die tote Zone, verursacht durch die Lose der Kupplungen (abhängig
  von der Zuglänge),
- die Reibung der Räder auf der Schiene (abhängig von der Anzahl der
  Räder und damit vom Gewicht des Transportgutes),
- die Verzögerung, verursacht durch die Masse des zu beschleunigenden
  Gutes (abhängig von der Gesamtmasse des Zuges und damit auch von
  der Zuglänge).
Aus der Betrachtung dieser drei Effekte entstand das im Bild 4.7.3 gezeigte
Modell für den Transportzug.

Bild 4.7.3:
Modell des Rollpalettenzuges

4.7.1.2 Entwurf der Fuzzy Steuerung

Ziel des Entwurfes war eine Steuerung mit unterlagertem Regelkreises in Abhängigkeit von der Zuglänge und der aktuellen Position. Die Struktur der offenen Steuerung war deshalb geeignet, weil die zu fahrende Strecke stets gleich groß, nämlich eine Palettenlänge war. Die aktuelle Zuglänge wurde als Information ohnehin durch das Fahrauftragstelegramm des Zentralrechners bereitgestellt. Damit ergab sich die im Bild 4.7.4 gezeigte Struktur für die zu entwerfende Steuerung.

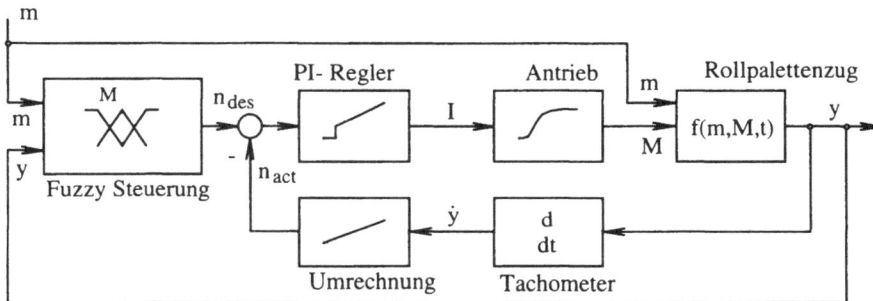

Bild 4.7.4: Struktur der entworfenen Fuzzy Steuerung

Die Bedeutung der Symbole ist folgende:

m	Anzahl der Wagen;	I	Motorstrom
M	Motormoment;	y	Position
n_{des} ...	Solldrehzahl	n_{act}	Istdrehzahl

Die Steuerung wurde anhand des vorgestellten parametrischen Fuzzy Konzeptes entworfen und berücksichtigt die aktuell gefahrene Strecke und die Zuglänge. In einem Regelwerk werden demzufolge Fahrkurven für kurze, mittlere, lange und sehr lange Züge linguistisch beschrieben, indem für die jeweilige aktuelle Position eine geeignete Solldrehzahl des Antriebes hinterlegt ist. Durch die Variation der Fahrkurven in Abhängigkeit von der Zuglänge wurden folgende Ergebnisse erzielt (Bilder 4.7.5 und 4.7.6). Hierbei wurden die Kraft an der ersten Anhängekupplung und die Istdrehzahl der Antriebsspindel über der Transportzeit dargestellt.

Während für kurze Züge stark beschleunigt und abgebremst wird um eine maximale Dauer der Höchstgeschwindigkeitsfahrt zu erreichen, zeigt der Verlauf der Fahrkurve für sehr lange Züge andere Prioritäten.

Bei den sehr langen Zügen wurde folgende Strategie für der Fahrkurve im Fuzzy System hinterlegt:

● Zu Beginn müssen die Lose der Wagenkupplungen vorsichtig auseinandergezogen werden, um ein Rucken des Zuges oder ein Zerreißen der Kupplungen zu vermeiden,

● Anschließend wird sanft beschleunigt, so daß die Zugkraft an der am stärksten belasteten Kupplung einen Grenzwert nicht übersteigt,

● Nachdem die Höchstgeschwindigkeit erreicht ist, wird diese gehalten.

● Der Bremsvorgang wird frühzeitig eingeleitet und ähnlich sanft, wie auch der Anfahrprozeß, gestaltet.

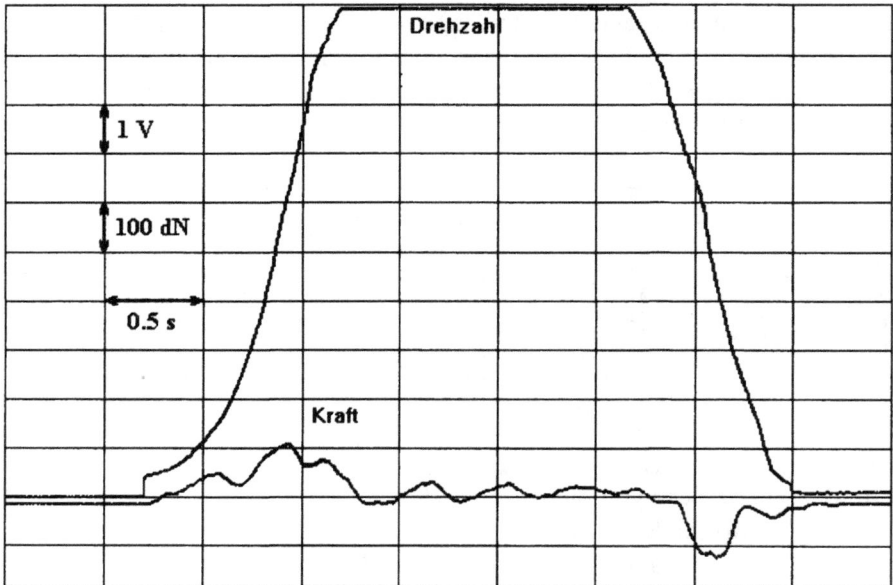

Bild 4.7.5: Realer Fahrverlauf für einen kurzen Zug (2 ... 10 Wagen)

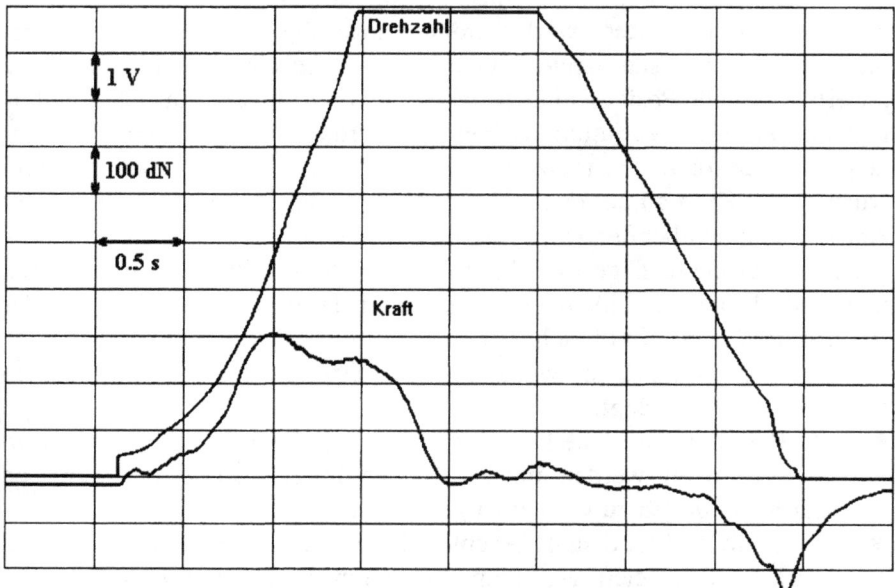

Bild 4.7.6: Realer Fahrverlauf für einen sehr langen Zug (bis 43 Wagen)

Die Variation der Strategien für die Fahrkurven ermöglicht der Fuzzy Steuerung im Durchschnitt bedeutend kürzere Transportzeiten als eine konventionelle Roboterachsensteuerung. Eine solche arbeitet zwar robust erreicht aber nicht die kurzen Transportzeiten der Fuzzy Steuerung, da sie unabhängig von der Zuglänge arbeitet.

Die Zugehörigkeitsfunktionen für das so entstandene Regelwerk wurden durch Optimierung der Parameter eingestellt, wobei insbesondere der gezielte statische Entwurf von Nutzen war.

Die im Regelwerk (Tafel 4.7.1) verwendeten Fuzzy Sets für Wagenanzahl und gefahrene Strecke haben die folgende Gestalt (Bild 4.7.7).

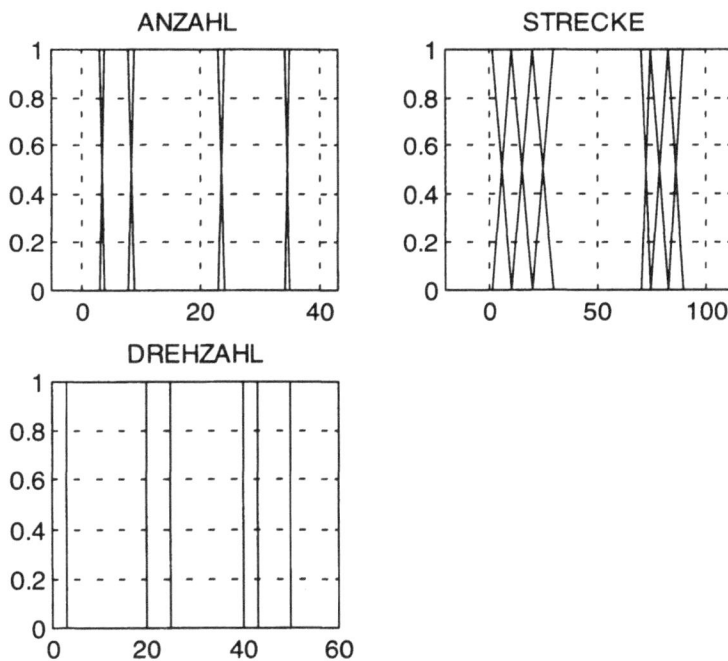

Bild 4.7.7: Zugehörigkeitsfunktionen der Fuzzy Steuerung

Tafel 4.7.1: Auszug aus dem Regelwerk der Fuzzy Steuerung

```
IF (STRECKE =ENDE)                    THEN DREHZAHL:=NULL ;
IF (STRECKE =MITTE)                   THEN DREHZAHL:=MAX ;
IF (ANZAHL =SEHRWENI) AND NOT(STRECKE =ENDE)
                                      THEN DREHZAHL:=MAX ;
IF (ANZAHL =WENIG) AND (STRECKE =SEHRNAH)
                                      THEN DREHZAHL:=MIN ;
IF (ANZAHL =VIEL) AND (STRECKE =SEHRNAH)
                                      THEN DREHZAHL:=MIN ;
IF (ANZAHL =WENIG) AND (STRECKE =GANZNAH)
                                      THEN DREHZAHL:=MAX ;
IF (ANZAHL =VIEL) AND (STRECKE =GANZNAH)
                                      THEN DREHZAHL:=MITTEL ;
IF (ANZAHL =WENIG) AND (STRECKE =NAH)
                                      THEN DREHZAHL:=MAX ;
IF (ANZAHL =WENIG) AND (STRECKE =WEIT)
                                      THEN DREHZAHL:=MAX ;
IF (ANZAHL =EINIGE) AND (STRECKE =WEIT)
                                      THEN DREHZAHL:=MAX ;
IF (ANZAHL =WENIG) AND (STRECKE =SEHRWEIT)
                                      THEN DREHZAHL:=MAX ;
IF (ANZAHL =SEHRVIEL) AND (STRECKE =SEHRWEIT)
                                      THEN DREHZAHL:=LANGSAM
```

Das sich ergebende Kennfeld (Bild 4.7.8) läßt deutlich die in Abhängigkeit von der Zuglänge variierten Trajektorien erkennen.

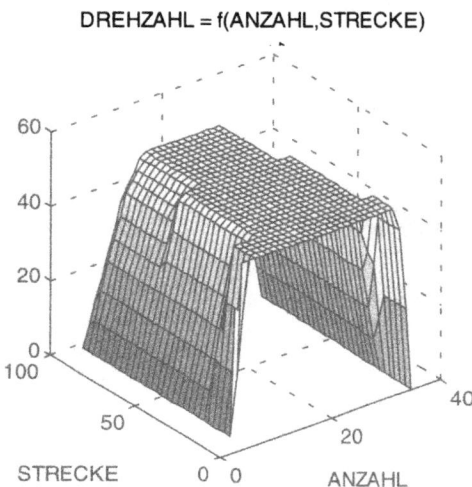

Bild 4.7.8:
Kennfeld der Fuzzy Steuerung

Die Roboterachsensteuerung konnte aufgrund nur einer hinterlegten
Trajektorie lediglich das im Bild 4.7.9 dargestellte Fahrverhalten erzeugen.

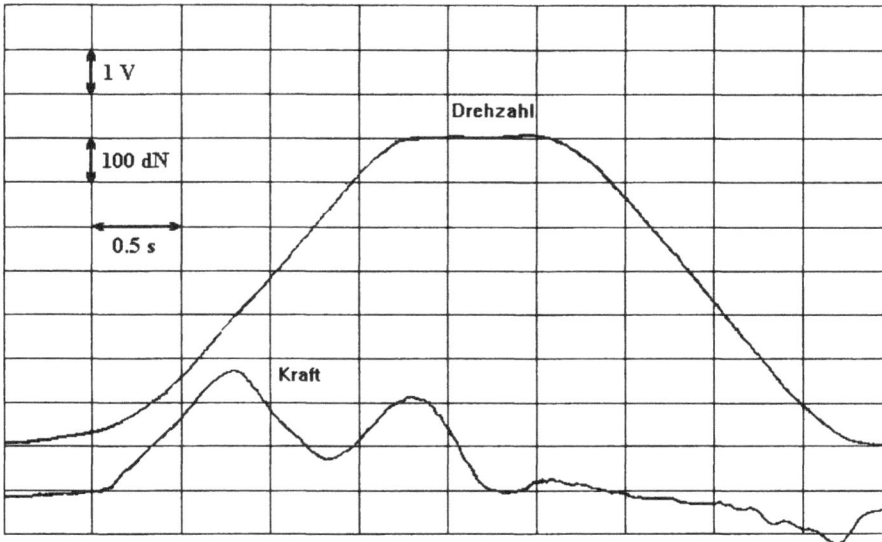

Bild 4.7.9: Realer Fahrverlauf der konventionellen Robotersteuerung

4.7.2 Entwurf einer optimalen fuzzygesteuert adaptierten PID-Regelung eines instabilen mechatronischen Systems (Instabiler Propellerarm)

Zur Demonstration nichttrivialer regelungstechnischer Aufgabenstellungen
wurde das instabile mechatronische System "Propellerarm" am Fachgebiet
entwickelt und hergestellt. Eine Prinzipskizze ist im Bild 4.7.18 ersichtlich.

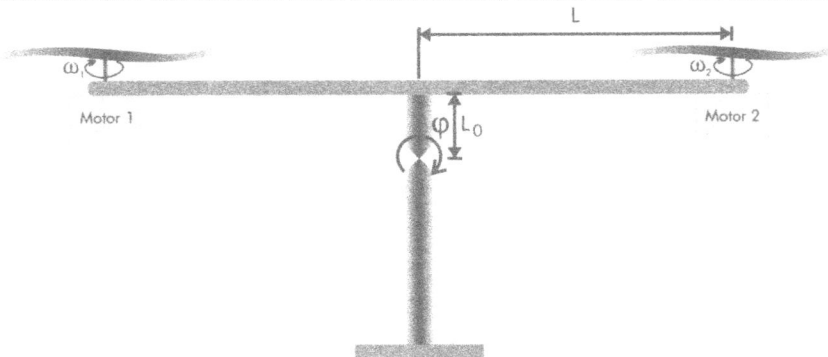

Bild 4.7.10: Skizze des Propellerarmes

Die Aufgabe der Regelung besteht darin, den Propellerarm in jedem beliebigen Anstellwinkel$\leq \pm 50°$ zu balancieren, bzw. schnell und schwingungsarm
in den nächsten Sollwinkel umzusteuern.

Als Stellgröße wird die Drehzahldifferenz der beiden Luftschrauben verwendet. Hierbei wird die Stellgröße in das Intervall ± 100 % skaliert. Dabei bedeutet:

u = -100 %   Motor 2 volle Drehzahl, Motor 1 Stillstand,

u = 100 %   Motor 1 volle Drehzahl, Motor 2 Stillstand.

Der Winkel wird über den Spannungsabfall eines Potentiometers gemessen.

4.7.2.1 Die Modellbildung

Die Modellbildung wurde zunächst auf mathematischem Wege, zur Bestimmung der konkreten Parameter dann aber am realen Prozeß vorgenommen. So wurden die Motorspannung/Kraft Kennlinien per Messung aufgenommen, die Masse der einzelnen Elemente des Propellerarms bestimmt und das Masseträgheitsmoment ermittelt. Außerdem wurden die Abmessungen des Versuchsaufbaues bestimmt.

Die mathematische Modellbildung führte zu einem ähnlichen Modell wie dem des Roboterarmes. Wiederum handelt es sich um einen Doppelintegrator mit zwei nichtlinearen Rückführungen. Der Anstellwinkel, der die Wirkung des Eigengewichtsmomentes des Armes beeinflußt, wird über eine Sinusfunktion auf den Integratoreingang zurückgeführt. Die Reibung wirkt mit der Winkelgeschwindigkeit zurück.

Dieses Modell wurde in eine blockorientierte Simulation unter Simulink gebracht (Bild 4.7.11). Als Gütefunktional wurde das in der Gl. (2.1.19) vorgeschlagene modifizierte Integralkriterium verwendet, wobei ein vollständiger Kompromiß für drei Sollwertniveaus angestrebt wurde.

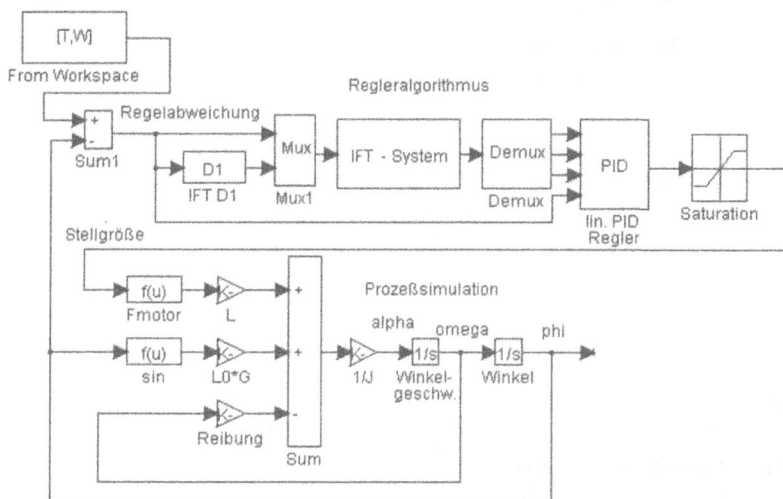

Bild 4.7.11: Simulationsschema für den Propellerarm unter Simulink

4.7.2.2 Das Gütekriterium

Das Gütekriterium umfaßt eine vollständige Sequenz von Sollwertübergängen auf verschiedene Niveaus im Arbeitsbereich der Regelung. So wurden hier als Sollwerte -40°, 0° und 20° als einzustellende Winkel ausgewählt. Alle drei Sollwerte werden gleich gewichtet. Die gewünschte Reglereinstellung soll Regelfläche und Stellaufwand mit dem gleichen Gewicht minimieren.

4.7.2.3 Zur Auswahl einer geeigneten Reglerstruktur

Um eine bestmögliche Regelgüte zu erzielen, wurde der bereits vorgestellte fuzzyadaptierte PID- Regler für Prozesse mit nichttrivialer Dynamik ausgewählt. Die Dynamik des Systems ist deshalb nicht trivial, weil der Anregelvorgang eine andere Reglercharakteristik erfordert als der Ausregelvorgang. So muß zur Beseitigung einer positiven Regelabweichung der Regelvorgang mit einer positiven Stellgröße begonnen werden. Soll aber ein positiver Winkel eingestellt werden, so ist eine negative Stellgröße dazu erforderlich. Aufgrund dieser, durch das nichtlinearen Glied in den Rückführung des Winkels hervorgerufenen Dynamik, gelingt es nur sehr schlecht, dieses System mit einem linearen PID-Regler zu regeln. Der im Kapitel 4.6.3.2 vorgestellte Fuzzy Adapter für nichttriviale Dynamik, ermöglichte auch hier eine deutliche Verbesserung der Eigenschaften des PID-Reglers.

Zu Beginn der Optimierung wurden sämtliche Singletons für die Reglerparameter auf vorab bestimmte, geeignete PID-Parameter gelegt. Aufgabe des Bemessungsverfahrens war es damit, neben den optimalen Zugehörigkeitsfunktionen auch die optimalen Adaptionsregeln zu bestimmen. Der Simulationsverlauf ist im Bild 4.7.12 dargestellt.

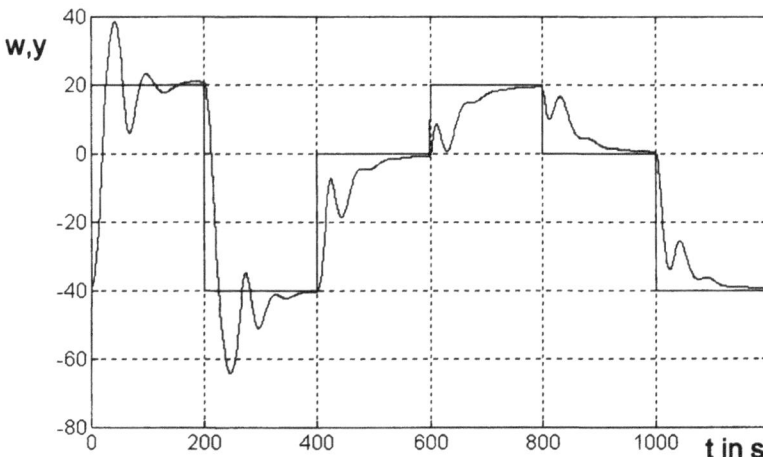

Bild 4.7.12: Simulation zur Berechnung des Gütekriteriums zu Beginn der Optimierung

Der lineare PID-Regler kann nicht alle Arbeitspunkte dieses nichtlinearen Systems befriedigend einregeln.

Zu Beachten ist, daß bei einem Winkel ca. 55° das reale System ohnehin an seine mechanischen Anschläge stößt, so daß die Forderung des Ausbalancierens von Sollwertänderungen vom PID-Regler überhaupt nicht erfüllt wird.

4.7.2.4 Die Ergebnisse der Optimierung

Das Optimum wurde mit Hilfe der Evolutionsstrategie bestimmt. Die optimalen Zugehörigkeitsfunktionen zeigt Bild 4.7.13.

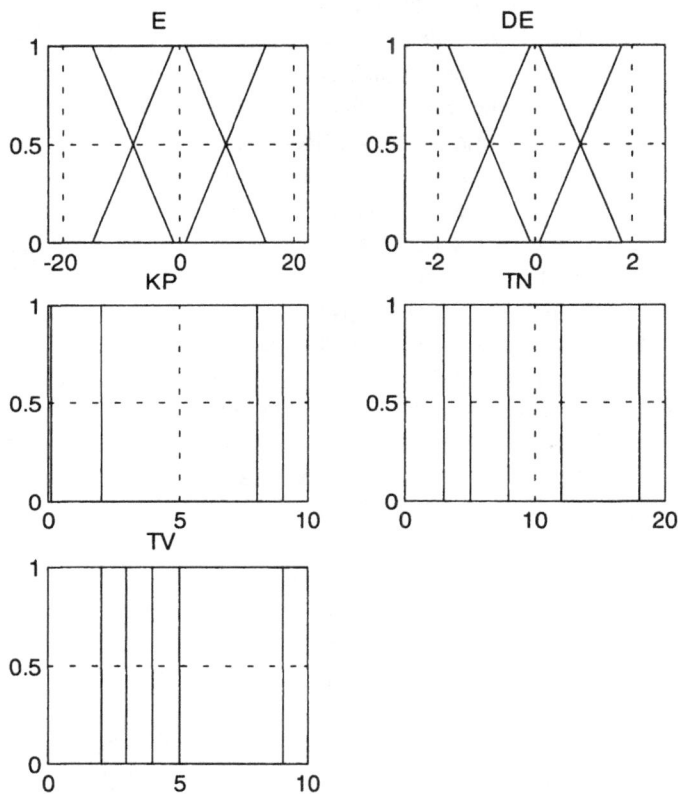

Bild 4.7.13: Zugehörigkeitsfunktionen im Optimum

Die optimalen Kennfelder für die Parameteradaption für die Parameter K_P, T_V und T_D sind in den Bilder 4.7.14 bis 4.7.16 dargestellt.

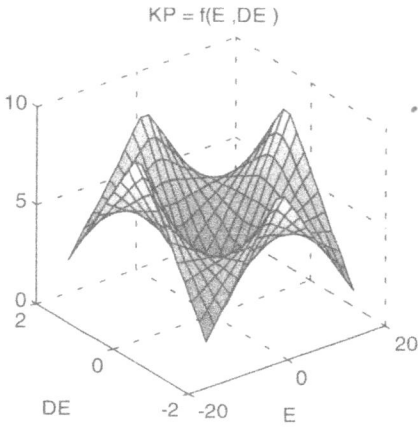

Bild 4.7.14:
Optimales Kennfeld für die
Adaption von K_P

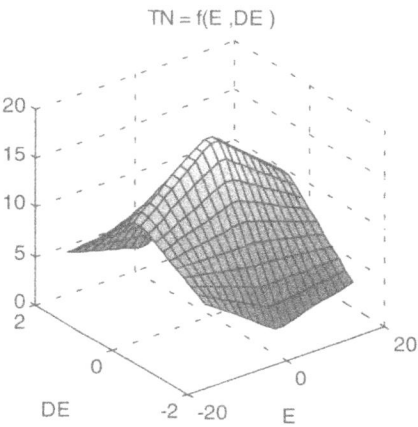

Bild 4.7.15:
Optimales Kennfeld für die
Adaption von T_N

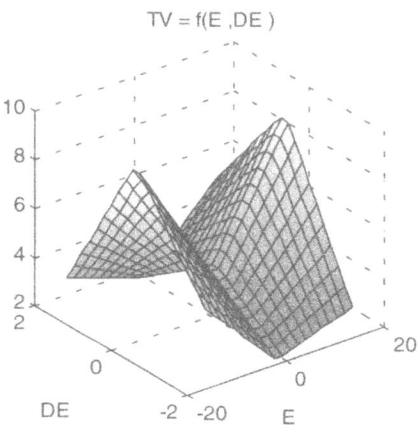

Bild 4.7.16:
Optimales Kennfeld für die
Adaption von T_V

Der optimal bemessene fuzzygesteuert adaptierte PID-Regler erreichte wesentlich bessere Ergebnisse bei der Regelung des Propellerarmes als der lineare PID-Regler (Bild 4.7.17).

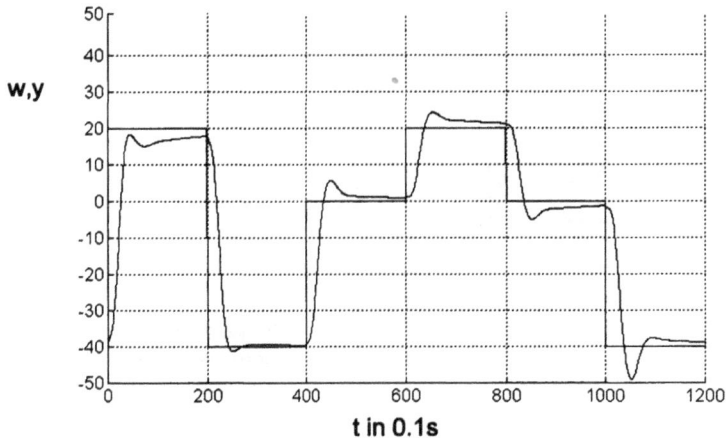

Bild 4.7.17: Regelung mit dem optimal bemessenen fuzzyadaptierten PID-Regler

Implementierung auf der Zielhardware. Das auf diesem Wege ermittelte optimale Fuzzy System wurde vom Ilmenauer Fuzzy Tool als Funktionsbaustein für eine SPS AEG A120 exportiert. Die Ergebnisse der Regelung am realen Prozeß entsprechen nicht genau denen aus der Simulation, da das System verschiedenartigsten Störungen ausgesetzt ist. Allerdings werden auch am Prozeß selbst deutlich bessere Ergebnisse erzielt, als mit einem einfachen PID-Regler.

Demoversion des Ilmenauer Fuzzy Tools IFT
auf Server kostenlos abrufbar.
Informationen unter
http://www.systemtechnik.tu-ilmenau.de/fg_sa/ift.ftml
http://www.oldenbourg.de/rot/rot-hp.htm

4.8 Das Ilmenauer Fuzzy Tool und die Fuzzy Control Design Toolbox für Matlab®

Da die momentan komerziell verfügbaren Softwaretools den Anforderungen an das Verfahren *SOFCON* nicht entsprechen, waren Eigenentwicklungen notwendig. Auf diese Weise konnten die im Kapitel 4.2.1 gezeigten Einschränkungen der von den verfügbaren Fuzzy Tools unterstützten, weitgehend allgemeinen Fuzzy Logik, zugunsten eines speziellen, parametrierbaren Konzeptes vorgenommen werden.

Die Implementierung der Strategie als Ilmenauer Fuzzy Tool (IFT) beinhaltet folgende wesentliche Grundelemente:

- Fuzzy Editor und Dateiverwaltung (entsprechend dem vorgestellten parametrischen Konzept),
- Berechnung des Ein-/Ausgangsverhaltens der Fuzzy Systeme (Debugger, Kennlinien- und Kennfelderdarstellung),
- Simulation und Optimierung der Fuzzy Systeme innerhalb der Regelung/Steuerung an Prozeßmodellen,
- vielseitige Möglichkeiten zur Implementation auf der Zielhardware (Exportmodul).

Die Erstellung des Editier- und Debugmoduls sowie der Exportroutinen ist zwingend notwendig, da nur so das parametrische Konzept konsequent umgesetzt werden kann. Die Programmierung eines umfangreichen Simulationsmoduls wäre dagegen ein zu hoher Aufwand, da hier bereits komfortable Softwarewerkzeuge verfügbar sind. Deshalb wurden parallel zwei Wege beschritten.

Zum Editieren, Debuggen und Exportieren erstellter Fuzzy Systeme wurde das Ilmenauer Fuzzy Tool (IFT) entwickelt. Die notwendige Rechnerbasis, ein IBM-kompatibler PC unter MS-DOS, wurde bewußt sehr niedrig angesetzt, da auf diese Weise eine Arbeit mittels der in der Automatisierungstechnik üblichen Programmiergeräte (IBM kompatibler Laptop) vor Ort möglich ist. Das Simulations- und Optimierungsmodul des **IFT** ist deswegen sehr einfach gehalten.

Die Ilmenauer Fuzzy Toolbox für Matlab®/Simulink™ (IFTB) nutzt die komfortable und leistungsfähige Simulationssoftware Simulink und bietet damit die Möglichkeit zum optimalen Entwurf an großen und strukturierten Simulationsmodellen.

4.8.1 Das Ilmenauer Fuzzy Tool (IFT)

Zur Umsetzung dieses regelungstechnischen Entwurfskonzeptes für Fuzzy Steuerungen und Regelungen wurde 1992 an der TU Ilmenau mit der Entwicklung des **IFT** begonnen.

Die im **IFT** enthaltenen üblichen Softwaremodule eines Fuzzy Tools, wie Editor, Debugger (oft fälschlich als Simulation bezeichnet) sollen an dieser Stelle nicht näher betrachtet werden. Es sei lediglich auf den Vorteil des parametrischen Fuzzy Konzeptes schon beim Editieren verwiesen. Die minimale Parameteranzahl bedingt auch ein Minimum an Editieraufwand bei der Eingabe der Zugehörigkeitsfunktionen. Ebenso stellt die Regeleingabe im Textmodus ein wesentlich transparenteres Vorgehen als das Ausfüllen diverser Regeltabellen bzw. -matrizen dar. Auf diese Weise ist die absichtliche Eingabe der z. T. widersprüchlichen Regeln zugunsten kurzer, effektiver und selbstdokumentierender Regelwerke möglich.

4.8.1.1 Das Simulationsmodul

Das Simulationsmodul besteht aus Editoren für den Prozeß und den Regler. Die verwendeten Modelle sind Differenzengleichungen bis zu fünfter Ordnung, die mit einer nichtlinearen Kennlinie (Polynom oder Polygonzug) verbunden werden (Bild 4.8.1).

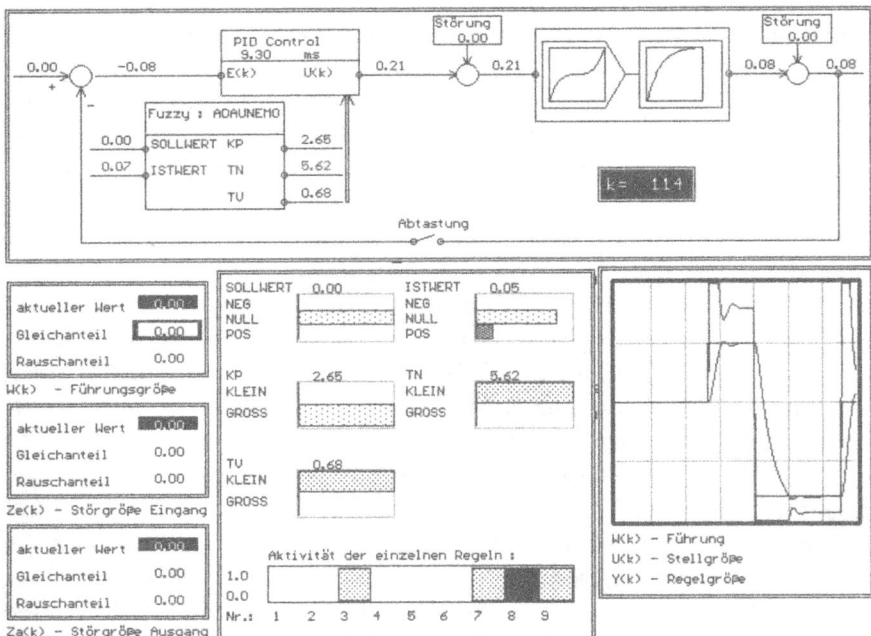

Bild 4.8.1: Simulation unter IFT

In Modell- und Reglerbanken sind typische Strukturen enthalten und selbst editierte Modelle können abgespeichert werden. Beim Prozeßverhalten sind nichtlineare statische Kennlinien (Sättigung, Totzone usw.) und lineare dynamische Übertragungseigenschaften (Trägheits-, Totzeit-, Integrales Verhalten usw.) als Beispiele parametrisch hinterlegt. Das gleiche gilt für die

Reglertypen. Neben dem klassischen zeitdiskreten PID-Regler können Fuzzy Regler und fuzzy- adaptiv gesteuerte PID-Regler vorgegeben werden. Das Editieren von neuen Prozessen ist jederzeit möglich. Die Teilmodelle sind in Wiener- oder Hammersteinstruktur verkoppelbar. In der Simulation können der Sollwert und die Störamplitude (Streckeneingang, Strecken- ausgang) interaktiv eingegeben werden. In seperaten Fenstern werden der Verlauf von Sollwert, Regel- und Stellgröße sowie der aktiven Regeln und der Wahrheitswerte der Attribute dargestellt.

4.8.1.2 Das Optimierungsmodul

Das Optimierungsmodul erlaubt die automatische Bestimmung der optima- len Parameter des Reglers bei Verwendung vorgegebener Zielfunktionen. Als Zielfunktion kommt das in der Gl. (2.1.19) vorgestellte modifizierte Integralkriterium zur Anwendung. Festzulegen sind dann die Anzahl der möglichen Arbeitpunkte und deren Gewichte, das Suchverfahren, der Opti- mierungshorizont und die Abbruchgrenze.

Eine weitere Möglichkeit ist die Verwendung vorgegebener Szenarien für Sollwert und Störung (am Streckeneingang).

Der Stand der Optimierung wird durch Monitore für die Regel- und Stell- größe, für die Eingänge und deren Attribute sowie für die Parameter des Optimierungsverfahrens anschaulich dokumentiert (Bild 4.8.2).

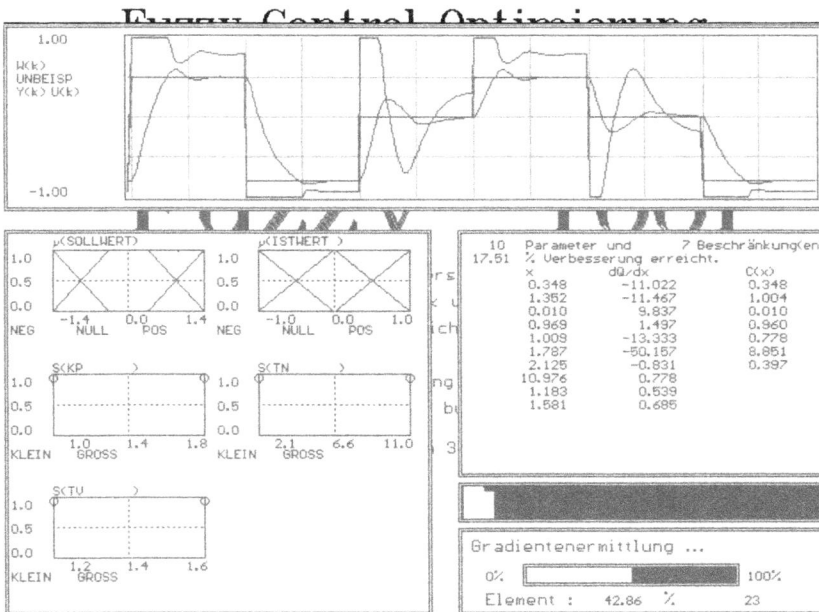

Bild 4.8.2: Optimierung unter IFT

Als Ergebnis erhält man die optimalen Bereiche der Attribute der Eingänge des Fuzzy Reglers. Diese können dann auf verschiedene Hardwareplattformen portiert werden.

4.8.1.3 Die Portierung von Fuzzy Systemen

In den meisten Anwendungsfällen wird in Bezug auf die verfügbare Rechenleistung eher eine unkritische Systemdynamik vorliegen, so daß eine Softwareimplementierung der gefundenen Lösung völlig ausreicht. Dennoch wird an einer Umsetzung des parametrischen, optimierbaren Fuzzy Konzeptes in einen rein analogen ASIC gearbeitet.

Um ein effizientes Arbeiten mit dem Fuzzy Tool zu gewährleisten, muß dieses Softwareimplementierung unterstützen. Das heißt, die erstellten Fuzzy Systeme sollten problemlos in eine Softwareform umgewandelt werden können, die auf der gewünschten Zielhardware lauffähig ist. Dieser Vorgang wird in Form entsprechender Exportroutinen vom Fuzzy Tool unterstützt.

Das **IFT** enthält, wie im Bild 4.8.3 dargestellt, eine Reihe von Exportroutinen für diverse Zielhardwareplattformen.

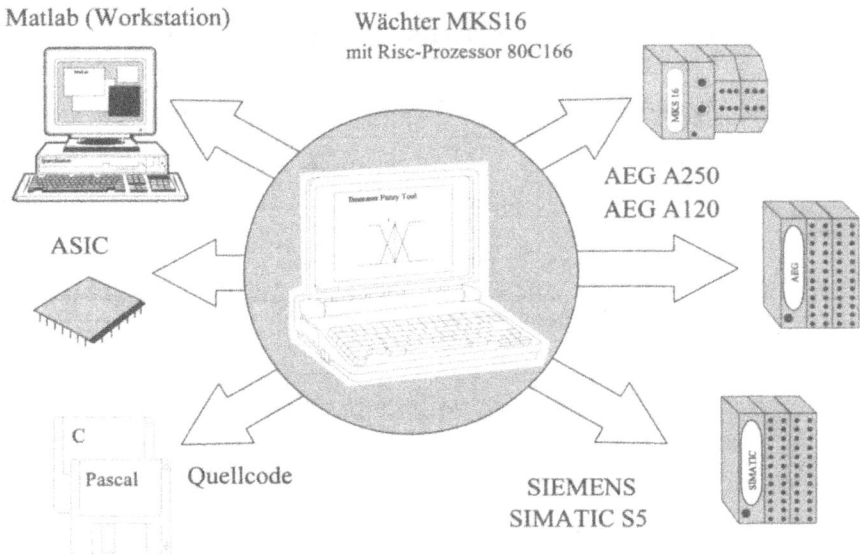

Bild 4.8.3: Exportmöglichkeiten des IFT

Die Möglichkeiten der maschinellen Erzeugung reiner Softwarelösungen lassen sich in zwei Hauptgruppen einteilen. Welche der Möglichkeiten Anwendung finden sollte, hängt in jedem Fall von den Zugriffsmöglichkeiten auf die maschinennahe Grundsoftware der Zielhardware ab.

Wenn ein voller Zugriff auf die Grundsoftware (Betriebssystem) besteht, so bietet sich der Datenexport als ideale Lösung an. Dabei ist eine maschinennah programmierte, allgemeine Fuzzy Lösung in das Betriebssystem der Zielhardware aufzunehmen und vom Fuzzy Tool wird der Algorithmus nur noch parametriert. Damit entfallen aufwendige Compiler- und Linkvorgänge beim Austausch des Fuzzy Systems auf der Zielhardware. Außerdem ist diese Lösung sehr speichereffizient und kann durch die maschinennahe Programmierung laufzeitminimal gestaltet werden. Allerdings ergeben sich bei verschiedenen Betriebssystemen sofort Kompatibilitätsprobleme, so daß eine solche Lösung nur für eine begrenzte Anzahl von Systemen, auf deren Basisprogrammierung der Zugriff möglich ist, genutzt werden kann. Die volle Kompatiblität wird erst durch einen abstrakten Hochsprachentext erreicht. Um diese Lösungen hinsichtlich ihrer Laufzeit und ihres Speicherbedarfs zu verbessern, wurde eine neue Art der Codegenerierung verfolgt.

I. Nutzung von Festkommaarithmetik

Neben diesen prinzipiellen Möglichkeiten müssen auch die arithmetischen Fähigkeiten der Zielhardware berücksichtigt werden. So muß die Entscheidung fallen, ob eine Gleitkomma- oder eine Festkommalösung angestrebt wird. Letztere ist stets zu bevorzugen, wenn die Zielhardware entweder über keine oder nur über eine emulierte Gleitkommaverarbeitung verfügt. Selbstverständlich bringt die Umsetzung einer Festkommalösung algorithmische Probleme mit sich, was die Rechengenauigkeit anbelangt. Durch sinnvolles Skalieren der Fuzzy Systeme ist dieses Problem lösbar. Für die sinnvolle Umskalierung von Fuzzy Systemen, deren Parameter in Form reeller Zahlen vorliegen, gelten im Festkommabereich folgende Grundregeln:

1. *Man wähle die Spannweite der Zugehörigkeitsfunktionen so gering wie möglich.*

Beispiel: Wenn ein zu fuzzyfizierndes Sensorsignal in einer Genauigkeit von 10 Bit vorliegt (0 ... 1023), so sollte der Gültigkeitsbereich nicht aufgeweitet werden, sondern die Zugehörigkeitsfunktionen auch in das Intervall (0 ... 1023) gelegt werden.

2. *Man wähle die Festkomma-Entsprechung der Eins als Maß voller Zugehörigkeit (μ_{max}) so groß wie möglich.*

Beispiel: Wenn eine Rechengenauigkeit von 16 Bit zur Verfügung steht, dann sollte μ_{max} auf 32667, bzw $EFFF festgelegt werden.

Diese beiden Grundregeln gewährleisten eine maximale Genauigkeit beim Fuzzyfizieren, da die Anstiege der Zugehörigkeitsfunktionen mit einem

Maximum an fiktiven Nachkommastellen abgebildet werden.

Die Verwendung des PROD-Operators als Fuzzy AND bereitet bei der Umsetzung auf die Festkommaarithmetik einige Probleme, da neben der Multiplikation der Zugehörigkeitswerte auch noch eine Division zur Rückskalierung notwendig ist. Um diese Operationen ausführen zu können, müßte noch in ein doppeltes Wortformat konvertiert werden, was einen zusätzlichen Rechenbedarf bedeutet. Deshalb ist die Verwendung des PROD-Operators bei der Nutzung der Festkommaarithmetik nicht ratsam. Die Defuzzyfizierung bereitet keine Genauigkeitsprobleme. Allerdings müssen zur Berechnung der Summen der gewichteten Singletons und der Zugehörigkeiten Doppelworte verwendet werden.

II.   Die Codegenerierung

Die Erzeugung von Quellcode ist sicher die bekannteste Form des Fuzzy Exportes. Ein Vergleich der auf dem Markt befindlicher Fuzzy Tools ergab, daß zwei verschiedene Arten von Algorithmen bevorzugt werden. Während einige Tools einen nahezu getrennten Export von Algorithmus und Daten bevorzugen, lagern andere die Zugehörigkeitsfunktionen bereits als "Look Up Table" aus. Die Vorteile eines getrennten Datenexportes liegen in der manuellen Wartbarkeit des erzeugten Quelltextes. Nachteilig ist der höhere Bedarf an Rechenzeit. Die Vorteile der "Look Up"-Lösung liegen eindeutig in der Recheneffizienz. Der hohe Speicherbedarf dagegen ist insbesondere bei der Verwendung von Mikrocontrollern als Nachteil anzusehen.

Beim **Ilmenauer Fuzzy Tool** können die Vorteile beider Lösungsansätze zu einer neuen Art der Codegenerierung vereinigt werden. Ermöglicht wird der effiziente Algorithmus erst durch die Verwendung des parametrischen Fuzzy Konzeptes. Die Umsetzung in Quelltext erfolgt durch ein unstrukturiertes, explizites Programmieren eines jeden Rechenschrittes mit vorab berechneten Koeffizienten.

Das **Ilmenauer Fuzzy Tool** bietet neben dem bei anderen Tools üblichen ANSI C-Code Export auch die Generierung von PASCAL-Code, und AWL für die AEG Modicon SPS der Typen A120 und A250, sowie für die Simatic S5 an. Die Unterschiede sind dabei lediglich syntaktischer Natur, in jedem Fall wird der gleiche Algorithmus verwendet.

Fuzzyfizieren

Die Grundidee besteht darin, daß die Fuzzyfizierung durch vorab berechnete Anstiege und die Tatsache, daß stets höchstens zwei Zugehörigkeitsfunktionen eines Merkmals einen von Null verschiedenen Wert haben können, beschleunigt wird. Der Algorithmus wird speziell auf das jeweilige Merkmal zugeschnitten und enthält je eine Berechnungsvorschrift für die Zugehörigkeiten in jedem möglichen Merkmalsintervall. Diese Eigenschaft wird durch die getroffene *Festlegung II* aus Kapitel 4.2.1.1 ermöglicht.

Die Berechnung der n Zugehörigkeitwerte für einen bestimmten Punkt a_0 des Merkmals A kann aufgrund dieser Festlegung in nur drei einfachen Rechenschritten erfolgen, wobei nur eine Geradengleichung berechnet werden muß (Gleichung (4.2.5)).

Der Anstieg $\mu_{max}(\eta_{2v-2} - \eta_{2v-3})^{-1}$ wird bereits bei der Codegenerierung berechnet und "hart" in den Quelltext geschrieben. Auf diese Weise erfordert der Fuzzyfizierungsvorgang neben wenigen Vergleichoperationen höchstens eine Multiplikation und zwei Subtraktionen.

Inferenz

Das reduzierte Fuzzy Konzept stellt keine bestimmten Ansprüche an das Regelwerk, was die Optimierung von Fuzzy Systemen betrifft. Für die Umsetzung in eine effiziente Lösung ist jedoch der *Vorschlag I* aus Kapitel 4.2.1.2 genannt worden.

Die Abarbeitung der Regeln auf der Zielhardware erfordert im Falle des Verzichtes auf den PROD-Operator lediglich einige Vergleichsoperationen. Andernfalls muß auch multipliziert werden. Somit kann jede Regel als einfache algebraische Gleichung explizit in den Quelltext exportiert werden. Selbst die Abarbeitung großer Regelwerke benötigt hierbei wenig Rechenzeit.

Defuzzyfizieren

Die Umsetzung der Defuzzyfizierung erfolgt entsprechend der Festlegung aus Kapitel 4.2.1.3 nach der bekannten Singletonmethode. Diese ist an sich schon sehr laufzeit- und speichereffizient. Die Defuzzyfizierung wird ebenfalls unstrukturiert und für jede Entscheidung getrennt programmiert und enthält so die Schwerpunkte bereits im Quelltext.

Beispiel : AWL-Code Export in die SPS AEG A120

Der Export in die AEG SPS erfolgt ebenfalls über eine AWL-Codegenerierung. Aus Kompatibilitätsgründen wurde dieser Weg begangen. Das Prinzip besteht darin, daß ein Funktionsbaustein generiert wird, dessen Ein-/Ausgangsparameter die Merkmale bzw. Entscheidungen des Fuzzy Systems sind. Die Zwischengrößen werden auf globalen Merkern gespeichert. Falls mehrere Fuzzy Funktionsbausteine implementiert werden sollen, können diese Zwischenmerker problemlos mehrfach benutzt werden, da die gesetzen Werte im gleichen Zyklus verwendet und damit ihre Inhalte in künftigen Zyklen nicht mehr benötigt werden.

Die Strukturierung entspricht folgendem Schema in der Tafel 4.8.1.

Tafel 4.8.1: Aufteilung der Fuzzy Verarbeitung auf die Netzwerke eines
Funktionsbausteins

Netzwerk	1	:	Kopf des Funktionsbausteins (Deklarationsteil)
Netzwerke	2 ... 1+n	:	Fuzzyfizierung von Merkmal 1 ... Merkmal n
Netzwerk	2+n	:	Zurücksetzen aller durch das Regelwerk zu ermittelnden Zugehörigkeiten
Netzwerke	3+n ... 2+n+r	:	Abarbeitung der Regeln 1 ... r
Netzwerke	3+n+r ... 2+n+r+m	:	Defuzzyfizieren der Entscheidungen 1 ... m
Netzwerk	3+n+r+m	:	Bausteinende

Der Export eines Beispiels in eine A120 soll hier kurz erläutert werden. Der erzeugte Funktionsbaustein hat dann beispielsweise das in der Tafel 4.8.2 gezeigte Netzwerk 2, in dem das Fuzzyfizieren des ersten Merkmals erfolgt. Wenn sämtliche μ-Werte zu Null initialisiert werden, kann der Wertebereich für EK in 5 Intervalle eingeteilt werden. Es gilt:

Intervall 1 : bis zum Ende der vollen Zugehörigkeit zu NEG, es wird zu M1 gesprungen.

Intervall 2 : Übergang von NEG zu ZERO, es wird zu M2 gesprungen.

Intervall 3 : Volle Zugehörigkeit zu ZERO, Sprung nach M3.

Intervall 4 : Übergang von ZERO nach POS, Sprung nach M4.

Intervall 5 : Alles was größer gleich dem Anfang der Zugehörigkeit zu POS ist. μ_{POS} wird auf μ_{MAX} gesetzt und nach RDY (= READY) ans Netzwerkende gesprungen.

An den Marken wird ein wenige Anweisungen umfassender Block für das ermittelte Intervall abgearbeitet und ans Netzwerkende gesprungen. Im Falle von Intervall 4 wird beispielsweise EK in den Akku geladen, das Ende der vollen Zugehörigkeit zu ZERO subtrahiert, mit dem Anstieg ber ZGF multipliziert und auf μ_{POS} geladen. Danach wird μ_{ZERO} als Differenz von μ_{MAX} und μ_{POS} ermittelt. Diese Vorgehen ermöglicht das Fuzzyfizieren mit einem Minimum an arithmetischen Anweisungen.

Tafel 4.8.2: AWL-Code des Netzwerks 2

```
   L   K 0;
   =   MW 100    /* my(NEG) */;
   =   MW 101    /* my(ZERO) */;
   =   MW 102    /* my(POS) */;
   L   =EK       /* my(NEG) */;
   <   K -1500;
   SPB =M1;
   L   =EK    /* between NEG and ZERO */;
   <   K 0;
   SPB =M2;
   L   =EK    /* ZERO */;
   <   K 0;
   SPB =M3;
   L   =EK    /* between ZERO and POS */;
   <   K 1500;
   SPB =M4;
   L   K 10000;
   =   MW 102    /* my(POS) */;
   SP  =RDY;
 M1 :L  K 10000;
   =   MW 100    /* my(NEG) */;
   SP  =RDY;
 M2 :L  =EK;
   SUB K -1500;
   MUL K 6;
   =   MW 101    /* my(ZERO) */;
   L K 10000;
   SUB MW 101    /* my(ZERO) */;
   =   MW 100    /* my(NEG) */;
   SP  =RDY;
 M3 :L  K 10000;
   =   MW 101    /* my(ZERO) */;
   SP  =RDY;
 M4 :L  =EK;
   SUB K 0;
   MUL K 6;
   =   MW 102    /* my(POS) */;
   L K 10000;
   SUB MW 102    /* my(POS) */;
   =   MW 101    /* my(ZERO) */;
 RDY :***;
```

Die Abarbeitung einer Regel kann anhand von Netzwerk 6, in dem die Regel
1 abgearbeitet wird, erläutert werden (Tafel 4.8.3).

Tafel 4.8.3: AWL-Code des Netzwerkes 6

```
    L  MW 105    /* my(DEK_ZE) */;
    =  MW 118    /* IF 1 */;
    L  MW 100    /* my(EK_NEG) */;
    =  MW 119    /* IF 2 */;
    L  MW 118    /* IF 1 */;
    =  MW 120    /* THEN */;
    L  MW 119    /* IF 2 */;
    >  MW 120    /* AND */;
    SPB =M1      /* MIN */;
    L  MW 119    /* IF 2 */;
    =  MW 120    /* THEN */;
 M1 :L  MW 120    /* MAX */;
    <  MW 114    /* my(DUK_NS) */;
    SPB =RDY;
    L  MW 120    /* THEN */;
    =  MW 114    /* my(DUK_NS) */;
 RDY :***;
```

Die Regel lautet :

IF (DEK = ZE) AND (EK = NEG) THEN (DU:= NS).

Die Fakten (DEK = ZE) bzw. DEK_ZE und (EK = NEG) bzw. EK_NEG
werden auf IF- Hilfsmerker geladen. Das ist sinnvoll, falls ein Fakt negiert
werden muß. Anschließend wird der erste IF-Hilfmerker auf den THEN-
Merker geladen und mit den weiteren IF-Hilfsmerkern verglichen, wobei im
Zuge der AND-Verknüpfung der kleinste IF-Wert auf dem THEN-Wert
abgebildet wird und dieser auf den Zugehörigkeitswert des Regelausgangs
geladen wird.

In Netzwerk 18 erfolgt die Defuzzyfizierung (Tafel 4.8.4).

Tafel 4.8.4: AWL-Code des Netzwerkes 18

```
    L  K 0;                                LLD  MW  115          /*
    =  MW 118    /* ZERO */;          my(DUK_ZE) */;
    L  K 0;                                LHD MW 118;
    =  MD 10    /* SUMMY */;              MUL K 0   /* Singleton */;
    =  MD 11    /* SUM */;                ADD MD  11;
        LLD  MW  113         /*          =  MD  11   /* SUM */;
my(DUK_NL) */;                               LLD  MW  116          /*
    LHD MW 118;                       my(DUK_PS) */;
    ADD MD  10;                           LHD MW 118;
    =  MD 10    /* SUMMY */;              MUL K 200    /* Singleton */;
        LLD  MW  114         /*          ADD MD  11;
my(DUK_NS) */;                               =  MD  11   /* SUM */;
    LHD MW 118;                               LLD  MW  117          /*
    ADD MD  10;                       my(DUK_PL) */;
    =  MD 10    /* SUMMY */;              LHD MW 118;
        LLD  MW  115         /*          MUL K 2000    /* Singleton */;
my(DUK_ZE) */;                               ADD MD  11;
    LHD MW 118;                           =  MD  11   /* SUM */;
    ADD MD  10;                           L  MD 11    /* SUM */;
    =  MD 10    /* SUMMY */;              DIV MD 10    /* SUMMY */;
        LLD  MW  116         /*          =  MD  11;
my(DUK_PS) */;                               L  MD  11    /* sign correcture
    LHD MW 118;                       */;
    ADD MD  10;                           >  K 0;
    =  MD 10    /* SUMMY */;              SPB =POS;
        LLD  MW  117         /*          L  MD  11;
my(DUK_PL) */;                               MUL K -1;
    LHD MW 118;                           TLD MW 118;
    ADD MD  10;                           L  MW 118;
    =  MD 10    /* SUMMY */;              MUL K -1;
        LLD  MW  113         /*          =  MW 118;
my(DUK_NL) */;                               SP =OK;
    LHD MW 118;                       POS :L  MD  11;
    MUL K -2000    /* Singleton */;       TLD MW 118;
    ADD MD  11;                       OK :L  MW 118;
    =  MD 11    /* SUM */;                =  =DUK   /* crisp output */;
        LLD  MW  114         /*          ***;
my(DUK_NS) */;
    LHD MW 118;
    MUL K -200    /* Singleton */;
    ADD MD  11;
    =  MD 11    /* SUM */;
```

Die Vielzahl von Anweisungen dient dem Transfer der benutzten Wortmerker ins Doppelwortformat, um in diesem die notwendige Addition der gewichteten Singletons und der Gewichte vornehmen zu können. Nach dieser Addition erfolgt die eigentliche Defuzzyfizierung im Doppelwortformat. Das Ergebnis läßt sich in jedem Falle wieder ins Wortformat umwandeln, allerdings bereitet der Transfer des Vorzeichens Probleme. Dies wurde durch einen einfachen Korrekturalgorithmus, welcher im Falle eines positiven Ergebnisses zur Marke POS übersprungen wird, gelöst. Nach der Marke OK wird das Ergebnis auf den Ausgang des FB, bzw. des Fuzzy Systems geladen.

Mit dieser kaum strukturierten Lösung wird erheblich Rechenzeit im Vergleich zu einer Lösung mit seperaten Bausteinaufrufen eingespart. In Form eines einzelnen Funktionsbausteins steht uns die gesamte Lösung des Fuzzy Systems zur Verfügung. Durch einen Bausteinaufruf kann diese Lösung auf bequeme Weise in unser Anwenderprogramm eingebunden werden.

III.   Der Datenexport

Der reine Datenexport ist nur für völlig frei programmierbare Systeme, deren Betriebssystem durch eigene Routinen ergänzt werden kann, sinnvoll. Falls diese Möglichkeit besteht, stellt der Datenexport als Fuzzy Implementierung die Ideallösung dar. Das bekannteste Beispiel für die Fuzzy Implementierung auf dem Wege des Datenexportes wurde in der Zusammenarbeit der Firmen Klöckner/Moeller und der Inform GmbH geschaffen. Die Fuzzy Steuerung enthält eine Fuzzy Funktion, die aus *fuzzy*Tech heraus parametriert wird und auf der Zielhardware mittels AWL Funktionsaufruf verfügbar ist.

Eine ähnliche Exportmöglichkeit des Ilmenauer Fuzzy Tools wurde für die Thüringer Fuzzy Steuerung MKS 16 des Ingenieurbüro Wächter GmbH, Sömmerda geschaffen.

Beispiel : Thüringer Fuzzy Steuerung MKS 16

Die MKS 16 ist ein modulares Automatisierungsgerät, basierend auf dem 16 Bit-RISC Controller SAB80C166 von Siemens. Die Programmierung erfolgt in einer C-kompatiblen Ablaufsprache oder über eine neuartige Programmieroberfläche, basierend auf Petri Netzen. Die Steuerung ist geeignet, um steuerungs- und regelungstechnische, insbesondere aber fernwirktechnische Aufgaben zu übernehmen. Eine große Auswahl an verfügbaren digitalen, analogen und fernwirktechnischen Modulen macht das Gerät universell konfigurier- und einsetzbar. Die Projektierung erfolgt über sehr komfortable Windows-Tools.

Der eigentliche Vorteil des Konzeptes der MKS 16 besteht in ihrer Hardware- und Softwareflexibilität. So können in Zusammenarbeit mit dem Hersteller innerhalb kürzester Zeit spezielle Soft- oder Hardwaremodule zur

Verfügung gestellt werden. Das Fuzzy Modul der MKS 16 ist das Produkt einer solchen Zusammenarbeit zwischen dem Ingenieurbüro Wächter GmbH und der TU Ilmenau, Fachgebiet Systemanalyse.

In das Betriebssystem der MKS 16 wurde eine neue Routine aufgenommen, die über den Aufruf der vordefinierten C-Funktion *Fuzzy1_Ilmenau()* in jedem Anwenderprogramm verwendet werden kann. Diese Funktion ist im Assembler des Prozessors 80C166 erstellt und greift auf einen Datenblock, in dem die Parameter der Zugehörigkeitsfunktionen sowie die Regeln in Form einer Verweisliste gespeichert sind, zu. Durch den Austausch dieses Datenblocks in der Steuerung wird diese Funktion umparametriert. Die Datenblöcke werden durch eine spezielle Exportroutine des Ilmenauer Fuzzy Tools erstellt und über die serielle Schnittstelle vom Programmiergerät (IBM kompatibler PC) in das Automatisierungsgerät (MKS 16) geladen.

Auf diese Weise kann sehr einfach das Fuzzy System in der Steuerung ausgetauscht werden, ohne daß ein Complilieren oder Linken notwendig ist. Diese Art der Implementierung erleichtert den Reglerentwurf am Prozeß ungemein. Der Anwender braucht weder die Maschinenprogrammierung der Steuerung zu beherrschen, noch die Einbindung der Fuzzy Lösung in sein Anwenderprogramm selbst vornehmen. Sämtliche Schritte des Fuzzy Entwurfs:

- Editieren und Debuggen des Fuzzy Systems,
- Simulation am Modell,
- Optimierung der Zugehörigkeitsfunktionen und
- Laden der fertigen Lösung in die MKS 16,

können aus dem Ilmenauer Fuzzy Tool heraus vorgenommen werden, ohne daß dabei ein anderes Softwaretool benötigt wird.

4.8.2   Die Fuzzy Control Design Toolbox für Matlab®

Mit der Fuzzy Control Design (FCD) Toolbox steht dem Anwender ein Entwurfswerkzeug zu Verfügung, welches den Entwurf von Fuzzy Systemen sowie ihre Simulation in Verbindung mit dem regelungstechnischen Prozeßmodell und ihre Optimierung nach nutzerdefinierten Güteforderungen ermöglicht. Die Toolbox zeichnet sich durch ihre einfache und übersichtliche Bedienbarkeit aus. Dies wird durch eine menügesteuerte und bildschirm-orientierte Führung in Verbindung mit einem fensterstrukturierten Aufbau einzelner Funktionsbaugruppen innerhalb der Toolbox erreicht. Die **FCD** Toolbox für Matlab® V 4.0 beinhaltet eine Sammlung von M-Files, welche einzeln oder in Zusammenarbeit mit anderen M-Files spezielle Aufgaben innerhalb der Toolbox erfüllen [EIC 95]. Ein wesentlicher Entwicklungsschwerpunkt der **FCD** Toolbox bestand in der Implementierung des Bemessungsverfahrens **SOFCON**, welches schon im **IFT** erfolgreich eingesetzt wurde [KUH 93]. Desweiteren sollte mit der **FCD** Toolbox ein Entwurfswerkzeug bereitgestellt werden, welches dem Nutzer ermöglicht, seine entworfenen Fuzzy Systeme unabhängig von einzuhaltenden Regelkreisstrukturen und Regelstrecken den konkreten regelungstechnischen Zielstellungen anzupassen. Dies konnte durch eine blockorientierte Modellierung der Regelkreise unter Verwendung des Simulationsprogrammes SIMULINK™, welches ein Grundmodul von Matlab® ist, realisiert werden. Die im **IFT** vorgestellten Funktionseinheiten zum Editieren, Debuggen und Visualisieren von Fuzzy Systemen dienen bei der **FCD** Toolbox als Vorlage für die Erstellung von Programmodulen.

Ein standardisiertes Dateiformat, in welchem die Struktur eines Fuzzy Systems hinterlegt ist, ermöglicht eine einfache Zusammenarbeit zwischen der **FCD** Toolbox und dem **IFT**. So können Fuzzy Systeme, welche mit dem **IFT** erstellt wurden, in die **FCD** Toolbox exportiert und dort nach nutzerspezifischen Güteforderungen optimiert werden. Eine Portierung eines in der **FCD** Toolbox optimierten Fuzzy Systems auf eine Zielhardware kann nach durchgeführten Export des Systems in das **IFT** durch diesen vorgenommen werden.

Da Matlab® als einzige Datenstruktur die komplexe Matrix erlaubt, wurde der Informationsgehalt eines Fuzzy Systems in spezielle Matrizen (Fuzzy Matrix (FUM) und Fuzzy Linguistik Matrix (LING)) hinterlegt. Die FUM Matrix beinhaltet die Informationen über die Lage der einzelnen Zugehörigkeitsfunktionen der Merkmale und Entscheidungen sowie über die Prädikatenlogik der Regeln. Die linguistischen Bezeichner (Bezeichnungen der einzelnen Merkmale und Entscheidungen sowie deren Terme) sind in der LING Matrix hinterlegt.

4.8.2.1   Die Fuzzy Matrix Struktur

Der Aufbau einer Fuzzy Matrix für eine Fuzzy System mit n Merkmalen, v Variablen, m Entscheidungen und r Regeln ist in der Tafel 4.8.5 veranschaulicht.

Tafel 4.8.5: Prinzipieller Aufbau der FUM-Struktur

1. Zeile:		**allgemeiner Deklarationsteil**
	1. Spalte:	Anzahl der Merkmale (n)
	2. Spalte:	Anzahl der Variablen (v)
	3. Spalte:	Anzahl der Entscheidungen (m)
	4. Spalte:	Anzahl der Regeln (r)
2. Zeile:		**Merkmalsdeklarationsteil**
	1. Spalte:	Anzahl der Attribute von Merkmal 1
	n. Spalte:	Anzahl der Attribute von Merkmal n
3. Zeile:		**Variablendeklarationsteil**
	1. Spalte:	Anzahl der Attribute von Variable 1
	v. Spalte:	Anzahl der Attribute von Variable v
4. Zeile:		**Entscheidungsdeklaration**
	1. Spalte:	Anzahl der Attribute von Entscheidung 1
	m. Spalte:	Anzahl der Atrribute von Entscheidung m
5. Zeile:		**Stützstellenvektor der ZGF von Merkmal 1**
4+n. Zeile:		**Stützstellenvektor der ZGF von Merkmal n**
4+n+1. Zeile:		**Singletons der Entscheidung 1**
4+n+m. Zeile:		**Singletons der Entscheidung m**
4+n+m+1. Zeile:		**erste Regel**
4+n+m+r. Zeile: letzte Regel		

Die Dimension der FUM-Matrix beträgt also (4+n+m+r)✖(längster Zeilenvektor). Die kürzeren Zeilenvektoren werden mit Nullen aufgefüllt. Die Kodierung der Regeln in Zeilenvektoren erfolgt nach dem in der Tafel 4.8.6 gezeigten Schema.

Tafel 4.8.6: Aufbau eines Zeilenvektors zum Speichern einer Regel

1. Spalte:	**Anzahl der Prämissen (p)**
2. Spalte:	**Prämisse 1**
p+1. Spalte:	**Prämisse p**
p+2. Spalte:	**Konklusion**

Die Prämissen und Konklusionen werden über einen Vektor **K** der Wahrheitswerte aller möglichen Fakten indiziert. Für diesen Vektor gilt

$$
K = \begin{pmatrix}
\mu(Merkmal \ 1 = erstes \ Attribut) \\
\vdots \\
\mu(Merkmal \ 1 = letztes \ Attribut) \\
\mu(Merkmal \ 2 = erstes \ Attribut) \\
\vdots \\
\vdots \\
\mu(Merkmal \ n = letztes \ Attribut) \\
\mu(Variable \ 1 = erstes \ Attribut) \\
\vdots \\
\vdots \\
\mu(Variable \ v = letztes \ Attribut) \\
\mu(Entscheidung \ 1 = erstes \ Atrribut) \\
\vdots \\
\vdots \\
\mu(Entscheidung \ m = letztes \ Attribut)
\end{pmatrix} . \qquad (4.8.1)
$$

Für die Realisierung der Negation wird

$$K_{-k} = 1 - K_k$$

$$analog \ zu \qquad\qquad\qquad (4.8.2)$$

$$\neg \ \mu(x) = 1 - \mu(x)$$

vereinbart.

Beispiel:

Als Beispiel soll der im Kapitel 4.6.3 beschriebene Adapter für unempfindli-
che Prozesse dienen. Wird dieser in Matlab® exportiert, so entsteht die in
der Gl. (4.8.3) gezeigte FUM-Matrix.

$$
FUM_{ADAUN} =
\begin{pmatrix}
2 & 1 & 3 & 9 \\
3 & 3 & 0 & 0 \\
2 & 0 & 0 & 0 \\
2 & 2 & 2 & 0 \\
-1 & 0 & 0 & 1 \\
-1 & 0 & 0 & 1 \\
0.5 & 1 & 0 & 0 \\
5 & 15 & 0 & 0 \\
5 & 10 & 0 & 0 \\
2 & 1 & 4 & 8 \\
2 & 3 & 6 & 8 \\
1 & -8 & 7 & 0 \\
1 & 7 & 10 & 0 \\
1 & 7 & 11 & 0 \\
1 & 7 & 13 & 0 \\
1 & 8 & 9 & 0 \\
1 & 8 & 12 & 0 \\
1 & 8 & 14 & 0
\end{pmatrix}
\tag{4.8.3}
$$

Das System hat 2 Merkmale, 1 Variable, 3 Entscheidungen und 9 Regeln.
Die beiden Merkmale verfügen je über 3 Attribute. Die Variable besitzt 2
Attribute und die drei Entscheidungen haben je 4 Attribute. Die erste Regel
ist in Zeile 10 kodiert mit [2 1 4 8]. Das bedeutet:

IF Fakt Nr.1 AND Fakt Nr.4 THEN Fakt Nr.8;
Fakt Nr.1: Merkmal 1 = Attribut 1
Fakt Nr.4: Merkmal 2 = Attribut 1
Fakt Nr.8: Variable 1 = Attribut 2

Die dritte Regel [1 -8 7] ist in Zeile 12 kodiert und lautet:

IF NOT(Fakt Nr.8) THEN FAKT Nr.7;
Fakt Nr.7: Variable 1 = Attribut 1

4.8.2.2 Zur Arbeit mit der FCD Toolbox

Die **FCD** Toolbox kann nach ihren Aufgaben und Einsatzmöglichkeiten in vier Funktionsmodule unterteilt werden. Diese sind der Fuzzy-System-Editor, der Fuzzy-System-Debugger sowie das Simulations- und das Optimierungs-modul (siehe Bild 4.8.4). Diese Funktionsmodule können menügesteuert ausgewählt werden. Ein einfaches Zusammenwirken der einzelnen Module ermöglicht eine effektive und übersichtliche Arbeitsweise bei der Erstellung und Testung von Fuzzy Systemen sowie bei der Simulation und Optimierung von dynamischen Systemen und Regelkreisen. Die Funktionsmodule Fuzzy-System-Editor und Fuzzy-System-Debugger beinhalten die allgemeinen Entwurfs- und Testaufgaben, welche an solche standardmäßig in Fuzzytools implementierte Funktionsbaugruppen gestellt werden. Sie werden deshalb in den nachfolgenden Abschnitten nicht näher erläutert.

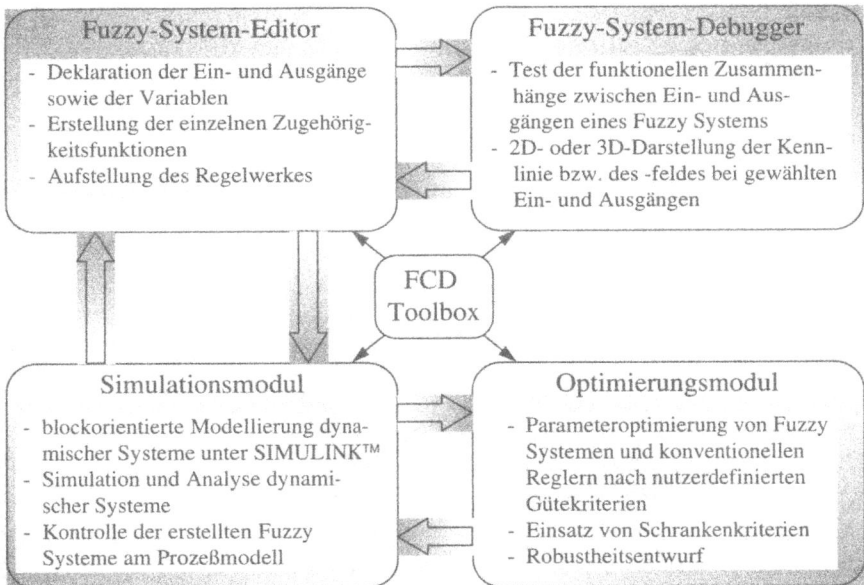

Fuzzy-System-Editor

- Deklaration der Ein- und Ausgänge sowie der Variablen
- Erstellung der einzelnen Zugehörigkeitsfunktionen
- Aufstellung des Regelwerkes

Fuzzy-System-Debugger

- Test der funktionellen Zusammenhänge zwischen Ein- und Ausgängen eines Fuzzy Systems
- 2D- oder 3D-Darstellung der Kennlinie bzw. des -feldes bei gewählten Ein- und Ausgängen

FCD Toolbox

Simulationsmodul

- blockorientierte Modellierung dynamischer Systeme unter SIMULINK™
- Simulation und Analyse dynamischer Systeme
- Kontrolle der erstellten Fuzzy Systeme am Prozeßmodell

Optimierungsmodul

- Parameteroptimierung von Fuzzy Systemen und konventionellen Reglern nach nutzerdefinierten Gütekriterien
- Einsatz von Schrankenkriterien
- Robustheitsentwurf

Bild 4.8.4: Funktionsbausteine der **FCD** Toolbox

4.8.2.3 Die Simulation mit der FCD Toolbox unter SIMULINK™

Das Simulationsmodul bietet die Möglichkeit der Simulation und Analyse von dynamischen Systemen. Die für ein System benötigten Blöcke können aus einer im Simulationsmodul vorhandenen Bibliothek oder der Standardbibliothek von SIMULINK™ entnommen und unter SIMULINK™ zu einem Modell zusammengebaut werden.

Eine Parametrierung von Fuzzy Systemblöcken, welche Bestandteil eines solchen Modells sein können, ist durch das problemlose Zusammenwirken des Fuzzy-System-Editors mit dem Simulationsmodul leicht möglich. So können entworfene Fuzzy Systeme im Zusammmenspiel mit der Regelstrecke getestet und gegebenfalls modifiziert werden. Ein im Simulationsmodul enthaltener Funktionsbaustein ermöglicht eine übersichliche und komfortable Analyse der interessierenden Signalverläufe eines dynamischen Systems (Bild 4.8.5).

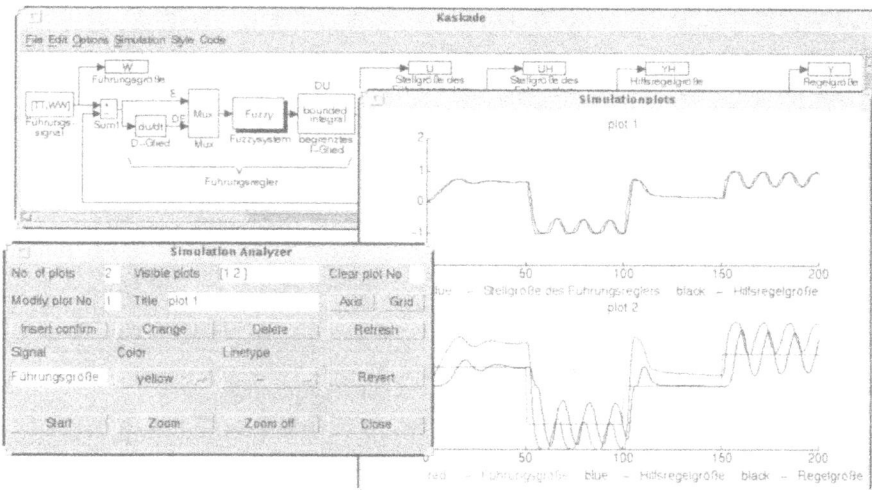

Bild 4.8.5: Analyse eines Regelkreises

4.8.2.4 Die Optimierung mit der FCD Toolbox

Die Aufgaben des Optimierungsmoduls sind die Festlegung der zu optimierenden Systeme, die Auswahl des Optimierungsverfahrens, die Erstellung von Gütekriterien sowie die Festlegung von Betriebspunkten für unsichere Parameter bei der Durchführung eines Robustheitsentwurfes. Die optimierenden Systeme können sowohl Fuzzy Systeme als auch konventionelle Regler sein. Dies ermöglicht einen universellen Einsatz der **FCD** Toolbox im Bereich der Regelungstechnik. In einem entsprechenden Dialogfenster werden die einzelnen Parameter eines Reglers zur Optimierung festgelegt. Bei einem Fuzzy System ist es möglich, bestimmte Merkmale oder Entscheidungen für die Optimierung auszuwählen und diese nach dem in den Abschnitten 4.2.1.1 und 4.2.1.3 vorgestellten Konzept zu parametrieren (Bild 4.8.6).

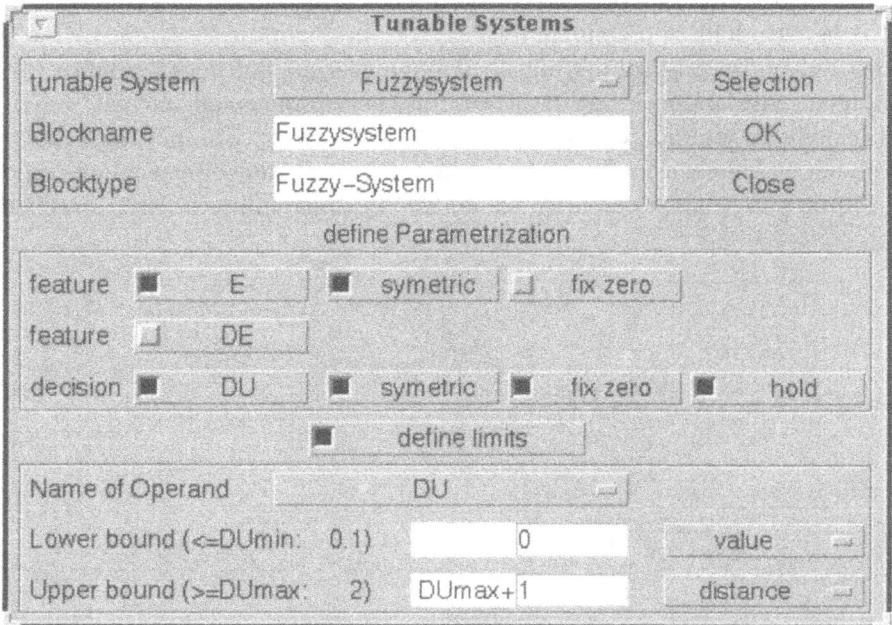

Bild 4.8.6: Parametrierung eines Fuzzy Systems für die Optimierung

Die **FCD** Toolbox bietet für die Optimierung mehrere Optimierungsverfahren an. Neben klassischen Verfahren (Simplexverfahren, Gradientenverfahren) stehen dem Anwender auch Evolutionsstrategien zur Verfügung. Die Auswahl nach dem Einsatz der Verfahren hängt von der Komplexität der Optimierungsaufgabe und der Verfahrensweise des Anwenders bei er Optimierung ab. (Es ist möglich, die Optimierung mit einer Evolutionsstrategie zu starten und sie nach der Findung eines möglichen Einzugsgebietes für das Minimum interaktiv abzubrechen, um mit einem Gradientenverfahren das eigentliche Minimum zu bestimmen).

Werden Schrankenkriterien (siehe Abschnitt 2.1.4.1) als Bewertungsmaß für einen gewünschten Regelgrößenverlauf des Regelkreises gefordert, wird die **Nonlinear Control Design** (**NCD**) TOOLBOX von Matlab® eingesetzt. Die Erstellung der entsprechenden Schrankenverläufe erfolgt im Dialog zwischen einem Auswahlfenster des Optimierungsmoduls und der **NCD** Toolbox.

Die Dialogfenster sind im Bild 4.8.7 dargestellt.

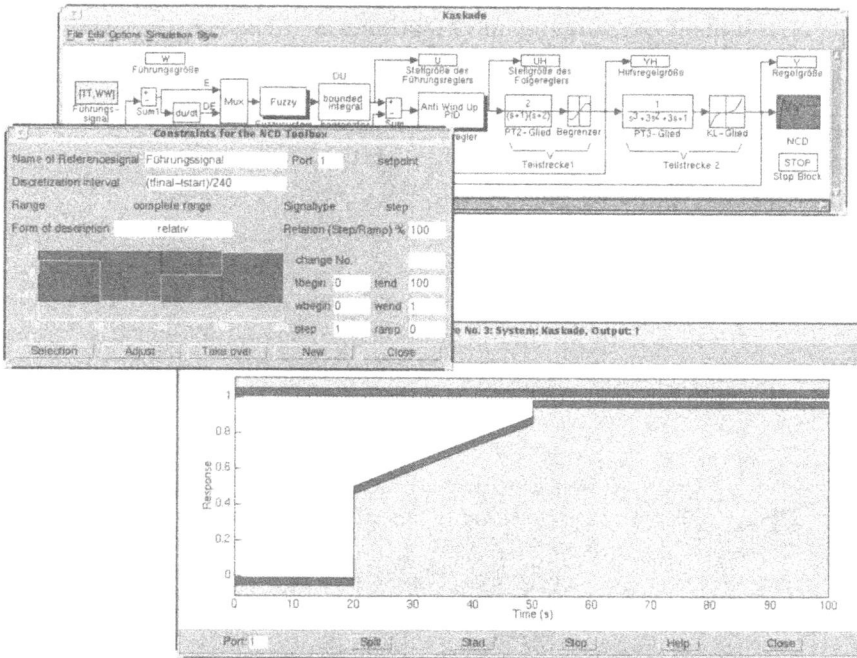

Bild 4.8.7: Festlegung der Schrankenverläufe

Hierbei kann in der **NCD** Toolbox ein normierter Schrankenverlauf für den gewünschten Führungsübergang definiert werden, welcher dann auf den jeweiligen Führungsübergang innerhalb des Simulationszeitraumes, entsprechend des jeweiligen Zeithorizontes und der Sprunghöhe, umgerechnet wird.

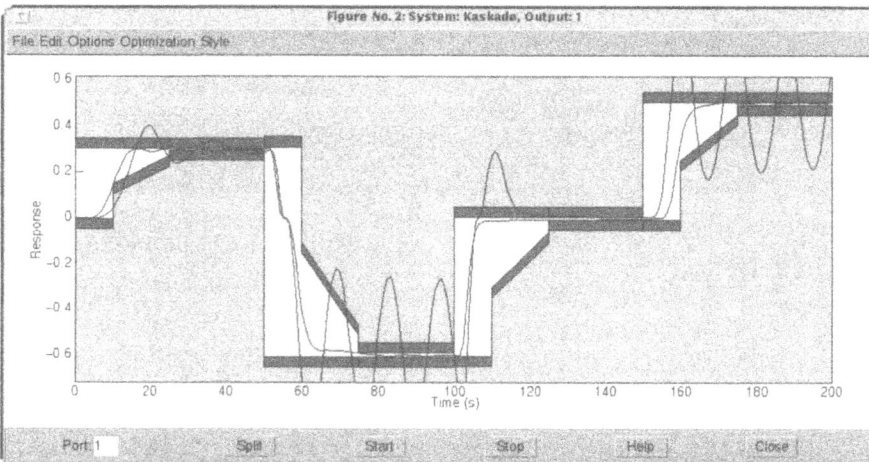

Bild 4.8.8: Regelgrößenverlauf zu Beginn und nach Beendigung der Optimierung

Die Schrankendefinition einzelner Übergänge ist ebenfalls möglich. Bild 4.8.8 zeigt einen Regelgrößenverlauf eines nichtlinearen Regelkreises zu Beginn und nach Beendigung einer Optimierung. Die Struktur des Regelkreises ist im Bild 4.8.7 (oberes Fenster) ersichtlich.

Die Regelgrößenverläufe zeigen, daß trotz der starken Nichtlinarität der Regelstrecke (unterschiedlicher Regelgrößenverlauf innerhalb des Simulationshorizontes zu Beginn der Optimierung) Reglerparameter ermittelt wurden, die dem geforderten Führungsverhalten gerecht werden.

Damit steht dem Nutzer ein universelles Entwurfssystem von nichtlinearen zeitdiskreten Kennfeldregelungen für komplexe Systeme unter Verwendung von Fuzzy Konzepten zur Verfügung. Es baut auf ein weit verbreitetes Standardkonzept auf und ermöglicht gleichzeitig eine kostengünstige Umsetzung in die festgelegte Zielhardware über die Kopplung mit dem Ilmenauer Fuzzy Tool IFT.

ICH WEISS ZWAR NICHT WOZU ES GUT IST
... ABER DIE KONKURRENZ HAT ES AUCH GEKAUFT

Literatur

[AIZ 77]   Aizermann, M. A.: Some unsolved problems in the theory of automatic control and fuzzy proofs. IEEE Trans., Autom. Control AC-22 (1977), S. 116 - 119.

[ARC 92]   Arciszewski, T. und Rossmann A. A.: Knowledge acquisition in civil engineering. American Society of Civil Engineering, New York, 1992.

[BAN 90]   Bandemer, W. und Gottwald, S.: Einführung in Fuzzy Methoden. Verlag Harry Deutsch, Thum 1990.

[BAN 92]   Bandemer, H. und Näther, W.: Fuzzy Data Analysis. Kluwer Academie Publishers, Dortrecht 1992.

[BEN 71]   Bendel, U., Bergmann, S., Engmann, U., Sprenger, H.-J. und Wernstedt, J.: Methoden der statischen Optimierung industrieller Prozesse. msr 14 (1971)3, S. 90 - 96.

[BER 94]   Bertram, T., Svaricek, F., Bindel T., Böhm, R., Kiendl, H., Pfeiffer, B. M. und Weber, M.: Fuzzy Control: Zusammenstellung und Beschreibung wichtiger Begriffe. 4. Workshop "Fuzzy Control" GMA-UA 1.4.2 Fuzzy Control, November 1994.

[BIE 86]   Bieker, B.: Experten-Regelungen/Probleme der Modellierung von Prozeßbedienern. atp 28 (1986) 8, S. 382 - 388.

[BIE 87]   Bieker, B.: Wissensrepräsentation für einfache Experten-Regelung. atp 22 (1987) 1, S. 36 - 43.

[BOC 74]   Bock H. H.: Automatische Klassifikation. Vandenloeck Ruprecht Göttingen, 1974

[BOC 87]   Bocklisch, S. F.: Prozeßanalyse mit unscharfen Verfahren. Verlag Technik Berlin, 1987.

[BÖH 85]   Böhme, D.: Ein Beitrag zur Steuerung und operativen Führung von Prozessen mittels Klassifikationsverfahren. Dissertation A, TH Ilmenau, 1985.

[BÖH 87]   Böhme, D. und Wernstedt, J.: Entwurfskonzepte von Beratungs-/Expertensystemen zur Lösung kybernetischer Aufgaben. msr 30 (1987), S. 535 - 539.

[BÖH 88]   Böhme, D., Hoffmeyer-Zlotnik, H.-J., Sokollik, F., Wernstedt, J. und Winkler, W.: Möglichkeiten und Probleme der operativen Steuerung mit regelbasierenden Beratungssystemen - ein Anwendungsfall aus der keramischen Industrie. msr 31 (1988) 10, S. 447 - 453.

[BÖH 90]   Böhme, G.: Algebra. Kap. 4: Fuzzy Algebra, Springer Verlag Berlin Heidelberg New York, 1990.

[BÖH 93]   Böhm, R. und Krebs, V.: Ein Ansatz zur Stabilitätsanalyse und Synthese von Fuzzy Regelungen. at 41 (1993), S. 288 - 293.

[BRA 72]   Brack, G.: Dynamische Modelle verfahrenstechnischer Prozesse. 2. Aufl., Verlag Technik Berlin, 1972.

[BRA 82]   Brack, G.: Einfache Modelle kontinuierlicher Prozesse. Verlag Technik Berlin, 1982.

[BRE 94]   Bretthauer, G., Mikut, R. und Opitz, H.-P.: Stabilität von Fuzzy-Regelungen - Eine Übersicht. GMA-Aussprachetag Fuzzy Control Langen, 1994, VDI Berichte 1113, S. 287 - 297.

[CHE 88]   Chen, Y. Y.: The analysis of fuzzy dynamic systems using cell-to-cell mapping. Proc. IEEE Annual Conference on Systems, Man and Cybernetics, 1988.

[CHE 93]   Chen, J. und Chen L.: Study on stability of fuzzy closed-loop control systems. Fuzzy Sets and Systems 57 (1993), S. 159 - 168.

[CHI 92]   Chiang, Y. R. und Safanov, M. G.: Robust Control Toolbox User's Guide. The Math Works INC., Natick, 1992.

[DOR 90]   Dorato, P. und Yedavalli, R. K.: Recent Advances in Robust Control. New York, IEEE Press, 1990.

[EIC 95]   Eichhorn, M.: Gütekriterien und Suchverfahren für die Optimierung von Fuzzy Systemen. Diplomarbeit, TU Ilmenau, 1995.

[EIC 95]   Eichhorn, M., Kuhn, Th. und Wernstedt, J.: Die Fuzzy Control Design Toolbox für Matlab. Beschreibung TU Ilmenau, 1995.

[ENG 73]   Engels, F.: Dialektik und Natur. In Marx/Engels, Werke Bd. 20, Dietz Verlag Berlin, 1973.

[FIS 65]   Fisz, M.: Wahrscheinlichkeitsrechnung und mathematische Statistik. Deutscher Verlag der Wissenschaft Berlin, 1965.

[FOR 86]   Forsyth, R. und Rada, R.: Machine Learning - applications in expert systems and information retrival. Ellis Horwood Limited Chichester, 1986.

[FÖL 88]   Föllinger, O.: Optimierung dynamischer Systeme. Oldenbourg Verlag München Wien, 1988.

[FÖL 89]   Föllinger, O.: Nichtlineare Regelungen I und II. 5. Auflage, Oldenbourg Verlag München Wien, 1989.

[FÖL 90]   Föllinger, O.: Lineare Abtastsysteme. Oldenbourg Verlag München Wien, 1990.

[FÖL 90]   Föllinger, O.: Regelungstechnik. Hüthig Buch Verlag Heidelberg, 1990.

[FRÜ 88]   Früchtenicht, H. W. (Hrsg.): Technische Expertensysteme: Wissensrepräsentation und Schlußfolgerungsverfahren. Oldenbourg Verlag München Wien, 1988.

[GNE 71]   Gnedenko, B. W.: Lehrbuch der Wahrscheinlichkeitsrechnung. 6. Auflage, Akademie-Verlag Berlin, 1971.

[GUI 75]   Guilkey, D. K. und Murphy, J. L.: Directed ridge regression techniques in cases of multicollinearity. Journal of the American Statistical Association, Dec. 1975, p. 769 - 775.

[GUP 79]   Gupta, M. M. et al.: Advances in Fuzzy Set Theory and Applications. North-Holland, Amsterdam, 1979.

[GÜN 86]   Günther, M.: Zeitdiskrete Steuerungssysteme. Verlag Technik Berlin, 1986.

[HAR 74]   Hartmann, K., Lezki, E. und Schäfer, W.: Statistische Versuchsplanung in der Stoffwirtschaft. Deutscher Verlag für Grundstoffindustrie Leipzig, 1974.

[HEG 75]   Hegel, G. W. F.: Wissenschaft und Logik. Herausgegeben von G. Lasson, Akademie-Verlag Berlin, 1975.

[ISE 88]   Iserman, R.: Digitale Regelungssysteme 1 und 2. Springer Verlag Berlin Heidelberg New York, 1988.

[ISE 91]   Isermann, R.: Identifikation dynamischer Systeme Band 1 und 2. 2. Auflage, Springer Verlag Berlin Heidelberg New York, 1991.

[JAC 85]   Jackson, P.: Introduction to expert systems. Addison Wesley Wokingham, 1985.

[JOH 77]   Johannsen, G., Boller, H. E., Donges, E. und Stein, W.: Der Mensch im Regelkreis. Oldenbourg Verlag München Wien, 1977.

[KIE 92]   Kiendl, H. (Hrsg.): Forschungsbericht 0392: 2. Workshop "Fuzzy Control" des GMA-UA 1.4.2 am 19./20.11.1992 in Dortmund, Berichtsband, ISSN 0941-4169, Dortmund, 1992.

[KIE 93]   Kiendl, H. und Rüger, J.-J.: Verfahren zum Entwurf und Stabilitätsnachweis von Regelungssystemen mit Fuzzy-Reglern. at 41 (1993), S. 138 - 145.

[KIE 93]   Kiendl, H. (Hrsg.): Forschungsbericht Nr. 0293: 3. Workshop "Fuzzy Control" des GMA-UA 1.4.2 am 11./12.11.1993 in Dortmund, Berichtsband, ISSN 0941-4169, Dortmund, 1993.

[KIE 94]   Kiendl, H. und Rüger, J.-J.: Stabilitätsanalyse für Fuzzy-Regelungssysteme m,it Hilfe von Facettenfunktionen sowie mit den Vektorfeldverfahren. GMA-Aussprachetag Fuzzy Control 1994, VDI Berichte 1113, S. 299 - 308.

[KIE 94]   Kiendl, H. (Hrsg.): Forschungsbericht Nr. 0194: 4. Workshop "Fuzzy Control" des GMA-UA 1.4.2 am 03./04.11.1994 in Dortmund, Berichtsband, ISSN 0941-4169, Dortmund, 1994.

[KIN 77]   King, P. J. und Mamdani, E. H.: The Application of Fuzzy Contril Systems to Industrial Processes. Automatica Vol. 13, pp 235 - 242, Pergamon Press, 1977.

[KNO 93]   Knof, R.: Ein Konzept für Entwurf und Optimierung von Fuzzy- und Regelungssystemen. Dissertation, Bochum, 1993.

[KOC 93]   Koch, M., Kuhn T. und Wernstedt, J.: Einsatz wissensbasierter Methoden zur Talsperrensteuerung in Hochwassersituationen. 3. Workshop "Fuzzy Control", GMA-UA 1.4.2, Dortmund, 1993.

[KOC 93]   Koch, M., Kuhn, T. und Wernstedt, J.: Ein neues Entwurfskonzept für Fuzzy Regelungen. at 41 (1993) 5, S. 152 - 158.

[KOC 94]   Koch, M.: Klassifikatorkonzepte zur Steuerung dynamischer Systeme. Dissertation A, TU Ilmenau, 1994.

[KOP 94]   Kopacek, P., Krenn, G., Kuhn, T. und Wernstedt, J.: Optimal Fuzzy Control Design for Robotics. Symposium on Robot Control ´94, Capri, 19. bis 21. September 1994.

[KOS 90]   Kosko, B.: Neural Network and Fuzzy Systems. Prentice Hall Englewood, 1990.

[KUH 93]   Kuhn, T. und Wernstedt, J.: Regelungstechnischer Entwurf, Implementierung und Anwendung von Fuzzy Steuerungen. 9. Österreichischer Automatisierungstag, Wien, September 1993.

[KUH 93]   Kuhn, T. und Wernstedt, J.: A method of optimal design of fuzzy controllers. First European Congress on Fuzzy and Intelligent Technologies, Aachen, September 1993, Preprints, pp 1323 - 1328.

[KUH 93]   Kuhn, T., Marquardt, R. und Wernstedt, J.: Das Ilmenauer Fuzzy Tool-Benutzeranleitung. TU Ilmenau; system engineering GmbH ilmenau, Ilmenau, 1993.

[KUH 94]   Kuhn, T. und Wernstedt, J.: SOFCON - Eine Strategie zum optimalen Entwurf von Fuzzy-Regelungen. at 42 (1994) 3, S. 91 - 99.

[KUH 94]   Kuhn, T.: Die Ilmenauer Fuzzy Toolbox für Matlab/Simulink. system engineering GmbH ilmenau, Ilmenau, 1994.

[KUH 95]   Kuhn, T.: Ein Verfahren zum optimalen Entwurf von Fuzzy Regelungen/Steuerungen. Dissertation A, TU Ilmenau, 1995.

[LAR 80]   Larsen, M. P.: Industrial applications of fuzzy logic control. Academic Press Inc., London 1980.

[LIN 64]   Lindner, A.: Statistische Methoden für Naturwissenschaftler. Mediziner und Ingenieure, 4. Auflage, Basel, 1964.

[LTD 95]   Le Tien Dung: Entwurf und Realisierung von echtzeitfähigen Inferenztechniken für wissensbasierte Systeme. Promotion A, TU Ilmenau, 1995.

[LUN 94]   Lunze, J.: Künstliche Intelligenz für Ingenieure. Band 1, Oldenbourg Verlag München Wien, 1994.

[LÜC 93]   Lücke, H.: Entwurf und Erprobung einer Motorsteuerung für optimale Fahrkennlinien von Rollpalettenzügen. Diplomarbeit, TU Ilmenau, 1993.

[MAM 77]   Mamdani, E. H.: Application of fuzzy logic to approximate reasoning using linguistic synthesis. IEEE Trans. Comp., C-26 (1977), S. 1182 - 1191.

[MIL 90]   Miller, T., Sutton, R. S. und Werbos, P. J.: Neural Networks for Control. MIT Press Cambridge London, 1990.

[NEI 81]   Neis, J., Hoffmeyer-Zlotnik, H.-J. und Wernstedt, J.: Die Rolle der Meteorologie in Durchflußvorhersagemodellen. Zeitschrift für Meteorologie 31 (1981) 2, S. 107 - 110.

[NIE 83]   Niemann, H.: Klassifikation von Mustern. Springer Verlag Berlin Heidelberg New York, 1983.

[OMR 92]   OMRON Electronic GmbH: Fuzzy Leitfaden, Düsseldorf, 1992.

[OPE 63]   Oppelt, W.: Kleines Handbuch technischer Regelvorgänge. Verlag Technik Berlin, 1963.

[OPI 93]   Opitz, H.-P.: Fuzzy Control and Stability Criteria. Proc. EU-FIT'93, Aachen 1993, pp. 130 - 136.

[OTT 90]   Otto, P.: Einsatz von Methoden der künstlichen Intelligenz zum maschinellen Wissenserwerb für Beratungs-/Expertensysteme bei der Prozeßsteuerung. msr 33 (1990) 8, S. 367 - 371.

[OTT 95]   Otto, P.: Identifikation nichtlinearer System mit Künstlichen Neuronalen Netzen. at 43 (1995) 2, S. 62 - 69.

[OTT 95]   Otto, P.: Fuzzy Modelling of Nonlinear Dynamic Systems by Inductive Learned Rules. Proceedings EUFIT'95, Aachen 1995.

[PAN 86]   Panyr, J.: Automatische Klassifikation und Information retrivial. Niemeyer Tübingen, 1986.

[PAP 91]   Papageorgiou, M.: Optimierung : statische, dynamische, stochastische Verfahren für die Anwendung. Oldenbourg Verlag München Wien, 1991.

[PED 89]   Pedrycz, W.: Fuzzy Control and Fuzzy Systems. Wiley New York, 1989.

[PES 78]   Peschel, M.: Modellbildung für Signale und Systeme. Verlag Technik Berlin, 1978.

[PET 90]   Peters, H.: Ein Beitrag zur Situationserkennung bei kontinuierlichen Prozessen. Dissertation A, Universität-Gesamthochschule Wuppertal, 1990.

[PET 91]   Peters, H.: Situationserkennung bei kontinuierlichen Prozessen. atp 33 (1991) 11, S. 557 - 564.

[PLA 14]   Plank, M.: Dynamische und statische Gesetzmäßigkeit. In M. Planck: Physikalische Abhandlungen Band III, Berlin, 1914.

[POT 93]   Potvin, A. F.: Nonlinear Control Design Toolbox User's Guide. The Math Works INC., Natick, 1993.

[POW 64]   Powell, M. J. D.: An effecient method for finding variables without calculationg derivatives. Computer Journal No. 7 (1964), S. 155 - 162.

[PRE 92]   Preuß, H.-P.: Fuzzy Control - heuristische Regelung mittels unscharfer Logik. atp 34 (1992) 4, S. 176 - 184 und atp (1992) 5, S. 239 - 246.

[PRO 79]   Procyk, T. J. und Mamdani, E. H.: A Linguistic Self-Organizing Process Controller. Automatica, Vol. 15 pp 15 30; Pergamon Press Ltd., 1979.

[PUP 91]   Puppe, F.: Einführung in Expertensysteme. Springer Verlag Berlin Heidelberg New York, 1991.

[REI 74]   Reinisch, K.: Kybernetische Grundlagen und Beschreibung kontinuierlicher Systeme. VEB Verlag der Technik Berlin, 1974.

[REI 79]   Reinisch, K.: Analyse und Synthese kontinuierlicher Steuerungssysteme. VEB Verlag der Technik Berlin, 1979.

[SCH 77]   Schürmann, J.: Polynomklassifikatoren. Oldenbourg Verlag München Wien, 1977.

[SCH 77]   Schürmann, J.: Polynomklassifikatoren für die Zeichenerkennung; Ansatz, Adaptionen, Anwendungen. Oldenbourg München Wien, 1977.

[SCH 91]   Schürmann, J.: Neuronale Netze und die klassischen Methoden der Mustererkennung. FhG-Berichte 1/91, S. 24 - 34.

[SCHÖ 90]   Schönfeld, R. und Habinger, E.: Automatisierte Elektroantriebe. 3. Auflage, VEB Verlag Technik, Berlin, 1990.

[SCHW 77]   Schwefel, H. P.: Nichtlineare Optimierung von Computer-Modellen mittels Evolutionsstrategie. Birkhäuser Basel und Stuttgart, 1977.

[SRI 92]   Srinivasan, A., Batur, C. und Chan C.: Using inductive learning to determine fuzzy rules for dynamic systems. Eng. Appl. Artif. Intelligence, Vol. 6 (1993) 3, S. 257 - 264.

[STE 76]   Steinhagen, H. E. und Fuchs, S.: Objekterkennung. Verlag Technik Berlin, 1976.

[SUG 85]   Sugena, M.: Industrial Applications of Fuzzy Control. North-Holland, Amsterdam, 1985.

[TON 77]   Tong, R. M.: A Control Engineering Review of Fuzzy Systems. Automatica Vol. 13, pp. 559 - 569, Pergamon Press, 1977.

[TOL 92] Tolle, H. und Ersü, E.: Neurocontrol. Springer Verlag Berlin Heidelberg New York, 1992.

[TRU 60] Truxal, G. J.: Entwurf automatischer Regelsysteme. Oldenbourg Verlag München Wien, 1960.

[UNB 82] Unbehauen, H.: Regelungstechnik I, II und III. Vieweg & Sohn Verlagsgesellschaft Braunschweig, 1982.

[VOL 92] Volkland, U.: Ein Beitrag zur Nutzung der Beratungssystemeentwurfsdaten zur Erhöhung der Leistungsfähigkeit und Ableitung von Entwurfszuweisungsstrategien. Dissertation A, TH Ilmenau, 1992.

[WAN 93] Wang, Li-Xin: Adaptive Fuzzy Control of Nonlinear Systems, IEEE Transactions on Fuzzy Systems, Vol. 1 No. 2, May 1993.

[WAT 78] Watson, G. A.: Numerical Analysis. Dundee 1977, Springer Verlag Berlin Heidelberg New York, 1978.

[WER 81] Wernstedt, J.: Entwurf und Einsatz von Beratungssystemen bei der operativen Steuerung von Prozessen durch den Menschen. msr 24 (1981), S. 482 - 486.

[WER 86] Wernstedt, J.: Zum Einsatz von Beratungs-/Expertensystemen zur Lösung kybernatischer Probleme. msr 29 (1986), S. 349 - 353.

[WER 89] Wernstedt, J.: Experimentelle Prozeßanalyse. Verlag Technik Berlin, 1989.

[WER 93] Wernstedt, J., Hoffmeyer-Zlotnik, H.-J., Koch, M. u. a.: Machbarkeitsstudie; Modellierung, Simulation und Steuerung der Staustufe Melk. Wissenschaftliche Landesakademie für Niederösterreich, TU Ilmenau, Dez. 1993.

[WIE 63] Wiener, N.: Kybernetik. ECON-Verlag Düsseldorf Wien, 1963.

[ZAD 65] Zadeh, L. A.: Fuzzy Sets. Information and Control (1965) 8, S. 338 - 353.

[ZAD 75] Zadeh, L. A. et al.: Fuzzy Set Theory and its Application to Cognitive and Decision Process. Academic Press New York, 1975.

[ZIM 85] Zimmermann, H.-J.: Fuzzy Set Theory and its Applications. Klüwer-Nijhoff Bosten, 1985.

[ZIM 87] Zimmermann, H.-J.: Fuzzy Sets, Decision Making and Expert Systems. Klüwer-Nijhoff Dorfrecht, 1987.

[ZYP 63] Zypkin, J. S.: Die absolute Stabilität nichtlinearer Impulsregelungssysteme. Regelungstechnik 11 (1963) 4, S. 145 - 148.

[ZYP 72] Zypkin, J. S.: Grundlagen der Theorie lernender Systeme. Verlag Technik Berlin, 1972.

Sachwortverzeichnis

Software zum Buch

Lieber Leser!
Wenn die vorgestellten Konzepte Ihr Interesse geweckt haben sollten und Sie selbst vor der Lösung anspruchsvoller Aufgaben in den Bereichen Technik, Medizin, Umwelt, Ausbildung, ... stehen, bieten wir Ihnen in einer Sonderaktion die im Rahmen des Buches verwendeten Softwarewerkzeuge an.

IFT Ilmenauer Fuzzy Tool

Das Softwarepaket *Ilmenauer Fuzzy Tool (IFT)* ist ein Einsteiger- und Ausbildungswerkzeug zum Entwurf von Fuzzy-Reglern. Zusätzlich zu den Möglichkeiten, ein Fuzzy-System zu erstellen, zu debuggen und zu übertragen, bietet das *IFT* Module zur dynamischen Simulation und Optimierung von Fuzzy Reglern für Eingrößensysteme an. Diese Module basieren auf dem im Buch vorgestellten Fuzzy-Konzept. Die Möglichkeit, das *IFT* als einfachen Fuzzy-Editor zu nutzen, wird durch sehr nützliche Entwurfshilfen ergänzt:
- ✓ Systemtest mit einem grafischen Debugger,
- ✓ Auswertung mittels 2- und 3-D-Grafik,
- ✓ erprobte Regelwerke als fertige Beispiele,
- ✓ Modelleingabe per Hand oder Schätzung mit dem Tool *IDENT,*
- ✓ Test der Regler per Simulation am Prozeßmodell,
- ✓ Optimierung mit nutzerdefinierten regelungstechnischen Gütekriterien,
- ✓ Portierung des erstellten Reglers auf verschiedene Hardwareplattformen.

Fuzzy Control Design Toolbox für MATLAB®

Das Softwarepaket Fuzzy Control Design Toolbox (FCD) für MATLAB ist ein anspruchsvolles Entwurfswerkzeug für Fuzzy Systeme zur Steuerung, Regelung und Entscheidungsfindung für komplexe Prozesse. Besonderen Schwerpunkt bildet die Möglichkeit des modellgestützten optimalen Entwurfs. Das Tool zeichnet sich durch folgende Eigenschaften aus:
- ✓ vollständig blockorientierter Aufbau der Fuzzy Systeme,
- ✓ flexibler, dialogorientierter Entwurf der Test- und Gütefunktionen,
- ✓ Nutzungsmöglichkeiten der MATLAB-Toolboxen zur Signalverarbeitung, Modellbildung und Optimierung,
- ✓ wesentliche Erweiterung der NCD Toolbox durch leistungsfähige Optimierungsverfahren,
- ✓ einfacher Vergleich mit allen klassischen Regelungskonzepten und
- ✓ blockorientierte Simulation von Modellen und Fuzzy Systemen mit SIMULINK ™.

Klassifikationstool ILMKLASS

Entwurf und Erprobung von Klassifikatoren auf der Grundlage von:
- ✓ Fuzzy-Methoden,
- ✓ Wahrscheinlichkeitskonzepten und
- ✓ geometrischen Ähnlichkeitsmaßen.
- ✓ Objektgruppierungsalgorithmen zum Erkennen von Klassenstrukturen,
- ✓ datenbasierter Entwurf von Klassensteuerungen und
- ✓ grafische Darstellung von Lerndaten, Trenn- und Klassifikatorfunktionen.

Fuzzy-Labor I und II

Praktikum zum Einsatz im Rahmen der Automatisierungstechnikausbildung an Hoch- und Fachschulen auf den Gebieten Modellbildung und Steuerungsentwurf sowie Darstellung und Anwendung verschiedener Konzepte von Fuzzy Control.

Beschreibung:

I instabiles mechatronisches System *Propellerarm*:
- ✓ aktive Versuchsplanung und Schätzung von Streckenmodellen mit *IDENT*,
- ✓ Reglerentwurf mit *IFT*,
- ✓ Portierung und Erprobung des entwickelten Reglers auf Zielhardware.

II mobiler Kleinstroboter *KHEPERA*
- ✓ Anwendung von Verfahren der theoretischen und experimentellen Prozeßanalyse,
- ✓ Entwicklung und Erprobung von fuzzybasierten Strategien zur Routenplanung und Kollisionsvermeidung.

Das IFT-Identifikationsmodul IDENT

Das Identifikationsmodul *IDENT* dient zur Schätzung linearer und nichtlinearer zeitdiskreter Streckenmodelle für statische und dynamische SISO-Systeme aus aufgezeichneten Prozeßdaten.

Das Programm bietet folgende Möglichkeiten:
- ✓ Editieren beliebiger Testsignalfolgen,
- ✓ Systemansteuerung mit diesen Folgen und Meßwerterfassung über die AEG Modicon A120 oder beliebige PC-Schnittstellenkarten,
- ✓ Schätzung von Prozeßmodellen mit Hammerstein- oder Wienerstruktur,
- ✓ Gütebewertung, -vergleich und Modellauswahl und
- ✓ diverse Signalanalyse und -darstellungsfunktionen.

Die gefundenen Modelle sind direkt im *IFT* zur Regleroptimierung und Simulation einsetzbar.

www.ingramcontent.com/pod-product-compliance
Lightning Source LLC
Chambersburg PA
CBHW081527190326
41458CB00015B/5475